The Body Language of Trees

나무가 보내는
위험신호와 진단

육안교목평가(VTA)를 위한 사전

(주)바이오사이언스출판

The Body Language of Trees

나무가 보내는
위험신호와 진단

육안교목평가(VTA)를 위한 사전

이규화 • 방성준 옮김

C. Mattheck

K. Bethge, K. Weber

BIOSCIENCE (주)바이오사이언스출판

이 도서의 국립중앙도서관 출판예정도서목록(CIP)은 서지정보유통지원시스템 홈페이지(http://seoji.nl.go.kr)와 국가자료공동목록시스템(http://www.nl.go.kr/kolisnet)에서 이용하실 수 있습니다.
(CIP제어번호 : CIP2018015288)

나무가 보내는 위험신호와 진단
– 육안교목평가(VTA)를 위한 사전 –

초판 인쇄: 2018년 6월 10일
초판 발행: 2018년 6월 20일

지은이: C. Mattheck · K. Bethge · K. Weber
옮긴이: 이규화 · 방성준

발행인: 문정구
발행처: (주)바이오사이언스출판

본 사: 14040 경기도 안양시 동안구 전파로 107(호계동)
서울 사무소: 06569 서울특별시 서초구 도구로 115, 1층
전 화: (02)581−4057~8
팩 스: (02)581−4059
이메일: inquiry@biosciencepub.com
홈페이지: http://www.biobooks.co.kr
ISBN: 978−89−6824−079−9 93480

등록번호: 제22−3079호

값 48,000원

(주)바이오사이언스출판

옮긴이 서문

나무는 우리에게 한두 마디로는 표현할 수 없는 다양한 편익을 제공한다. 우리는 이러한 편익을 누리기 위해 산에는 물론 우리 주변에도 나무를 심어 도시 숲을 조성하기 위해 노력하고 있다. 그러나 나무도 생명이 유한한 유기체이기 때문에 언젠가는 여러 가지 원인으로 자연으로 돌아가게 되는데, 이 과정에서 주변에 크고 작은 영향을 미치게 된다.

그런데 문제는 이러한 일이 산림이 아닌 우리 주변에서 발생하여 인명과 재산에 큰 피해를 줄 수 있다는 것이다. 우리도 86아시안게임과 88올림픽을 준비하면서 식재된 가로수를 비롯한 도시 수목들이 이미 성목으로 자라서 하나둘 쓰러지고 있고, 이로 인해 우리는 불의의 피해를 당하고 있다.

이러한 사태는 성목이 된 모든 도시 수목에서 지금부터 본격적으로 발생할 수 있는 거대한 시한폭탄이며 이를 방치할 경우 엄청난 피해가 예상된다. 이에 대해 우리가 할 수 있는 최선의 대응은 문제가 발생하기 전에 예방하는 것인데, 이를 위해서는 수목의 상태를 지속적으로 모니터링하면서 나무가 보내는 몸짓 신호(body language)를 잘 이해해야 할 것이다.

그러나 우리는 이처럼 나무가 외치고 있는 신호를 이해하기 위한 체계적인 연구가 전무하고 이에 대한 이해도 제한된 현장 경험이나 일부 참고서에 나오는 부분적인 지식에 의존하고 있어서 예방을 위한 준비가 크게 미흡한 실정이다.

하지만 우리는 다행스럽게도 이러한 걱정을 한 방에 날려 보낼 수 있는 이 책을 찾았다. 이 책은 저자들이 밝히고 있는 것처럼 독일 카를스루에공과대학(KIT)에서 교목(喬木, tree)에 관해 4반세기 동안 체계적으로 연구한 결과를 정리한 것으로 이 분야에서 세계적으로 독보적인 저술이라고 할 수 있다.

이 책은 수목과 관련된 현학적인 역학을 단순화하고 그림으로 표시하여 복잡한 공식을 모르는 사람들도 쉽게 이해할 수 있도록 설명하고 있다. 이러한 작업은 수목과 역학에 대한 완전한 이해가 바탕이 되지 않으면 불가능한데, 우리는 이들의 연구 덕분에 나무가 보내는 몸짓 언어를 보다 쉽고 정확하게 이해할 수 있고, 이를 통해 수목 파손으로 인한 피해를 예방하기 위한 올바른 대책을 수립할 수 있게 될 것이다.

오랜 기간 동안 헌신적인 연구를 통해 이러한 역작을 저술한 저자들에게 감사를 드리지 않을 수 없으며, 번역하는 과정에서 이들의 뜻이 최대한 전달되도록 원문에 충실하였다. 그리고 이 책이 국내 수목의 역학적 거동에 대한 이해와 학문적인 발전에 도움이 되길 기대하며, 우리의 이런 취지에 부흥하여 이 책의 출간 요청을 망설임 없이 수락해주신 ㈜바이오사이언스출판 문정구 대표님께도 감사의 말씀을 드린다.

2018년 4월
옮긴이 씀

이 책에 대한 논평

이 책은 백과사전(百科辭典, encylopedia) 이상이다.

세상에서 Claus Mattheck과 그의 동료들처럼 지난 2,30년에 걸쳐 교목의 생체역학에 관한 우리의 생각과 이로부터 도출된 수목관리 분야의 위험 진단과 처리 가능성에 관한 새로운 원리에 영향을 끼친 사람은 아무도 없다. 그가 처음으로 그리고 최고로 발간한 이 백과사전이 좀 더 간결한 설명으로 그 지식을 묘사했으면 하는 생각이 들 수 있다. 그러나 이 책에서 교목 생물학에 관한 관심뿐만 아니라 실무적인 교목 관리와 사법권에도 영향을 미칠 수 있는 전혀 새로운 통찰력을 발견한다면 독자들은 대단히 기뻐할 것이다. 역학적으로 말해서 불량한 접목이 너무 강하게 자라서 더 이상 수간에 의해 통합될 수 없는 가지처럼 된다고 누가 생각했겠는가? 또는 굵기가 증대될수록 더욱더 위험해지는 섬유 접힘(fibre folding)의 형태가 있다는 것도? 주의 깊게 읽어보면 다른 놀라운 것도 많이 발견될 것이다.

독자들이 감사할 또 다른 설득력 있는 특징은, 사고의 도구(thinking tool)나 단순히 자연과 비교함으로써 공식을 사용하지 않는 일반적인 생체역학 덕분에, 주제를 이해하기 쉽다는 것이다. 이는 근대 임학의 창시자(創始者, founding father) 중 한 사람인 Wilhelm Leopold Pfeil(1783~1859)의 원리와 일치한다: "교목들이 어떻게 자라는지 그들에게 물어보라." 이 백과사전은 교목 역학과 교목 진단의 표준 참고서가 될 것이다. 지금 이른 단계임에도 불구하고, Mattheck의 작품 모두에 공통적이듯이, 우리나라와 함께 다른 나라에도 동시에 널리 퍼져나갈 것이라고 예측하는 것은 어렵지 않다.

지그프리드 핑크 박사/교수(Prof. Dr. Siegfried Fink)
독일 프라이부르크 알베르트루트비히대학교(Albert-Ludwigs-Universität Freiburg i.Br., Germany)
산림식물학 교수(Professorship of Forest Botany)

교목의 생체역학과 사고의 도구

복잡한 공식과 계산 없이 교목의 생체 역학에 관한 과학 기반의 백과사전, 이것이 어떻게 가능한가? 이를 Mattheck는 자신이 개발한 사고의 도구를 이용하여 우리에게 보여준다.

이러한 역학적 작업 방법을 수목 전문가뿐만 아니라 대형 설계회사의 계산 엘리트도 사용한다는 것은 사실 놀라운 일이 아니다. 이 얘기는 Mattheck의 사고의 도구가 자연에서는 보편적인 사실임을 의미한다. 이 도구들은 어떤 공식도 없이, 생명이 없는 기계 부품을 역학적으로 고려하듯이, 교목을 생체역학적으로 살아 있는 부품으로 고려하는 것을 가능하게 한다. 공식을 잘 모르는 수목 전문가일지라도 이들 사고의 도구를 다룰 수 있다. 이것은 특히 교목에 적용할 수 있는데, 이는 풍하중과 자재들의 특성에 관한 입력 데이터가 없거나 불분명하고 교목이 땅속에 어떻게 뿌리를 박고 있는지 볼 수가 없어서 교목의 양적인 계산이 어렵기 때문이다.

이들 사고의 도구를 이 교목 백과사전의 광범위한 영역에 걸쳐 활용함으로써 일반적으로 보다 경험적이었던 교목 관리를 역학 기반의 과학으로 바꾸어 놓았다.

사고의 도구가 공학에서 얻은 것처럼, 교목의 생체역학에서의 획기적인 도약도 동일하게 수용되고 전 세계에 통용되기를 희망한다.

디트마 그로스 공학박사/교수(Prof. Dr.-Ing. Dietmar Gross)
독일 담스타드공과대학(TU Darmstadt, Germany)
고체역학부(Division of Solid Mechanics)

"여러분은 이를 Mattheck에서 발견할 것이다"

육안교목평가(VTA) 방법의 역사를 추적했던 사람들은, 모델 개념(model concept)에서와 같이, 자연을 끊임없이 관찰하면 복잡한 것을 단순하게 그리고 명백하게 바꿀 수 있다는 것을 알 수 있을 것이다. 이제 자신의 교목 대부분을 스스로 평가할 수 있고, 이로 인해 교목에 관한 외부 전문가 의견을 물어보는 데 필요한 비용을 절감함으로써 이득을 보는 사람들은 특히 도시 교목 점검자와 임정관(林政官, forester)들이다.

이제 법원도 손해배상 사건을 판결하는 데 자신들을 도와줄 수 있는 도구를 가지게 되었다. 이들은 새로운 도구를 수용하였다. Wussow의 역작인 "사고의 배상책임법(Law of Liability in Accidents, Unfallhaftphlichtrecht)에서, 교목 점검 방법의 하나로 육안교목평가(VTA, visual tree assessment)를 들고 있다. 사고의 도구를 한편으로는 교목의 기하학에, 다른 한편으로 섬유의 흐름인 물질과 이와 관련된 파손 기제에 적용하는 것이 이제는 역학에 기반을 둔 교목의 안전에 관한 작업 전반을 아우르는 것으로, 이는 Mattheck과 그의 동료들의 일생의 업적이다. 나는 이 책이 교목 생체역학에 관한 역사의 일부가 되고, 교목의 편익과 이들 아래에서 살고 있는 사람들의 안전을 위한 교목 진단의 일부가 됨으로써, "여러분은 그것을 Mattheck에서 발견할 것이다"라는 격언을 만족시키기를 희망한다.

올리버 크라프트 공학박사/교수(Prof. Dr. Oliver Kraft)
독일 카를스루에공과대학(Karlsruhe Institute of Technology, Germany)
응용재료연구소(Institute for Applied Materials)

지은이 소개

클라우스 마테크(Claus Mattheck): 1947년 독일 드레스덴(Dresden)에서 출생. 1971~1973년 이론물리학 박사, 1985년 카를스루에공과대학에서 파괴분석(破壞分析, failure analysis) 분야 강의 자격 취득, 교수로서 생체역학에 관한 강의를 함. 지금은 카를스루에공과대학(KIT, Karlsruhe Institute of Technology)인, 카를스루에연구센터의 재료연구II 연구소에서 오랜 기간 생체역학부의 책임자를 역임하였다. 역학, 교목의 파단거동(破斷擧動, Fracture Behavior)과 목재 부후, 기구 부품(機構部品, mechanical component)의 피로로 인한 파단에 관한 유자격 컨설턴트. 과학 관련 수상: 1991년 산업연구재단(Industrial Research Foundation)의 과학상, 1992년 카를 테오도르 포겔 재단(Karl Theodor Vogel Foundation)이 기술전문저술가에게 주는 문학상, 1993년 유럽 생체역학회의 조지 윈터(George Winter)상, 1997년 교목 진단을 위한 VTA 방법을 개발한 공로로 국제수목관리학회(ISA, International Society of Arboriculture) 영국/아일랜드 지부의 명예회원, 1998년 고틀리브 다임러(Gottlieb Daimler)와 카를 벤즈(Karl Benz) 재단이 기부한 베를린-브란덴부르크 과학 아카데미(Berlin-Brandengurg Academy of Sciences)의 과학상, 1998년 국제수목관리학회의 수목관리연구 공로로 채드윅(Chadwick)상, 1999년 헨리 포드 유럽 보존(Henry Ford European Conservation)상, 1999년 과학 저술로 잉게/베르너 그뤼터(Inge and Werner Grüter)상, 2002년 영국 수목관리협회(Arboricultural Association)의 올해의 상, 2003년 일본 도시수목진단협회(Urban Tree Diagnosis Association)의 명예회원, 2003년 연방 독일 환경 재단(The Federal German Environmental Foundation) 오스나브뤼크(Osnabrück)의 독일 환경상, 2008년 일본 도시수목진단협회의 명예고문.

그는 하이킹, 대구경 무기(large-caliber weapon), 양궁, 새총(slingshot) 역학, 개와 교목의 영혼 등에 관심이 있다.

클라우스 베트게(Klaus Bethge). 1958년 라인강변의 루트비히스하펜(Ludwigshafen/Rhine)에서 출생, 카를스루에대학에서 기계공학을 공부하고 1988년 같은 대학에서 파괴공학 박사학위를 취득함. 1989년 이후, 카를스루에공대(KIT) 생체역학과 응용 재료 연구소에서 과학담당관으로 일함. 1994년 이후 공식적으로 생체역학 분야 컨설턴트로 지명되고 자격을 취득함.

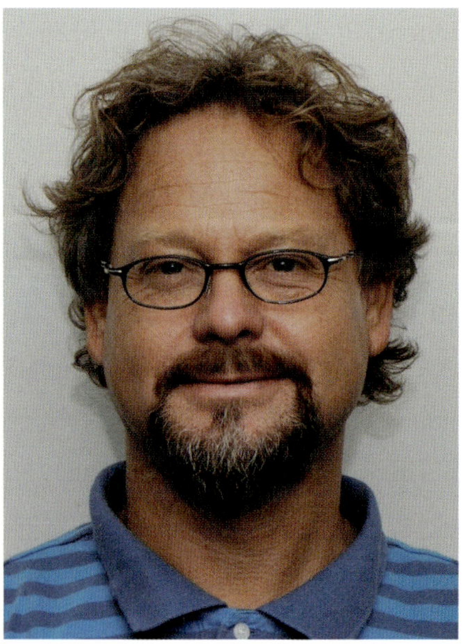

카를하인즈 베버(Karlheinz Weber). 1962년 에틀링겐(Ettlingen)에서 출생. 카를스루에대학에서 1992년 생물학 학위(diploma), 1996년 연/갈색/백색 부후 곰팡이에 의한 목재 분해로 박사학위를 취득. 1998년 이후, 목재 피해에 관한 미생물 전문 컨설턴트가 되었고, 1997년 이후 카를스루에공대(KIT) 생체역학과 응용 재료 연구소에서 과학담당관으로 일함. 그의 전문적인 작업은 목재 해부의 구조적인 분석과 목재를 분해하는 곰팡이에 집중되어 있음. 그는 교목의 목재를 분해하는 곰팡이에 관한 전문 컨설턴트임.

옮긴이 소개

이규화(농학박사). 마산상고(현 마산용마고)를 졸업하고 한국은행에 입행하여 주경야독으로 성균관대학교 경영학과 졸업하였다. SK에너지에 입사하여 19년을 근무한 다음, SKM을 거쳐 동산씨앤지 대표이사를 역임하였다. 인생의 후반을 준비하기 위해 천안연암대학 조경학과를 졸업한 후 서울대학교 대학원에 진학하여 2010년 2월 58세에 농학박사(산림환경학) 학위를 받았으며, 현재 서울대학교 식물병원 자문위원으로 활동 중이다. 저서로는 나무는 사람이 죽인다, 오십-그 새로운 시작, 신 조경관리학(공저)이 있고, 역서로는 수목관리학(Harris, Clark, Matheny 원저), 도해 전정론(E. Gilman 원저), 도시임학(Robert W. Miller 원저), 올바른 나무전정(Alex L. Shigo 원저)이 있다.

방성준(농학박사). 서울대학교 산림과학부에서 박사학위(stochastic model for predicting the bending strength distribution of glued laminated timber based on knot area ratio in lamination)를 받고 국립산림과학원을 거쳐 현재 전남대학교(학술연구교수)에서 최근 이슈가 되고 있는 고층목조빌딩(tall wood building) 축조실연을 위한 기술개발을 하고 있다. 지속적 재생산이 가능한 목재를 건설자재로 이용하는 연구(timber engineering)를 하였고, 주요 연구 분야는 목재의 역학적 성능(structural properties of wood), 비파괴 평가(nondestructive evaluation), 목재 접합부(timber connection), 목재의 사용수명(service life of wood), 목구조의 신뢰성 해석(reliability analysis of timber structures)이다.

목 차

1. 서문

진리와 마음의 자유

진리의 적은 야망, 탐욕, 질투, 증오 그리고 성급함과 조바심이다. 진리의 친구는 시간, 이성, 관용, 자연과의 친밀감, 자제력, 타인을 도울 의지이다. 진실의 가장 좋은 친구는 애타주의(愛他主義, altruism)와 자선이다.

진실은 검증(檢證, verification)을 통해 발견된다. 검증은 주장(claims)을 사실(facts)로 만들고, 가설(假說, hypotheses)을 확실한 지식으로 만든다. 따라서 당신에게 말하는 사람이 누구든 맹목적인 믿음(blind faith)은 조심하라. 당신에게 말하는 논거(論據, reason)가 타당한(plausible) 경우에만 믿고, 이해할 수 없는 것은 경계하라. 이들이 컴퓨터에 의해 지원되고 공식에 의해 뒷받침되거나, 인상적이거나, 그럴듯한 첨단 기술적 제안이고 화려한 도면으로 표현되거나, 인터넷이나 다른 어디에 있더라도 일시적인 유행(short-lived fad)일 수 있으므로 반드시 자신의 판단을 따르도록 하라. 자신의 일반 상식(一般常識, common sense)이 인정하는 것을 믿어라. 이렇게 하면, 스스로 자신의 결정에 대한 주체가 될 수 있고, 다른 사람들에게 자신이 무엇을 하고 있고 왜 하고 있는가를 설명할 수 있게 될 것이다. 이렇게 하면 자신이 사기꾼의 거짓말(falsehood of charlatans)을 믿을 수 있지 않을까 하는 걱정을 할 필요가 없기 때문에, 자신의 마음을 자유롭게 할 것이다.

Clause Mattheck, 2013년 봄

운명의 기록인 교목의 형상

사람의 얼굴이 자신의 작위와 부작위(作爲-不作爲, deeds and omissions)에 관한 기록이듯 교목의 형상도 세월의 풍파를 자가교정(自家矯正, self-repair)으로 극복한 기록이다. 교목은 역학적으로 약한 지점에 목재를 덧붙임으로써 스스로 부하를 조절(負荷調節, load control)하여 능숙하게 자가교정을 해낸다. 사실 교목은 이러한 기술의 달인인데 그 이유는 다음과 같다: 우리는 우리 몸이 손상될 위협을 받으면 도망치거나 스스로 방어함으로써 이러한 상황을 피할 수 있지만 교목은 도망 갈 수가 없다. 창조주는 교목에게 환자로서 살아가야 하는 형을 선고했다. 따라서 교목은 살아남기 위해 신앙요법가(信仰療法家, faith healer)가 될 수밖에 없다.

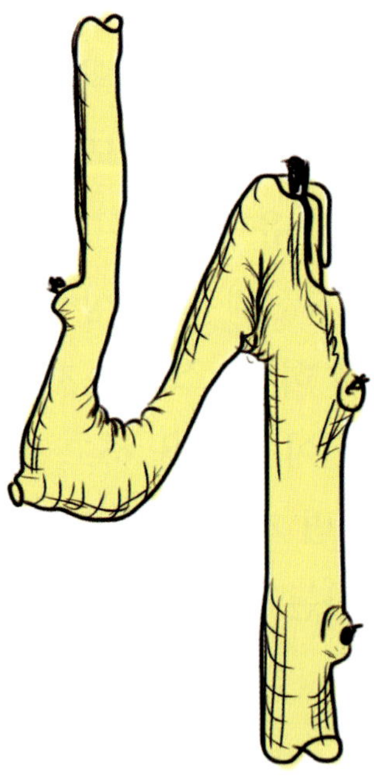

신앙요법가: 거의 다 부러진 교목이 새로운 생명을 키워낸다.

사진: Tee Swee Ping 제공

반복적인 부러짐에도 살아남았다!

교목의 형상과 스스로 치유하기 위해 덧붙인 목재의 수피 패턴은 생체역학 보고서로, 우리가 보는 외관 하나하나는 목재로 만들어진 해당 교목 일기장의 한 페이지에 해당한다. 내부 결함, 부후, 균열이나 외부 상처 등이 치유된 경우, 치유를 위해 부착된 조직은 궁극적으로는 결함의 징후이며 교목의 몸짓 언어로 나타내는 경고이다. 이것은 교목의 표면에 대한 동일 부하 분포 법칙인 균일응력 공리(均一應力公理, axiom of uniform stress)를 보여주고 있다. 어떤 면에서, 교목은 결함에 의해 응력이 국지적으로 높아지면 응력이 교목 전체에 걸쳐 동일하게 될 때까지 응력이 높은 부위에 대한 목재 추가 작업을 계속한다. 이러한 활동이 만드는 경고 신호는 육안교목평가(肉眼喬木評價, VTA/visual tree assessment) 방법에 의해 해석된다. 이 방법은 파괴기준을 적용하여 확인된 결함을 평가하고 사람과 교목에게 공평한 절차를 정하는 데 도움을 준다.

VTA 방법은 전 세계에 걸쳐 채택되고 있고, 많은 법원 판결의 기초가 되어왔다.

이 책은 우리의 25년간 연구와 함께 그 이전의 교목 연구에서 얻은 핵심적인 발견들을 싣고 있다. 이것은 교목의 생체역학에 대한 내 필생의 업적을 의미한다고 해도 좋다. 두 명의 내 동료 연구자 Klaus Bethge와 Karlheinz Weber는 공동 저자들이다. 이들은 오랜 기간 매우 특별할 방법으로 VTA 방법의 지속적인 향상에 기여해왔다. 그리고 나의 다른 성실한 보조원, 대학원생과 학위과정 학생들에게도 감사한다. 이들은 모두 이론의 구조와 특히 가장 최신의 컴퓨터화된 방법과 현장 연구를 통하여 이를 검증하는 데 기여했다. 이는 가설(假說, hypothesis)을 진리(眞理, truth)로, 추론(推論, conjecture)을 사실(事實, fact)로 바꾸는 검증(檢證, verification)이다. 아이디어가 없으면 진전도 없지만, 검증이 없으면 확실한 발견도 없고 진리도 없다. 일본, 호주, 싱가포르, 전 유럽과 북미 등에 걸친 여러 나라에 있는 나의 친구들도 그들 자신의 연구를 수행하면서, 세미나를 개최하고, 개인적인 의사소통을 통해 우리의 VTA 방법을 확산시키는 데 도움을 주었다. 내 친구 Mick Boddy는 수목관리 컨설턴트의 관점에서 번역본에 대한 기술적인 재검토를 해주었다. 이 모든 분들에게 감사한다! 세상에서 가장 부드러운 언어지만 결코 거짓이 없는 언어인 교목의 몸짓 언어가 펼치는 아름다운 세상으로 가는 여행에 우리와 함께 동참하라. 여러분의 눈이 바로 귀다!

클라우스 마테크(Claus Mattheck)
카를스루에공과대학(Karlsruhe Institute of Technology)
2014

2. VTA(육안교목평가) 방법의 기원

내가 임플란트(implant, 인체 삽입물)의 안정성에 대해 생각을 하게 되고, 나에게 인체 골격(人體骨格, human skeleton)의 생체역학(生體力學, biomechanics) 분야에 문을 열어준 것은 교통사고였다. 그 사고에서 두 명이 사망하고 나는 다리가 부러지는 부상을 입었다. 재미있는 형상을 하고 있는 프랑스 남쪽 대서양 해안에 있는 한 이상한 교목이 나의 호기심을 불러일으켰고, 이는 교목의 생체역학에 대한 "캔 따개(can opener)" 역할을 하였다.

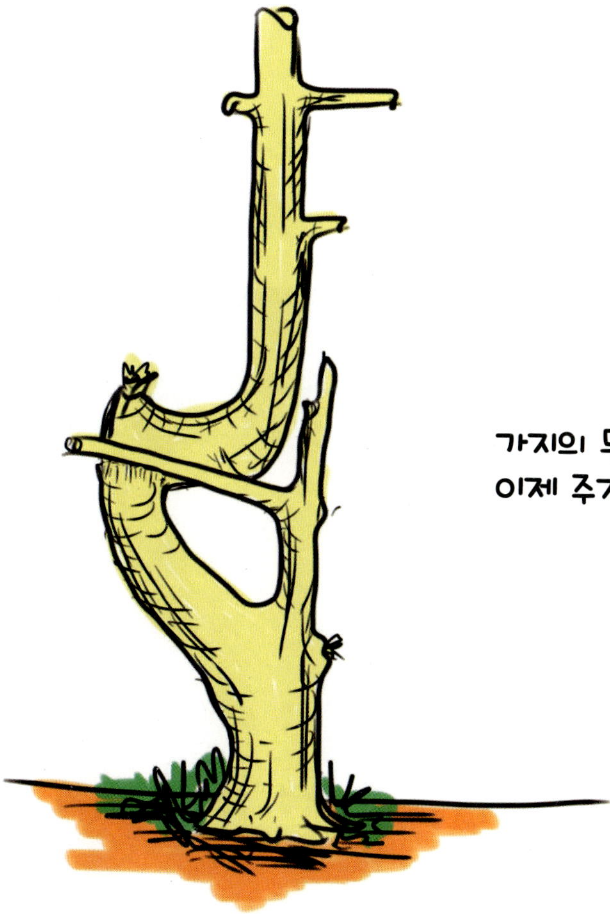

가지의 두 끝이 죽은 후에, 이들 가지 중 하나는 이제 주지의 자리를 차지하고 있다.

재미있게도 우리는 당시 카를스루에핵연구센터(Karlsruhe Nuclear Research Center)의 자유분방한 고속증식로(高速增殖爐, fast breeder) 프로젝트로부터 이 일에 대한 첫 예산을 얻었다. 핵연구 조직에서 교목연구를 지원하다니!

우리는 즉시, 부하가 제어된 상태에서의 열팽창(熱膨脹, thermal expansion)을 이용하여, 부하가 제어된 교목의 생장을 모의실험(模擬實驗, simulation)할 수 있었다. 이를 통해 기계 부품을 컴퓨터에서 교목처럼 "자라게" 하여 교목을 가볍고 영구적으로 강하게 만들 수 있었다. 우리의 최적화한 첫 제품은 Aesculap 회사의 척추용 나사(spinal column screw)였다. 하중 반복시험(load cycle test)에서 그 나사는 최적화되지 않은 나사보다 파괴 없이 20배나 더 많은 하중 반복을 버텼다.

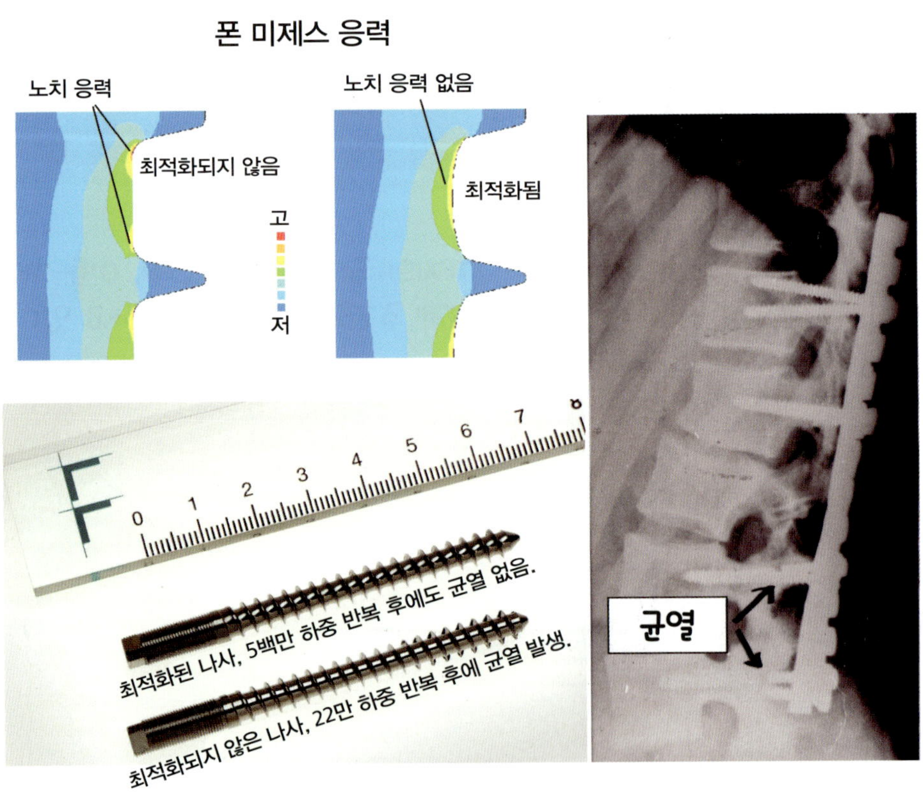

교목의 생체역학에 대한 우리의 접근에 대한 지원은 이 교목 모델을 닮은 부품의 기술적인 품질 향상을 바라는 소망 때문에 결정되었다. 첫 성공적인 결과는 우리의 선견지명에 힘을 실어주었고, 우리의 용기 있는 수뇌부 중역들은 한번에 5명의 직원을 채용하도록 허락해주었으며, 우리 연구팀은 곧 부서로서의 지위를 부여받았다. **육안교목평가**(VTA, VISUAL TREE ASSESSMENT)라고 부르는 과학적 기초에 근거한 교목 진단 방법을 만들도록 우리에게 요구한 사람들은 수목관리자(樹木管理者, arboriculturist)였다. 우리가 영어식 이름을 붙인 것은 이 방법이 세계적으로 적용될 것이라고 예측할 수 있었기 때문이었다. 과거 몇 년 동안 이 방법은 교수 Hans-Joachim Hötzel 박사와 Ass. jur.* Oliver Wittek에 의해 법률적인 관점에서 지지를 받았다. VTA 방법의 적용은 한동안 여러 독일 연방 주의 주 산림청에서 공식적인 요구조건이 되었고, 이제는 세계적으로 알려져 있다. 독일과 외국의 많은 판결이 이 교목의 생체역학에 근거를 두고 있다. 이 VTA 방법은 비수학적인 민중(民衆, folk) 역학으로, 일반 상식, 특히 자연의 관찰, 즉 현장 연구로 많은 것을 할 수 있게 한다.

이러한 현실적인 융합이 VTA가 세계적으로 수용될 수 있는 핵심요소인데, 이는 학문적인 학위가 없는 수목관리자들도 이 자연 이론을 적용함으로써 자신의 일을 관련된 일반인들에게 설명할 수 있기 때문이다.

역자 주: Ass. Jur.(Assessor Jury) - 독일 법률가 자격의 일종으로, 법대 졸업 후 1, 2차 국가시험을 통과하여 판/검사, 변호사 등 법조인 또는 교수로 활동할 수 있음.

기술자의 눈으로 보면, 교목 조사자의 직무는 완벽하게 수행하기가 매우 어려운데, 이는 이들이 다음과 같은 어려움에 휩싸여 있기 때문이다:

1. 당신은 정량적으로 알지 못하는 외력에 의해 발생하는 운전응력(運轉應力, operating stress)을 가진 부품과 직면한다.
2. 당신은 부품의 구조적인 매개변수(媒介變數, parameter), 강성(剛性, stiffness)과 강도(强度, strength)를 평균값으로만 알고 있다. 이들 값은 "교목 구성요소" 내에서 위치에 따라, 또한 교목 간에도 다르다.
3. 어떤 부품은 보이지 않는 지면 아래 토양 내 고정되어 있고, 이들 힘의 세기는 토양의 수분 함량과 부하에 따라 다르고 위치에 따라서도 차이가 많다.
4. 이제 수목관리자 당신은 정량적인 값이 알려지지 않은 "교목 구성요소"의 운전 안전성(operational safety)을 자신의 임의대로 평가하고, 자신은 그 조사 결과에 책임을 져야 한다.

이러한 사항을 재판관은, 특히 피해가 발생한 경우, 명심하고 있어야 한다.

요약: 수학적으로 공식화된 역학의 법칙을 입력 자료를 몰라서 계산을 통해 설명하는 것이 불가능하면, 이렇게 원래부터 측정할 수 없는 요소들을 내포하고 있는 현상에 대해서는 자연의 관찰과 현장 연구만이 파손기준(破損基準, failure criteria)을 제공할 수 있다. 아직 우리는 할 수 있는 것이 한 가지 더 있다: 우리는 결함의 외형을 측정하고, 이 결과를 자연의 관찰을 통해 도출한 파괴기준에 적용할 수 있다. 교목의 속이 얼마나 비어 있고, 고립된 교목의 세장비(細長比, slenderness – 임업에서의 초살도에 해당)는 어느 정도이고, 뿌리판(root plate)은 얼마나 부후되어 있는가?

이러한 질문에 대해 대답할 때, 우리는 IML GmbH (Instrumenta Mechanik Labor)가 만든 목재 진단 장비를 사용하는데, 이들은 VTA 방법과 함께 연구, 현장 시험, 실습 등의 긴밀한 상호작용을 통해 완성되었다. 이는 개발자, 발명가, 그리고 사장인 Erich Hunger 사이의 상호 존중과 신뢰를 바탕으로 한 우호관계의 산물이었다. 에리카 코흐 세미나사무소(Erika Koch Seminar Bureau)는 VTA와 교목의 생체역학이 수목관리자에게 도움이 될 수 있도록 소개하고 발전되는 20년 동안 세미나를 매우 성공적으로 개최하였다. 이러한 노력은 과학자들의 연구 시간을 많이 절약해주었다. 마지막으로, 그렇다고 중요하지 않다는 것이 아닌데, 용기 있는 이사회(Executive Boards)는 근대 거대과학(巨大科學, big science)의 큰 덩어리들 가운데 하나의 작은 "난초(orchid)"에 불과한 생체역학부(Biomechanics Department)에 보호의 손길을 유지해 주었다. 이들 모두의 덕분이다! 우리는 이제 역학과 부품 최적화, 그리고 교목의 생체역학을 새롭고 거의 굉장한 수준의 단순한 사고로 발전시켰다. "자연을 본뜬 사고의 도구(Thinking Tools After Nature)" 또한 어떤 공식도 사용하지 않고 교목을 새롭게 이해할 수 있게 했다. 이 도구는 처음으로 이 백과사전에서 전 분야에 걸쳐 교목의 모든 부분과 교목의 환경에 적용되었다. 우리는 이것을 전반적으로 역학적 사고의 전환점이라고 생각하며, 특히 교목의 생체역학에서도 마찬가지다. 사내 세미나에서 사고의 도구를 배운 대형 엔지니어링 회사의 컴퓨터 엘리트들과 수목관리자들이 처음으로 하나의 공통된 역학 언어를 사용하여 얘기할 수 있게 되었다. 수목관리자가 교목 공학도(Tree Engineer)가 되는 통학문적 민중 역학(通學問的民衆力學, transdisciplinary folk mechanics)이 탄생한 것이다.

3. 생장조절제, 생체역학적 용어

생장조절제: 교목 조각가

생장조절제(growth regulators)는 Wilhelm Troll이 그의 유명한 저서 "식물학 총론(Allgemeine Botanik)"에서 나열한 바와 같이 여러 종류가 있다[1]. 아래에서는 교목의 안전을 평가하는 데 중요한 것만 고찰하였다.

굴지성(屈地性, geotropism):

중력을 거슬러 작용하는 배지성(背地性, negative geotropism)은 교목의 기관들을 수직 방향으로 향하게 한다. 대부분의 경우, 결과적으로 수관(樹冠, crown)의 중력 중심이 근경(根莖, root stock) 위에 위치한다. 때로는 이러한 현상을 굴중성(屈重性, gravitropism)이라고 부른다.

정아 우세(頂芽優勢, apical dominance):

정아 우세는 중앙 주지(主枝, leading shoot)의 리더십에 대한 권리이다. 이는 가지의 굴지적 상향 욕구를 좌절시킨다.

굴광성(屈光性, phototropism):

교목이 의도적으로 휘어지거나 편중된 수관을 가지고 있으면, 이의 가장 흔한 원인은 "햇빛을 향해 자라라(Grow towards the light)"고 하는 굴광성 명령 때문이다.

굴수성(屈水性, hydrotropism):

굴광성 가지가 햇빛을 향해 자라는 것과 마찬가지로 교목의 뿌리는 토양 수분이 더 높은 쪽으로 자란다.

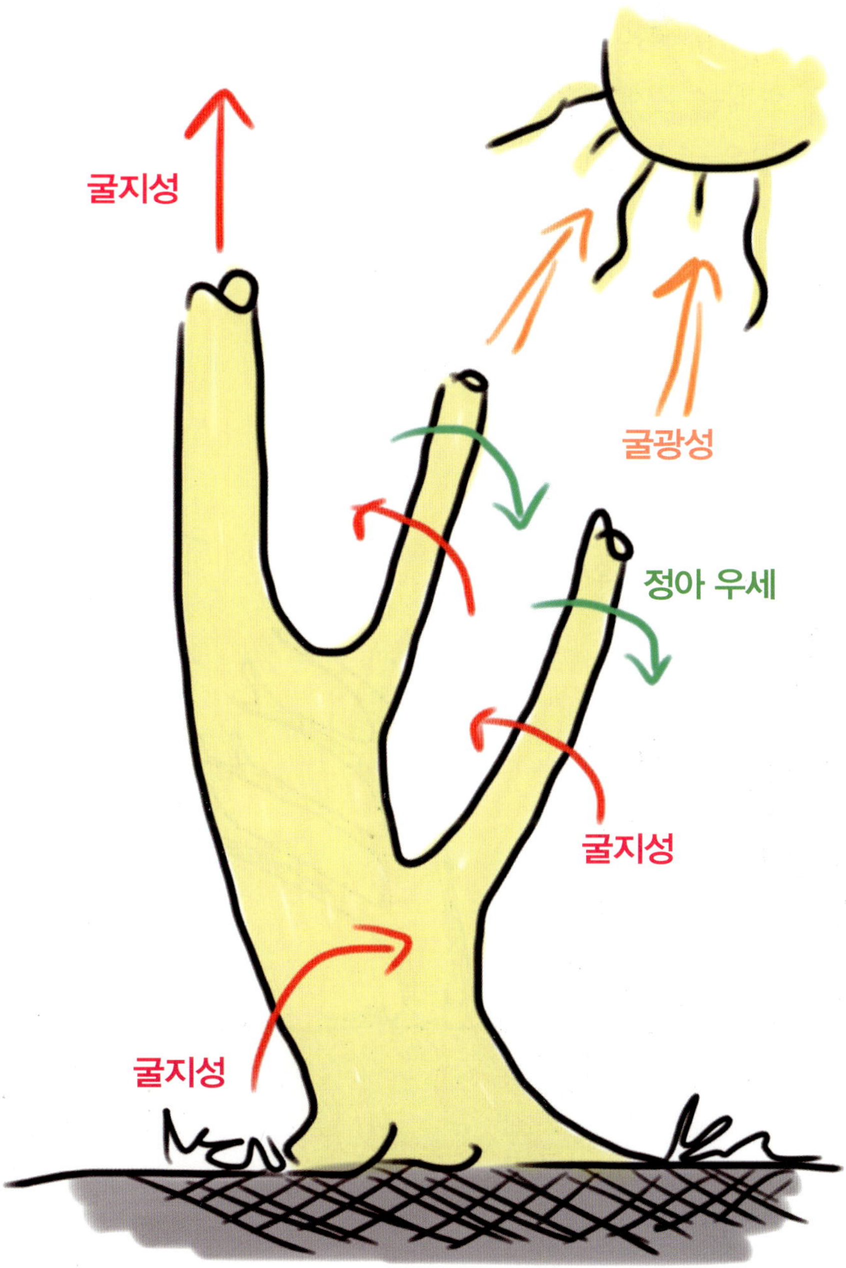

세 가지 주된 교목 조각가들.

굴지성, 정아 우세, 굴광성은 일생 동안 우위를 점하기 위한 싸움으로 바쁘다. 이에 따라 교목의 형태는 생장조절제들의 협상에 의한 타협의 결과를 나타낸다. 이러한 타협이 존재하는 것은 다행이다. 만약 이들 생장조절제들 중에서 하나만 작용하면, 대부분의 경우 교목의 형태는 존재하지 않을 것이다: 이는 단일 생장조절제의 독재를 의미하며, 교목 뿌리인 경우 굴수성이 될 수 있다.

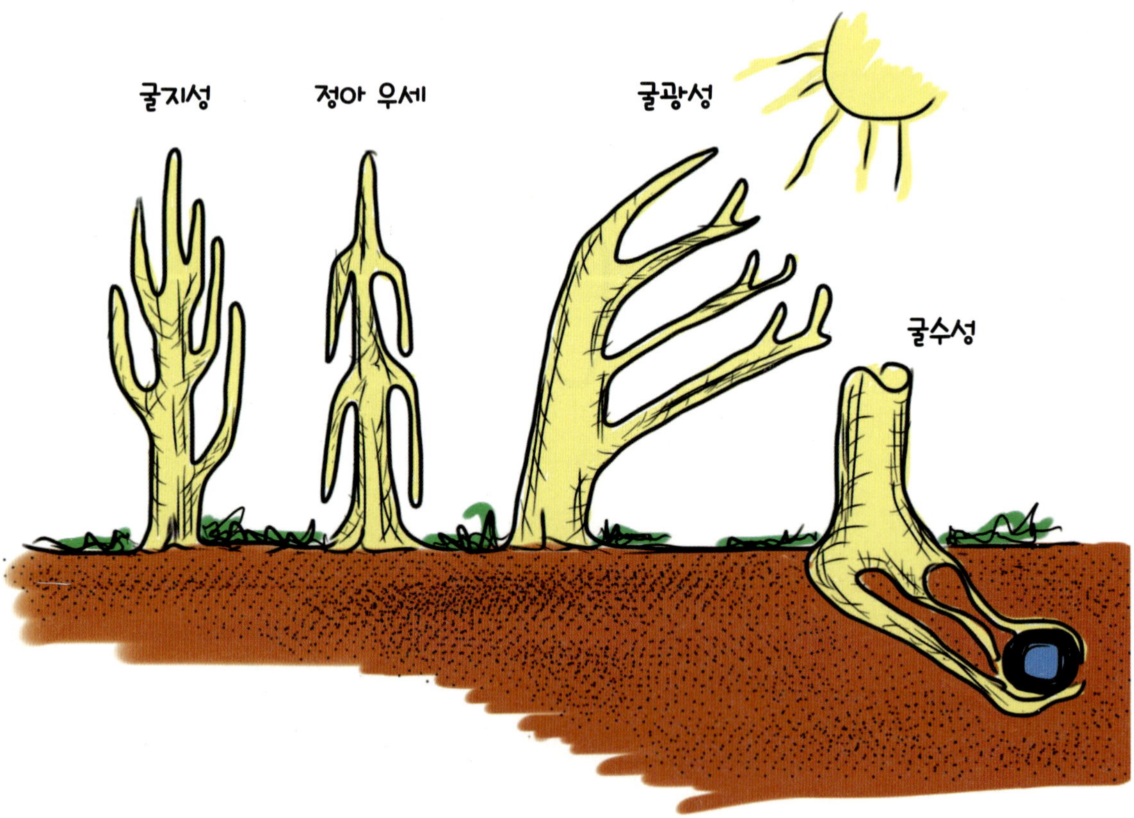

독재자로 행동하는 하나의 생장조절제만 존재한다면....

이러한 상태는 마치 민주주의에서 정부와 야당과의 관계와 같은데, 예외가 있다면 집권기간이 교목의 일생 동안으로 연장되어 있다는 것이고, 이는 해당 교목에 틀림없이 도움이 된다.

땅속에서는, 굴수성이 뿌리를 토양 수분이 높은 방향으로 유도한다. 흡수하는 수분과 햇빛의 중요한 생물학적 역할 때문에, 굴수성과 굴광성은 굴지성보다 더 중요하다(불행히도, 역학에 관한 한). 역학적인 결과를 실감하기 위해서는, 다음과 같이 상상해보라: 버스 정류장에서 팔을 뻗은 채로 서 있는데 팔에는 무거운 여행용 가방(굴광성)이 들려 있고, 발은 (굴수성 때문에) 서로 견딜 수 없는 거리를 유지해야 하며, 더구나 이러한 상태로 160년 동안 있어야 한다고. 이것은 역학적 심장 출혈(心臟出血, heart bleed)을 유발할 것이다.

역학은 굴광성으로 인한 대가를 치른다.

굴지성 생장은 어떻게 이루어지는가?

기울어지는 구과식물(毬果植物, conifers)은 수간의 아래쪽에 길이 방향으로 확장하는 목재를 형성할 것이다. 이 목재는, 이 그림의 Stupsi(캐릭터 이름)가 도와주고 있는 것처럼, 해당 수간을 다시 직립으로 밀어주기도 한다[2]. 소위 이상재(異常材, reaction wood)는 적극적으로 방향을 바로잡음으로써 기울어지는 위치에 반응한다. 이러한 교목을 사브르(sabre, 날이 휜 칼)처럼 보이기 때문에 사브르 교목(sabre tree)이라고도 부른다.

구과식물의 압축이상재

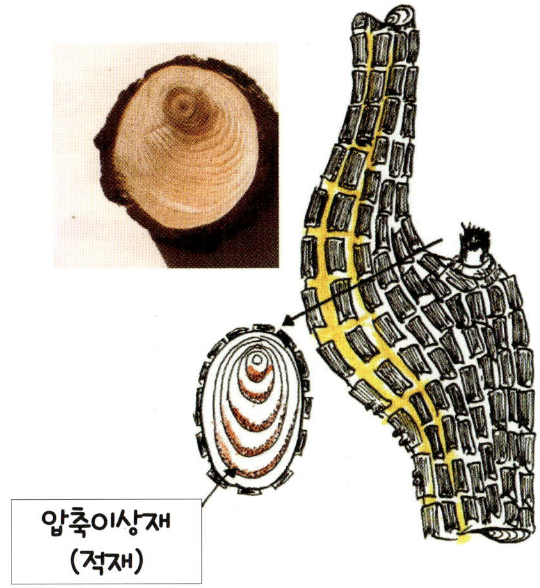

구과식물은 가지의 아래쪽에 리그닌(lignin)이 풍부한 압축이상재(壓縮異常材, compression)를 만드는데, 기울어지는 교목의 아래쪽에도 이러한 목재를 추가한다. 이 목재가 녹(綠, rust)처럼 붉은색을 띠기 때문에, 적재(赤材, redwood)라고도 부른다. 이 목재는 길이 방향으로 확대될 수 있어서, 정아 우세와 굴광성이 반대하지 않는 한, 그 교목의 해당 부위를 수직적인 위치로 되돌려 놓는다.

활엽수의 인장이상재

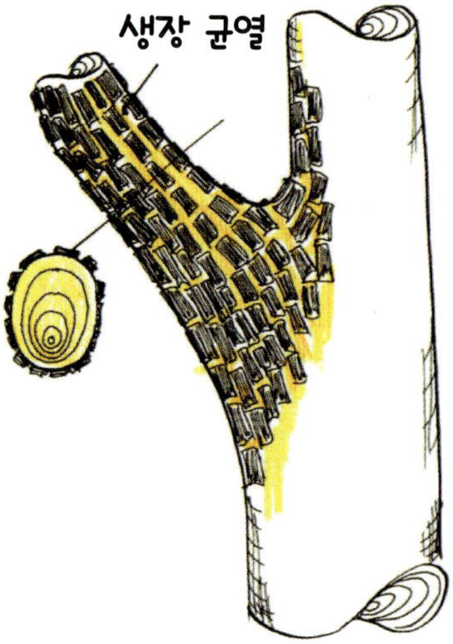

활엽수(闊葉樹, broadleaved tree)의 가지는, 근육이 수간을 당기는 것처럼, 가지의 위쪽 면에서 기울어지는 활엽수의 위쪽 면에 작용하는 섬유소(纖維素, cellulose)가 풍부한 수축하는 인장이상재(引張異常材, tension wood)를 이용하여 위쪽으로 당긴다.

인장이상재에 대한 임시방편으로서의 버팀재

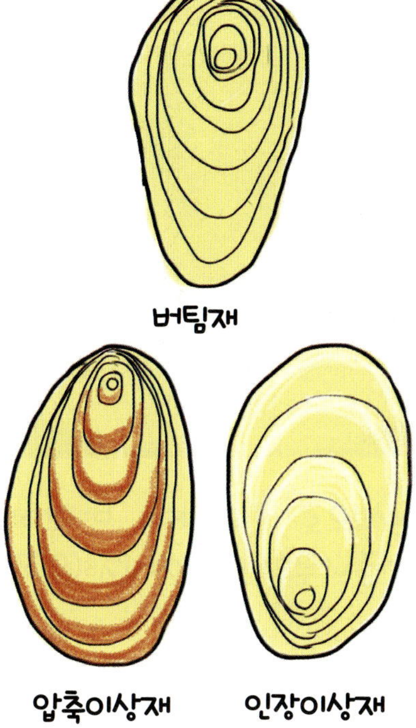

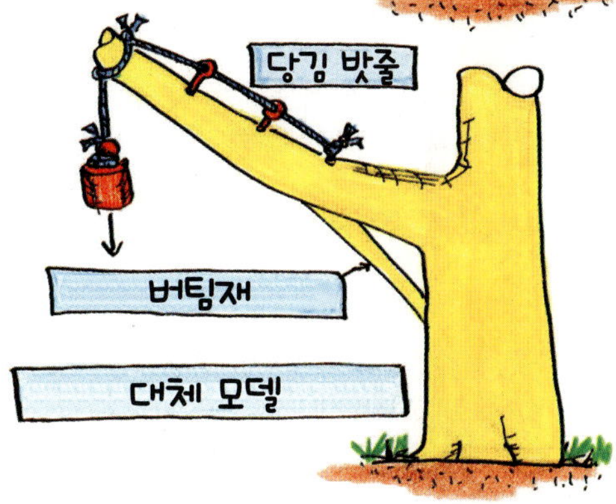

가지가 처지지 않도록 유지해주는 또 다른 잘 알려지지 않은 유형의 목재가 버팀재(supporting wood)이다. 활엽수의 긴 가지 위쪽 면 인장이상재가 느슨해지기 시작하면 수간에 가까운 아래쪽에 버팀재가 형성된다. 우리의 지금 생각으로는, 해당 수간도 이 버팀재 형성에 관여하고 있는 것 같다. 이 때문에 버팀재는 수간으로부터 위쪽으로 약 1m 거리까지만 뚜렷하게 형성된 것처럼 보인다. 버팀재는 적극적인 수축이나 팽창을 통해 가지의 방향을 바로잡지는 못한다. 그러나 버팀재는 단단하기 때문에 가지가 처지는 것을 지연시키거나 막을 수는 있다. 이것은 이상재는 아니다!

소나무의 압축이상재(아래쪽)

은색으로 희미하게 반짝이는
버즘나무의 인장이상재(위쪽)

활엽수 가지의 버팀재(아래쪽)

인장이상재 대신 버팀재

수간으로부터 멀리 떨어진 곳에 우거진 녹색의 잎을 가진 가지가 수간 가까이에서, 해당 가지를 위로 당기는, 인장이상재를 형성하기에 충분한 광합성 산물을 만들지 못하면, 해당 수간은 가지의 아래쪽에 버팀재를 만들어 개입해야 한다. 버팀재는 리그닌이 풍부하고 단단하지만, 구과식물의 압축이상재와 달리, 가지를 다시 위로 밀어 올릴 수는 없다. 버팀재는 "소극적(passive)인 방법"으로 해당 가지가 더 처지는 것을 지연시킬 수 있을 뿐이다. 버팀재의 분명한 흔적은 수간에 근접한 가지의 아래쪽에 난 생장균열(growth strip)이다. 버팀재도 압축되어 접히면 절단할 필요가 있다. 부연하면, 버즘나무는 가끔 사시나무보다 압축으로 인한 접힘에 더 잘 견딘다.

이상재의 한계

기울어진 교목이, 직경이 너무 굵거나 힘이 바닥이 나거나 해서, 스스로를 밀어 올리거나 당겨 올리는 것이 불가능해지면, 가지들은 어떻게든 알아차릴 것이다. 이 경우, 가지들은 똑바로 직립으로 자랄 것이다. 이렇게 되면 해당 교목은 가지가 현(絃, string)인 하프(harp)처럼 보일 것이다. 하프의 가지가 굵을수록 해당 교목은 하프형 교목으로 더 오래 서 있을 것이다. 하프의 "줄(가지)"이 너무 가늘어지지 않도록 주의를 기울여야 한다[2].

기울어지는 교목

어떤 교목이 최근의 폭풍에 의해서만 기울어진 자세가 되었으면, 그 교목은 위험하다. 그 교목은 직립의 자세로 되돌아가는 데 필요한 시간을 갖지 못했기 때문에 수간이 여전히 일직선이다. 이러한 경우 대부분, 뿌리가 들어 올려진 풍상측(風上側, windward side – 바람이 불어오는 방향) 지면에 단(段, step)이 있다. 이러한 피해가 오래 전에 발생했다면, 해당 교목은 사브르 칼의 형태로 휘어져 올라갈 수 있는 충분한 시간을 가졌을 것이다. 이렇게 되기 위해서는 10년이 걸릴 수 있고, 굵은 교목은 더 오래 걸릴 것이다. 이 기간 동안 해당 교목이 새로운 뿌리를 발생시키게 되고, 지면의 단은 거의 보이지 않게 된다. 풍상측에 긴 판근(板根, root buttress)과 긴 장력 뿌리(tension root)를 가지고 있는 교목은 좀처럼 완전히 넘어지지 않을 것이다[2].

생체역학적 용어

교목을 역학적인 설계로 평가하고자 한다면, 여러분은 먼저 몇 가지 역학적인 개념을 배워야 한다.

힘(force): 인장력(引張力, tensile force)은 물체를 길이 방향으로 당기기 위해 애쓰기 때문에 물체의 내부에 인장응력(引張應力, tensile stress)을 발생시킨다. 반대로 압축력(壓縮力, compressive force)은 물체에 압력을 가하는데, 이는 물체 내부의 압축응력(壓縮應力, compressive stress)에 의해 제한된다.

휨(bending): 어떤 힘이 지레 팔(lever arm)처럼 교목의 수간에 대해 옆으로 작용하면, 그 수간은 휘어질 것이다.

뒤틀림(torsion): 어떤 힘이 측지(側枝, side branch)에 대해 옆으로 작용하면, 이 가지는 휘어지기만 한다. 그리고 해당 측면 지레 팔(즉, 측면 가지)에 연결된 수간은 휘어지기도 하지만 추가적으로 뒤틀리게 된다.

계산 불가!

이 그림은 다시 비대칭 수관을 가진 외톨이 교목에 작용하는 외부의 부하를 보여준다. 교목들은 형태와 수관이 다르고, 유형이 다른 목재를 가지고 있고, 이들 각각의 위치에서 서로 다른 풍하중(風荷重, wind load)에 노출되어 있기 때문에, 이러한 상황을 이론적으로 계산할 수 있는 방법은 없다.

파울리의 역학

애기 곰 파울리(pauli – 캐릭터 이름)는 다시 한 번 다른 유형의 부하를 보여주고 있다[3]. 전단응력(剪斷應力, shear stress, 아래 오른쪽)은 해당 교목의 위쪽 부분이 아래쪽 부분으로 미끄러지는 것을 방지한다[4].

수간에 영향을 주는 주된 응력

압축력은 압축응력을 발생시킨다.

휨모멘트는 휨응력을 발생시킨다.

횡력은 전단응력을 발생시킨다.

이들은 교목의 수간에 발생하는 응력이다.

이것은 속이 빈 교목에서의 응력 분포를 보여준다.

4. 사고의 도구: 전단 정사각형, 인장 삼각형, 힘 원뿔 방법

사고의 도구: 전단 정사각형

오랜 기간에 걸친 컴퓨터화된 생물적 생장에 대한 모의실험 후에야 역학적인 상태에 대한 이해가 더욱 깊어져서, 컴퓨터화된 방법을 단순 적용을 위한 사고의 도구(thinking tool)로 대부분 대체할 수 있었다. 이 사고의 도구들은 다음에 보여줄 것이다. 이들은 역학적, 생물학적 구성요소(構成要素, component)의 형상을 이해하는 새로운 수준을 보여주며, 모든 사람이 컴퓨터의 도움을 받지 않고도 역학에 대해 단순하게 접근할 수 있게 한다[4].

전단 정사각형 방법

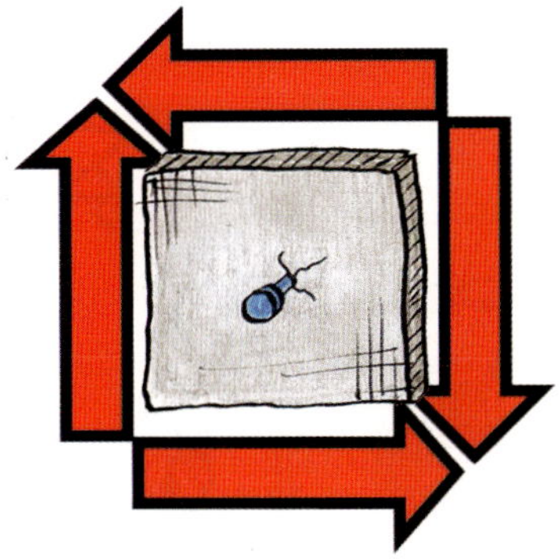

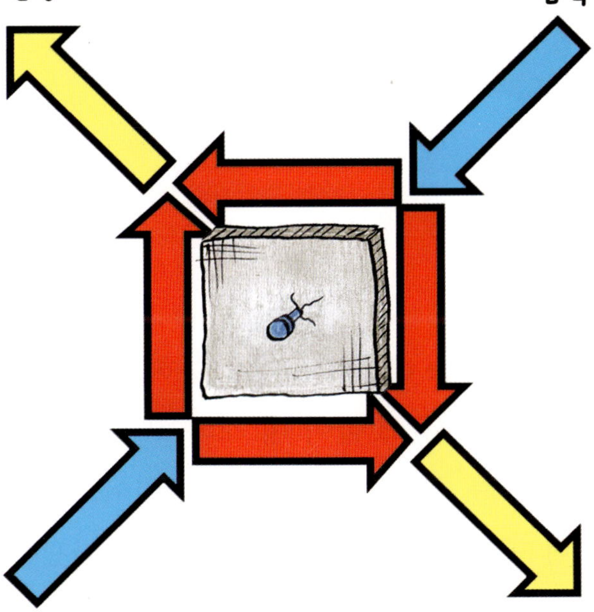

사고의 도구인 "전단 정사각형(剪斷正四角形, shear square)"은 순전히 역학적 평형(mechanical equilibrium)에 기반을 둔다. 이 상태에서는 물질 행동(物質行動, materials behavior)은 어떤 역할도 하지 못한다. 돌 수 있도록 못이 박힌 나무판을 상상하라. 그 판에 수직적인 전단력만 가해진다면, 그 판은 회전할 것이다. 그러나 물체의 표면에 가상의 정사각형이 전혀 회전하지 않으면, 수직전단력과 방향은 반대이지만 크기는 같은 수평전단력이 존재하게 된다. 공학자들은 이것을 응력텐서(stress tensor)의 대칭, $\sigma_{ij} = \sigma_{ji}$이라고 부른다. 이들 전단 화살(shear arrows)은 각 모서리에서 합쳐지고, 전단 정사각형으로부터 상응하는 인장력과 압축력의 방향이 생긴다.

설명을 위한 DIY(Do-It-Yourself) 모델들

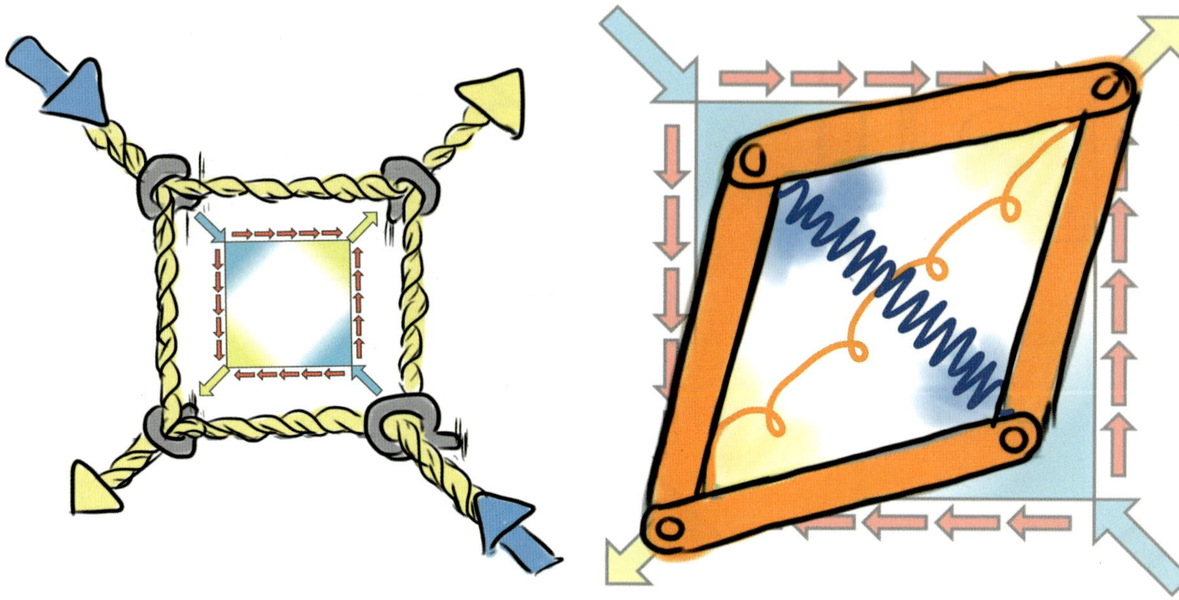

이들 두 모델은 전단 정사각형에 대한 거동 모드(mode of action)와 동등하게 교차하는 인장력과 압축력과의 관계를 설명한다. 왼쪽 그림에서, 밧줄이 네 개의 고리를 통해 당겨지고 있고, 변위(變位, displacement)는 이 원리를 설명한다. 오른쪽 다이어그램으로 표현된 아이디어는 나의 여러 세미나들 중 한 곳에 참석한 두 사람으로부터 나왔는데, 미안하게도 이들의 이름은 기억나지 않는다. 관절로 연결된 목재 정사각형의 한 쪽 대각선 스프링이 당겨질 때 다른 대각선의 스프링은 관절 연결된 틀의 전단으로 인한 변형으로 압축된다. 나는 이처럼 훌륭한 아이디어를 제공해준 이름 모를 발명가에게 감사한다. 사고 도구로서의 전단 정사각형은 다양한 자연현상을 바로 이해할 수 있게 한다.

인장과 압축 하의 전단 정사각형

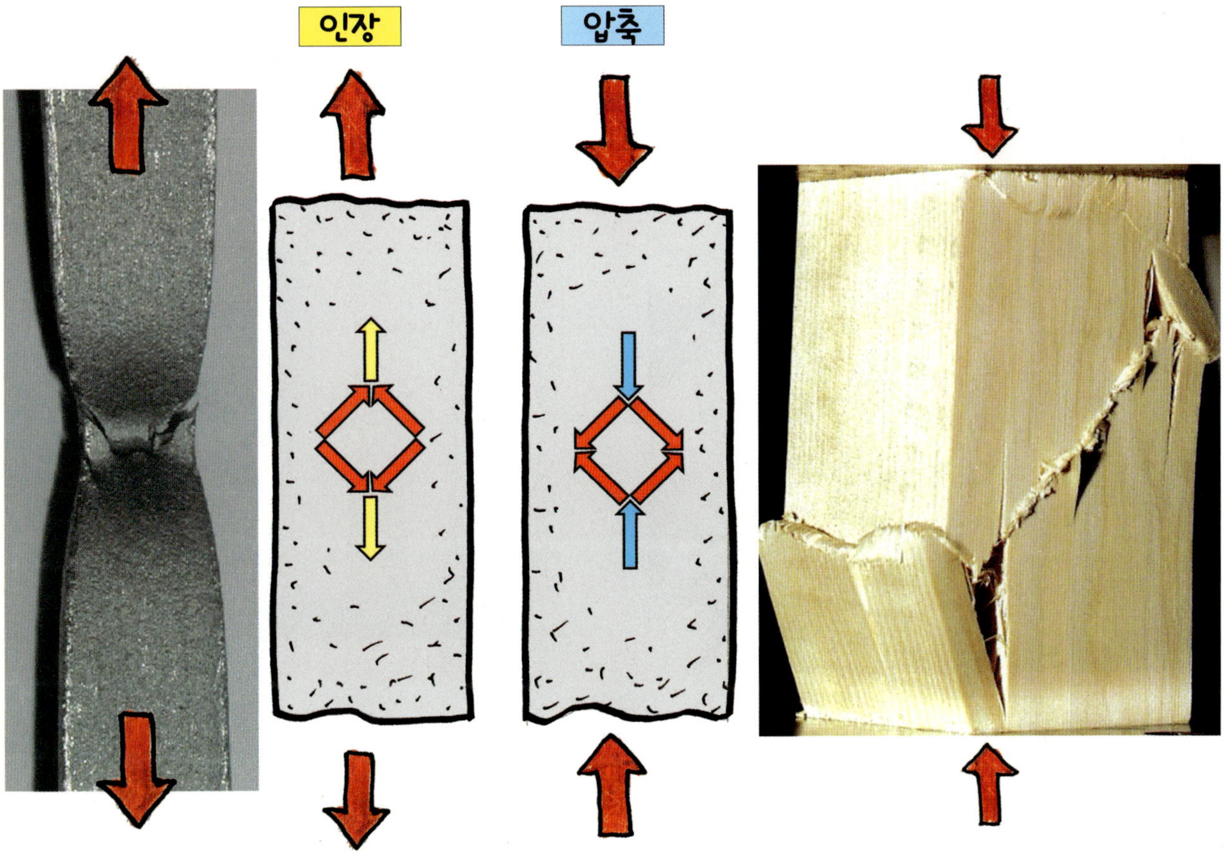

순수한 축 방향(軸方向, axial) 인장이나 압축 하중도 전단응력을 유발한다. 이들 전단응력은 실제로 각각 축 방향 인장과 압축응력의 절반 수준이다. 이 전단은 강한 인장력을 받는 시험편을 잘록하게(왼쪽) 만들고, 또한 압축 하의 파괴에서 45° 전단면(오른쪽)에 조각들이 미끄러지는 것을 뚜렷하게 보여준다[4].

전단 정사각형과 45° 전단 파괴

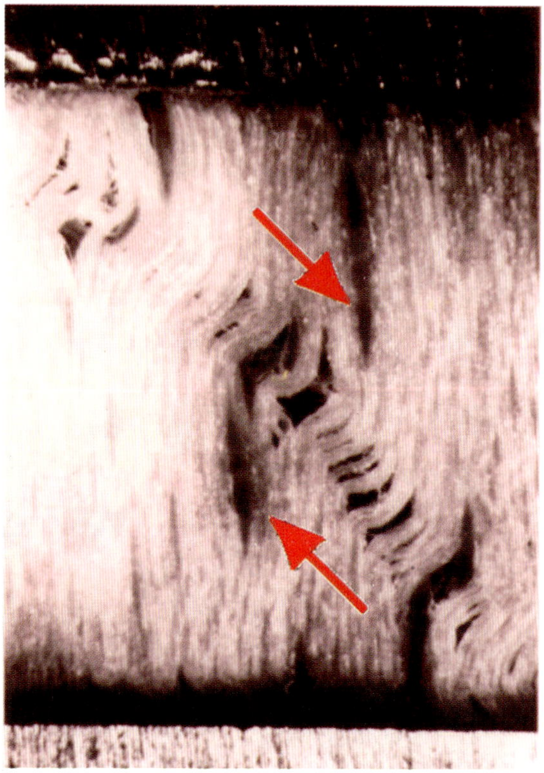

이 교목이 살아 있었을 때, 수직적인 압축하중으로 인해 선명한 전단 정사각형이 발생했다. 오래된 가지 가까이에서, 교차하는 45° 평면을 따라 제한적인 미끄러짐 파괴(slipping failure)를 볼 수 있다. 이 교목은 이러한 상황을 교차하는 늑재(肋材, ribs)를 활용하여 해결했다. 현미경사진은 같은 상황이 발생한 다른 교목에서 밀리미터 범위의 작은 미끄러짐 패턴(빨간색 화살표)을 보여준다.

전단 십자와 십자형 늑재

국지적인 전단 파괴를 교정하는 이런 유형의 십자형 늑재(cross rib)는 결코 흔한 것이 아니다. 이들은 대부분 구과식물에서 발견되며, 일반적으로 해당 교목이 죽고 수피가 벗겨진 이후에만 볼 수 있다. 전단 정사각형 방법은 이러한 자연 현상을 쉽게 설명한다.

극단적인 십자형 늑재

사진: Mick Boddy 제공

이 자작나무의 부드러우면서도 단단한 목재는, 한편으로는 섬유 방향에 비례하는 각도에서 전단 파괴가 발생하기 좋은 재질이었지만, 다른 한편으로는 완강한 작은 교목이 쉽게 포기하지 않았다: 생존을 위한 감탄할 만한 투쟁이다.

전단 정사각형과 안식각

밀가루

자갈

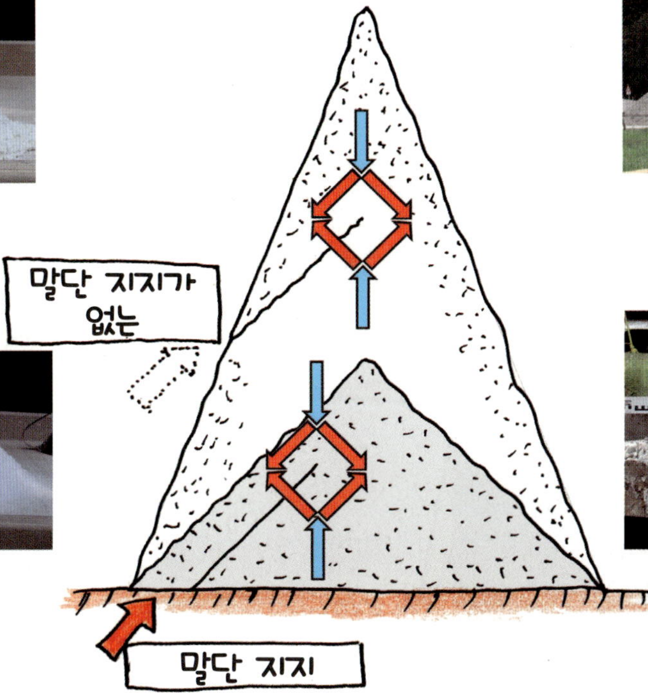

설탕

돌

흙이나 바위 더미가 미끄러져 내리지 않는 각도를 "안식각(安息角, repose angle)"이라고 부른다. 이들 더미의 재화중량(載貨重量, DWT; dead weight)은 내부에 수직적인 압력을 가한다. 이 종축 방향의 압축력(compressive force)으로 인한 전단 정사각형은 안식각이 45°를 초과하면 45°의 주된 전단 평면을 따라 미끄러지는 것에 대응하는 적절한 아래쪽 모서리 지지가 없다는 것을 보여준다.

이것이 우리가 지금까지 45°가 넘는 안식각을 가진 흙이나 바위 더미를 본 적이 없는 이유일 것이다. 매우 조심스럽게 일단 더 가파른 밀가루 더미를 만드는 데 성공하더라도, 안식각이 45° 근처의 값으로 되돌아가는 데는 테이블을 가볍게 두드리는 것만으로도 충분하다.

사고의 도구: 인장 삼각형

이제 인장 삼각형(引張三角形, tension triangle) 방법에 대해 공부해보자. 이는 위험한 노치 응력(notch stress)을 감소시키고 물체에서 쓸모없는 불필요한 모서리를 조금씩 제거하기 위해 사용될 수 있다.

교목이 노치를 메우는 방법

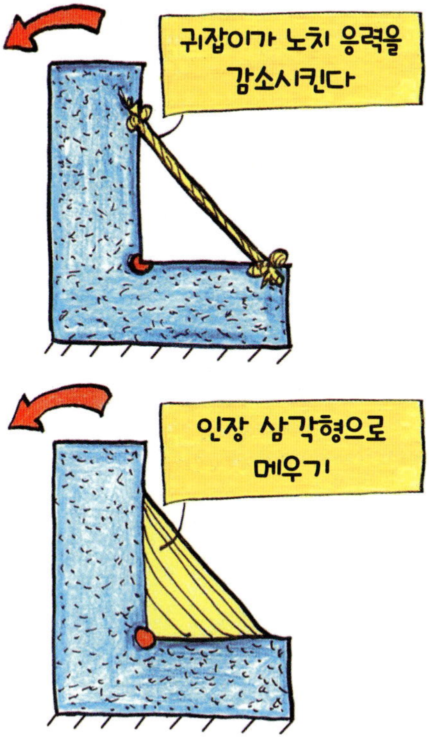

교목의 수간(樹幹, trunk)은 지표면에 평행하게 모서리가 날카로운 노치를 만든다. 날카로운 모서리나 노치는 종종 위험할 정도로 응력이 높은 곳이다. 수간은 이러한 모서리를, 대부분의 경우, 풍상측에 매우 뚜렷하게 나타나고 인장 삼각형처럼 작용하는 근원(根元, root collar)을 이용하여 메우고 긴장을 완화시킨다. 이것이 "인장 삼각형 방법(Tension Triangle Method)"의 기초가 되는 아이디어인데, 이 그림은 잠재적인 파손 지점을 완화시키는 노치 응력 감축 방법을 정밀하게 도해적으로 나타낸다. 첫 삼각형은 해당 모서리에 대칭적으로 적용된다[4].

인장 삼각형 – 자연에서 보편적인 형상

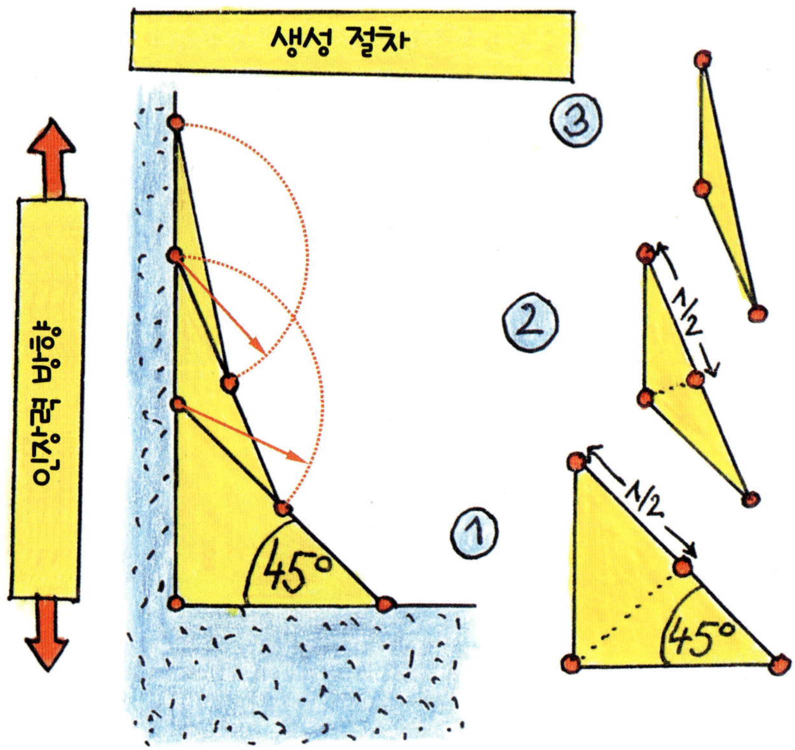

아래쪽 45° 각도에서 시작하여 뾰족한 모서리 안으로 인장 삼각형을 쌓아 올린다. 이것이 더 위에 새로운 노치를 만들지만 각도가 더 무뎌져서 덜 위험하다. 또 다시 이 노치를 대칭적으로 메우는데, 이는 항상 아래쪽 인장 삼각형의 중간에서 시작하며, 이러한 작업이 계속된다. 대부분의 경우, 세 종류의 인장 삼각형이 노치를 메울 것이다. 이렇게 하여 남은 무딘 모서리를 둥글게 만드는데, 예외적으로 아래쪽 모서리는 원의 반지름이나 탄젠트 곡선(tangent curve) 형태를 취한다. 이것이 위험한 최대응력(最大應力, peak stress)을 피하는 하중 방향에 대해서만 최적화된 노치의 윤곽으로, 모든 공학자들의 꿈인 노치 응력이 없는 노치이다[4].

나사의 밑동과 교목

검증은 자연을 관찰함으로써 가장 쉽게 할 수 있으며, 이러한 방법으로 계속해서 확신을 갖게 된다. 일단 인장 삼각형의 윤곽에 대한 "임상적인 시각(clinical eye)"을 갖게 되면, 자신의 주의를 끄는 끈질긴 인장 삼각형의 방해를 받지 않고 느긋하게 걷는 것은 어려울 것이다. 나사의 목과 이의 최적화된 형상은 기술적인 구현의 좋은 예이다. 한편, 인장 삼각형을 가진 많은 역학적인 부품들이 다양한 산업에서 개발되었다[4].

교목 분기에서의 인장 삼각형

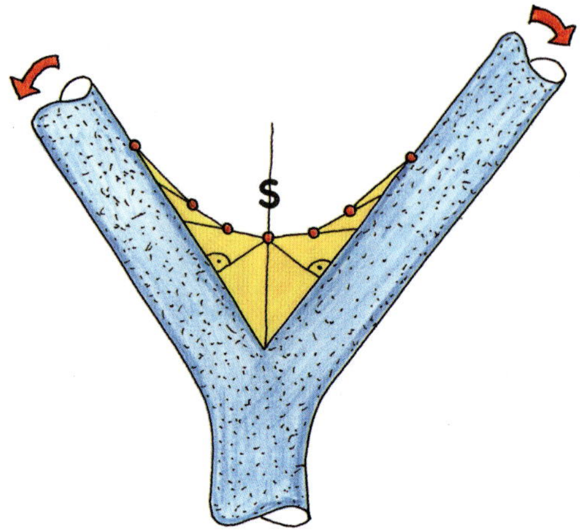

생성 절차

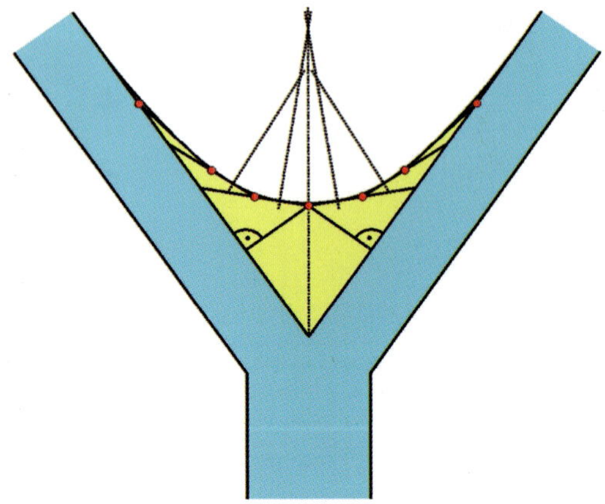

곡선화

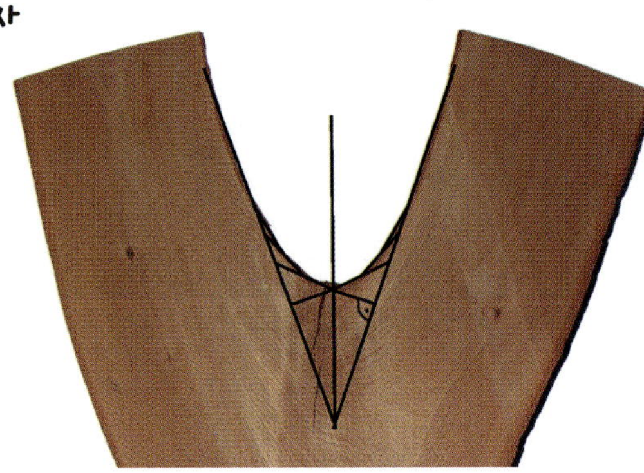

자연의 예

근원(根元, root collar; 다음 페이지에 나옴)과의 관계는 여기서 확립되어야 한다. 이 교목의 분기에서 양쪽에 동일한 하중이 작용하면, 분기의 두 줄기가 이루는 각도를 이등분하는 선으로부터 두 줄기에 수직선을 그을 수 있는데, 이러한 방법으로 양쪽에 하나의 근원(즉, 기초)을 만들고 난 다음, 인장 삼각형을 쌓으면 마침내 해당 모서리를 둥글게 만들 수 있다. 점 S는 임의로 결정된다. 이는 가능한 경우, 해당 구조를 위한 공간을 키울 수 있도록 위로 이동시키는 것이 더 좋다. 또한 해당 교목은 자라면서 이를 계속 위로 밀어 올린다[4].

보편적인 형상: 다양성 속의 통일성

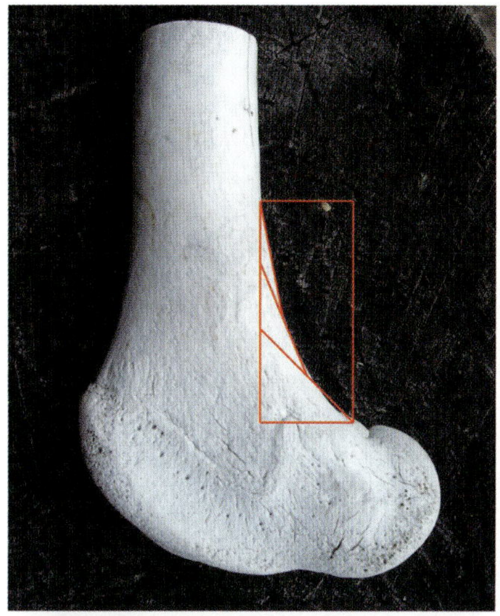

교목의 밑동(butt)은 목재, 뼈, 백악(白堊, chalk)과 토양에서 볼 수 있다. 자재는 크게 다를 수 없지만 모든 구성요소의 형상은 "형평(衡平, equity)"을 의미하는 역학 법칙인 균일응력 공리(uniform-stress axiom)에 의해 결정된다. 이것이 많은 살아 있는 물체나 죽은 물체에 대한 보편적인 형상인 인장 삼각형이나 압축 삼각형이다[4]!

보편적인 형상: 다양성 속의 통일성

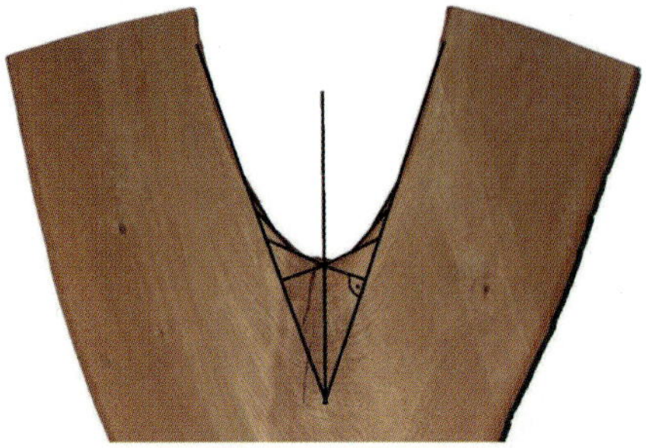

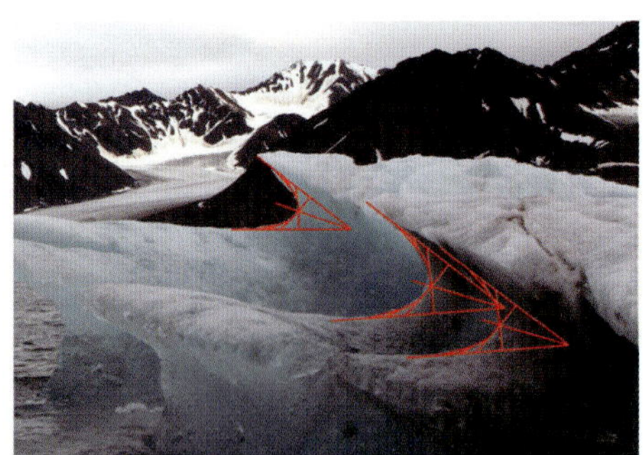

사진: Winfried Keller 제공

[4]

사진: Alexander Wank 제공

힘 원뿔 방법

2009년 말 이후 겨우 알려지기 시작한 우리의 힘 원뿔(force cone) 방법[4]은 형상을 결정하기 위한 유력한 사고의 도구로 빠르게 발전되었고, 산업계에 의해서도 사고의 도구로 쉽게 받아들여졌다. 아이디어는 이렇다: 커다란 탄성판(彈性板, elastic plane)에서, 하나의 힘이 정면에서 90° 압축 원뿔을 밀고, 뒤에서 90° 인장 원뿔을 당긴다. 90° 각도는 전단 정사각형이 그려지면 타당하게 된다. 힘 원뿔 방법은 주어진 역학적인 상황에서 높은 응력이 발생하는 지역의 위치를 나타낸다. 이는 대략적인 최적 설계의 윤곽을 나타내고, 생물적인 물체에도 적용된다!

90° 알루미늄 주름

알루미늄 포일 롤을 테이블의 가장자리 너머로 당긴 다음 고무 스토퍼(stopper)를 사용하여 반대 방향으로 국지적인 인장을 적용하면, 가장 큰 주름으로부터 직사각형에 가까운 인장 원뿔을 선명하게 볼 수 있다[4].

자연에서의 힘 원뿔들

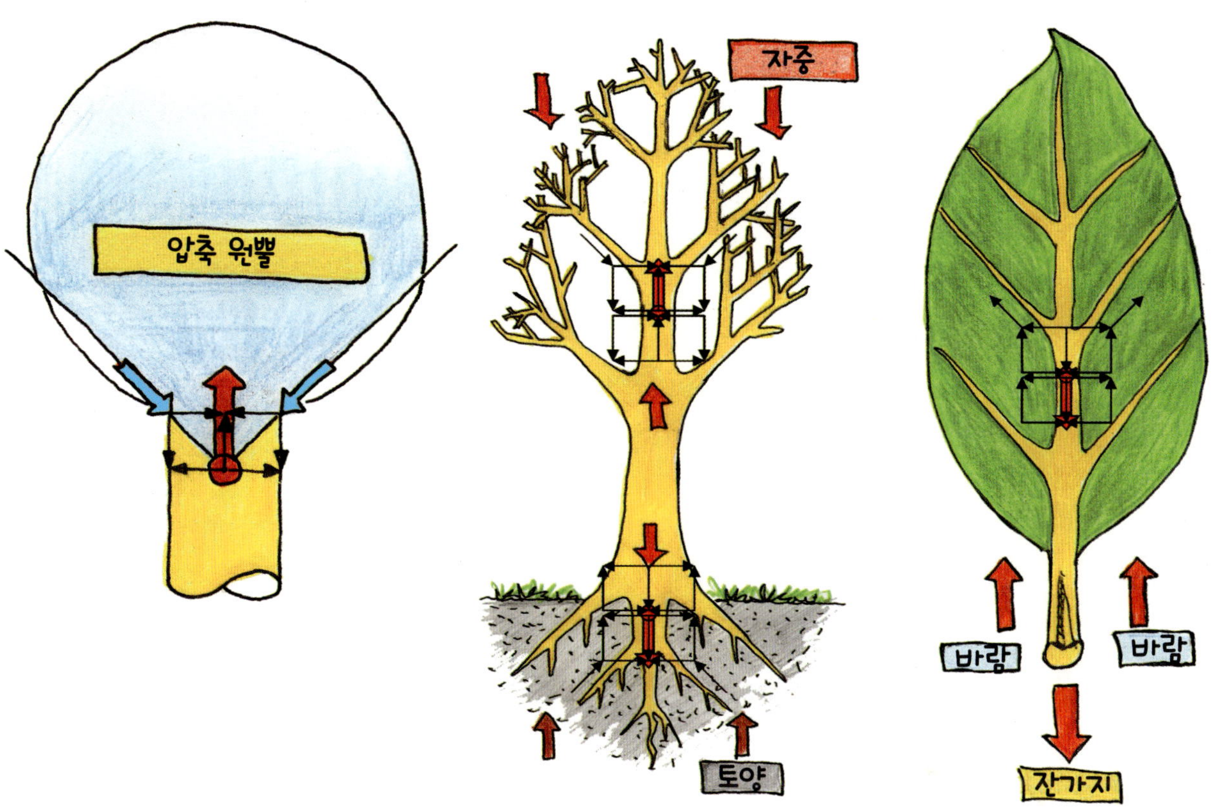

교목의 수간은 수관과 뿌리판을 분리시키는 간격 확보 기관이다. 리그닌이 풍부하여 압축 저항적이고 일련의 압축 원뿔로서의 역할을 하는 단단한 가지가 지탱하지 않으면, 잎은 자신의 무게로 인해 미끄러져 내려갈 것이다. 다른 한편, 수간은 단단한 뿌리가 아래쪽을 가리키는 압축 원뿔을 형성하지 않으면, 땅속으로 가라앉을 것이다. 잎은 섬유소(cellulose)가 풍부하기 때문에 인장에 저항할 수 있고, 진주 목걸이의 끈처럼 잎의 주맥(主脈, main vein)을 따라 배열된 일련의 인장 원뿔을 거쳐 풍하중을 모은다[4].

힘 원뿔 접근

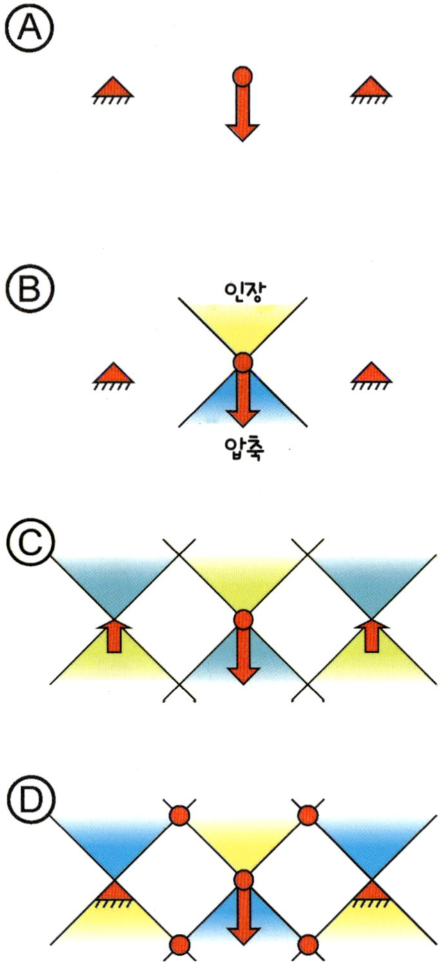

Ⓐ 두 견고한 지지가 있는 단일의 중심 부하.

Ⓑ 단일 부하에 그려 넣은 힘 원뿔.

Ⓒ 지지력에 그려 넣은 힘 원뿔들. 이들 각각의 높이는 중앙 힘의 절반이다.

Ⓓ 붉은색의 1차 집중점에서 인장과 압축이 직각으로 교차한다.

힘 원뿔 존재의 타당성을 인정했으면, 특정 부하의 경우에 대해 가장 유리한 물체의 형상을 찾도록 노력하자. 위에서는 이러한 형상을 찾는 단계에 대해 설명하고 있다.

힘 원뿔 접근

Ⓔ

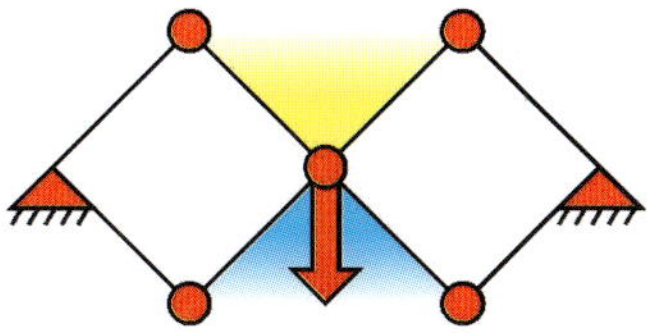

위와 아래의 1차 집중점은 여전히 연결되어야 한다.

Ⓕ

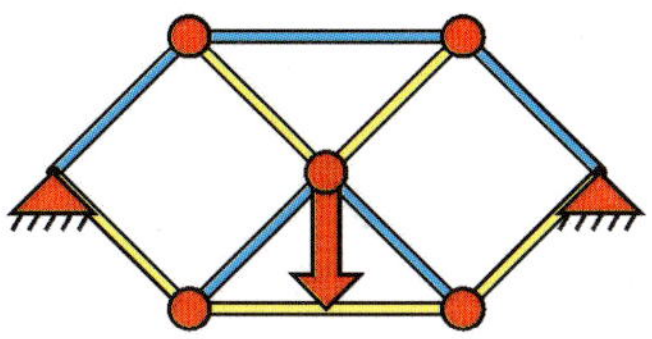

경량 구조가 완성되었다.

Ⓖ

노란색의 인장 밧줄과 파란색의 압축 버팀목으로 그려진 힘 원뿔 결과

Ⓗ

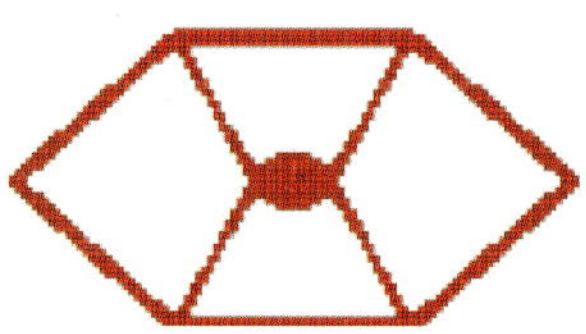

전통적인 SKO(Soft Kill Option)에 의해 계산된 결과.

하드웨어, 소프트웨어, 그리고 시간적인 면에서 훨씬 많은 비용을 들였음에도 SKO* 는 비슷한 결과를 제공한다. SKO는 뼈 속의 파골세포(破骨細胞, osteoclast)와 물체의 부하가 걸리지 않은 부위를 잘라내는 것을 시뮬레이션 한다[4].

역자 주: SKO(Soft Kill Option)는 Mattheck이 명명한 것으로, 일반적으로는 ESO(Evolu-tionary Structural Optimization, 진화적 구조 최적화)로 불림. 자연계에서 필요한 구조를 최소의 물질로 만들기 위해 부하를 전체 형태에 균등하게 배분한다는 이론임.

5. 강성(剛性-단단함)과 강도(强度-튼튼함)

강성(剛性)과 강도(强度)

물체가 최적의 형상을 가졌다는 것만으로는, 즉 교목의 형상처럼, 충분하지 않다. 또한 구조를 이루는 자재는 충분히 단단하고, 무엇보다도, 튼튼해야 한다. 자재는 강성(剛性, stiffness)과 강도(强度, strength)로 설명하는 것이 이해하기 쉽다. 이러한 성질은 독립적으로 해당 자재를 특징짓는다. 강성은 자재의 변형에 대한 저항성인 반면, 강도는 파손에 대한 저항성이다. 예를 들면, 가죽은 강성은 낮지만 높은 인장 강도를 가지고 있다. 반면, 러스크(rusk, 유아용 비스킷)는 강성은 높지만 강도는 높지 않아서[5], 잘 휘어지지 않지만 쉽게 파손된다. 그러므로 순전히 자재의 강성(stiffness)과 단단함(hardness)으로 그 자재의 튼튼함(강도, strength)을 판단하는 것은 큰 실수이다.

강성(剛性)과 강도(強度)

비록 물체가 부러지지 않더라도, 즉 강도(strength)가 일정수준을 넘지 않으면, 쓸모가 없게 된다. 예를 들면 어린 교목이 눈의 하중 때문에 회복할 수 없을 정도로 휘어지는 경우이다. 그러나 대규모 변형으로 인한 파손은, 이들이 사전에 파손을 소위 예고하기 때문에, 현실에서는 예측하기 더 쉽다. 반대로 큰 변형이 없는 취성파괴(脆性破壞, brittle fracture)는 무표정한 포커페이스(poker face)이다[26].

6. 목재는 무엇인가? 목재, 목재 강도에 대한 단순 모델

단순한 목재 모델

목재는 목재 세포(wood cell)로 채워진 나이테로 만들어져 있다. 세포는 인장에는 민감하지만 압축에는 저항성이 큰 리그닌으로 된 일종의 단단한 굴뚝이라고 상상할 수 있다. 이 굴뚝은 우리가 나일론이라고 생각할 수 있는 섬유소 호스 관(hosepipe)으로 채워져 있다. 목재 방사조직은, 칼의 가는 날처럼, 수간의 축에 대해 방사상으로 뻗어 있어서, 해당 교목을 가로 방향으로 튼튼하게 만든다. 방사조직(放射組織, ray)은 단면이 방추형(紡錐形, spindle shape)이기 때문에 목 섬유가 비껴갈 수 있는 최적의 조건을 제공한다. 원주형 장력(circumferential tension) 하에 있는 경우, 방사조직은 이 조직의 뾰족한 끝에서 균열을 야기할 수 있다. 건강한 교목은 접선 방향의 압축응력으로 이러한 균열을 저지한다. 엄청나게 단순화했지만, 이것이 목재를 세상에서 가장 복잡한 섬유로 만든다.

방사조직뿐만 아닌 목재의 방추형 형상

둥근 천공기에 의해 교목의 수피가 제거되면(왼쪽), 교목은 이 상처를 재빨리 방추형 모양의 자국으로 전환시킨다. 다른 한편, 거친 방추형 모양의 노치(notch)나 조약돌 모양의 노치를 수간 속으로 박아 넣으면, 그 상처는 비슷한 형상으로 유합된다. 이러한 방추형 형상은 유지된다.

갈색부후: 가루로 파괴되는 목재 취화

48페이지의 단순한 목재 모델은 목재 부후의 파괴적인 작업을 그림으로 설명할 때에도 사용할 수 있다. 곰팡이 중에는 섬유소 호스 관을 파괴하는 곰팡이들이 있다. 이들에 의한 부후를 갈색부후(褐色腐朽, brown rot)라고 부른다. 이는 단단한 리그닌 굴뚝의 틀만 남긴다. 이 목재의 조각을 땅에 던지면 비스킷이나 접시처럼 부서진다. 갈색부후에 감염된 교목은 단단하고 부서지기 쉬운 비스킷처럼 반응하여 결국에는 코코아 가루처럼 된다[2].

백색부후: 리그닌 부후로 인해 연화된 목재

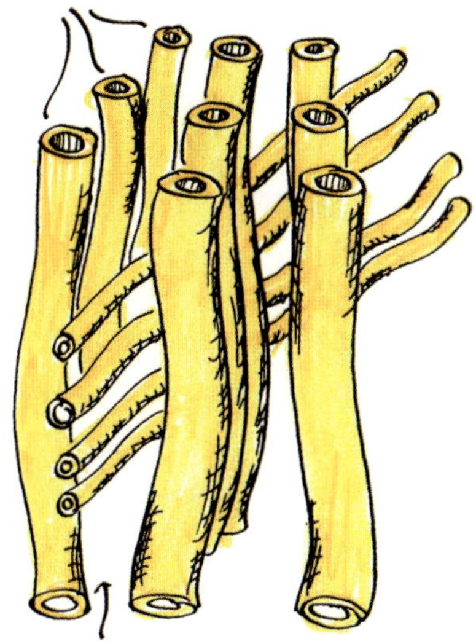

사진: Ted Green 제공

반대로 다른 곰팡이는 리그닌 굴뚝만 파괴하여 섬유소 호스 관만 고스란히 남긴다. 이러한 유형의 목재 부후는 만화에서 Stupsi가 먹고 있는 롤처럼 목재를 유연하고 질기게 만든다. 이러한 목재 부후가 백색부후(白色腐朽, white rot)의 한 유형이다(선택적인 리그닌 분해). 때로는 이로 인해 교목이 미끄러져 내리는 양말처럼 보이는 압축 주름(compressive fold)을 만든다[2].

가로 밧줄 같은 목재 방사조직

목재 방사조직은 바깥을 향해 더 굵어져서 결국에는 갈라지기도 하는 일종의 밧줄처럼 보일 수 있다[6]. 이들은 나이테를 중심을 향해 당긴다. 이로 인해 교목은 더 단단하고 더 안정적으로 되고, 나아가 균열이 쉽게 발생하지 않는다. 폭풍에도 잘 넘어지지 않는 교목은 많은 두꺼운 목재 방사조직을 가지고 있는데, 런던버즘나무와 참나무가 좋은 예이다. 약한 풍력(風力, wind force)의 충격 하에서도 넘어지는 교목은 더 가는 목재 방사조직을 가지고 있다. 이처럼 더 위험한 교목에 사사나무가 포함된다[2].

새살의 목재 방사조직

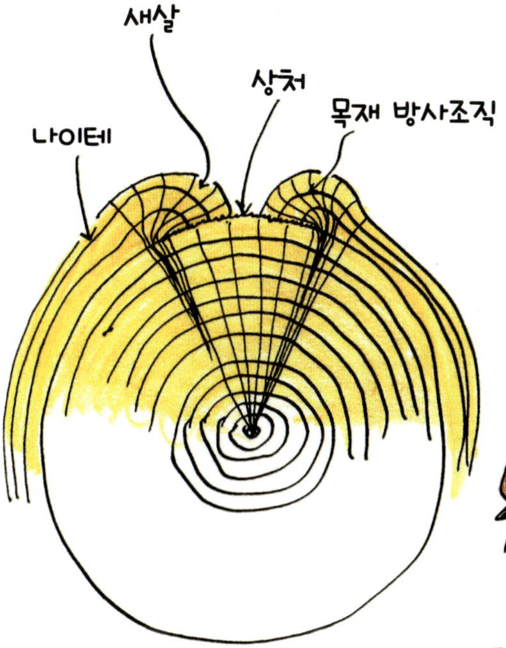

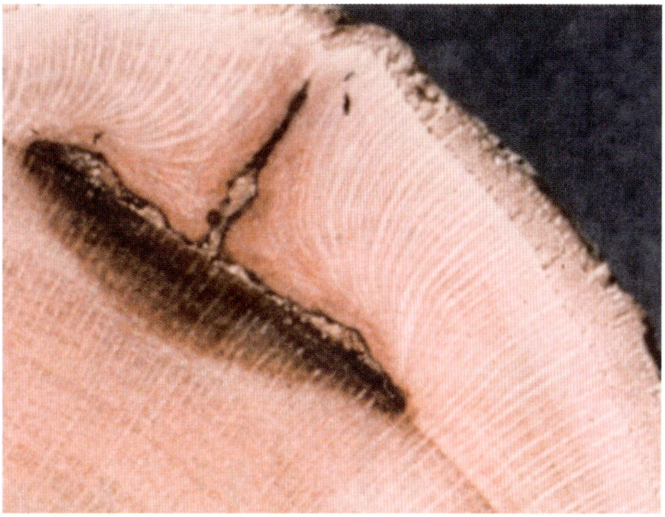

나이테가 둥글게 보이지 않을지라도, 목재 방사조직은, 만화의 Stupsi 손이 서로 수직을 이루고 있는 것처럼, 나이테에 직각으로 이어진다. 새살(wound wood)이 오래된 상처의 양쪽에서 위로 자라면서 나이테가 감돌아도, 목재 방사조직은 이들 감도는 나이테에 거의 직각을 이룬다. 이렇게 하여, 이들은 새살을 수간을 향해 당겨서 압축 붕대를 만든다[2].

목재의 평균 강도

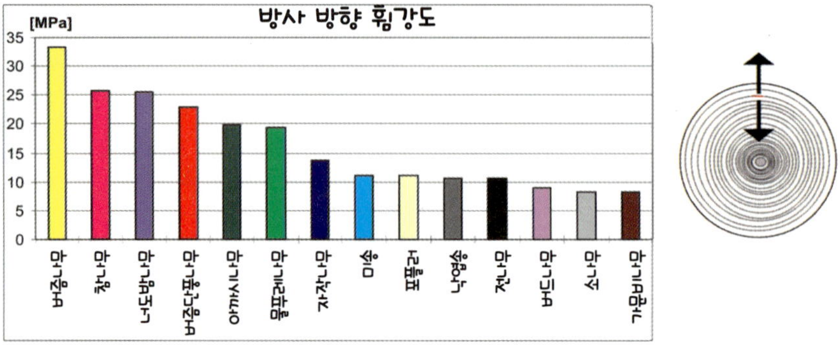

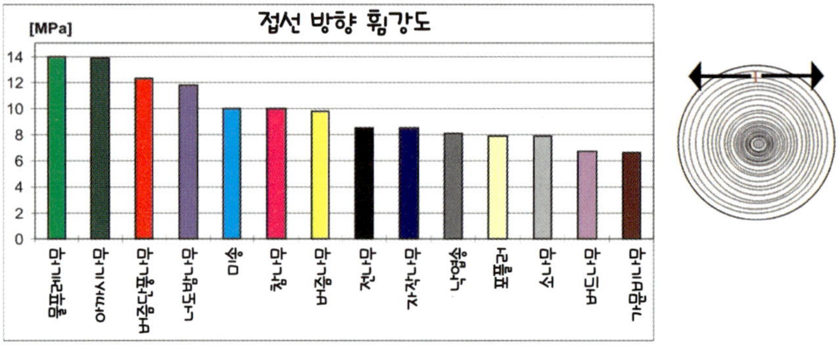

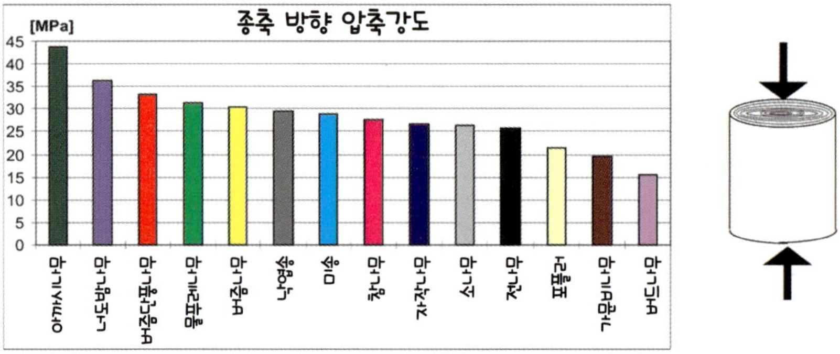

우리와 같이 일했던 Konrad Götz 박사는 자신의 과정 수료와 박사학위 논문을 위해, 여러 연구 중에서, IML의 코어 강도측정기(Fractometer III)를 이용하여 목재의 강도(强度, strength)를 측정했다[7]. 이들 도표는 평균값을 보여주고 있는데, 이는 강도는 교목 간은 물론 한 교목 내의 위치에 따라 현저하게 다를 수 있기 때문이다.

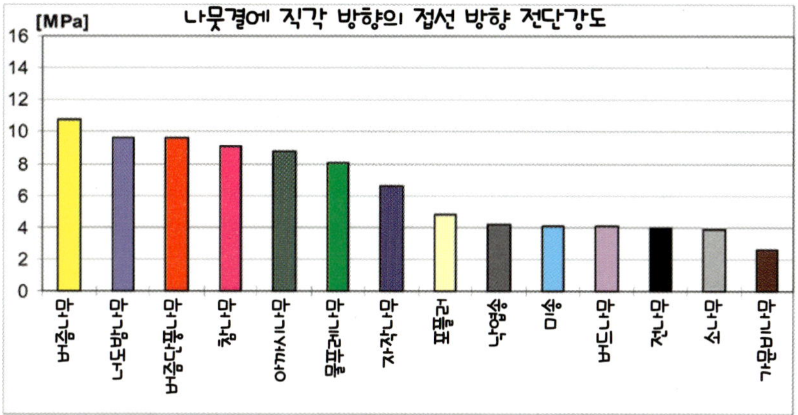
[MPa]
나뭇결에 직각 방향의 접선 방향 전단강도
16
14
12
10
8
6
4
2
0
버즘나무
너도밤나무
버즘단풍나무
참나무
아까시나무
물푸레나무
자작나무
포플러
낙엽송
미송
버드나무
전나무
소나무
가문비나무

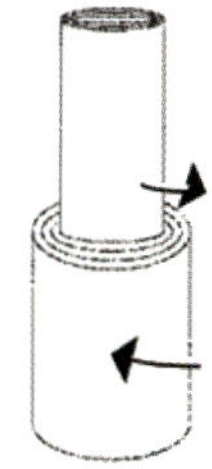

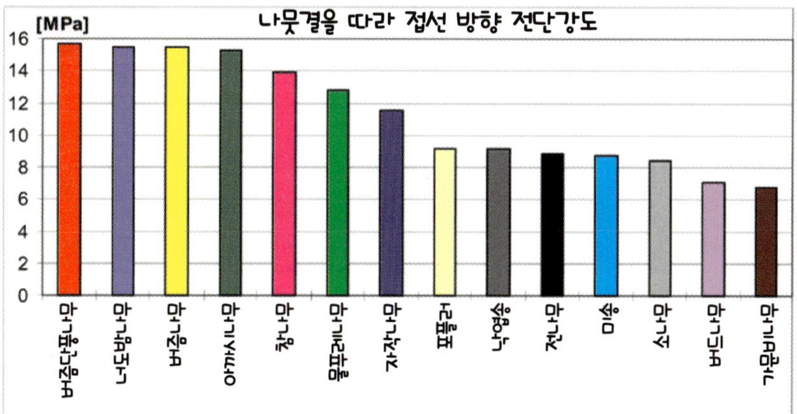
[MPa]
나뭇결을 따라 접선 방향 전단강도
16
14
12
10
8
6
4
2
0
버즘단풍나무
너도밤나무
버즘나무
아까시나무
참나무
물푸레나무
자작나무
포플러
낙엽송
전나무
미송
소나무
버드나무
가문비나무

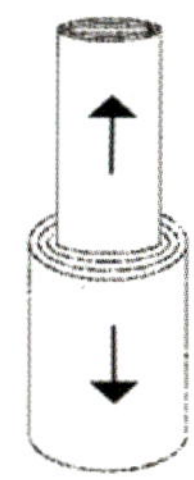

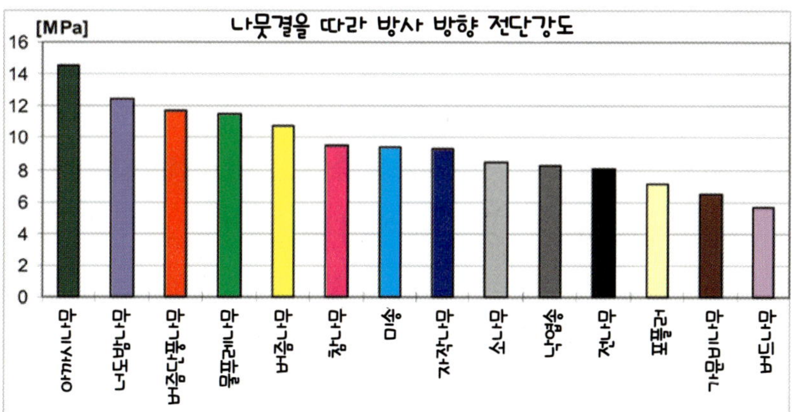
[MPa]
나뭇결을 따라 방사 방향 전단강도
16
14
12
10
8
6
4
2
0
아까시나무
너도밤나무
버즘단풍나무
물푸레나무
버즘나무
참나무
미송
자작나무
소나무
낙엽송
전나무
포플러
가문비나무
버드나무

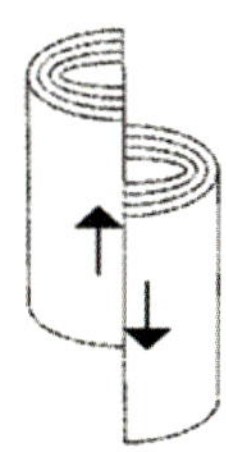

교목의 "마법과 같은" 강도 비율

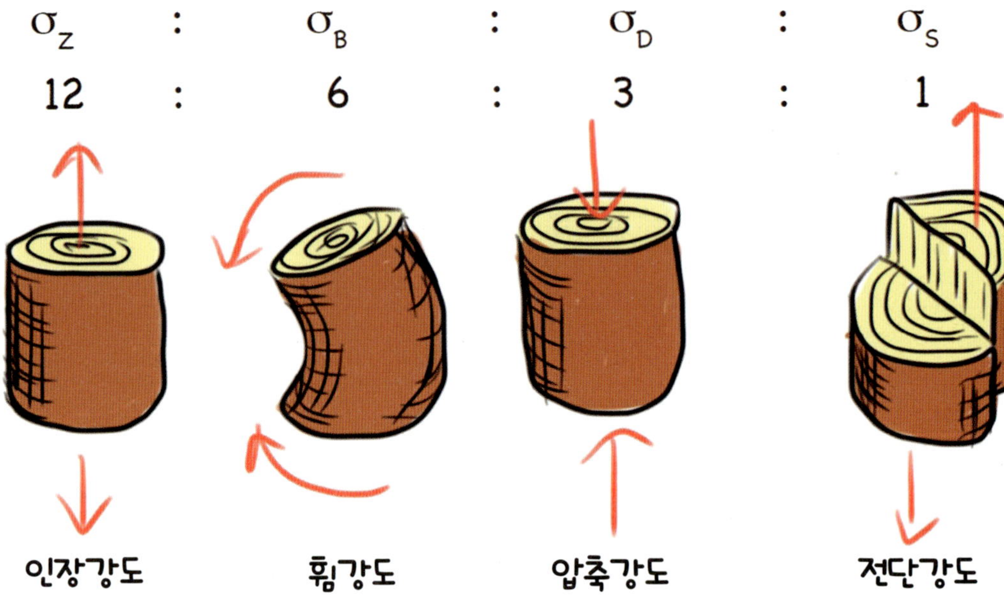

Götz[7], Lavers[8]와 미국 임산연구소(Forest Products Laboratory)[9]는 Bethge 박사의 강도 평가를 이용하여 이들 간의 관계를 정립해본 결과 흥미로운 현상을 발견했다. 모든 유형의 목재를 통하여, 일부 산포(散布, scatter)와 몇 개의 극단치(極端値, outlier)가 있지만, 결과적인 관계는 위 그림에 나타난 바와 같다. 다소 혼란스러운 발견은 생재(生材, green wood)는 인장강도가 압축강도보다 약 4배 더 강하다는 것이다. 즉, 섬유는 끊어지는 것보다 훨씬 더 쉽게 구부러진다는 것이다. 교목의 풍하측(風下側, lee side – 바람이 불어가는 방향)은 해당 교목의 풍상측(風上側, windside)이 견딜 수 있는 파괴 하중(破壞荷重, fracture load)의 1/4 수준에서 파손된다. 교목은 이러한 상황에서 벗어나기 위한 방법을 찾아야 하는데, 이것이 생장응력(生長應力, growth stress)이다. 이러한 강도의 상관관계에 더하여, 수많은 박사학위 논문에서 확인한 바와 같이[10, 11, 12], 교목은 특별한 요구에 자신의 강도와 잔류 응력(殘留應力, residual stress)을 적응시킨다.

7. 생장응력, 균일응력 공리

축 방향 인장 생장응력

여기서 목재 섬유의 좌굴(挫屈, buckling) 위험을 바지의 압축과 비교해보자. 사람이 멜빵을 이용한 인장응력 강화를 통해 미끄러지는 바지의 압축 주름이 생기지 않도록 반응하는 것과 비슷하게, 교목도 생장응력을 발달시킴으로써 휨에 의해 크게 하중을 받는 표면에 종축 방향의 응력을 생성한다. 바람의 휨 압력(bending pressure)은 목재 섬유에 압력을 조금이라도 주기 전에 먼저 멜빵이 생성하는 강화된 인장응력(tensile prestress)을 극복해야 한다.

낮은 압축과 높은 인장

그러나 여기에는 대가가 따르는데, 풍하측에서는 바람에 의한 휨 압축이 멜빵에 의한 인장응력에 의해 감소하지만, 풍상측에서는, 바람의 휨 인장(bending tension)이 멜빵에 의한 인장응력(引張應力, tensile stress)에 중첩된다. 이것은 아무 문제가 없는데, 왜냐하면 목재는 압축보다 인장에 견디는 힘이 4배 더 강하기 때문이다. 이상적으로는 총 응력은 다음과 같이 작용한다:

$$\frac{\text{멜빵에 의한 인장} + \text{바람에 의한 휨 인장}}{\text{바람에 의한 휨 압축} - \text{멜빵에 의한 인장}} = \frac{4}{1}$$

이 경우, 이론적으로 교목의 풍상측과 풍하측은 풍하측의 섬유 좌굴과 풍상축의 섬유 파열로 인해 동시에 파손될 것이다. 참으로 영리한 작은 교목이다!

마구리 갈림(end check)

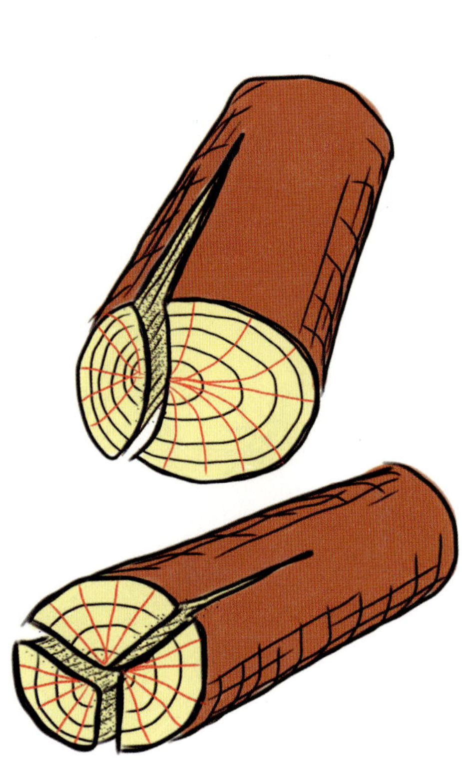

그러나 교목을 벌목(伐木, felling)할 때 문제가 있다. 멜빵으로 인한 강화된 인장응력은 더 이상 뿌리로 이동하지 않고 톱 절단면을 따라 섬유의 흐름에 직각으로 굴절된다. 따라서 가로 인장 하에 있는 목재는 쪼개질 수 있다. 해당 교목이 절단된 후에 발생하는 마구리 갈림(end check)은 건조할 때 발생하는 균열처럼 목재 방사조직을 따라 퍼져나간다. 방사조직의 뾰족한 끝을 가진 방추형 모양의 단면은 균열처럼 작용한다. 타원형 단면을 가진 교목에서, 마구리 갈림은 대부분 직경이 더 가는 쪽에 가까이 발생하는데, 여기가 인장이상재의 생장응력이 가장 먼 지레에서 당기는 곳이기 때문이다. 절단된 후에 마구리 갈림을 보이는 것은 대부분 낙엽수이다. 따라서 교목은 생장응력이 더 낮은 휴면기에 절단하는 것이 더 좋다.

해결방안으로서의 벌목 기술

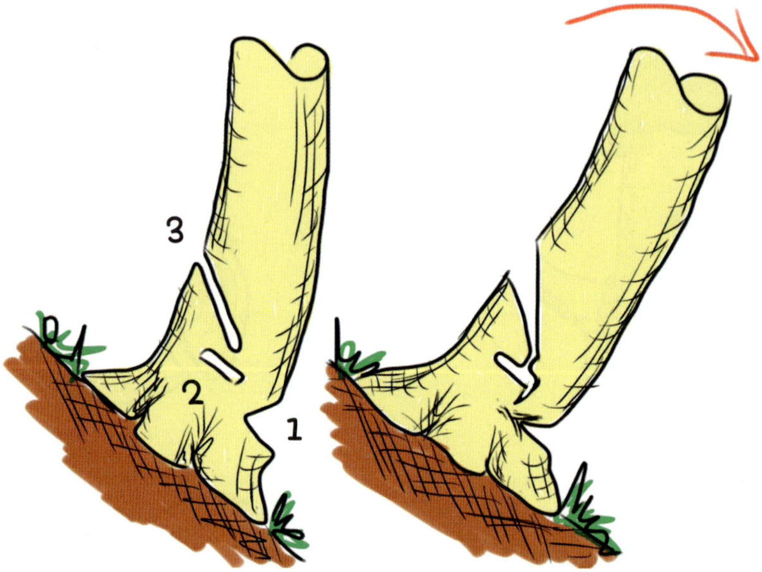

우리는 이러한 마구리 갈림 문제를 어느 정도 완전히 방지하는 벌목기술을 시험했다. 그 절차는 다음과 같다:

1. 커다란 벌목 노치(notch)를 만든다.
2. 중간에 있는 다리가 넘어지는 교목의 방향을 가리키는 것처럼 벌목 노치로부터 충분한 거리를 두고 수평의 찔러 베기(sting cut)를 한다.
3. 비버형(beaver-type) 베벨 절단(bevel cut)으로 벌목 절차를 시작해서 미리 해 둔 찔러 베기 위에 이르면, 다리가 파괴되면서 넘어지는 수간의 방향을 제시한다.

그럼에도 불구하고, 이제 사선인 끝이 수간으로부터 분리되는 바로 그때 금이 갈 가능성이 여전히 있다. 생장응력이 진정되도록 해야 한다.

축 방향 압축 부하 하에 있는 목재 방사조직에서의 균열 형성

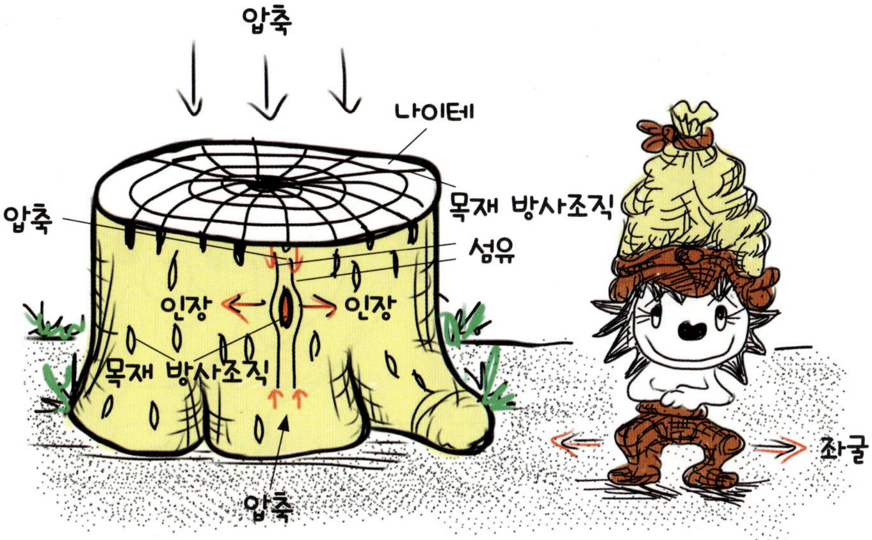

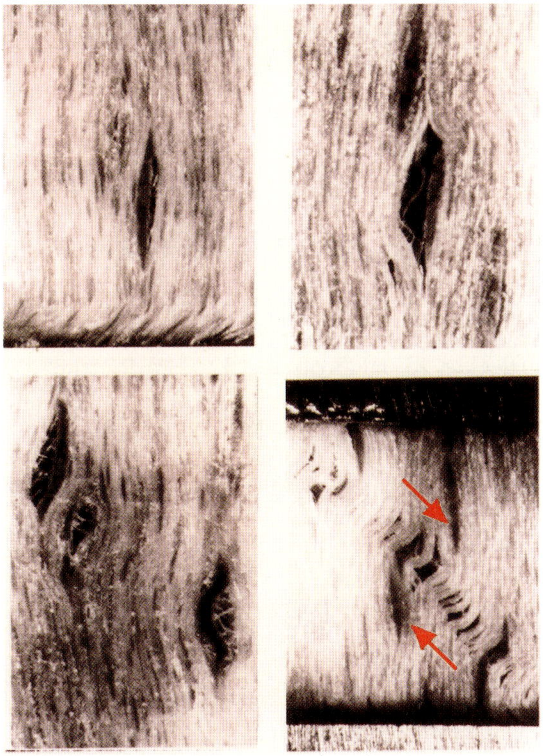

목재 섬유는 목재 방사조직의 방추 형상을 비껴 돌아서 가야 하기 때문에, 이들은 이곳에서 미리 휘어진 "구부러진 막대(buckling rod)"처럼 된다. 미리 휜 막대는 더 쉽게 자굴되는 것으로 알려져 있다. 이들 "비틀린 무릎(kinked knee)"은 매우 자주 대각선 방향 미끄러짐을 동반하여 45° 각도의 기울기를 가진 전단 파괴를 유발한다. 종축 방향 압축이 그랬던 것처럼, 벌목 절단과 수간에 직각으로 굴절되는 종축 방향 인장응력도 목재 방사조직을 균열로 전환시킨다[2].

목재 방사조직에 작용하는 횡 압력

목재 방사조직의 갈라지는 경향을 관리하기 위해 교목은 어떻게 하는가? 교목은 이들을 측면으로 압착한다. 교목의 바지에 있는 방추형 구멍은 아래와 위쪽 끝에서 지속적으로 갈라지려고 하는 목재 방사조직을 크게 확대한 것이라고 할 수 있다. 해당 교목은 이를 나이테 방향으로 압착함으로써, 즉 목재 방사조직 방추에 측면 압력을 가함으로써 저항한다. 만화에서 보는 바와 같이, 빈틈없이 꼭 맞는 허리띠를 이용하여 이를 달성할 수 있다. 이 교목은 생장하고 있는 동안 "팽윤 과정(膨潤過程, swelling process)"에 의해 자신의 표면에 원주 방향으로 압축적인 응력을 강화시킨다. 살아 있는 교목만이 생장응력을 가지고 있고, 제재목(製材木, timber)은 건조응력(乾燥應力, drying stress)을 가지고 있다.

생장응력: 단순히 팽창한다

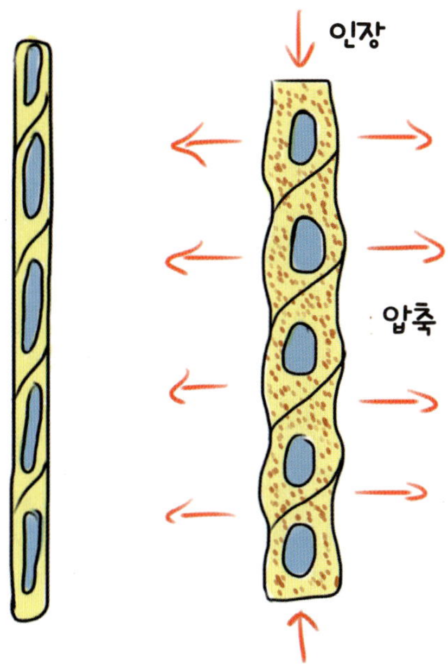

그렇다면, 명백하게 교목의 친구이고 벌목꾼의 적인 생장응력의 원천은 무엇인가? 단순화된 모델을 보자. 수간의 표면에 한 줄의 수직적인 세포 열이 있다고 상상하라(왼쪽). 세포 내부의 압력이 올라감에 따라, 이들은 둥근 형상을 취할 것이다. 또한 세포벽은 리그닌 결합(lignin incorporation)으로 인해 부풀어 오른다(프라이부르크 대학교 Dr. Siegfried Fink 교수의 개인적인 정보). 이에 따라 종축 방향으로는 짧아지고 횡 방향으로는 넓어진다. 이것이 바로, 우리가 바로 앞에서 설명한, 종축 방향의 인장응력(멜빵!)과 횡 방향 압축응력(허리띠!)을 야기한다. 수간 내부의 모든 다른 생장응력은 단순히 역학적인 평형 고찰(equilibrium consideration)로 인해 발생한다. 수간 표면에서의 팽윤 과정은 엔진(engine)이며, 자세한 내용은 Archer(1987)의 저서 "Growth stresses and strains in trees"를 참고하라[43].

건조 균열: 제재목에 발생하는 문제

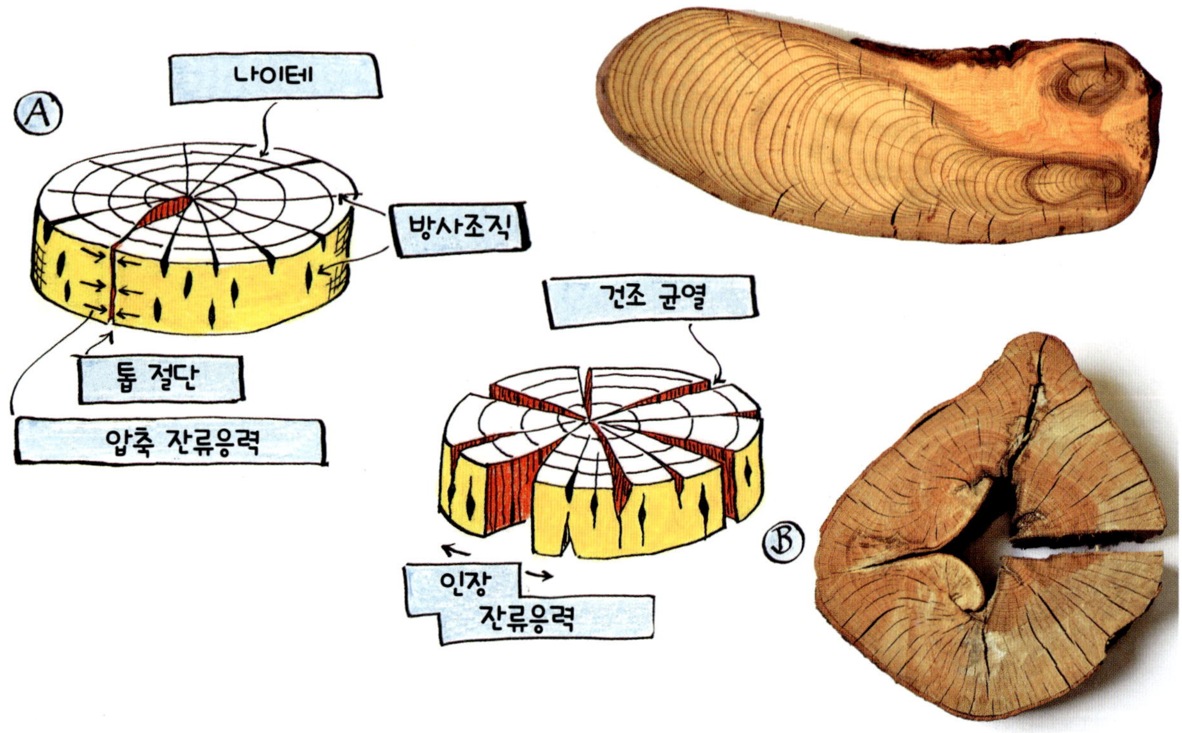

제재목의 건조 균열은 살아 있는 교목에 생장응력이 없어서 생긴다. 나이테 방향으로 작용하는 접선 방향의 잔류 압축응력은 생생한 교목 원판(圓板, disc)의 방사 방향 톱 절단도 압착하는 것을 눈으로 볼 수 있고(A), 이에 따라 목재 방사조직이 균열로 변하는 것을 막지만, 목재가 건조해짐에 따라 이 잔류 압축응력은 주로 접선 방향 인장응력으로 바뀐다(B). 이러한 방식으로 횡 인장을 받는 많은 목재 방사조직이 균열로 바뀌어 거의 모든 전신주에서 발견되는 친숙한 종축 방향 틈을 만드는데, 이들은 목재 방사조직과 꼭 같이 항상 나이테에 직각으로 위치한다.

부하의 함수로서 리그닌과 섬유소 적용

두 주된 목재 성분, 즉 압축 저항성인 단단한 리그닌과 인장 저항성인 부드럽고 질긴 섬유소(纖維素, cellulose)는 해당 교목이 현명하게 사용한다. 압축 부하 하에 있는 지점에는 더 많은 리그닌이 적용되는 반면, 인장응력 하에 있는 부위에서는 섬유소가 발견된다. 어쨌든 공학자는 회주철(灰鑄鐵, grey cast iron)로 견인 케이블을 만들지 않는다. 그러므로 기울어진 교목은 아래쪽에는 단단한 리그닌 지지를, 반면 위쪽 면은 질긴 섬유소 케이블을 갖추고 있다.

목재: 세상에서 최고의 섬유 복합체

교목은 자신의 표면에 종축의 인장응력을 형성한다. 이 만화에서 위쪽에 있는 Stupsi처럼, 교목은 바람으로 자신이 압축에 노출될 때 너무 빨리 좌굴되지 않도록 자신의 목재 섬유를 길이 방향으로 당긴다. 옆의 두 Stupsi는 교목이 목재 방사조직 방추(紡錘, spindle)의 끝부분이 균열되지 않도록 목재 방사조직을 어떻게 옆으로 압박하고 있는가를 보여주고 있으며, 이로 인해 해당 목재가 건재처럼 목재 방사조직을 따라 균열이 발생하지 않았다. 이러한 응력을 생장응력(生長應力, growth stress)라고 부른다. 이는 교목이 파손되지 않도록 도와준다. 좌굴과 균열에 저항하는 생장응력, 그리고 리그닌과 섬유소는 부하에 적합하도록 배열된다. 제재목은 생장응력이 없다[2].

돛단배 같은 교목

교목은 돛단배에 매우 잘 비교될 수 있다. 교목의 잎과 잔가지는 바람하중을 모아서 더 굵은 가지와 함께 수관의 돛을 만든다. 힘의 중요한 전달자인 수간은 바람하중을 아래 방향으로 보내어 이를 뿌리 시스템으로 인도하는 근원(根元, root collar)으로 배분시킨다. 따라서 결국은 토양이 전체 부하를 감당한다. 그러나 토양은 예측 불가능한 물질이다. 답압되거나 약간 습하면 적절한 하중지지능력(荷重支持能力, load bearing capacity)을 가진다. 그러나 들려 있고 느슨하거나 너무 건조하거나 너무 습하면 이러한 능력은 순식간에 사라진다. 바로 모래성을 생각해보라: 너무 건조하거나 너무 젖어 있으면 만들 수 없을 것이다.

균일응력 공리

수간 표면의 하중을 지지하는 모든 점은 동일한 권리를 행사해야 한다: 즉, 응력은 시간이 흐름에 따라 평균적으로 동일하다. 이것은 교목이 자신이 살아 있는 동안 유지하려고 노력하는 것이다. 이들은 응력을 측정하고 교정하고 다시 측정하는 과정을 반복한다. 임업가인 Metzger[13]가 아마 가문비나무의 응력 배분의 균질성(均質性, homogeneity)을 처음으로 지적한 사람일 것이다. 주어진 풍향에 대해, 수간에는 풍상측에 인장이, 풍하측에 압축이 발생한다. 그 사이에 있는 휨의 중립적인 섬유에 대한 응력은 분명히 0이다. 바람이 바뀌면 모든 부위는 바로 영향을 받으며, 시간이 경과하면서 평준화된다. 그러나 충분한 광합성 산물을 생산하는 교목은 자신의 응력을 섬유 방향으로 균일하게 한다. 2012년, 균일응력 공리(Uniform-Stress Axiom)가 "생체모방 최적화(Biomimetic optimization)" 지침인 VDI Guideline 6224에 포함되었다.

역학적으로 통제되는 상처 유합

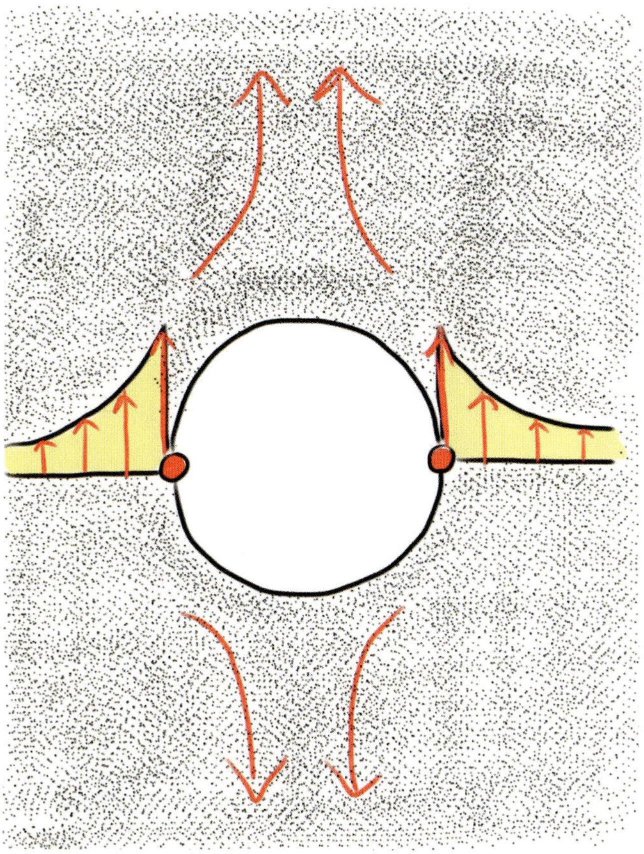

왼쪽에 보이는 바와 같이, 다공판(多孔板, perforated plate)이 길이 방향으로 당겨지면, 둥근 구멍 바로 옆에 높은 노치(notch) 응력이 발생한다. 둥글게 따낸 자리를 가진 교목은 이들 응력을 측정하여 이 지점에 더 많은 새살(wound wood)을 덧붙인다. 오래된 따내기 실험에 의하면 상처 치유가 역학적으로 통제되는 것으로 나타났다[14].

새살은 응력이 가장 높은 지점에서 가장 빨리 부착되어, 균일응력 배분 상태를 점진적으로 회복한다.

상처와 목재 방사조직 방추는 힘의 흐름을 보여준다

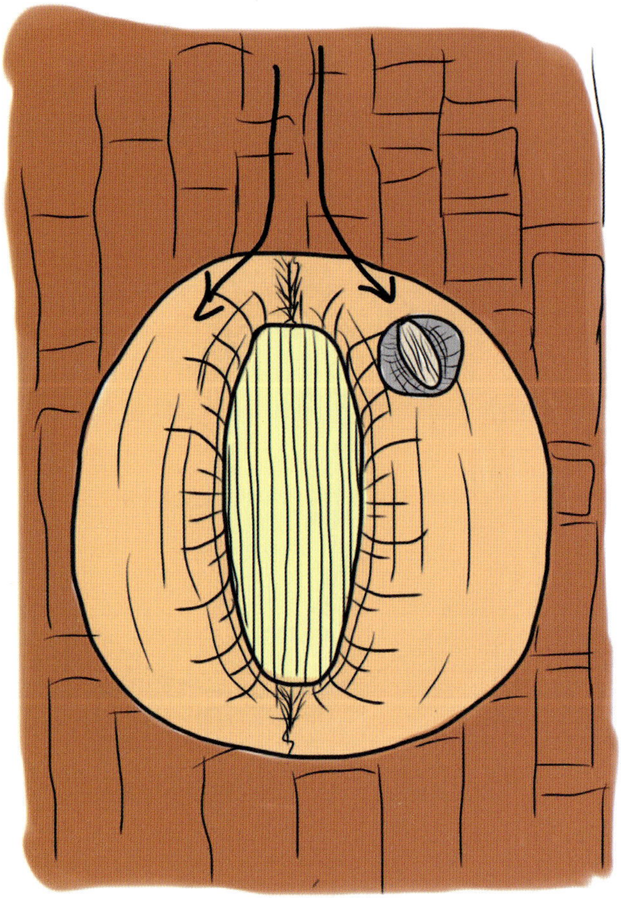

깊은 원형의 노치에서 생긴 새살 속으로 작은 구멍을 뚫어보면, 작은 상처의 방추(미유합 부분)가 굴절된 섬유 방향(화살표)으로 배열되어 있을 것이다. 상처의 방추는 힘의 흐름을 나타내는 나침판의 바늘처럼 행동한다. 또한 목재 방사조직 방추와 뚫린 구멍이 있는 사진(오른쪽 아래)의 섬유 배열은 힘의 흐름을 보여준다.

노치 형상에 의해 통제되는 상처 유합

위 그림에서 보여주는 바와 같이, 뾰족한 노치는 둥근 노치보다 더 높은 노치 응력을 유발한다. 이것이 차이가 나는 새살 형성의 강도(强度, intensity)를 설명해준다. 이는 부하에 의해 통제된 생장이다! 더 높은 응력에 노출된 각 노치의 왼쪽 끝은 새살을 덜 덧붙이는 경향이 있는 오른쪽의 둥근 모퉁이보다 더 빠르게 새살을 형성하여 상처를 둥글게 만든다. 현재의 상처 가장자리는 현재의 힘 흐름을 나타낸다. 이 모든 것이 상처에 대해 치유 지령으로 작용하는 균일응력 공리에 의해 설명된다.

8. 결함 증상: 교목의 경고 신호

결함 증상으로서의 수선 부착: 균열과 늑재

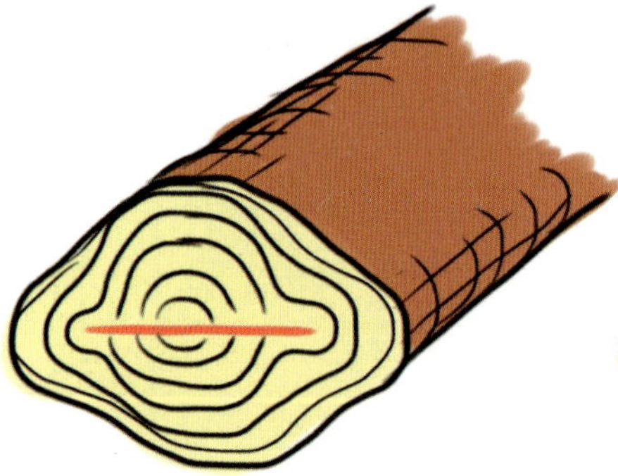

넓적코 늑재

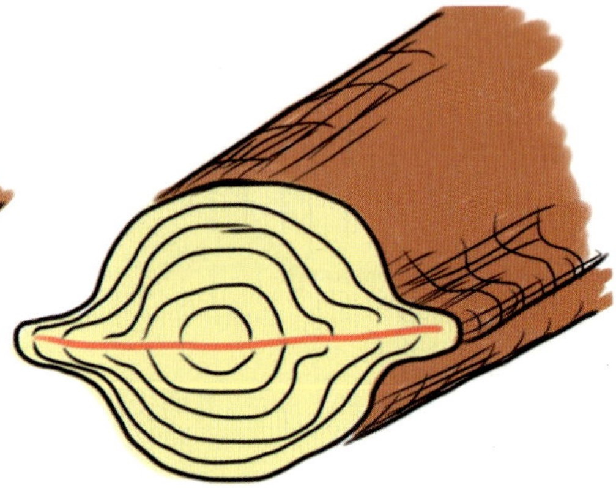

뾰족코 늑재

이 그림의 균열처럼 외부 상처든 내부 결함이든, 수선(修繕, repair)은 응력에 의해 통제되고, 수선 부착은 교목의 몸짓 언어에서 보내는 경고 신호이다. 대부분 과거에 뾰족코(sharp-nosed)였던 넓적코 늑재(-肋材, snub-nosed rib)는 정적인 균열(static crack)이 성공적으로 수선되었음을 나타낸다. 그러나 뾰족코를 가진 늑재는 수간 표면에 근접한 아직 활동적인 균열의 끝을 가리킨다.

크게 갈라진 균열의 만남과 유합

분명한 개구(開口, opening)를 가진 관통형 균열은 이들 균열 벽이 서로 만나지 않기 때문에 늑재를 형성할 수 없다. 새살의 가장자리는 말려들어가고, 말린 나이테의 수는 균열이 발생한 시기를 나타낸다. 크게 갈라진 균열도 엄청난 인내를 가지고 기다리면 유합될 수 있다. 말려들어간 상처의 가장자리가 점점 더 두꺼워져서 이들이 결국 만나면, 접촉면이 넓어지면서 납작하게 붙게 된다. 초기에 당분간은 매몰된 수피에 의해 여전히 분리되어 있다! 그러나 두 새살 벽의 나이테가 뒤틀림이 생기지 않고 실질적으로 만나면, 매몰된 수피는 "녹아들어서(melt)" 모두를 둘러싸는 나이테가 처음으로 형성된다. 매몰된 수피는 역학적으로 균열처럼 작용하기 때문에, 이 종축 방향 융합의 성공과 안정성에 따라 넓적코 늑재나 뾰족코 늑재가 발생할 수 있다.

중배 목재로 만들어진 안전벨트

붕대에 의해 지지되는 삔 발을 상상해보라. 이 붕대의 역할은 목재 섬유가 국지적으로 뒤틀린 교목에서 중배 목재(中-木材, bulge wood)가 하는 역할과 거의 비슷할 것이다. 대부분의 경우, 목재 섬유는 목재 방사조직 둘레로 굴절하기 때문에, 이러한 섬유 뒤틀림은 직선이 아닌 미리 휘어진 이들 목재 섬유에서 시작된다.

4반세기에 걸친 교목 연구에서, 우리는 중배 목제에서만 파손되는 경우를 본 적이 없다. 중배 목재의 가장자리는 거의 계단처럼 선명하게 나타난다.

수간 내 부후된 지점 정면의 불룩한 배

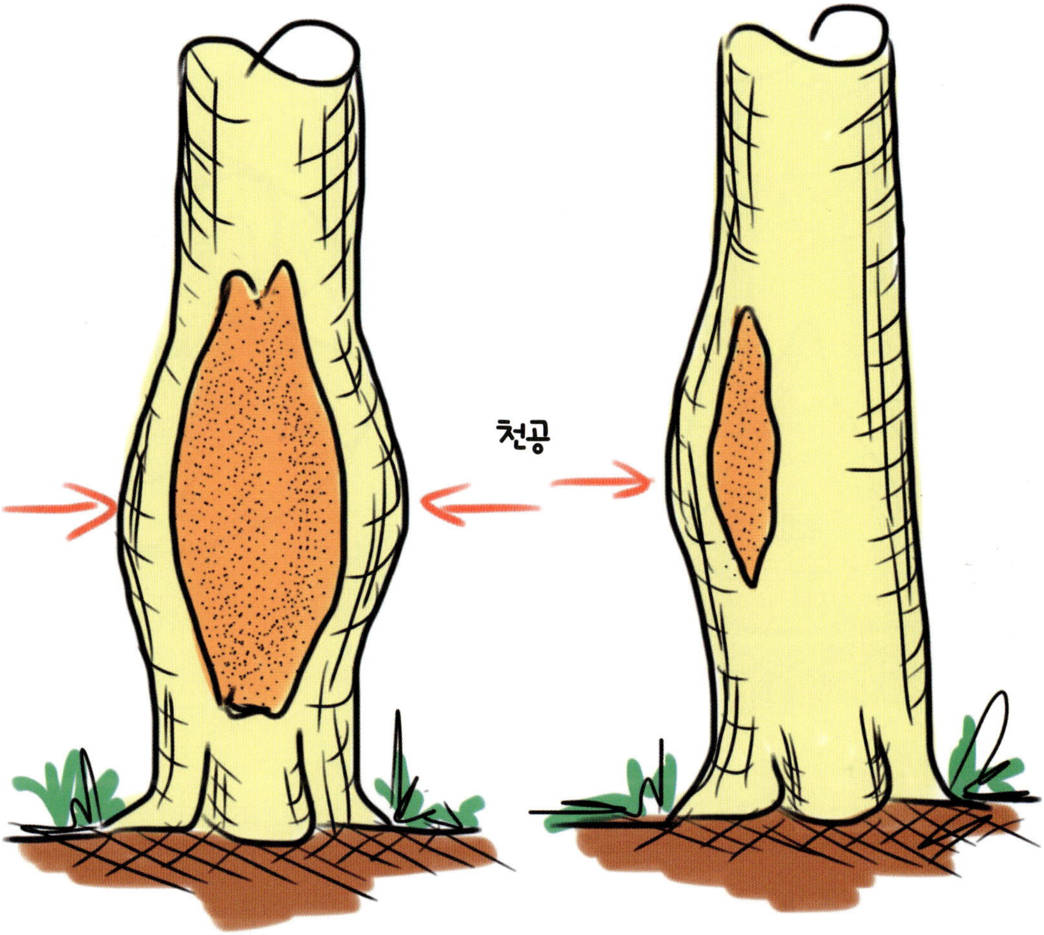

계단 모양 중배 목재의 가장자리와 달리, 부후된 공동이나 목재를 연화시키는 부후 부위의 윤곽은 완만하게 둥근 모양을 하고 있다. 대부분 수선 부착에 의해 생긴 불룩한 배의 가장 높은 돌출 부위의 벽 두께가 가장 얇다. 이곳이 유일한 지점은 아니지만, 천공으로 잔여 벽 두께를 측정해야 하는 바로 그 지점이다.

근주 부후 징후인 수간 기부의 종 모양

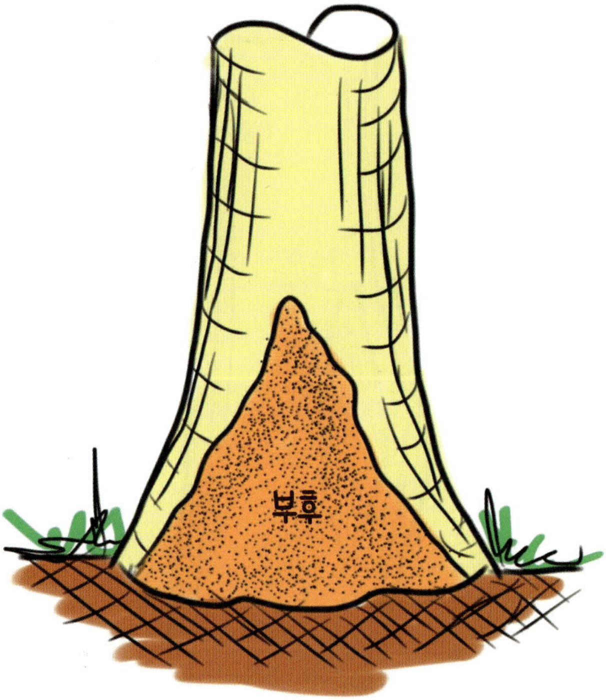

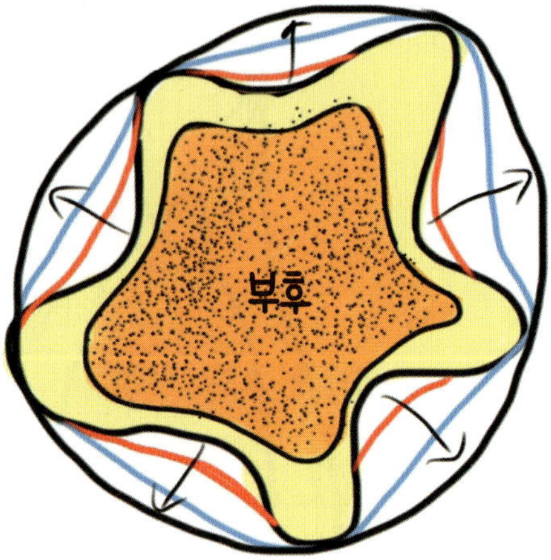

속이 빈 수간 기부나 부후로 인해 연화된 수간 기부는 더 이상 뚜렷한 판근을 보여주지 못하는 코끼리 발이나 종의 맨 아랫부분 형상을 하고 있다. 건강한 교목의 판근 사이 부위는 힘이 흐르는 길이 없기 때문에, 판근 부위가 빨리 자라기에 적합하여 판근이 된다. 부후가 시작되면, 대개 판근 사이의 남은 벽 두께가 매우 얇아져서 이들 지점에 과거에는 없었던 더 높은 응력까지도 유발될 수 있다. 그러나 이는 생장이 증가하고, 이에 따라 판근 사이 공간이 메워져서 코끼리 발처럼 될 수도 있다는 것을 의미할 수도 있다.

교목 혹

교목 혹(canker)은 형성층 생장이 자극을 받아서 발생한다. 이러한 돌출은 바깥을 향한 고도로 교란된 수피 패턴을 하고 있다. 지금까지 이러한 혹이 있는 교목을 파손될 때까지 당기는 시험을 한 결과, 혹이 안전 위험을 급격하게 더 높인다고 입증된 바는 없다. 이들 교목의 대부분은 혹에서의 파손에 의해서가 아니라 뿌리가 뽑혀서 넘어졌다. 혹 뒤에 부후로 인한 공동이 있거나 측면에서 휘감는 환상의 혹이 형성층을 질식시키면 상황은 달라진다. 자주, 교목 혹은 최적화된 형상, 즉 인장 삼각형 윤곽에 의해 설명된 노치 응력이 없는 형태로 바뀌어 수간에 부착되어 있다.

옹두리

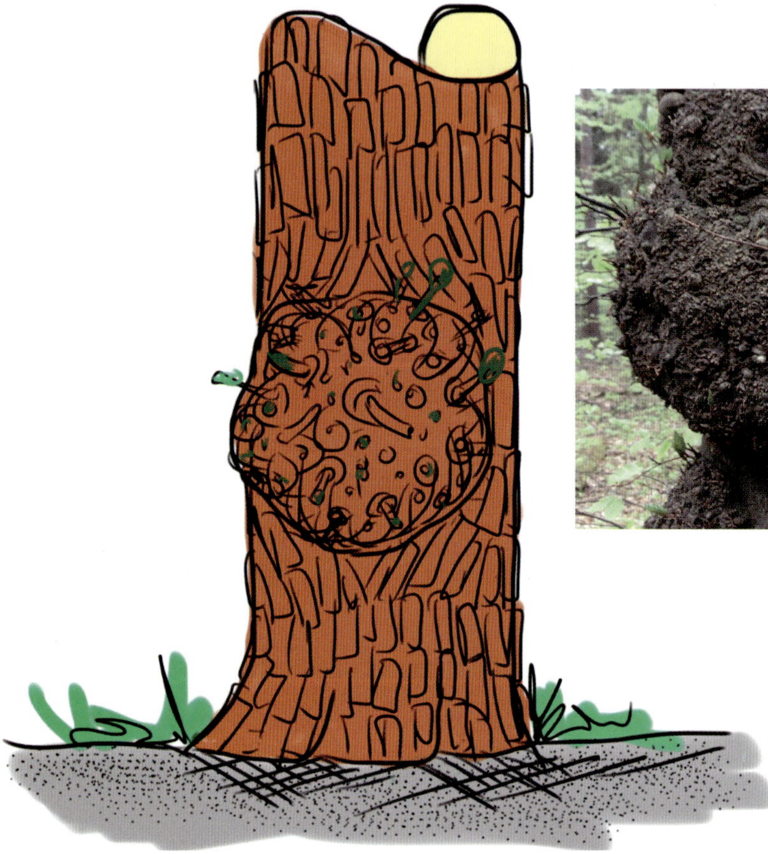

이 형상은 혹과 비슷하지만, 가끔 오래된 못처럼 교목 생장에 의해 둘러싸인 죽은 작은 가지와 눈이라는 점에서 다르다. 옹두리(burr)를 향해 흐르는 균열을 불규칙한 섬유 흐름이 빈번하게 중단시킨다. 우리는 뒤쪽에 부후가 있는 경우를 제외하고 혹이나 옹두리로 인해 파손되는 것을 본 적이 없다. 혹과 옹두리를 절단하여 공개하면 아름다운 아침 식판이 되며, 옹두리의 경우 때로는 작은 수피가 매몰되어 있다.

수피를 벗긴 옹두리

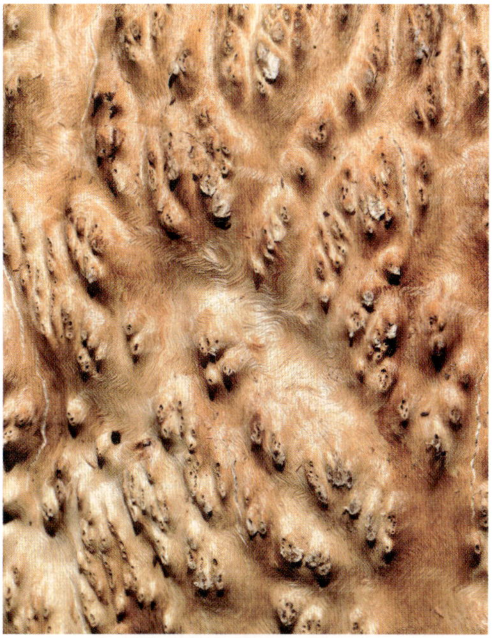

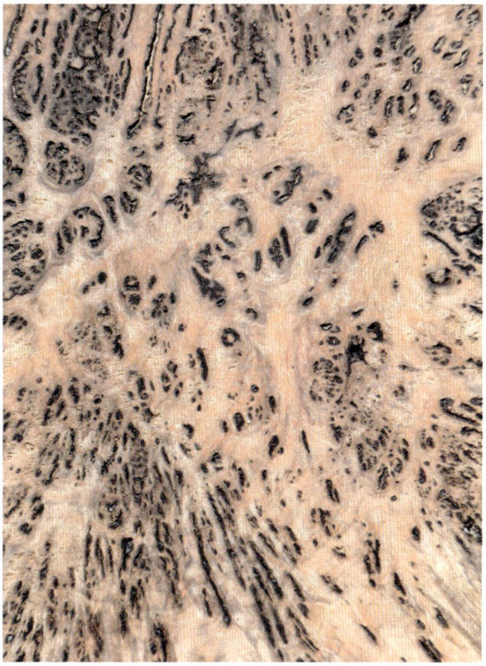

수피 패턴

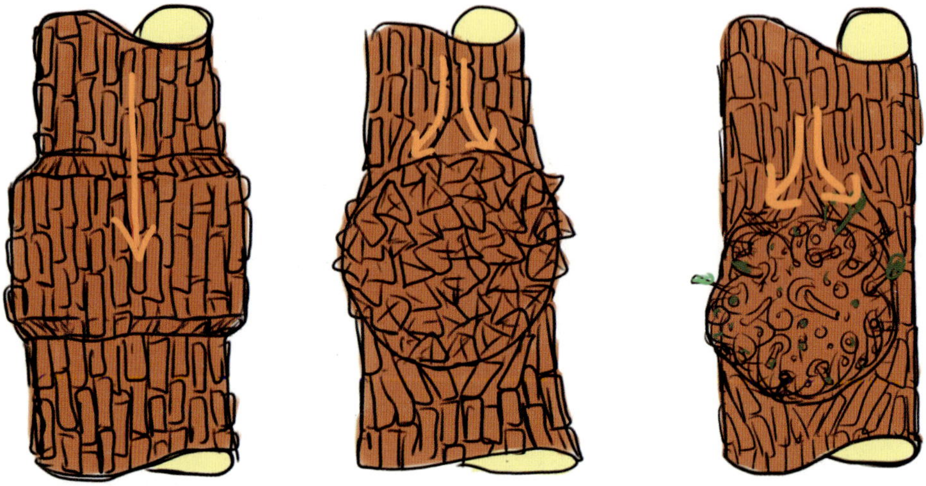

중배 목재의 고리 혹 옹두리

중배 목재 안전벨트, 혹, 옹두리의 수피 패턴은 다음과 같은 점에서 차이가 있다: 중배 목재에서는, 수피 패턴이 교란되지 않은 상태로 똑바로 흐르고; 혹과 옹두리에서는 수피 패턴이 보다 굴절된 방법으로 위와 아래에서 두 갈래로 갈라진다. 그리고 혹과 옹두리는 불규칙한 개별 수피 패턴을 보인다.

9. 생장 균열과 수피의 얼굴

국지적인 직경생장 척도로서의 생장 균열

생장 균열(growth strip)은 대부분 두꺼운 수피가 존재하는 수피 판 사이의 밝은 균열이다. 너도밤나무같이 수피가 얇은 교목은 과도한 직경 생장 하에서 얇은 수피가 터지면 더 가는 틈의 생장 균열이 발생한다. 생장 균열은 우리가 살펴보는 바와 같이 좋은 소식일 수도 있고 나쁜 소식일 수도 있다. 이들은 단순히 강한 생장을 나타낼 수 있지만 균열의 시작으로서의 관심을 끌 수도 있다(가운데 사진의 화살표). 대개 이들은 힘이 흐르는 길을 보여준다.

수피 표면

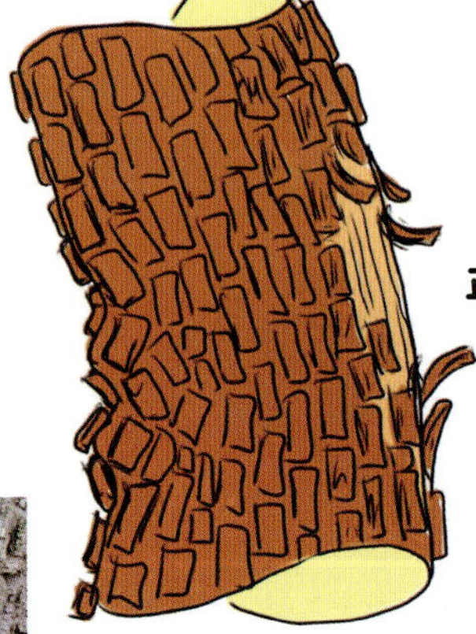

수피의 표면은 천연 기념물인 교목을 평가하는데 특히 중요한 역할을 한다. 왜냐하면 대부분 수고가 낮고 크기가 위축된 교목은 수관이 완전한 교목을 대상으로 하는 파손 기준을 적용할 수는 없기 때문이다. 그러나 수피는 우리를 실망시키지 않는다. 과도한 압축 하중(壓縮荷重, compressive load)은 수피에서의 수피 압축 주름이나 지그재그 패턴에 의해 나타난다. 과도한 인장 하중(引張荷重, tensile load) 하에서는, 수피가 국지적으로 떨어져서 아직 풍화되지 않은 밝게 보이는 얇은 층만 남겨 놓는다. 수간의 다른 곳이 이끼, 조류, 지의류와 같은 소형 녹색 식물로 덮여 있으면, 최근에 수피가 떨어지지 않았다는 것을 의미한다.

10. 변형에 의한 최적화 - 양보에 의한 승리

흐름에 적응된 형상

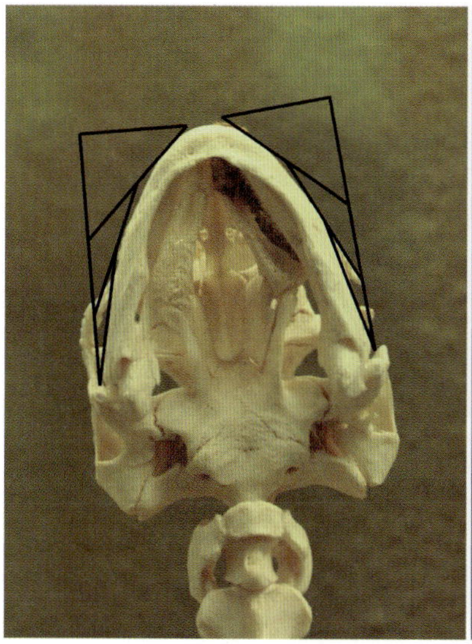

붉은바다거북

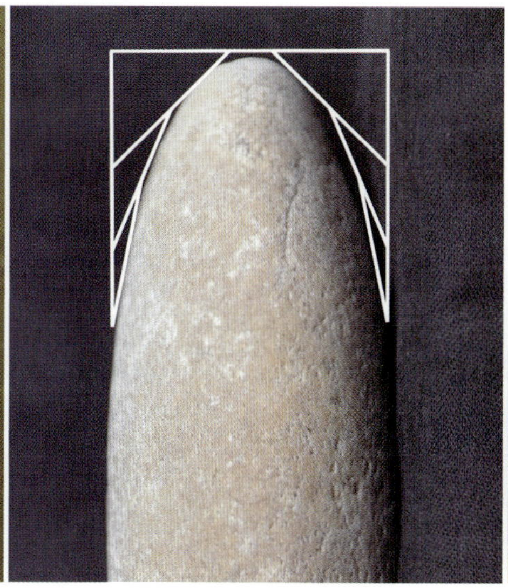

개울의 조약돌

교목의 수관

흐름에 둘러싸인 구조들은, 살아 있든 죽었든, 두드러지게 비슷하다. 이는 붉은바다거북(*Caretta caretta*)의 머리, 충분히 오랜 시간 동안 개울의 흐름에 노출된 조약돌, 비의 흐름에 노출될 수 있는 교목에 적용된다. 이들은 모두 인장 삼각형의 윤곽을 보이고 있어서, 노치 응력을 줄이고 역학적인 응력의 차이를 없앨 수 있을 뿐만 아니라 유체역학(流體力學, fluid mechanics)적으로 설명된다.

변형에 의한 최적화

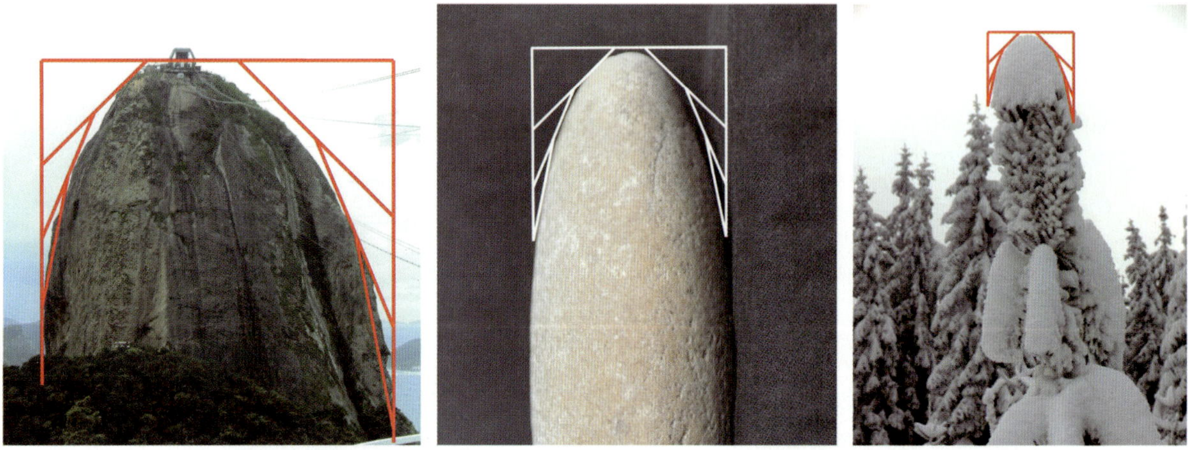

사진: A. Wank 제공

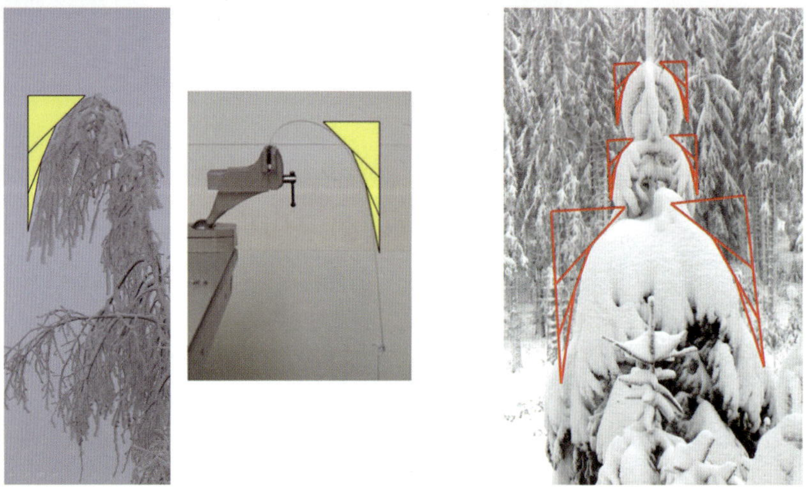

그림들은, 강철 줄자(아래 중앙)를 포함하여, 매우 다른 구조물들이 부하 하에서 변형을 유발하는 부하에 역학적으로 어떻게 적응하는 형상을 취하는가를 보여준다. 이러한 방법으로 원래 부하에 적응하지 않은 형상이 침식을 통해서라도 그 부하에 적응될 수 있다.

조약돌 구멍

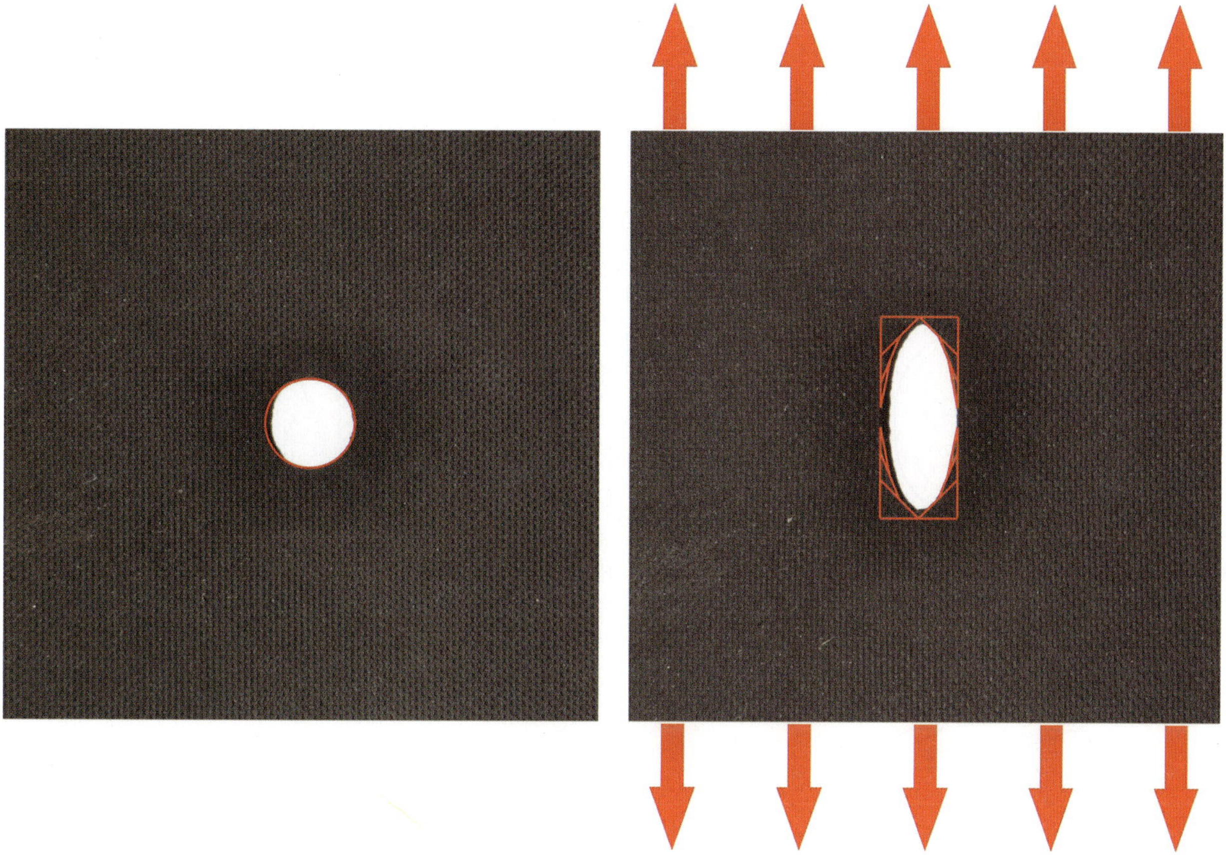

Heywood[15]는 이미 고무로 만든 인장 판(引張板, tension plate)의 둥근 구멍이 낮은 노치 응력에서 긴 타원형 구멍으로 변한다는 것을 증명하였다. 한편, 조약돌 모양의 긴 타원형은 인장 삼각형에 의해 둘러싸여 있고, 이의 형상은 노치 응력에 대응하여 최적화된다는 것을 알고 있다. 이것이 변형에 의한 최적화이다.

11. 교목 수관과 산림 가장자리의 조약돌

휨은 조약돌 형상을 만든다

곰 Pauli는 무엇이 일어나고 있는가를 보여준다. 가파른 가지가 처지면, 처음에는 측면 지레 팔이 늘어난다(Pauli의 l_2). 이렇게 되면 휨 모멘트(힘×지레 팔, bending moment)가 증가하고, 더욱 아래로 휘어지면서 다시 감소한다. 유연한 수관은 비나 눈 부하 하에서 충분히 오랜 기간 흐름에 노출된 개울의 조약돌처럼 유선형 형상(streamlined shape)이 된다. 변형에 의한 최적화이다.

눈 덮인 조약돌 같은 침엽수

외톨이 구과 교목과 낙엽성 교목은, 단순히 이들의 생장 결과로, 가끔 인장 삼각형 즉 조약돌 형상과 비슷한 형상으로 변한다. 설 하중(snow load) 하에서 이들은 더욱 변형되어, 이 하중에 더욱 잘 최적화된 형상을 하게 된다. 처음 형상이 좀 더 원추형인 구과 식물도 이러한 방법으로 조약돌처럼 변한다. 맨 꼭대기는 이 형상에 포함되지 않는데, 이 때문에 가끔 잘 부러진다.

바람에 의한 깎임과 인장 삼각형

사진: Mick Boddy 제공

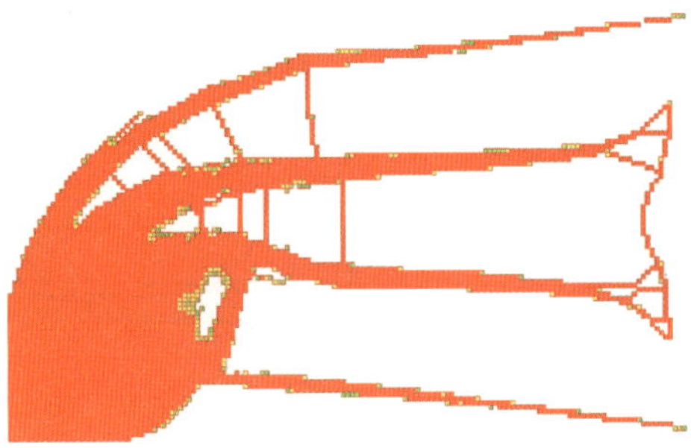

사진/FEM*: Klaus Bethge 제공

변형을 통한 형상 최적화의 뚜렷한 사례는 바람에 의한 교목의 깎임(shaving)으로, 이는 빈번하게 인장 삼각형 윤곽으로 귀결된다[4].

역자 주: FEM - 유한요소법(有限要素法, Finite Elements Method - 대상 물체를 유한 개의 '요소'로 분할하여 각기의 영역에 관하여 계산을 해나가는 계산 방법)

바람과 물에서의 형상 적응

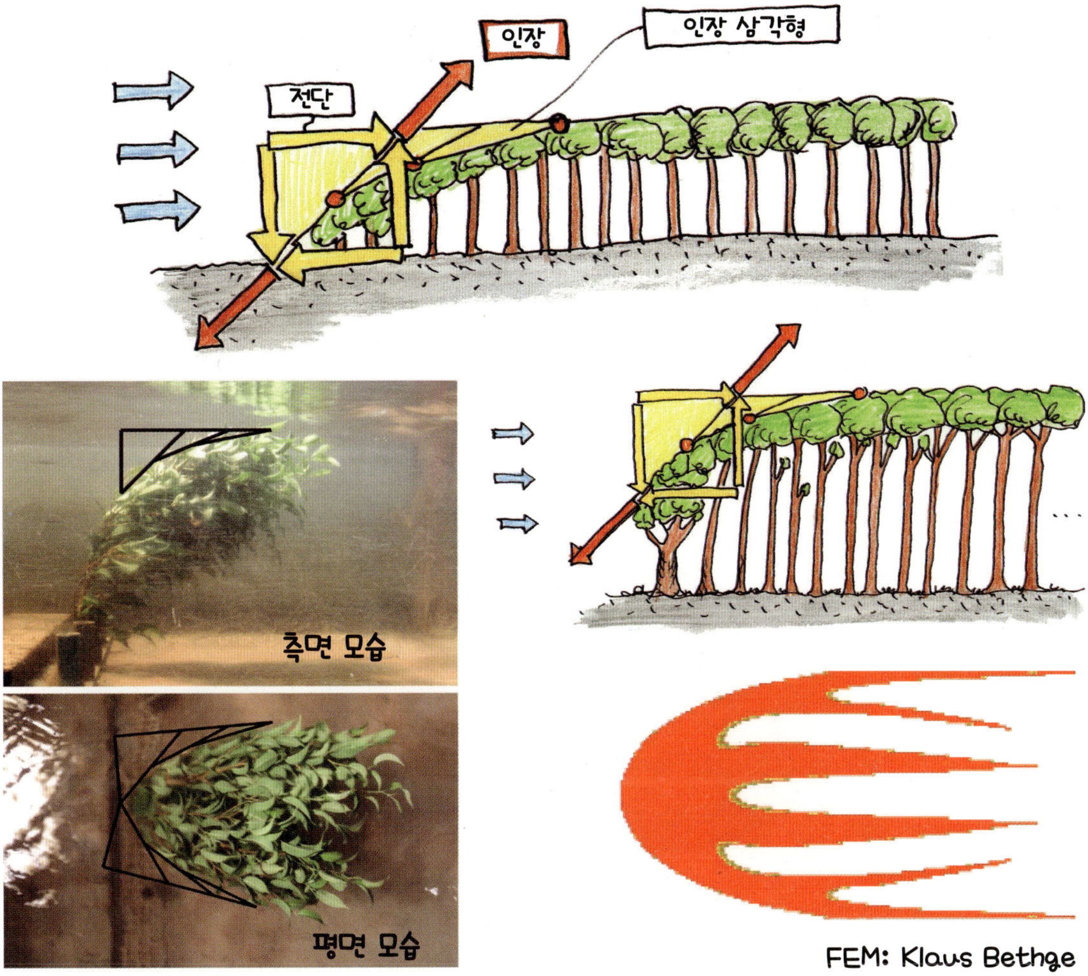

일단 이러한 형상에 대한 감각을 갖게 되면, 노출된 산림의 가장자리와 바람에 의해 깎인 외톨이 교목에서 수많은 인장 삼각형 윤곽을 발견하게 될 것이다. 물론 산림의 가장자리가 벌채된 지 얼마 되지 않으면 어떤 탐색도 소용이 없을 것이다. Sandra Schneider와 Sina Wunder는 물이 흐르는 곳에 있는 식물에서도 이 인장 삼각형 형상을 찾아내었다(사진). 이 또한 변형에 의한 최적화이다[4].

조약돌 형상의 산림 가장자리

이것은 조약돌과 산림 가장자리 위에 겹쳐 놓은 인장 삼각형 윤곽을 보여주는 그림이다. 이러한 일치를 발견하는 것은 고무적인 일이다. 분명, 유체역학 측면에서 유리한 점이 있다. 또한 다음 그림들도 형상에서 비슷하다. 주된 부하, 바람, 무게의 방향에 따라 결과적으로 윤곽이 수평 또는 수직적인 인장 삼각형이 된다.

조약돌 형상의 오리나무

이것은 인장 삼각형 조약돌을 오리나무 위에 겹쳐 놓은 그림으로 이 또한 같은 형상을 매우 잘 보여준다. 이것은, 항상 그렇지는 않지만, 사방으로 충분한 공간을 가진 독립된 교목에서 매우 자주 발견될 수 있다. 교목들이 이러한 패턴과 현저하게 다를 경우, 그 원인을 찾아내야 하고, 이러한 일탈이 장기적으로 해당 교목에 피해를 입힐 수 있다면 그 교목은 제거될 수도 있다. 우리는 이러한 목적을 위해 형판(型板, template)을 개발했다. 부연하면, 교목을 수평적인 상태로 회전시키면, 해당 교목의 위쪽 절반은 산림의 가장자리와 같을 것이다.

12. 다기능 도구

다기능 도구

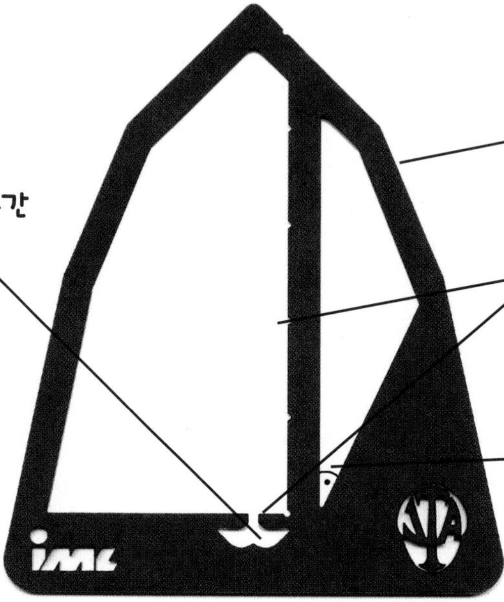

이것이 그 형판(形板, template)이다. 이는 도형의 선을 그대로 적용할 필요는 없다. 이를 활용해서 할 수 있는 것은 다음과 같다:

1. 교목의 세장비(細長比, slenderness)를 측정할 수 있는데, 해당 교목으로부터 어느 정도 떨어져서 수행하는 것이 좋다. 관측자는 자신의 머리가 아닌 눈만 움직여야 한다. 세장비는 교목의 높이 H와 근원 위에서 측정한 수간의 직경 D의 비율인 수고/직경비율(H/D ratio)이다.
2. 교목 분기의 수피 매몰 개연성을 점검할 수 있다.
3. 조약돌 형상에 기반을 둔 가지 절단 범위를 결정할 수 있다.
4. 원뿔 방법은 수간 아래에 보이지 않는 고부하 하에 있는 부위를 평가하는 데 활용될 수 있다.

이에 관한 내용은 다음 몇 페이지에 걸쳐 설명된다.

형판 사용법

세장비 측정

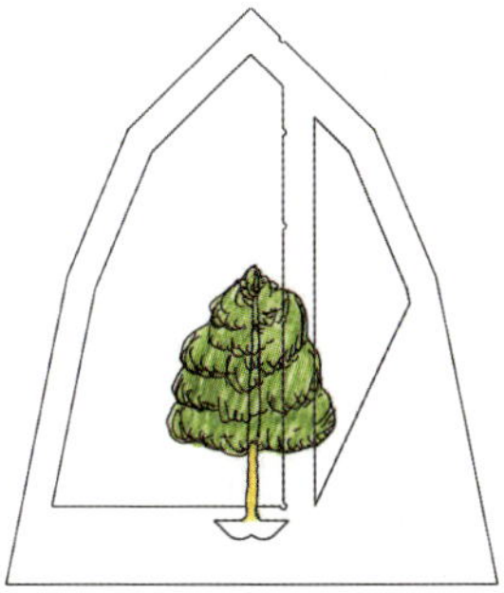

H/D = 25

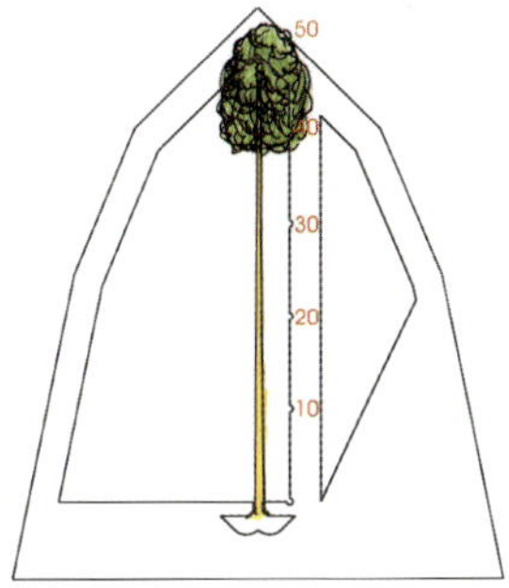

H/D = 50

수간의 밑동(butt, 근원이나 판근 바로 위)이 아래쪽 3mm 틈에 정확히 들어오도록 형판을 잡고, 10 단위의 눈금으로부터 H/D 비율을 읽어라. 이렇게 하기 위해, 가능하면 멀리 뒤로 물러나고, 측정할 때에는 머리가 아니라 눈만 움직여라.

분기에서의 수피 매몰

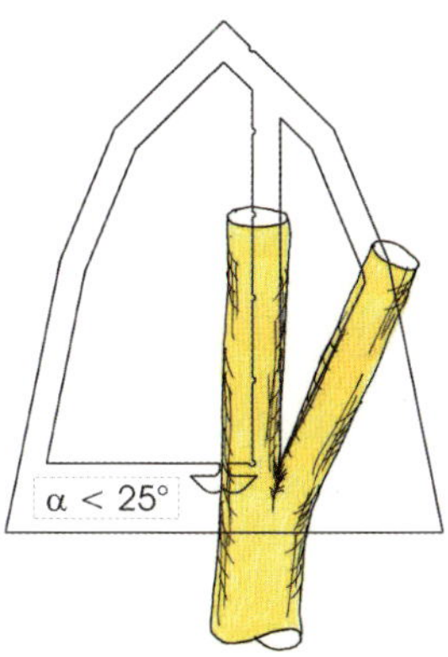

수피매몰 가능성이 높음

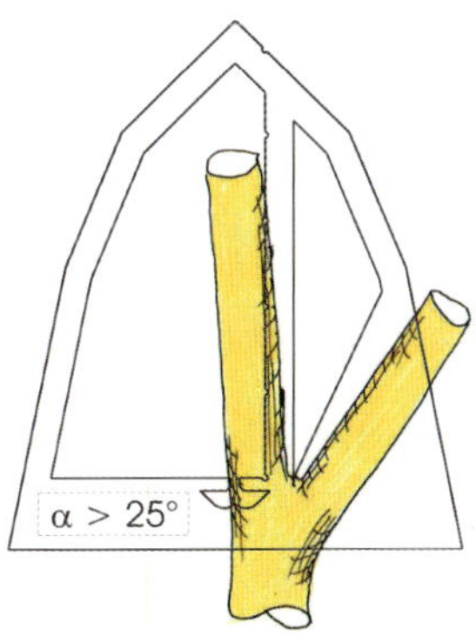

수피매몰 가능성이 낮음

절단 윤곽 – 독단적이 아님

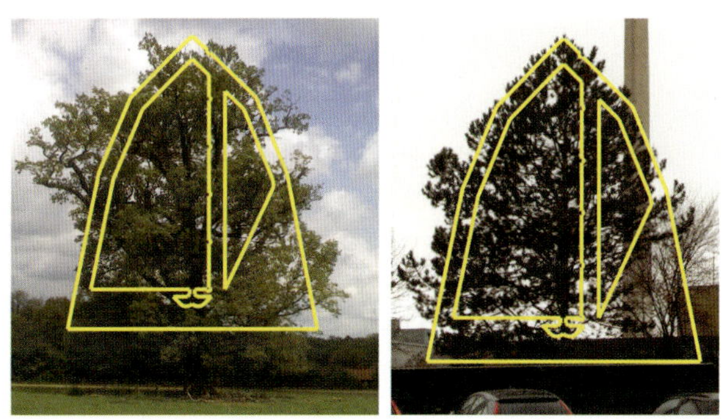

세장비 측정

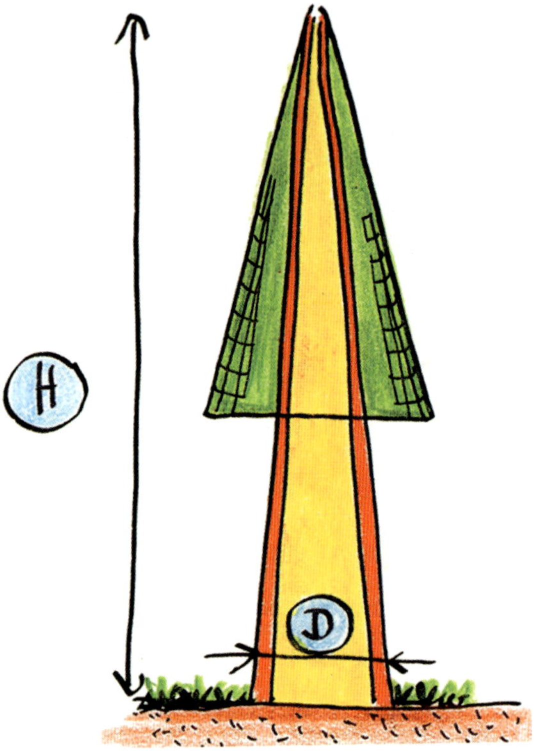

이 오리나무의 수고/직경비율은 20 이상이다. 엄격하게 말하면, 아래의 짧은 길이 "l"이 수고에 포함되어야 한다. 그런데 금속판 구조를 보다 안정적으로 만들고 뾰족한 끝으로 인한 상처 위험을 최소화하기 위해 이 정도의 사소한 측정 오류는 용인되었다.

다기능 도구와 고부하를 받는 뿌리 지역

힘 원뿔 방법에 의한 풍도(風倒, windthrow)의 원인과 서 있을 수 있는 최소 공간에 대한 첫 평가

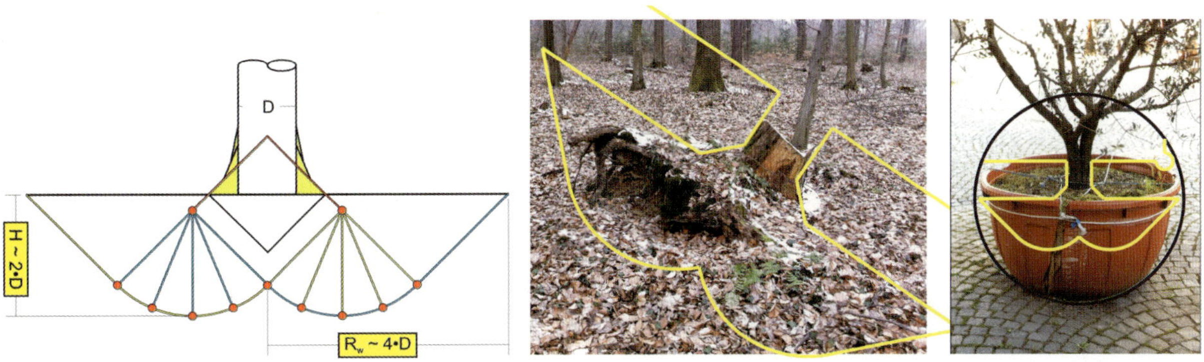

힘 원뿔 방법을 이용하여 우리는 나중에, 해당 교목에 대한 튼튼한 고정 지점이 없다면, 뿌리에 의해 보강되어야 하는 교목 아래 높은 부하를 받는 눈에 보이지 않는 지역을 도출할 것이다. **주:** 이 형판을 독단적으로 적용할 의도는 없다. 이는 생체역학적인 관점일 뿐이다. 종의 차이에 따른 특징적인 형태, 전정(剪定, pruning)으로 인해 발생할 상처의 크기, 부지 여건, 굴광성 등을 명심하라. 모든 교목이 비슷하게 보일 필요는 없다!

양호한 수관 형상과 양호한 수고/직경 비율

이 그림은 아름다운 호두나무에 적용된 IML 다기능 평판(多技能平板, multifunctional template)을 보여주고 있다. 왼쪽은 전혀 전정할 필요가 없다는 것을 보여준다. 왜냐하면 가지와 잔가지의 조약돌인 인장 삼각형 윤곽으로부터 현저하게 돌출된 가지가 없기 때문이다. 사진을 통한 투시가 왜곡을 가져올 수 있기 때문에 세장의 정도(수고/직경 비율)는 사진에서 확인할 수 없지만, 오른쪽 사진은 다시 이 평판을 이용하여 세장비를 추정하는 방법을 보여준다. 사진 상의 왜곡은 별개로 하고, 이 교목은 대략 H/D = 25 정도의 세장비를 가지고 있다.

문제의 조기 인지

이들 두 참나무는 거의 같은 나이이고 서로 가까이 서 있지만, 크게 다르다. 왼쪽 교목의 수관은 수간이 여러 개임에도 불구하고 평판 안에 잘 들어온다; 다만 왼쪽에서 빛을 찾아가고 있는 굴광성 가지는 지속적으로 모니터링하여야 한다. 다른 한편, 오른쪽 사진의 교목은 다소 약한 주지를 가지고 있고 양쪽으로 광범위하게 돌출되어 있다. 우리는 가끔 너무 긴 수평의 지레 팔을 가진 낮은 가지에서 균열을 발견하였다. 이것은 절대적인 것은 아니다. 얼마를 잘라버릴 것인가는 관리자가 결정할 문제이고, 개별적인 환경과 해당 교목에 대한 과거의 피해에 따라 다를 수 있다.

이 교목은 외톨이지만, 양지쪽의 긴 가지에 의해 주도되고 있다. 이 불쌍한 참나무는 낮은 가지에서 수많은 균열이 발생함으로써 막대한 대가를 치렀다. 긴 지레 팔이 전정으로 축소되지 않으면, 이 교목은 수간 가까이에서 가지를 포기하는 방법으로 스스로를 "전정"할 것이다. 이로 인한 커다란 상처는 목재 부후를 초래하는 곰팡이에게 수간으로부터 먼 곳의 작은 전정 상처보다 훨씬 더 반가운 입구가 될 것이다.

위쪽과 아래쪽 수관

이 참나무도 자멸로 이어지는 긴 측면의 지레 팔을 만든다. 위쪽과 아래쪽 수관 사이의 간격이 이미 뚜렷하다. 이러한 경우, 일차 가지가 부러지기를 기다리는 것보다 적당한 전정이 더 좋다. 조약돌 평판만이 그 형상의 윤곽을 보여준다. 전정은 앞선 피해에 따라 다소 바깥에서 수행될 수 있다. 어쨌든 우리는 모든 교목이 똑같게 보이는 것을 원치 않는다. 우리의 평판은 의사결정이 주관적이지 않도록 도움을 주는 것이지 냉혹한 제복(制服, uniform)이 아니다.

잘못 전정된 교목

수관의 오른쪽에서, 눈이 쌓이는 긴 가지가 충분히 축소되지 않았다. 이러한 경우, 우리의 평판이 의사결정을 하는 데 도움을 줄 수 있다.

산림의 가장자리를 따라 반쪽 조약돌

산림의 가장자리에서 산림과 반대 방향을 향해 자신의 굴광적인 행운을 찾는 교목도 가끔 인장 삼각형의 윤곽인 조약돌 형상의 절반을 매우 잘 보여준다. 주의하라: 끝을 절단하는 것이 가끔 가지가 거의 없는 수간의 반대편에 대한 유일한 광합성 원천을 제거하는 것을 의미한다. 이로 인해 산림 쪽의 중요한 인장 뿌리(tension root)를 하나씩 죽일 수 있다.

다양성 속 통일성

사고의 도구는 우리가 통일성(統一性, uniformity), 즉 다양성(多樣性, variety) 속의 공통적인 특징을 감지하고 이해하도록 한다.

파괴된 조약돌 형상

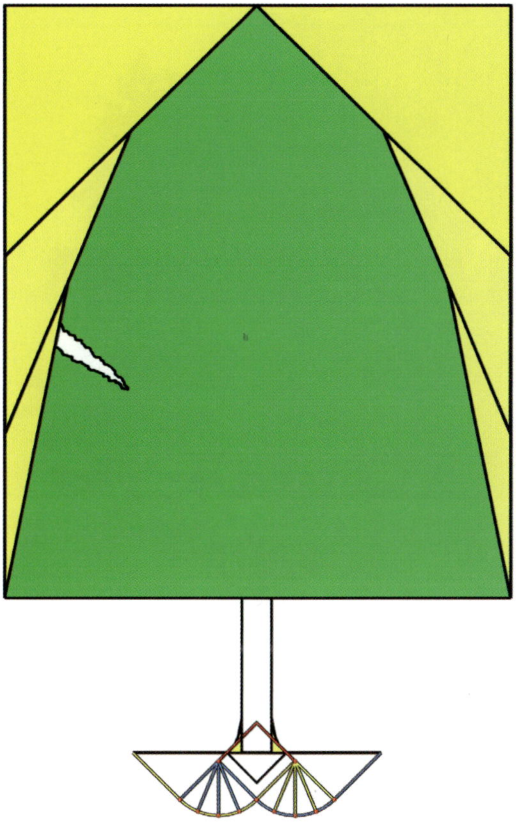

작은 가지로 얽혀 있는 수관의 머리가 파괴되면 주변의 도움이 존재하지 않기 때문에 가지들은 새로운 휨 하중(bending load)에 노출된다. 이는 항상 그렇지는 않지만, 수관의 파괴로 이어질 수 있다.

아래로부터의 새로운 이웃의 도움

분리된 수관 부분이 부러지지 않고 오히려 지면에 닿을 정도로 유연성이 있으면, 해당 가지는 그곳에서 부정근(不定根, adventitious root)을 발생시켜서 "새로운 교목"이 될 수도 있다. 그 가지는 앞으로 오랫동안 과거의 수간과 연결되어 있을 것이다. 영국의 교목 광신자인 Ted Green은 지표면에 완전히 닿지 않은 가지는 이들이 더 내려앉도록 조심스럽게 아래쪽에 노치(notch)를 낼 수 있다고 말했다. 노치를 내는 것이 부러지는 것보다 낫다.

A형 지지대 대신 흙더미

영국의 교목 전문가인 Mick Boddy는 이미 균열이 시작된 처지는 가지 아래에 흙더미를 쌓았다. 가지가 뿌리를 발달시키고 잔디가 흙더미 위로 자라면, 이것이 A형 지지대보다 보기에 더 좋다. 그 가지의 직경이 굵어지면 이 방법이 성공했음을 의미한다. 수간에서 먼 곳의 가지 직경이 굵어진다는 것은 그 가지가 지면에 접촉한 후에 독립적으로 자란다는 신호이다.

교목이 움직이는 방법

교목들은 분명히 경주마가 아니지만, 수십 년이나 수백 년 간격으로 이런 종류의 교목 뜀박질은 전혀 움직임이 없는 것보다 낫다. 파손된 부위에 부후가 발생하면, 부후 위험에 의해 위협을 덜 받도록 개별적인 뿌리를 갖는 것이 낫다. 어쨌든 교목에게 주어진 시간은 충분하다. 결국, 과거의 연결 부위는 새로운 수간보다 더 가늘게 될 것이다.

수관의 전략

생장에 의한 수관 형상의 최적화와, 필요한 경우 지면과의 접촉에 의한 변형을 통해 재최적화하는 것을 보여준다.

안정성이 떨어지는 경우의 지면 접촉

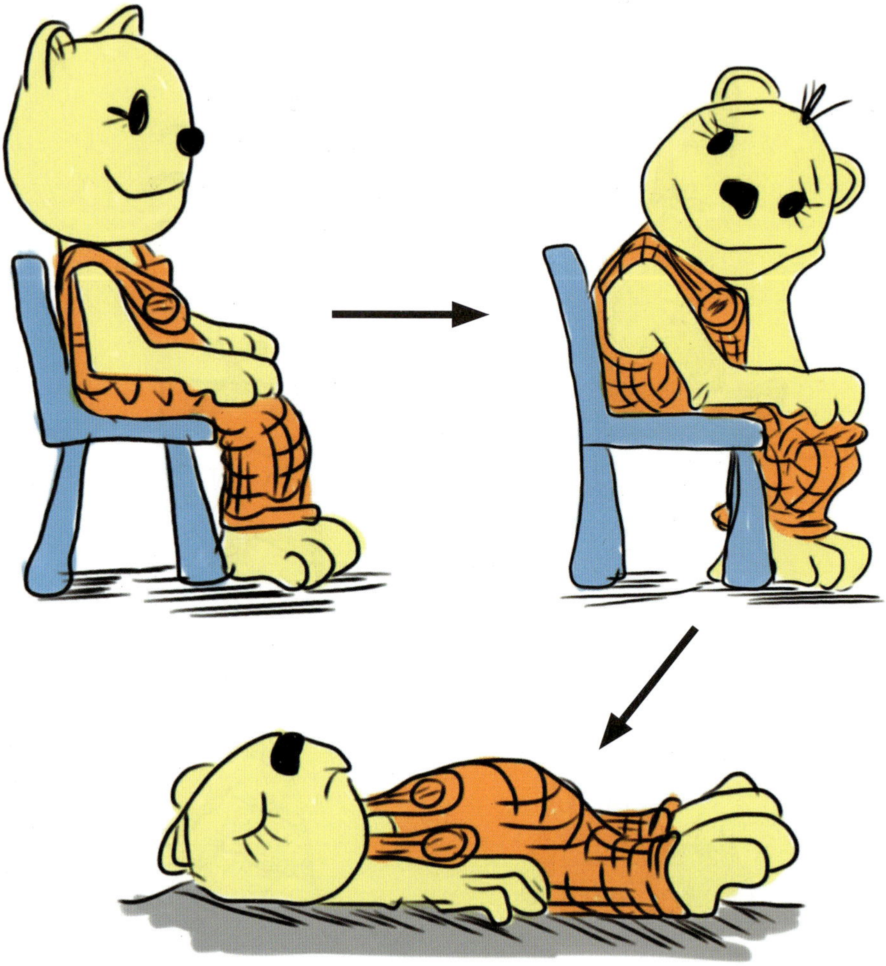

우리도 더 이상 직립자세를 유지할 수 없을 때 “지면과의 접촉”을 찾아 중력의 힘에 굴복한다 - 매일 밤.

13. 우산형 교목 수관

우산형 교목

사진: Clayton Lee 제공

우산형 교목(雨傘形喬木, umbrella tree)이 조약돌 형상으로 절단된다면, 이들 중 살아남을 교목은 많지 않을 것이다. 우리는 이를 이해하기 위해 힘 원뿔 방법을 활용한다. 수간은 자중(自重, weight)에 대응하여 위쪽으로 밀어 올리는 압축 원뿔을 작동시킨다. 수관의 자중은 펼쳐진 수많은 압축 원뿔로 아래쪽으로 누른다. 가장자리에 있는 원뿔들만이 수관의 형상을 결정하는데, 여기가 위쪽과 아래쪽 압축 원뿔의 가장자리가 겨우 만나는 곳, 즉 압축이 역 압축을 만나는 곳이다. 그리고 굴광성은 수직적인 빛의 입사(入射, incidence)와 함께 이처럼 훌륭한 수관 형상에 행복해 한다.

휨 하중 하의 국외자

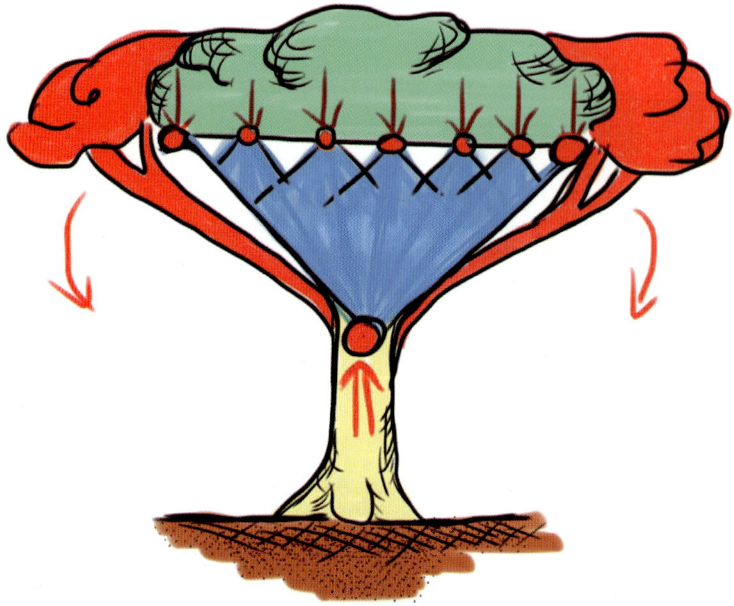

이 압축 원뿔 바깥의 붉은색 가지들은 점점 휨 하중(bending load) 하에 놓이게 되어서 파손될 위험이 더 높아진다. 그러므로 이러한 상황에 있는 우산형 교목에 대한 전정은 90° 평판을 따르면 되는데, 그러나 획일적인 적용은 안 된다. 우리는 모든 교목이 비슷하게 보이기를 원하지 않는다. 이는 악몽이 될 수 있다(사진: Clayton Lee 제공).

우산형 구조의 휨

90° 원뿔로부터 옆으로 돌출된 긴 지레가 비에 의한 부하 하에 놓이면, 이들은 우산형 구조의 수관으로부터 이탈되어 부러질 위험이 있다.

녹색의 싱가포르에 있는 우산형 교목

사진: Clayton Lee 제공

힘 원뿔 바깥의 가지들은 휨 부하를 받기 쉬운 외로운 전사(戰士, warrior)들이다.

비교되는 세장비

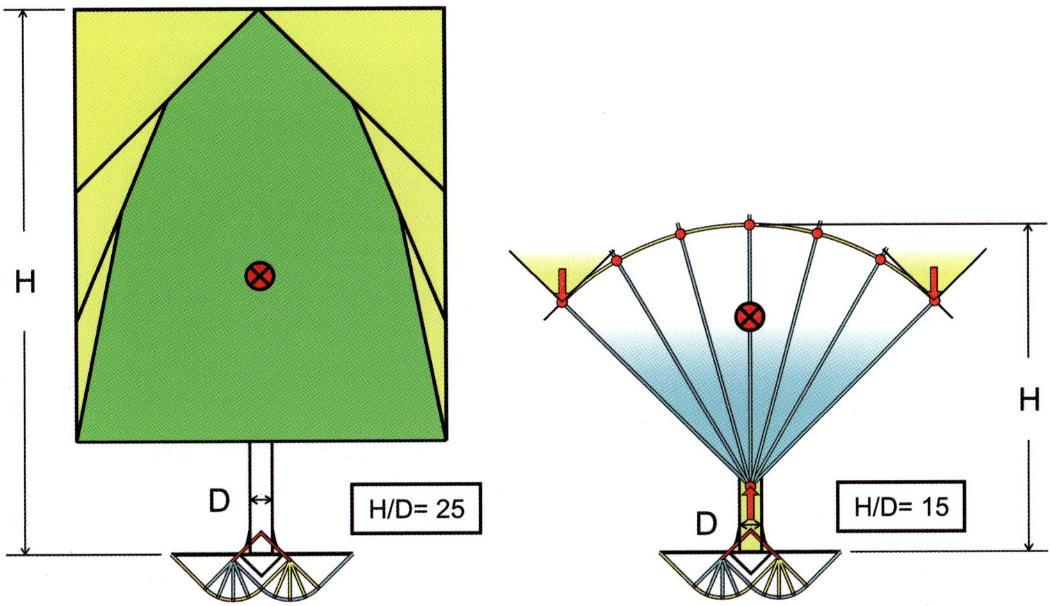

유럽의 외톨이 교목은 종종 H/D=25~30 정도이다. 우산형 교목의 문제는 바람하중의 실효 지점(實效地點, effective point)의 위치가 수관의 더 위쪽에 있다는 것이다. 따라서 우산형 교목의 최적 세장비는 H/D=25~30이 아니라 거의 H/D=15 정도가 될 것으로 예상된다. Clayton Lee는 이러한 가정을 개략적으로 확인하는 단기 현장 연구를 싱가포르에서 수행했다. 베를린의 Nicolas Klöhn은 우산형 교목인 핀네아소나무(*Pinus pinea*, Italian stone pine)에서 비슷한 결과를 얻었다. 그러나 측정된 교목의 수가 아직 너무 작아서 우산형 교목의 임계 세장비(臨界細長比, critical slenderness ratio)를 도출하여 파손 기준을 제시할 수가 없다. 특히 누락된 것이 풍도된 우산형 교목에 대한 자료이다. 파손 기준은 피해 분석에서 신성한 숫자이기 때문에 복수의 검증이 필요하다.

우산형 교목의 세장 측정하기

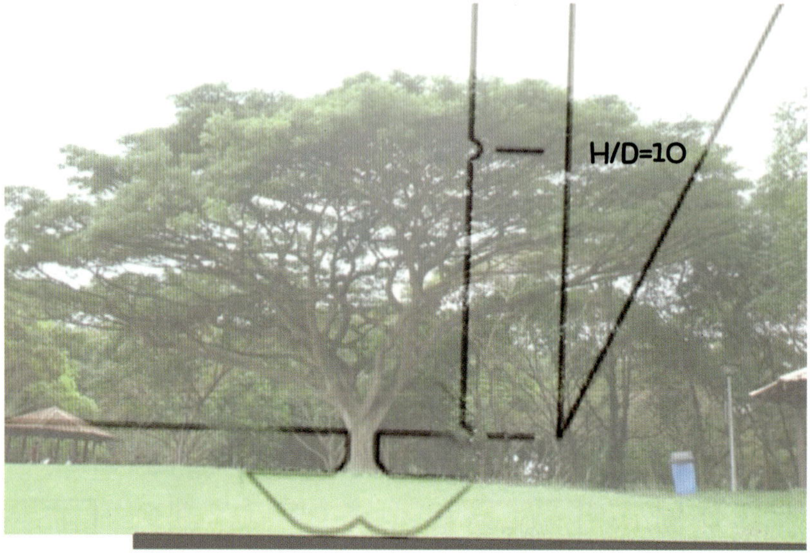

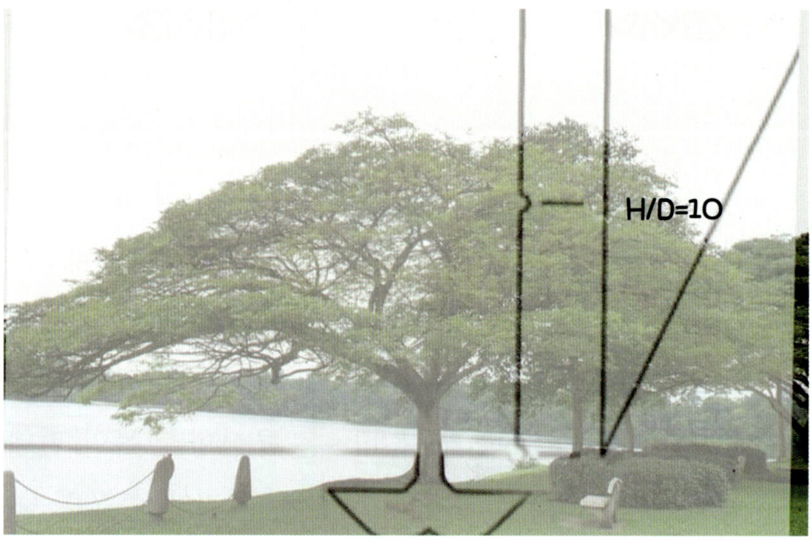

사진: Clayton Lee 제공

사진 상의 왜곡에도 불구하고, 이 그림은 싱가포르에 있는 우산형 교목이 유럽의 외톨이 교목의 세장비보다 더 낮은 H/D 비율을 가지고 있음을 보여준다.

유럽의 활엽 교목과 우산형 교목

왼쪽 그림은 산림의 가장자리에 서 있는 독일 너도밤나무를 수간의 직경이 거의 같도록 하여 적도의 우산형 교목 위에 겹쳐 놓은 것이다. 서로 다른 세장비를 뚜렷하게 확인할 수 있다. 오른쪽 사진에서도, 같은 방법으로 외톨이 교목을 우산형 교목과 비교하면, 이러한 경향은 분명하다. 우산형 교목은 우리 주변의 교목에 적용하는 H/D=50이라는 파손 기준으로 평가해서는 안 된다. 이들의 임계 H/D 값은 확실히 더 낮아야 한다. 많은 우산형 교목을 관리하는 수목관리자들은 스스로 임계값을 결정할 것을 권고하는데, 가장 좋은 방법은 폭풍이 지나간 후 넘어진 우산형 교목을 측정하는 것이다.

우산과 바람

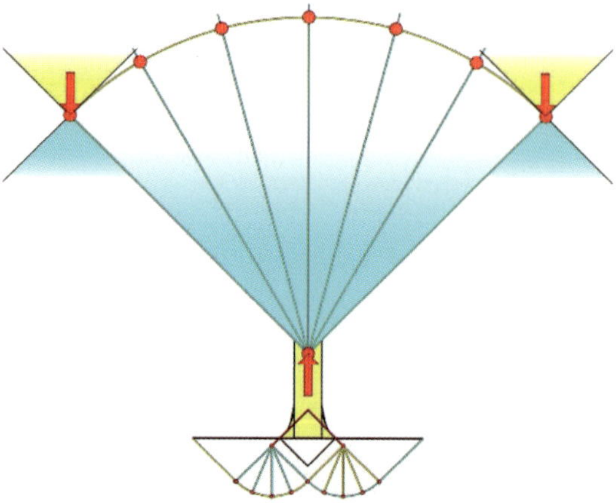

109페이지에 있는 단순한 "압축 원뿔 위의 압축 원뿔" 디자인과 마찬가지로, 힘 원뿔(force cone) 방법도 외곽의 수관 가장자리에 있는 두 인장 원뿔을 위쪽의 인장 현(引張絃, tension chord)으로 연결함으로써 개선할 수 있다. 이렇게 하면 수관의 상단이 조약돌을 연상하게 하고 인장 삼각형에 의해 매우 근사한 유선형 형상이 될 것이다. 따라서 우산형 교목의 수관 형상이 공기역학적(空氣力學的, aerocynamic) 조건에서도 어느 정도 희망을 남겨두고 있는 것이 분명하다.

바람에 깎인 조약돌

사진: Mick Boddy 제공

바람에 의해 깎인 이들 두 교목이 이러한 희망을 타당하게 만든다. 변형에 의한 최적화라는 것이 있다면, 조약돌 형상은 바람 하중에 잘 적응된 것이다.

조약돌 모양의 우산형 교목

어쨌든, 우산형 교목의 수관은 공기역학적 자기파괴(self-sabotage)를 하지 않는다. 빛의 입사각이 매우 가파른 곳에서, 우산형 교목은 이상적인 태양광 수집가이다. 이들 수간의 압축 원뿔은 중력의 힘에 대응하여 위로 향하고, 생존을 보장하는 유체역학(流體力學, flow mechanics)적인 면에서의 타협, 즉 조약돌 형상의 수관을 만들어낸다.

호리호리한 우산형 교목

사진: Nicolas Klöhn 제공

아래 가지가 강하게 전정된 우산형 교목은, 113페이지에서 설명한 바와 같이, H/D=50이라는 기준이 이들에게는 적용되지 않기 때문에 세장 위험이 발생하게 된다.

14. 안전계수: 역학적 돼지 저금통

안전계수

안전계수(安全係數, safety factor) "S"는 파괴하중/운전하중의 비율이다. 이는 교목의 역학적 돼지 저금통(piggy bank)이다. 이는 파괴 하중(破壞荷重, failure load)이 통상의 일일 운전하중(運轉荷重, operating load)의 몇 배나 높은가를 나타낸다. 교목은 에너지 절약형 경량 구조를 구축하기 위해 제한적인 안전계수를 선호하고, 격심한 폭풍 하에 파손되는 개별적인 희생은 이를 위해 지불해야 하는 대가라고 결정했다. 따라서 전정되지 않은 교목이 절대적으로 안전한 것은 아니다.

안전계수 예측을 위한 노치

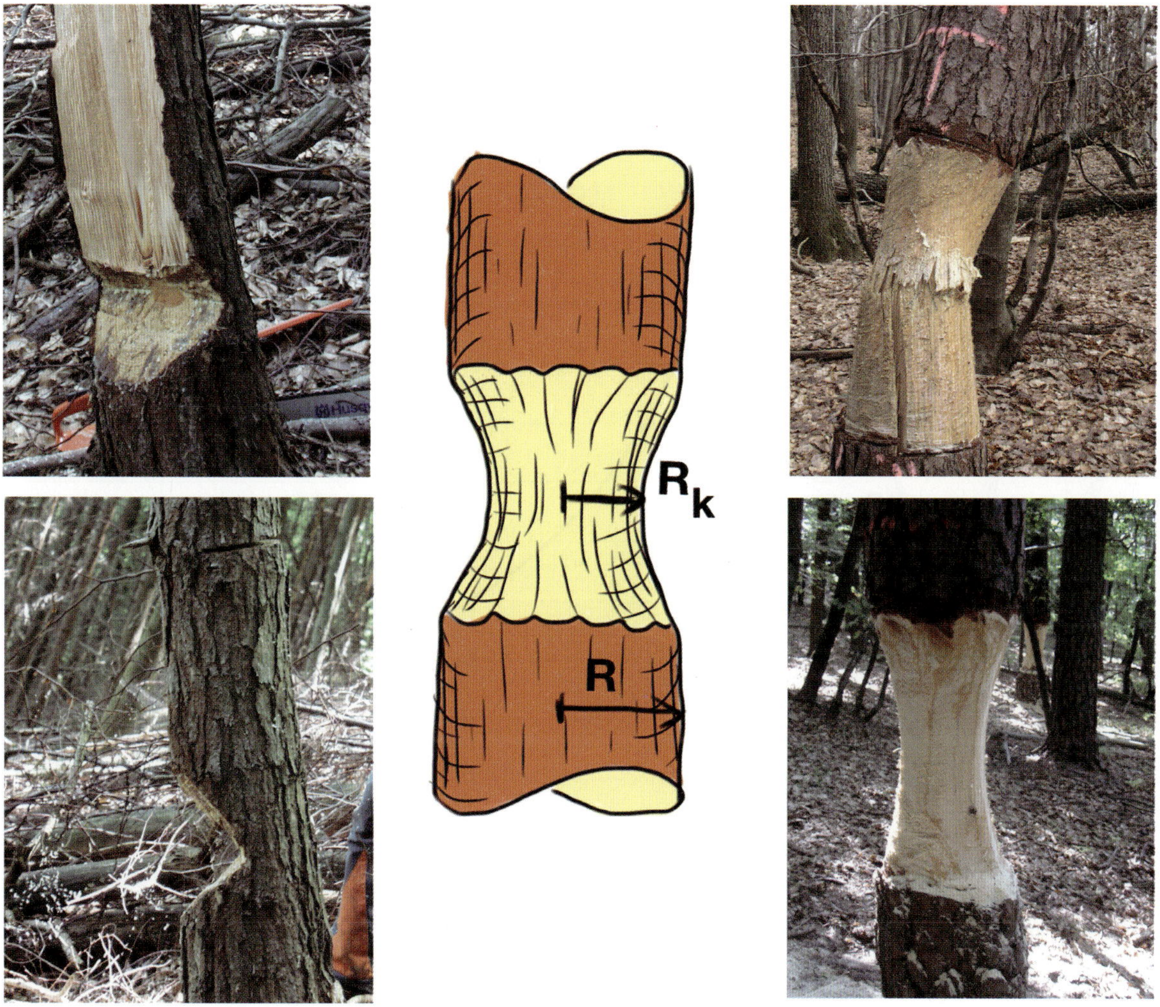

전정되지 않은 완전한 수관을 가진 교목의 안전계수를 확인하기 위해, 우리는 수년에 걸쳐 다양한 방법으로 이들의 수간에 노치를 내었다. 우리가 자극을 낸 교목 수간의 안전계수는 약 S=4 정도되는 것으로 판명되었다[16]. 포유동물 뼈의 안전계수는 약 S=3 정도 된다[17].

외부 노치

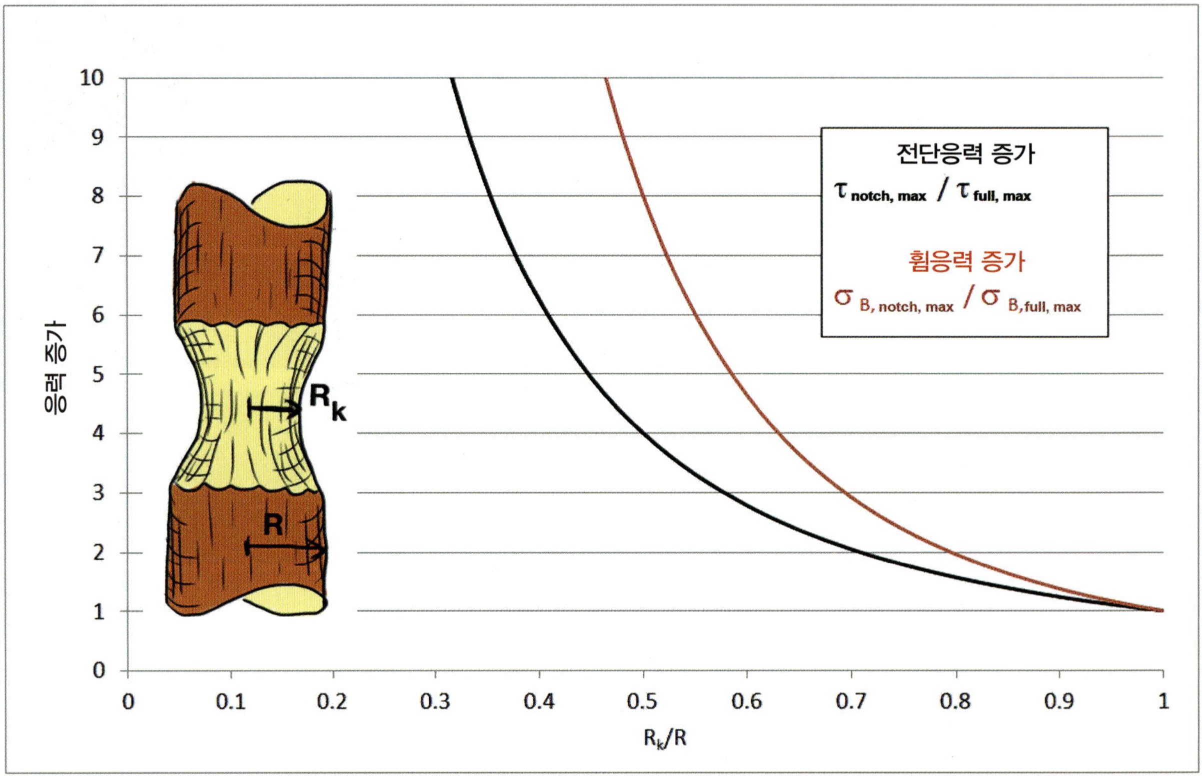

횡력에 의해 휘어진 교목의 수간에 대해 바깥으로부터 노치를 점점 키우면, 먼 가장자리 부위가 최대 휨응력과 함께 최소 전단응력을 경험하기 때문에, 휨응력 σ_B가 전단응력 τ보다 훨씬 빨리 상승한다(25페이지도 참조).

공동

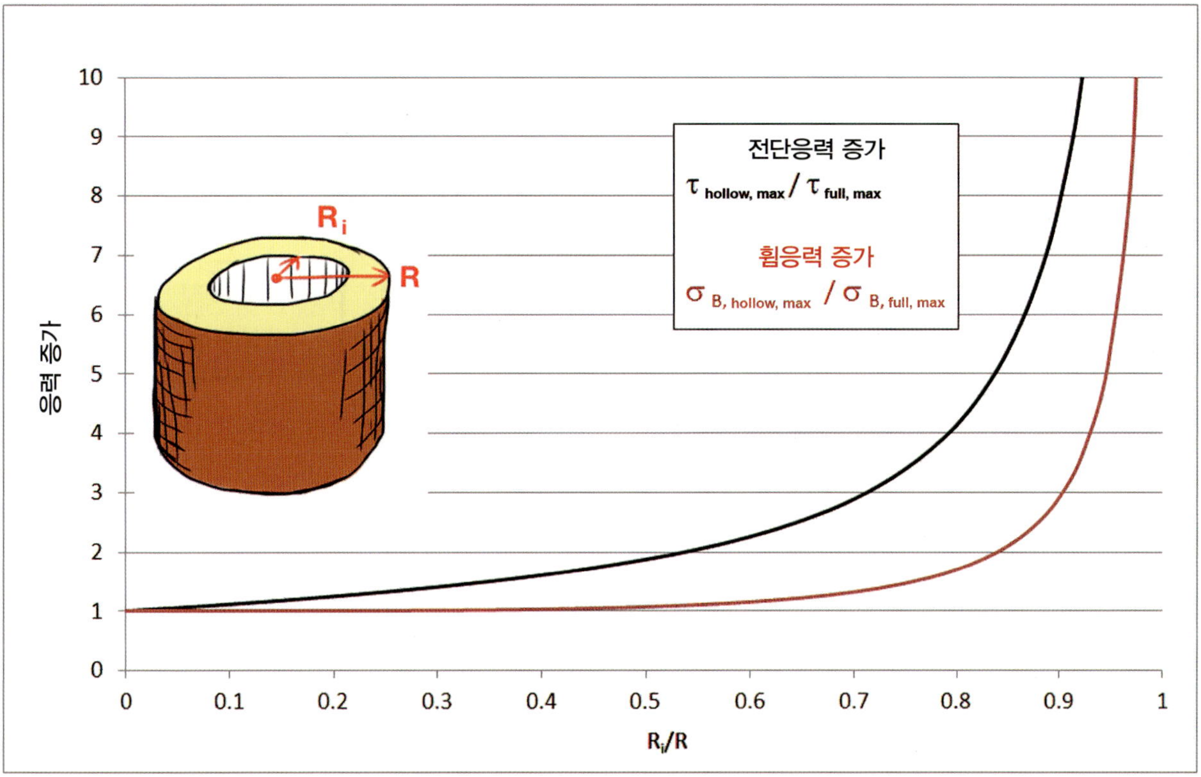

반면, 안쪽으로부터 점점 비어가는 교목의 수간에서는, 중앙이 최대인 전단응력이 중앙에서 0인 휨응력보다 훨씬 빠르게 상승한다. 부하를 전혀 받지 않은 물질이 제거되는 경우, 다른 부위는 추가적인 부하를 받지 않아야 한다. 가운데가 비어 있는 결함을 가진 교목의 결함을 평가할 때에는 휨응력보다는 전단응력 감소에 유의해야 한다.

15. 가늘고 긴 수간

위험한 세장

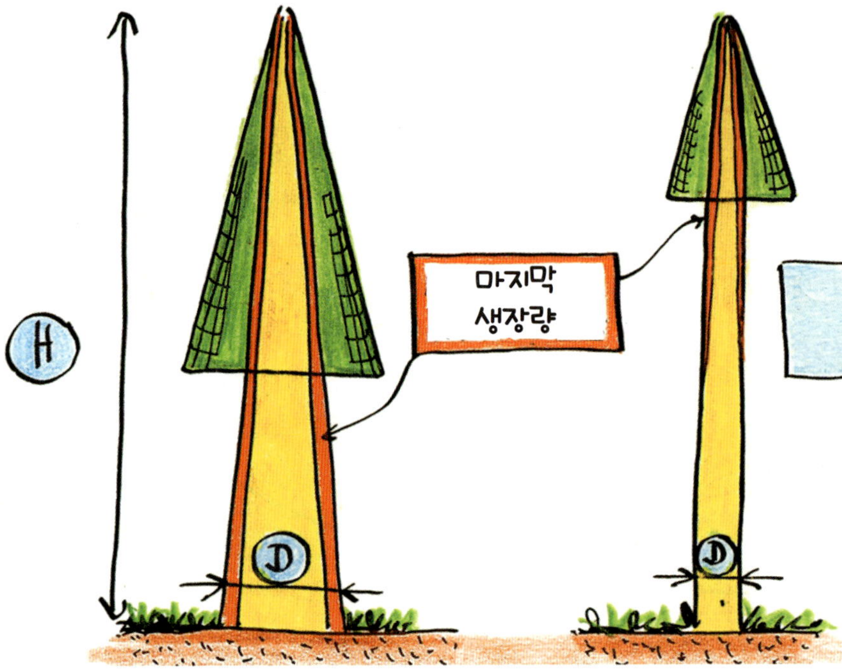

궁극적으로 역학적인 최적은 동일한 응력이 물체 전반에 걸쳐 널리 분포할 때 달성된다. 이것이 교목이 이상적으로 자신의 수간을 형상화하는 방법이다. 자신의 수관이 충분히 커지면, 이들은 바람 하중으로 인한 응력이 수간을 따라 동일하도록 수간을 아래쪽으로 굵게 만든다(왼쪽). 가까이 서 있는 교목들은 작은 수관만 가지고 있기 때문에 수간은 아래쪽 끝에 충분한 굵기를 발달시키지 못한다. 가늘고 긴 형상은 균일응력 공리, 즉 균일 하중 배분의 법칙을 위반하여 이들을 위험하게 만든다[4].

임계 세장비

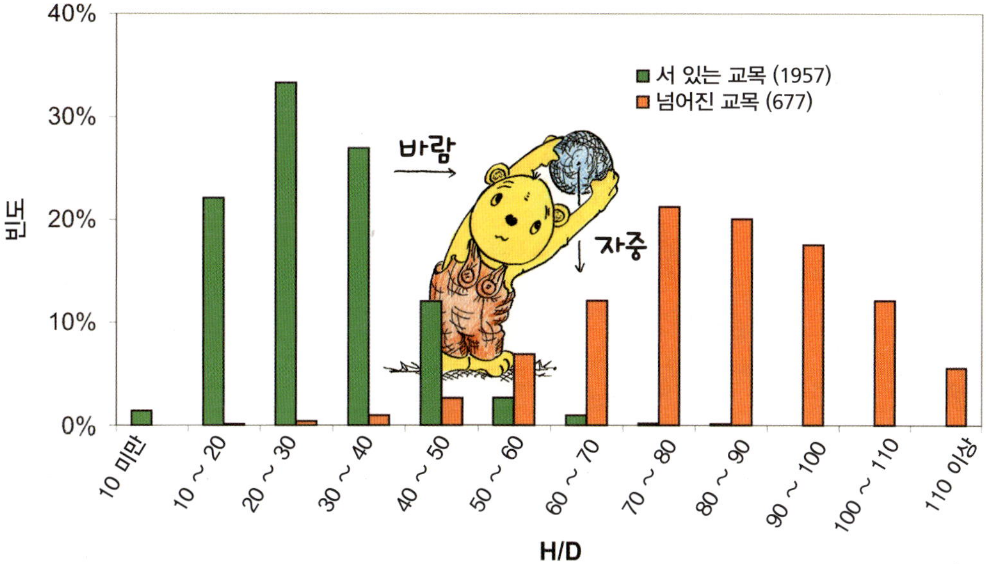

현장 연구에 의하면, 노출된 교목, 즉 임분 안에서 자란 가느다란 교목이 이제 자신의 이웃과 어떤 역학적인 접촉도 없는 외톨이가 되면 자신의 세장비인 수고/직경 비율 H/D=50(붉은색 막대)을 초과하게 되어 더 큰 위험을 안게 된다. 이러한 교목은 쉽게 기울어지고 바람에 넘어진다. 반면, 독립적으로 서 있는 외톨이 교목은 약 H/D=30(녹색 막대) 정도의 세장비를 가지고 있다[4].

아담한 교목이 오래 산다

많은 노목(老木, old tree)들이 매우 낮은 H/D 비율을 하고 있다. 오랫동안 독일 이민자의 집이었던 호주의 속이 빈 나무(Australian hollow tree)는 오로지 자신의 아담함 때문에 이처럼 오래 살았다. 자신의 작은 키는 내부의 공동을 상쇄한다. 반면에, 사람과 동물은 이 충실한 잉글리쉬 불독(English Bulldog)과 같이 너무 다부지게 되지 않도록 주의해야 한다[4].

이웃의 도움

아무리 H/D=50 법칙을 위협하는 상황이 발생하더라도, 도시에서는 굴광성적으로 위로 자라도록 내몰려서 가느다랗게 된 교목은 드물다. 이 법칙은 자신의 이웃과 어깨를 비비지 않는 홀로선 교목에만 적용된다. 폐쇄된 산림 임분에서는, 전단 정사각형에 의해 설명된 바와 같이, 교목은 서로 지지한다. 서로 뒤얽힌 가지에 의해 맞물린 수관은 수직적인 밧줄과 지지 역할을 하는 "전단 제거자(shear killer)"의 도움으로 수간의 상대적인 미끄러짐을 감소시킨다. 이는 전반적인 단단함을 증가시켜서 가느다란 교목이 가로등처럼 되돌릴 수 없는 모양으로 휘는 것을 피하게 된다. 가늘고 긴 것은 대부분 격리된 교목에서 위험하게 되는데, 이는 새로운 주거지가 산림의 교란된 가장자리에 건설될 때 발생한다.

A

B

C

배고픈 사람의 대기 행렬이 그렇게 길지 않은 매점처럼 커다란 수관을 가진 외톨이 교목(A), 수간 길이 대비 더 작은 광합성 부엌을 가지고 있고 굴광성적으로 위로 자라는 임분 내 출발점이 더 높은 수관(B), 충분한 목질의 물질을 준비하지 않고 위로 향하는 여피족(yuppie, 도시에 사는 젊은 야심찬 전문직 종사자) 교목(C)[60].

16. 속이 빈 수간, 부후 공동

부후 공동의 징후

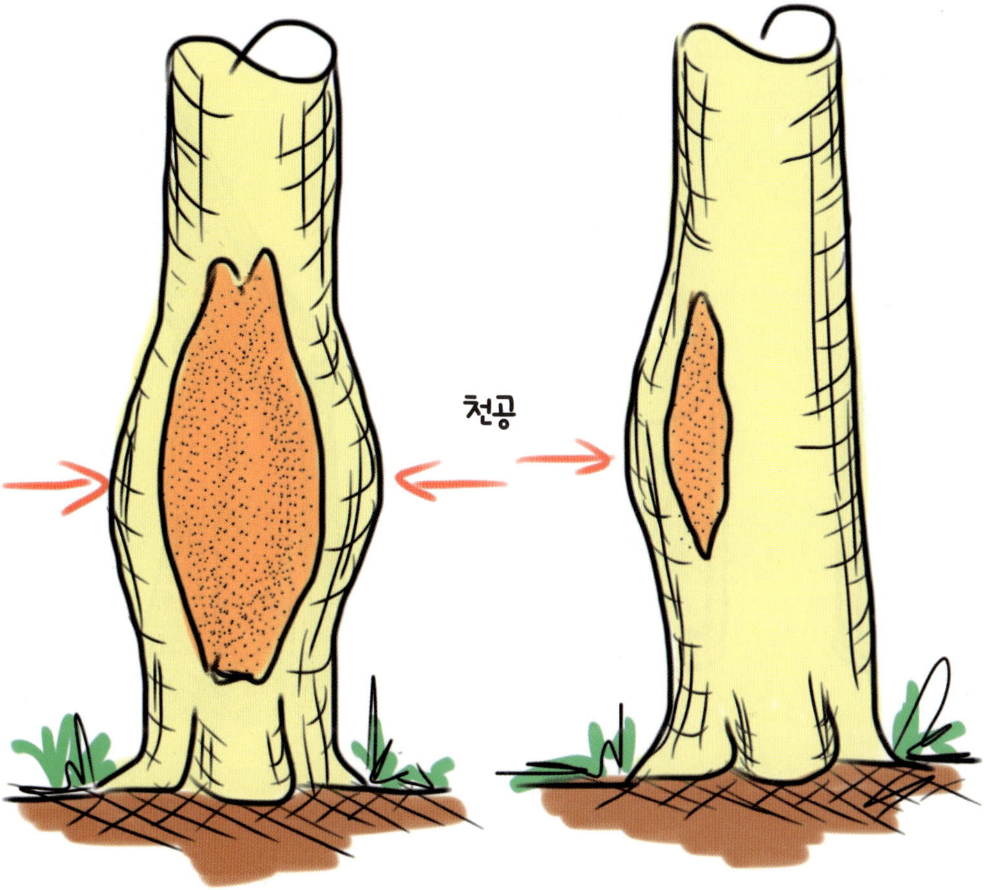

목재를 연화시키는 부후 또는 실질적인 공동이 존재할 때에만 교목에 이러한 유형의 완만한 윤곽의 팽윤(膨潤, swelling)이 만들어지게 된다. 대개 배가 가장 많이 나온 곳에서 벽 두께가 가장 얇다. 이 경우의 생장 증분의 균열(incremental strip)은 해당 수목의 필사적인 회복 시도도 보여줄 수 있다. 뒤에 나오는 속이 빈 교목의 일부 파손 유형을 살펴보고, 자연에서 교목의 공동이 어느 정도를 넘어서야 파손되는가를 알아보자.

속이 빈 교목의 호스 관 비틀림

속이 빈 교목은 자주 휘어진 정원용 호스처럼 구부러진다. 종축 균열이 발생될 때 급속하게 커지는 탄력적인 휨은 횡단면을 압착하여 분열을 가속화시키는 횡력(transverse force)을 발생시킨다. 결국, 개별 판(板, board)은 파손될 것이다. 이 횡력이 부후된 교목이 파손되는데 필요한 건강한 잔여 벽을 계산할 때 폐쇄된 배관의 횡단면을 추정하는데 중대한 실수를 초래하게 만든다. 매우 드물게, 교목은 남은 벽이 부서지기 쉽게 되었을 경우에만 유리관처럼 부서진다(예, 껍질방석꼬투리버섯(*Kretzschmaria deusta*)이 침투했을 경우).

횡단면의 분할

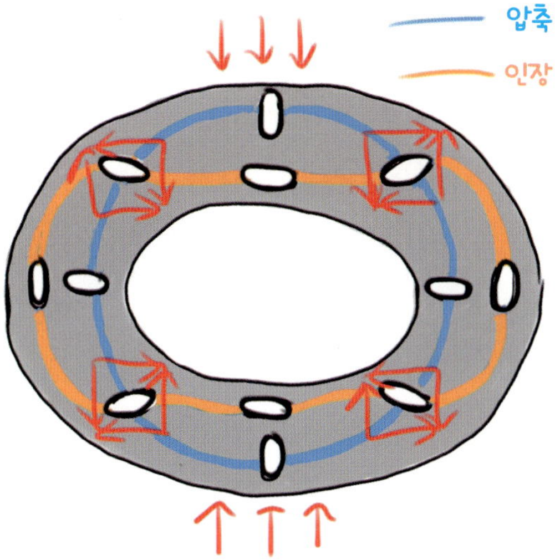

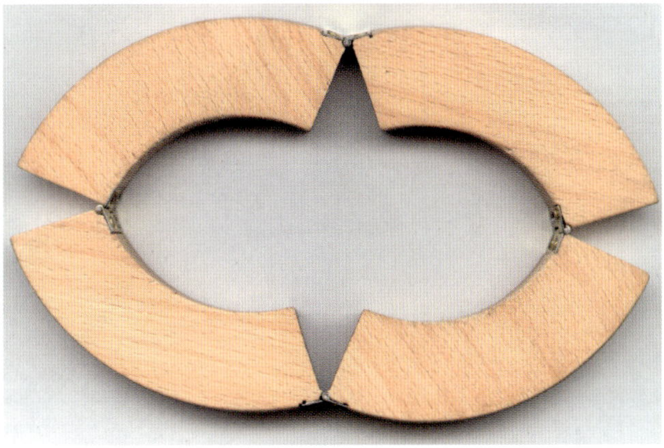

이것은 초미세 고무판 내에 있는 구멍들에 의한 분할(分割, segmentation)을 설명하고 있다. 목재 모형의 균열은 90°로 가해진 휨응력(bending stress)이 최대로 작용한 지점에서 시작된다. 초미세 고무 내의 더욱 길어진 구멍은 나중에 해당 교목의 잔여 벽에서의 갈라진 틈, 즉 목재 모형의 균열이 된다. 이로 인해 네 개의 판으로 무너진 횡단면은 더욱 납작하기 때문에 엄청나게 더 큰 휨응력을 받게 되어 곧 파손될 것이다. 균열 사이의 사선 방향 구멍은 고무판 내의 최대 전단(剪斷, shear)을 나타낸다.

근주 부후와 악마의 귀

판근(板根, buttress root)의 내부 깊은 곳에서 발생한 부후(근주 부후/根株腐朽, butt rot)는 주된 부하를 부담하는 판근이나 여러 개의 판근까지도 절단시키는 결과를 가져온다. 이렇게 되면 어두운 저녁에 돌아오는 방랑자를 놀라게 할 수 있는 악마의 귀(devils ear) 모양을 남긴다. 수종마다 뿌리 배열이 다르기 때문에 파손되는 유형이 교목 간에 차이가 있지만, 여기서는 적어도 하나의 판근에 대해 전단 정사각형의 한 유형을 설명할 것이다.

속이 빈 밑동 내의 전단 균열 분리

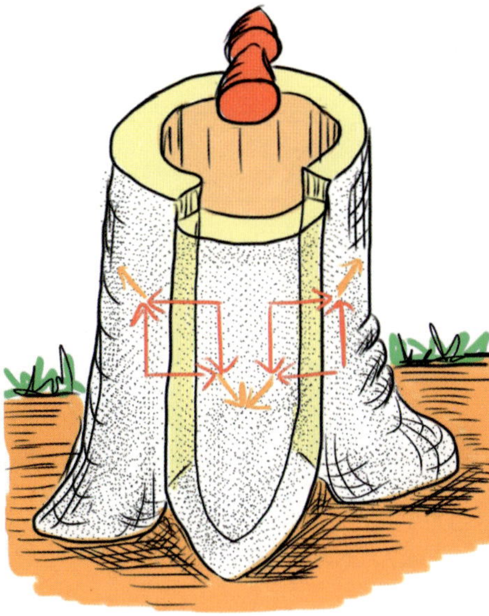

그림 속의 교목은 그림의 평면 방향으로 부는 바람의 힘을 받고 있다. 이 교목은, 전단 정사각형이 보여주는 바와 같이, 바닥을 향해 전단되기를 원하는 정면의 인장 뿌리에 의해 주로 유지된다. 전단 정사각형은 섬유 방향에 대해 대각선의 인장을 발생시키는데, 이는 해당 교목으로부터 뿌리를 분리시키는 균열을 유발한다(192페이지 참조). 인장 쪽의 주된 고착 뿌리는 절단되어 악마의 귀처럼 서 있는 상태로 남아 있다. 해당 교목은 굉음을 내면서 넘어진다.

속이 빈 교목은 어떻게 되는가?

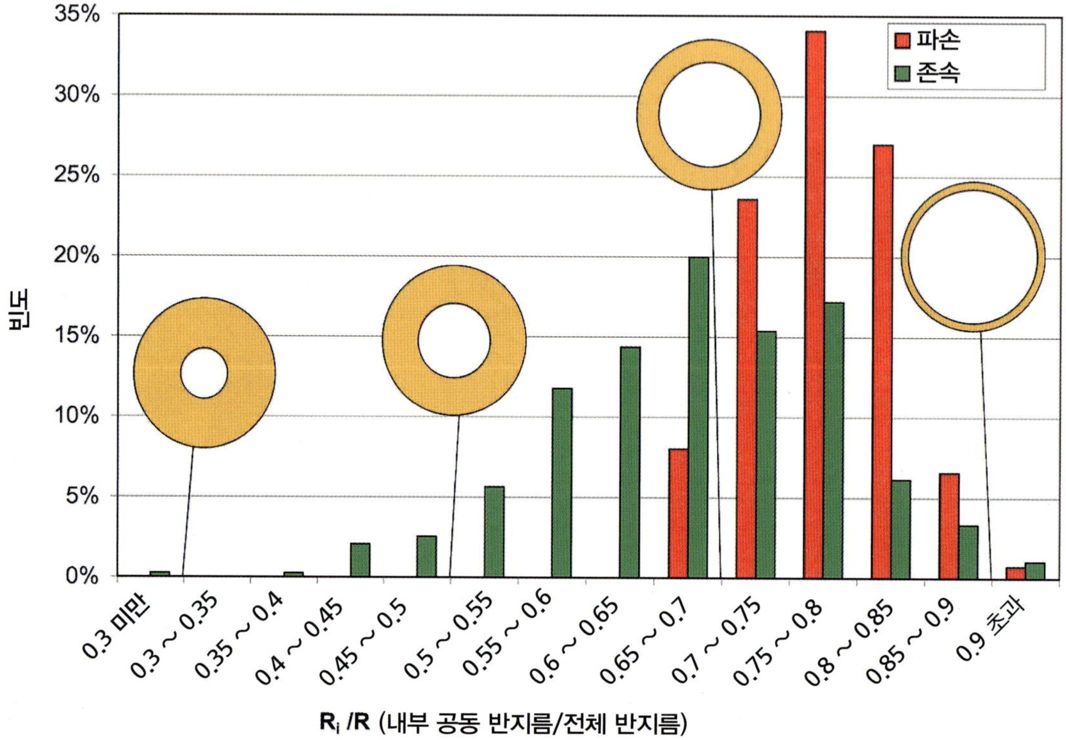

세계적인 현장 연구에 의하면 반경의 약 70% 이상이 부후(속이 빔)되면 속이 빈 교목의 파손율이 급격하게 증가하는 것으로 나타났다[18, 19, 20]. 이 수준부터 완전한 수관을 가진 교목은 더 쉽게 파손될 수 있을 것이다. 강하게 축소된 교목은 커다란 공동을 가지고 있어도 여전히 안전하게 버틸 수 있다. 교목 파손은 "배관(hosepipe) 뒤틀림"에 의해 발생하고 세로 틈새(longitudinal fissure)에 의해 시작된다. 이미 존재하는 세로 균열을 가진 속이 빈 교목은 이러한 이유 때문에 더 위험하다. 특히 개방된 부후가 관찰되면, 개구(開口, opening)에 대한 추가적인 육안 평가가 도움이 될 수 있다[60].

밑동 내부의 부후

70% 법칙은 교조적이 아닌 언제나 일반적인 조건에서 적용되어야 한다. 특히, 부후된 밑동이 균열이나 수피 매몰에 의해 분할되었거나(왼쪽) 공동이 몇 개로 분리되어(오른쪽) 있는 경우에는 적용되지 않는다. 이러한 종류의 근주 부후와 관련된 파손 위험은 더욱 땅속에 숨어 있다. 지상에서의 자세한 검사는 기껏해야 보조적이거나 의미가 없을 수도 있다. 울타리를 쳐서 접근을 차단하거나 해당 교목을 즉시 제거하는 것이 어렵다면, 부후가 위로 확산되는 경우 특별한 관리를 하면서 근원을 검사해야 한다. 교목에 따라 서로 다른 뿌리 체계를 가지고 있다는 점을 고려하면, 뿌리의 파손 기준을 예측할 수 없기 때문에 일반적으로 울타리를 치거나 해당 교목을 제거하는 것이 권장된다.

위: 너도밤나무에 침범한 껍질방석꼬투리버섯(*Kretzschmaria deusta*).
가운데: 버드나무에 침범한 비늘버섯(*Pholiota squarrosa*).
아래: 참나무에 침범한 너도밤나무시루뻔버섯(*Inonotus dryadeus*)
(부후된 근원 위 톱 절단면의 구멍들).

개방된 부후의 입구 문틀

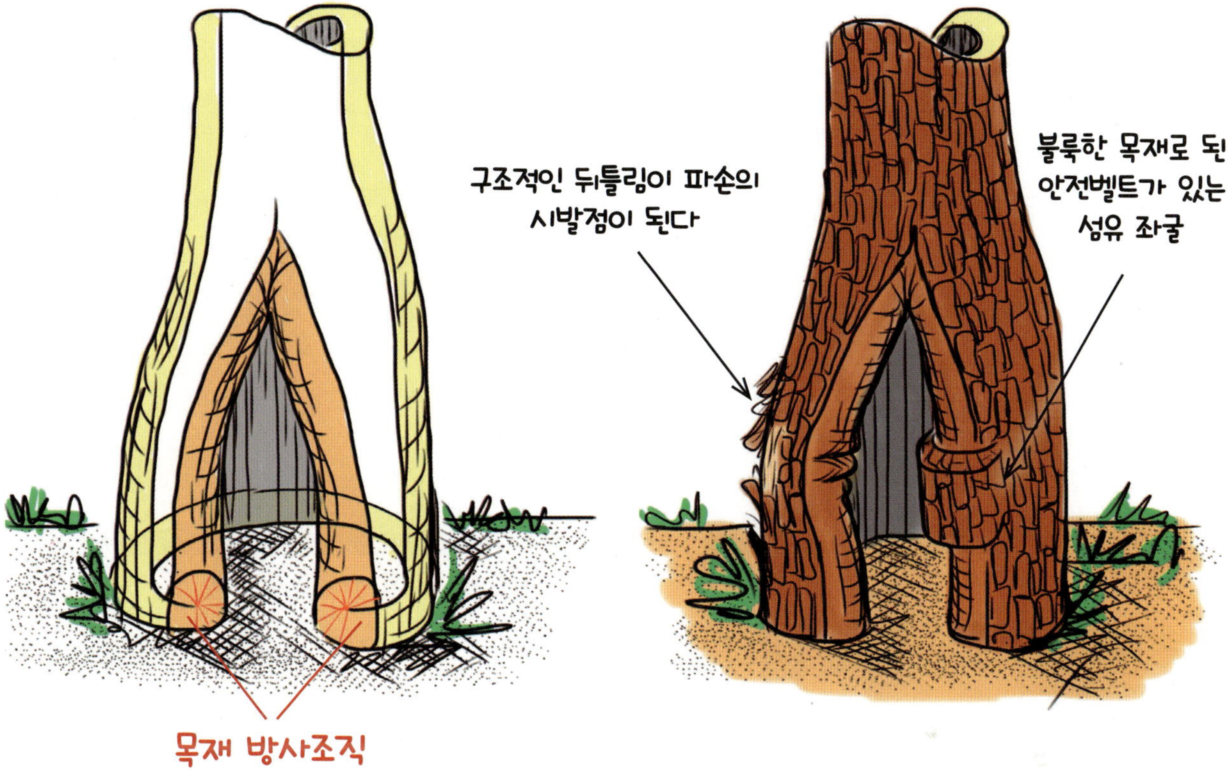

개방된 부후의 입구 문틀이 두께가 벽의 두 배 정도가 되고 많은 방사조직(붉은색으로 표시)에 의해 횡으로 보강된 목재로 구성되어 있으면, 가끔 배관 가장자리의 상실된 부위에 대한 좋은 대체물이 된다. 그러나 공동이 70%를 초과하여 해당 문틀의 측면 기둥이 휘어지기 시작하면 어떻게 될지 모른다. 이는 해당 수간의 파손이 시작되는 해당 문틀의 구조적인 뒤틀림이 발생할 수도, 불룩한 목재로 된 안전벨트에 의해 부분적으로 회복된 국지적인 섬유 좌굴(纖維挫屈, fiber buckling)이 발생할 수도 있다.

개방된 부후

벽 두께가 약 두 배이고(말려 있음) 가끔 특히 단단한 목재로 구성되어 있는 문틀이 흘러내린 양말처럼 압축되면(왼쪽), 교목의 가장 단단한 부분이 크리프 파괴(creep fracture – 장시간 가해지는 응력의 누적으로 인해 재료가 파괴되는 현상)가 진행 중에 있을 가능성이 있다. 호주에서 우리는 우리가 생각한 것이 배의 뱃머리(bow)였다는 것을 발견했다(오른쪽). 이 사진을 보면, 이 문틀은 분명히 곰팡이도, 흰개미도, 산불(bushfire)도 결코 공격하고 싶어 하지 않은 단지 개방된 부후 부위의 입구 기둥일 뿐이었다. 이는 실물을 이용한 연구이다!

개방된 부후 부위에서의 섬유 좌굴

사진: Mick Boddy 제공

파손된 진열장 같은 개방된 부후

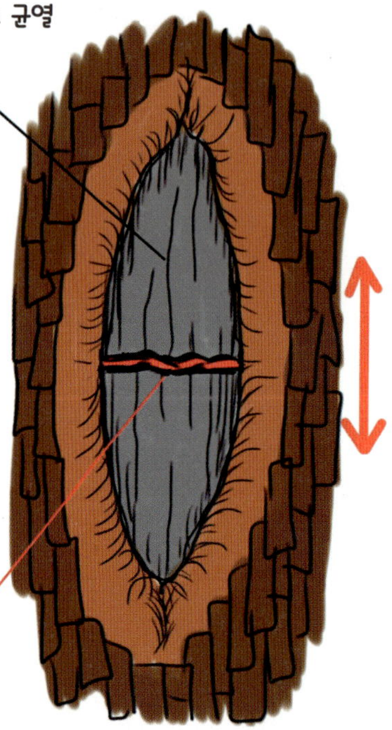

부후되고 취화된 내부 목재도 여전히 해당 교목 부하의 일부를 부담할 수 있다. 기울어진 교목의 풍상측(windward side)이나 상단 쪽에 작용하는 세로의 인장응력으로 인해 횡 방향으로 갈라지면, 이때부터는 건전한 외곽 조직만이 인장응력을 지탱할 것이다. 이는 기껏해야, 수피 판 사이의 분명한 생장 균열이 보여주는 바와 같이, 다급하게 부착된 목재로 대응할 것이다. 최악의 경우, 해당 수간은 그 지점에서 뒤틀림이 발달하여 압축 측에서의 섬유 뒤틀림과 인장 측에서의 외곽 찢어짐으로 인해 파손될 것이다. 매우 빈번하게, 해당 상처 상단의 목질의 띠가 절단될 것이다. 검게 보이는 종축 균열은 모든 전봇대에서 찾아볼 수 있는 건조에 의해 유발된 균열일 뿐이다.

노숙목에서의 외곽 틀 좌굴

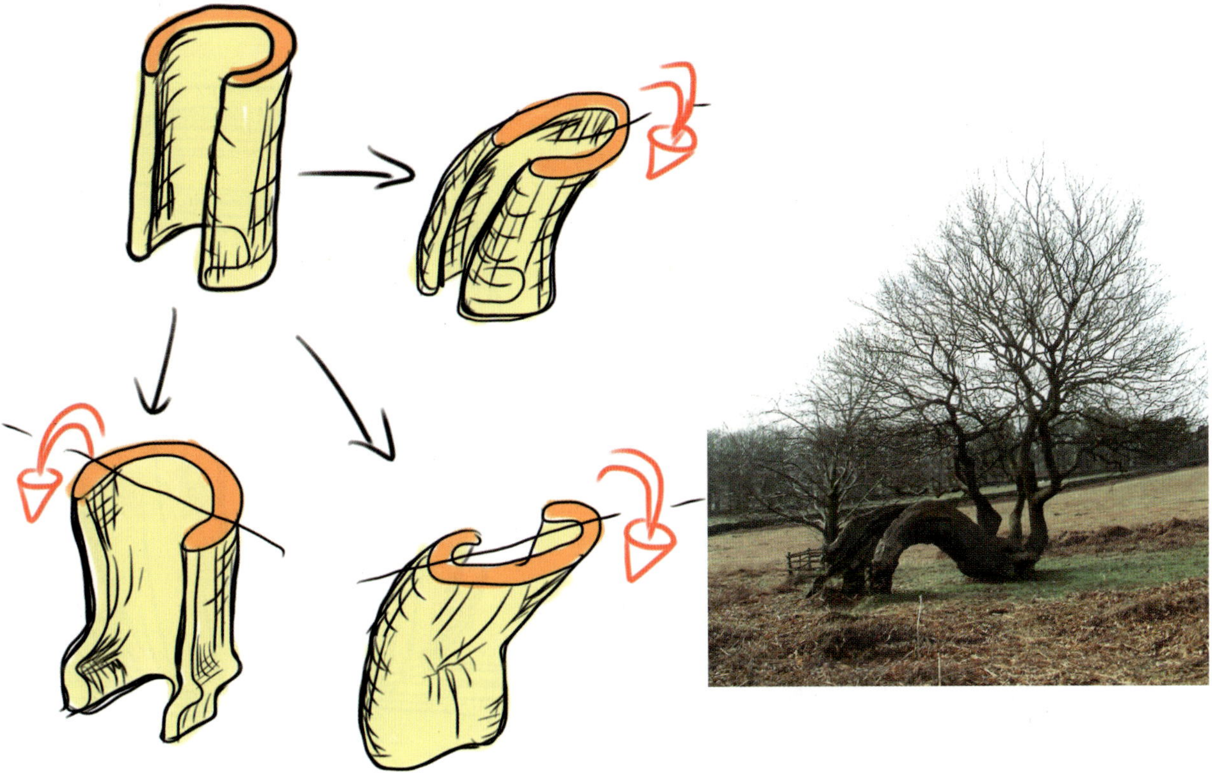

외곽 틀 좌굴에 의한 파손은 대개 키가 작고 직경이 크면서 벽이 극히 얇은 교목에서만 발생할 수 있다: 예를 들면, 노숙목(老熟木, veteran tree)과 천연기념물이나 이들의 일부, 과거에 접합된 관 모양 수간 벽의 외곽 부분 등이 이에 해당한다. 수목관리적인 전략: 이들의 파손 동향을 관찰하고, 크리핑(creeping) 파괴 과정을 중단시킬 수 있는 경감 전정(輕減剪定, relief pruning)이나 역학적인 보강을 통해 이에 대응하기 위해 노력하라.

속이 빈 교목 모델로서의 나무통

나무통의 목재 널(stave)은, 인장응력 하에 있는 강철 테가 이들을 제자리에 잡고 있기 때문에, 원주 방향의 압축 하에 있다. 목재 판자는 교목의 목 섬유가 서로 붙어 있도록 접착제로 붙일 수도 있다. 강철 테를 느슨하게 하거나 제거하면 나무통의 널이 접착제에 의해서만 붙어 있도록 방치하기 때문에 그 나무통이 더 쉽게 허물어질 수 있다.

볼트로 죄어진 내부 테

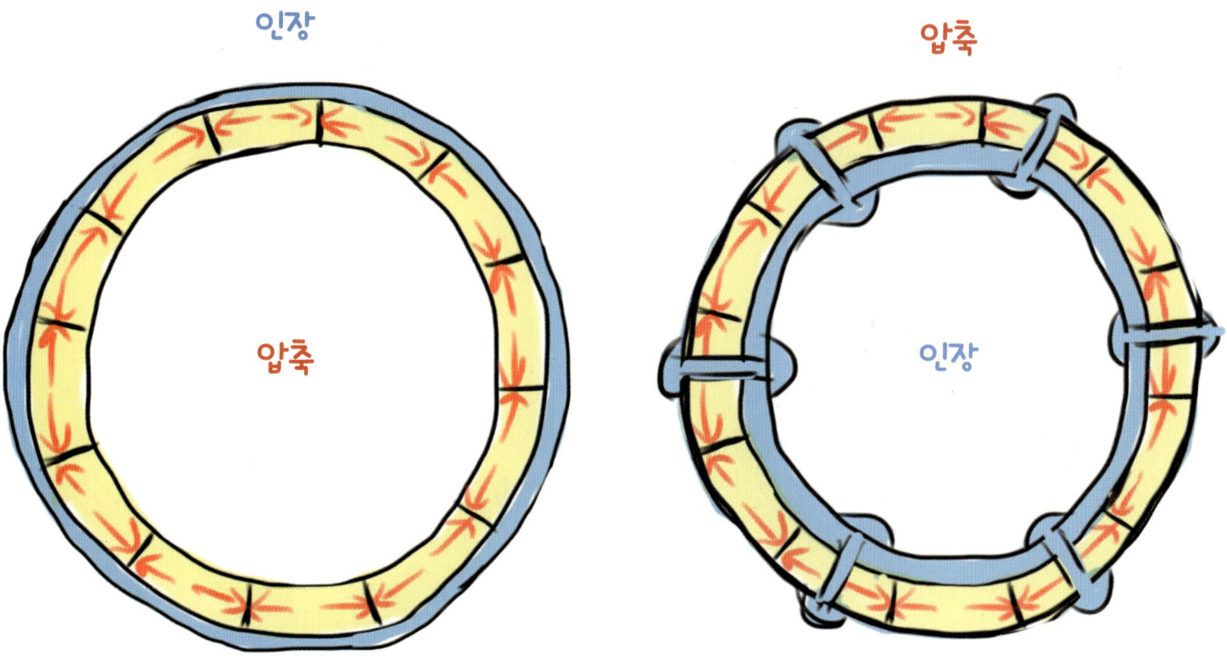

강철 테와 같은 효과는, 안쪽에 테를 대고 목재로 된 통의 널을 나사로 죄거나 리벳 체결(riveting)을 해도 확보할 수 있다. 안쪽의 강철 테가 인장 하에 있으면 바깥쪽 목재 통 널은 압축 하에 놓인다. 목재 통 널이 젖어서 바깥으로 부풀면, 안쪽 테는 더 높은 인장응력 하에 놓이게 된다. 내부 테 모델은 교목 특히 속이 빈 교목에 적용된다. 오른쪽 그림의 목재 통의 널은 부풀어 오른 목재의 가장 외곽 고리(ring)에 해당하고, 고정시킨 리벳(revet)은 방사조직에 해당한다.

외부에 대한 원주 압력, 내부에 대한 인장응력

수간 표면의 목재가 은밀하게 부풀기 시작하여 팽창하고자 하는 경우, 부풀지 않는 안쪽 고리(inner ring)가 그렇게 되는 것을 막는데, 이는 그 고리가 밧줄로 표시된 방사조직에 의해 연결되어 있기 때문이다. 안쪽 인장 테와 방사조직이 점진적인 부후에 의해 침식된 이후에만 바깥 링은 압축응력으로부터 해방되어 팽창할 수 있다. 이제 남은 벽의 섬유를 제자리에 잡고 있는 것은 리그닌과 펙틴(pectin) 접착제뿐이기 때문에 이는 쉽게 무너진다. 전단에 의해 유발된 균열과 횡단면이 허물어지는 것은 언제든지 발생한다.

내부 인장 테의 균열

이 경우, 방사조직을 따라 나이테에 수직으로, 그리고 또한 내부 테가 부담하는 인장에 수직으로 방사 균열이 이어져 있다. 또한 부후가 이들 균열을 따라 보다 쉽게 바깥을 향해 침투할 수 있다. 이 두 효과는 바깥 목재 섬유의 원주 압축을 감소시켜 결국에는 속이 빈 수간을 조각으로 해체할 것이다. 전단응력(剪斷應力, shear stress)과 함께 횡단면을 허무는 힘은 호스의 뒤틀림에서처럼 이들이 전단되는 데 기여한다.

개방된 부후와 말려들어간 문틀

수간 표면에서의 부푸는 과정은 개방된 부후 부위 문틀에서 숫양의 뿔처럼 말리는 나이테를 보아도 알 수 있다. 외곽 섬유는 단단한 표면에 다시 안착될 때까지 측압(側壓, lateral pressure)을 따라갈 뿐인데, 이 단단한 표면은 상처의 표면(왼쪽)일 수도 있고, 개방된 부후 부위를 가진 속이 빈 교목인 경우 안쪽 벽의 표면(오른쪽)일 수도 있다.

저지선 역할을 하는 상처 표면

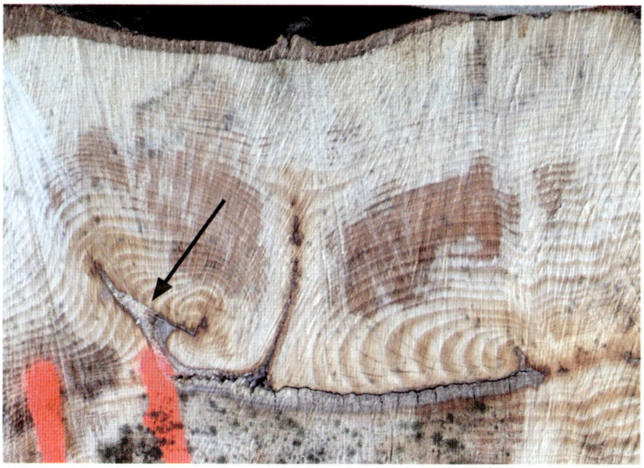

개방된 부후는 이렇게 시작된다: 해당 교목 속에 부후가 존재하지 않은 경우, 커다란 상처가 발생하면 뒤이어 부후균이 상처 표면 안으로 침투하여 안쪽으로부터 상처 표면을 공격할 수 있다. 당분간은 상처 표면이 저지선처럼 존재하여 말려들어가는 나이테를 막고 있다. 시간이 지나면, 이 사진 상처의 가장자리에서처럼, 접점 압력(接點壓力, contact pressure)이 너무 높아 엄청난 노력을 쓸모없게 만드는 균열이 벽에서 시작되어 새살(wound wood)을 갈라놓게 된다[21].

17. 수간 분할과 자가 회춘

속이 빈 수간 분할하기

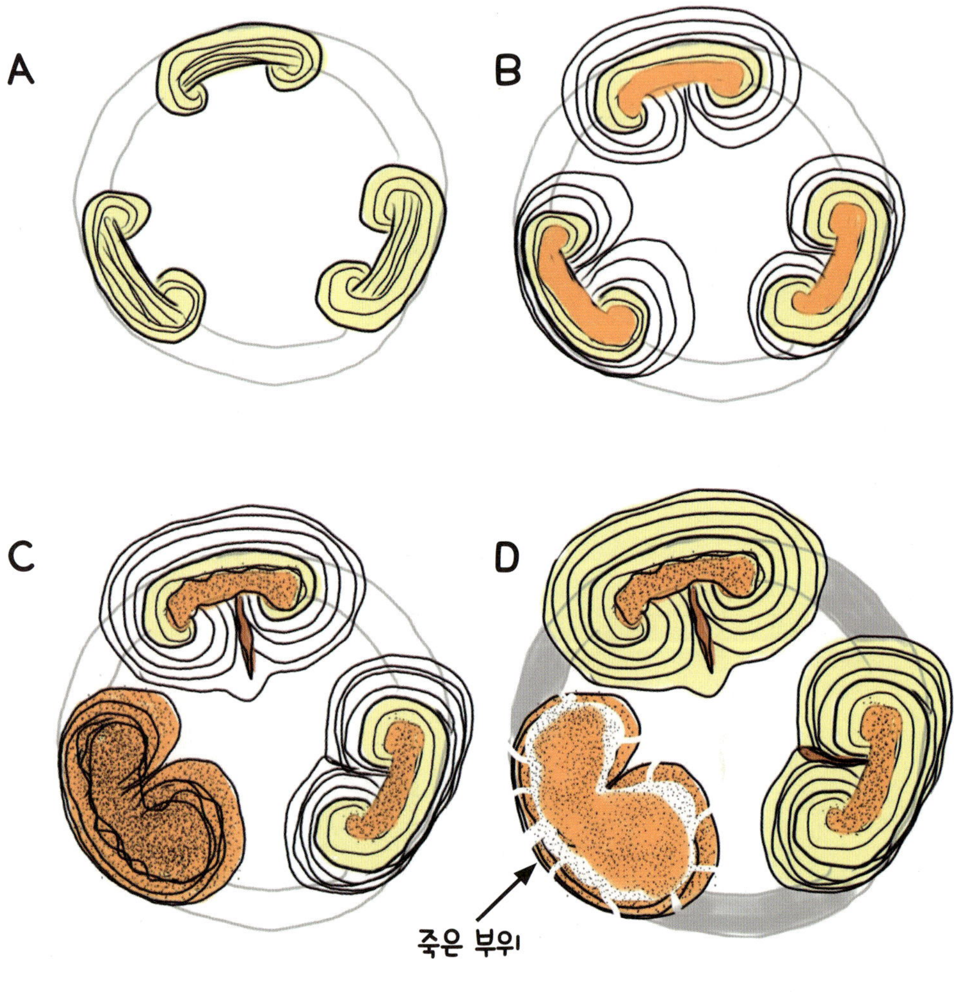

하나의 수간에 여러 개의 개구가 있으면, 남은 목재에 대해 나이테의 측면 말림에 의해 형성된 각 기둥의 좌굴 위험을 평가해보는 것이 좋다. 이렇게 하면, 속이 빈 수간은 빈 공간이 70% 미만인 일련의 부분적인 수간이 될 수 있다. 이들 모두가 변형을 면해야 하는 것은 아니다.

자가 회춘 기술

세장비 감축

공동 비율 감축

늙은 교목은 죽어 들어간다. 영국인인 Ted Green은 이러한 현상을 "하향 생장(growing downward)"이라고 불렀다. 이렇게 하여, 이들은 자신의 세장비(細長比, slenderness ratio)를 낮춘다. 다른 한편으로, 속이 빈 수간의 분할을 유발하는 위험한 부후 부위가 있고, 기둥의 말림으로 인해 수많은 작고 덜 위험한 속이 빈 수간이 만들어지면, 이것이 바로 교목이 상처 치유자일 뿐만 아니라 자가 회춘(自家回春, self-rejuvenation)의 명수라는 증거가 된다.

18. 기울어진 수간

기울이 언제나 위험을 의미하는 것은 아니다

사진: Mick Boddy 제공

기울어지는 교목이 점점 더 기울어지면, 윗면에서는 수피가 파열되어 떨어져 나가거나 손으로 아주 쉽게 벗겨낼 수 있게 될 것이다. 때로는 윗면이 완전히 발가벗겨질 것이다. 아랫면에서는, 해당 교목이 여기를 강하게 압축하기 때문에 콘서티나(concertina - 아코디언 비슷한 6각형 악기)같이 수피가 접힌다. 이처럼 점진적으로 기울어지는 교목은 넘어질 수 있다[2].

점점 더 기울어지는 교목

대부분의 경우, 기울어진 교목이 무게에 의해 기울어진 후 고정된 위치에 적응할 수 있는 시간을 가질 수 있다면, 똑바로 선 교목만큼이나 안전하다. 그러나 고착하는 기제(機制, mechanism)가 점점 더 약화되거나(특히 목재가 휘어져서), 낙엽성 교목의 윗면 인장이상재(引張異常材, tension wood)가 느슨해지거나, 압축 면에서 섬유 좌굴이 발생하면, 해당 교목은 위험하게 된다. 아랫면에 수피 압축이 발생하면, 인장 면에서는 수피가 떨어져 나오는데(수피 박리, bark spalling), 이는 갑자기 이끼가 사라지는 반점에서 가장 잘 볼 수 있다. 이들 교목은 축소하거나 A형 지지대로 지지해주어야 한다.

점점 더 기울어지는 교목

수관 축소와 지지 후의 진단

전정이나 지지(支持, support)를 한 다음 기울어진 교목이 안전한지를 어떻게 다시 확인할 수 있을까? 먼저 손으로 느슨한 수피 부위를 제거한 다음 떨어져 나온 수피 삼각형의 상단에 분필로 표시를 하라. 만약 2,3개월이나 몇 주 후에 새로운 수피 탈락이 관찰되면, 교정 조치가 불충분하였음을 의미한다. 이 경우, 더 많은 전정, 더 높은 지점에서의 지지, 해당 교목의 교체까지도 필요한 조치가 될 것이다. 교목을 지지할 때에는, 해당 교목의 중력 중심이 지지 시설 위에 놓이지 않도록 주의해야 한다. 이렇게 되면, 해당 교목이 지지 지점 위로 공중재비(somersault)를 할 수도 있다.

넘어질 때까지 기울음

기울어지는 교목이 내보내는 모든 경고 신호가 무시되면, 균열이 인장 쪽 지면에, 그리고 뿌리나 밑동에서도 발생할 것이다. 결국, 뿌리판은 처음에는 크리이프(creeping - 시간과 함께 진행하는 변형) 운동으로, 나중에는 활주운동(滑走運動, sliding movement)으로 땅으로부터 모습을 드러낼 것이다. 활주운동은 강풍에 의해 가속화될 것이다.

왜 수피는 떨어져 나오는가?

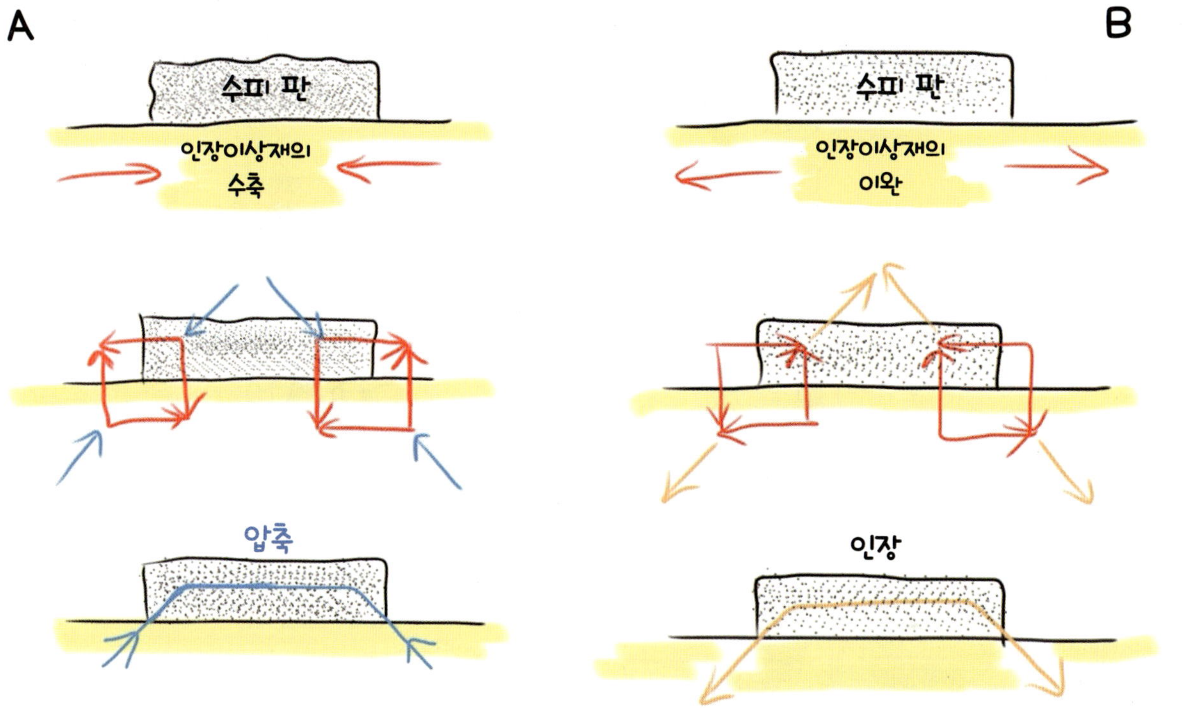

기울어진 교목의 위쪽 면 인장이상재(tension wood)가 여전히 그대로 있으면, 수피 판 아래를 수축시킨다(A). 이는 수피 판과 이의 연결 부위에 압축 부하를 가한다. 그러나 인상이상재가 이완되면(B), 수피는 이러한 신장을 견디지 못한다. 여기서 전단 정사각형(shear square)을 사용하면, 수피의 "접착면(接着面, bonding area)"에 작용하여 수피가 떨어져 나오도록 작용하는 인장력(引張力, tensile force)을 도출할 수 있다 – 이것이 사고의 도구이다!

19. 충격 완화, 파고든 철사, 묻힌 교통 표지판

접촉 응력(接觸應力, contact stress)과 완충

이는 동화 "공주와 완두콩(Princess and the Pea)"과 같다: 뾰족한 바위에 앉아 있는 것이 고통스러우면 우리는 방석을 사용할 것이다. 교목은 스툽시(Stupsi – 캐릭터 이름)가 가지고 있는 아름다운 물방울무늬(polka dot)의 방석은 없지만, 이들은 비록 몇 년이 걸리더라도 방석을 키워낼 수 있다[2, 22].

접촉 지점 주위의 완충재

표면을 확대하면 높은 접촉 응력을 국지적으로 감소시킨다: 이것이 균일응력 공리(均一應力公理, uniform-stress axiom)이다.

접촉 응력에 대응하는 완충재 형성

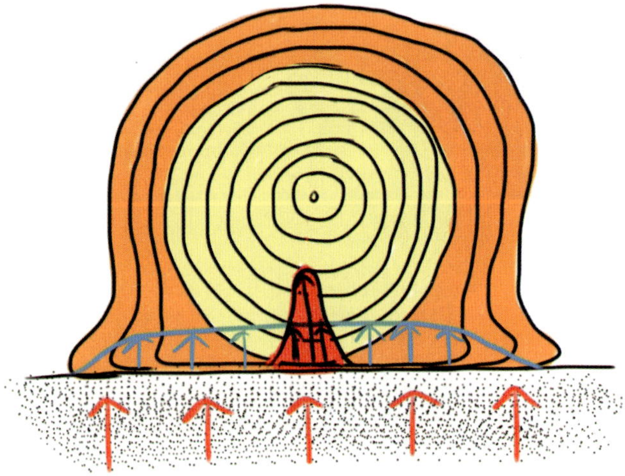

수간, 가지, 또는 뿌리는 단단한 표면에 의해 압력을 받는다. 첫 접촉 이전에 자란 노란색 횡단면은 변형되지 않는다. 첫 접촉 응력은, 붉은 응력 곡선이 보여주는 바와 같이, 높고 국지적으로 작용한다. 이제 해당 교목은 반응하여 은밀하게 접촉면을 확대시키기 시작한다. 이것이 완충재로 자라서 높은 국지적 표면 응력을 균등화시킨다. 활력이 좋은 교목은 자신의 일생을 통해 균등한 부하 배분을 위해 애쓴다 – 균일응력 공리에 따라.

파고든 철사나 케이블

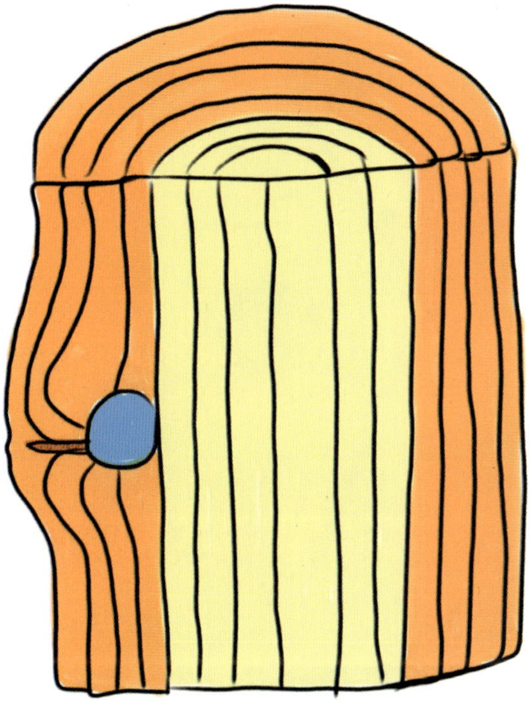

철사가 속에 매몰되면, 국지적으로 약간 크게 자란 나이테가 철사의 뒤쪽을 감는다. 이는 이론적으로 수피 매몰을 의미하는데, 매몰된 수피는 균열처럼 작용한다. 두꺼운 수피를 가진 교목에서는, 나이테가 뒤틀림이 없이 다시 축 방향으로 안정적으로 배열되고 매몰된 수피를 "관통"하여 연결되는데 더 오랜 시간이 걸리기 때문에, 대개 수피 매물 부위가 더 크다. 철사가 수간에 묻히면 섬유의 연속적인 종축 흐름이 가능해진다. 파고든 철사가 수간 파손을 유발할 가능성은 낮고, 우리는 이러한 사례를 본 적이 없다.

파고든 철사

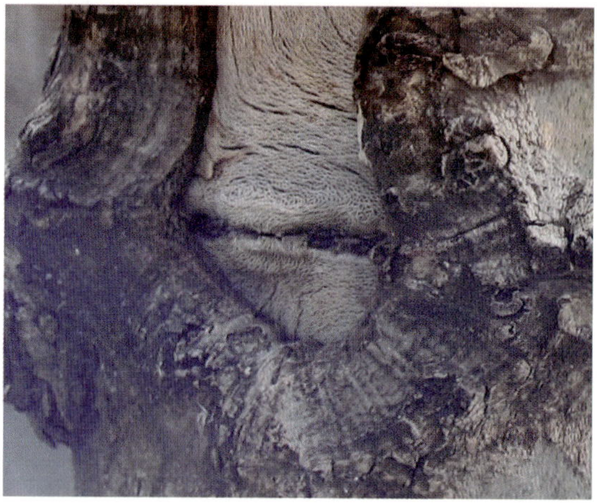

수간에 평행하게 묻힌 교통 표지판

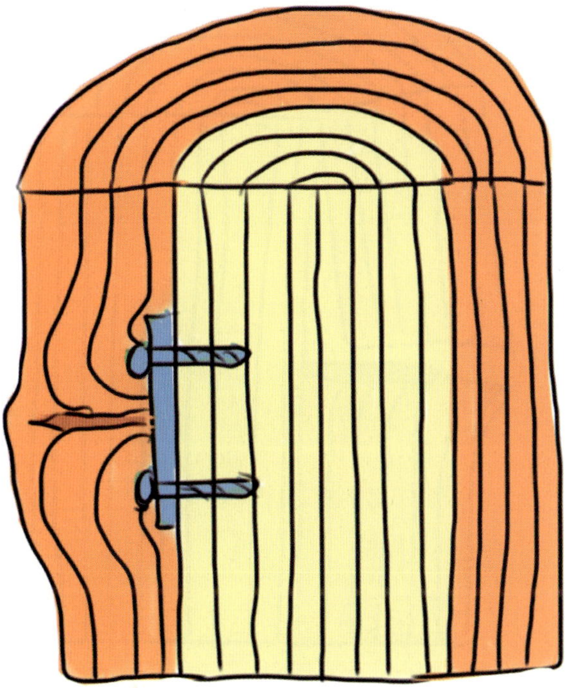

나이테는 방해하는 물체 뒤를 감싼 다음 위쪽과 아래쪽에서 서로 압박한다. 나이테가 뒤틀리지 않고 견고하게 세로로 정렬되면, 연속적인 섬유로 융합된다. 또한 이 경우, 이 표지가 힘의 흐름과 평행하게 배열되어 있기 때문에 교목이 파손될 가능성은 매우 낮다. 그러나 매몰된 수피는 횡 균열(橫龜裂, transverse crack)로 수간 속에 영원히 남아 있다.

존속하는 횡 균열로서의 표지판

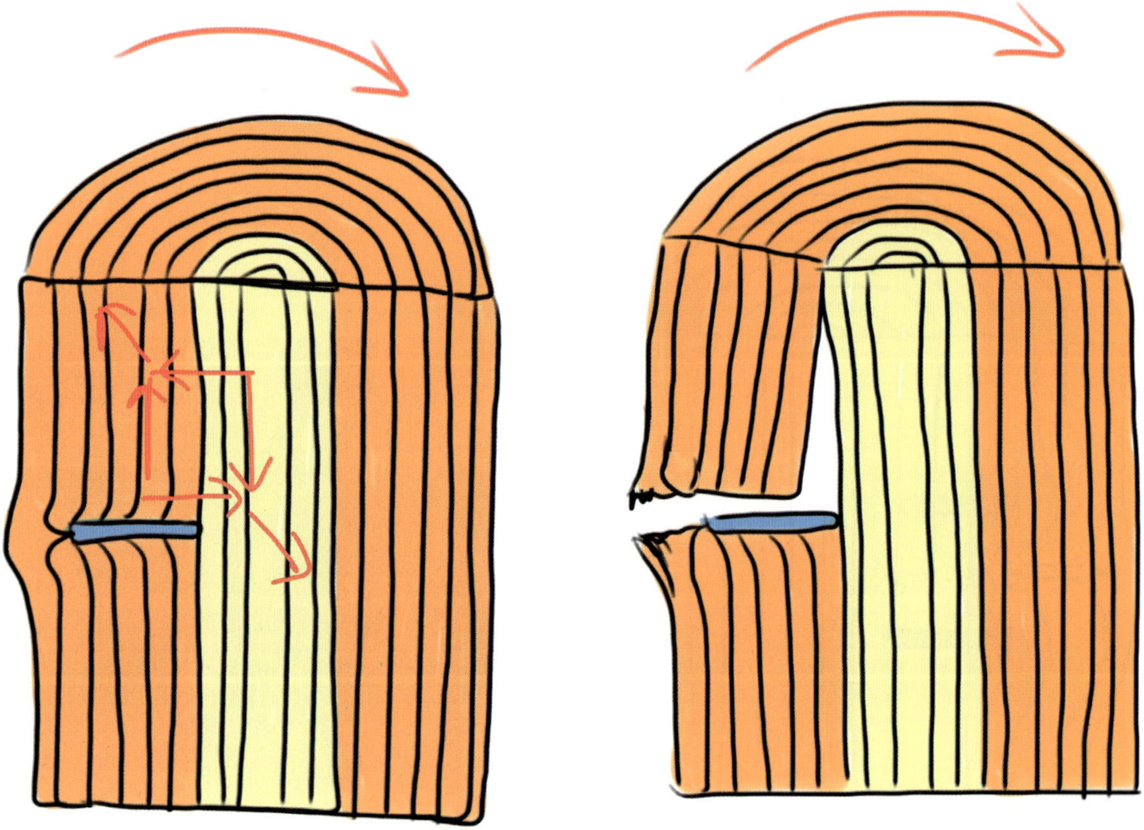

횡 방향으로 묻힌 융합된 표지판이 있거나, 휨의 인장 쪽에 수간에 평행하여 묻혀 있는 표지판 앞쪽으로 연장된 수평의 수피 벽이 있으면, 전단 정사각형으로부터 도출할 수 있는 바와 같이, 이는 섬유 흐름에 대해 상대적으로 사선 방향의 인장을 유발한다. 이것이 일으키는 세로 방향의 분열은, 결합이 충분히 클 경우, 해당 수간의 파손을 유발할 수 있다. 비슷한 유형으로, 이러한 현상은 접목에서 발생할 수 있다.

맛있는 음식처럼 물려 있는 표지판

20. 가로 융합과 세로 융합

가벼운 접촉에서 세로 융합까지

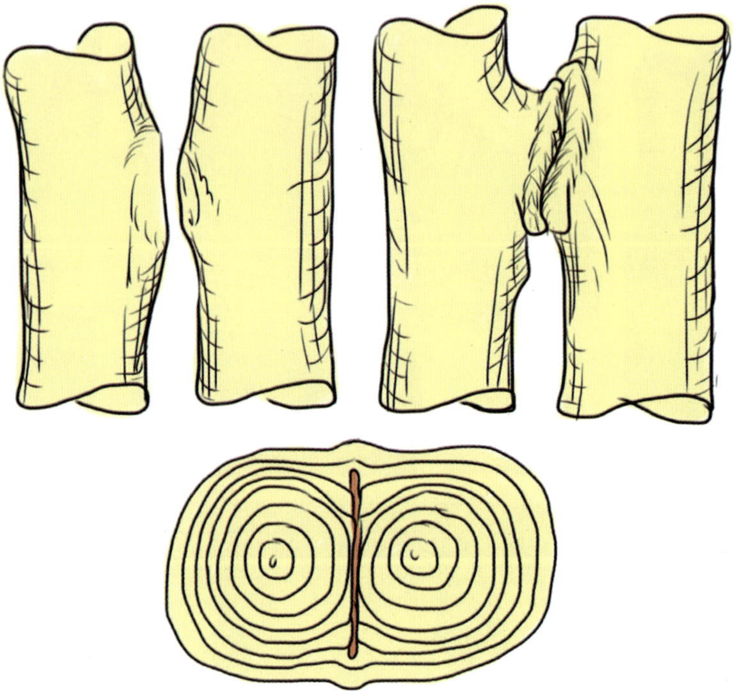

두 교목이 서로 가까이 서 있으면, 이들은 바람에 의해 움직일 때 접촉할 수 있다. 이들이 만드는 접촉 응력은, 바위와 접촉할 때처럼, 완충재 생성으로 이어지는데, 바위 접촉과 다른 점은 접촉하는 두 상대방 모두가 접촉면을 확대하기 위해 분주하다는 것이다. 처음에는 접촉면이 나란히 평평하게 위치한다. 측면의 나이테가 뒤틀리지 않고 견실하게 합류하면 다시 매몰된 수피가 "서서히 녹아들어(melt)" 융합이 완성된다. 이는 같은 종(種, species)에만 적용된다! 이러한 융합은 해당 교목의 응력 배분을 변화시키고, 이는 다시 적응 생장(適應生長, adaptive growth)에 대한 반응도 바꾼다.

가로 융합

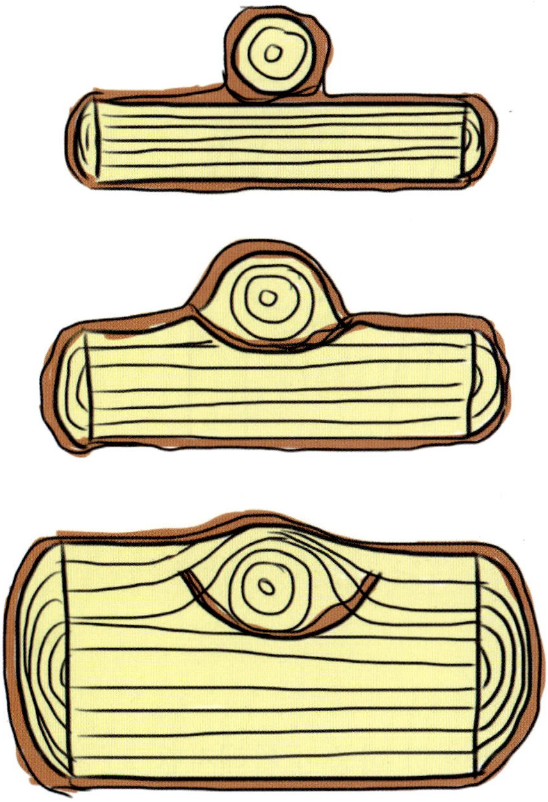

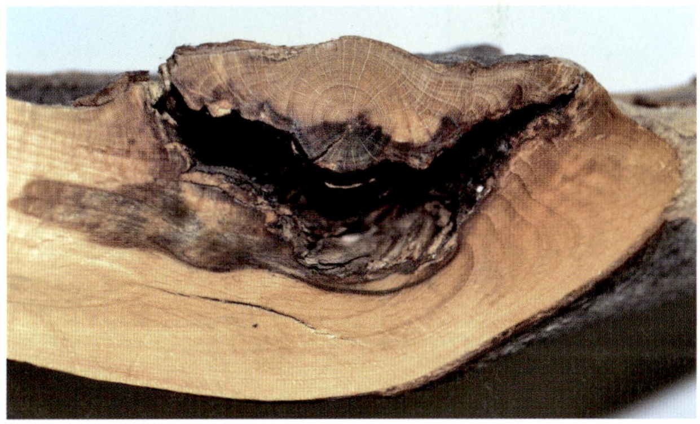

같은 종의 두 교목 일부가 가로로 교차하면, 이 또한 접촉면을 확대시킨다. 접촉하는 상대방들은 서로 결합하기 위해 노력한다. 외곽의 나이테가 연속적인 선으로 위치하고 주된 힘의 흐름과 대략적으로 같은 방향이 되면, 매몰된 수피가 "서서히 녹아들어" 융합이 완료된다. 안으로 자란 가지는 눈(eye)처럼 보인다. 섬유가 주된 힘의 흐름 방향으로 향하기 때문에, 교차하여 융합된 후 수간으로부터 멀리 떨어져 있는 가지의 끝은 대개 죽는다. 융합 후 중목구조(重木構造, heavy timber)가 만들어졌다.

틀 효과(frame effect)는 옆바람 상태에서만

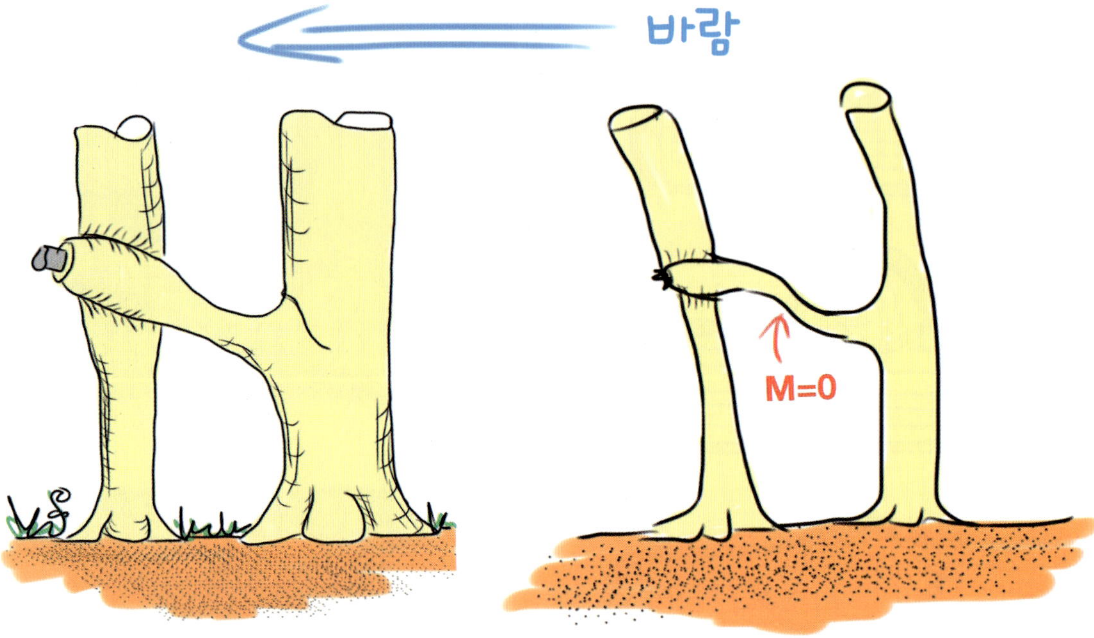

두 수간이 연결되어 형성된 틀이 있다. 틀 측면에 바람 하중이 가해지면 교차되어 융합된 부분은 하중을 받게 된다. 그리고 가로지르는 가지와 융합된 부분은 생장이 감소한다. 이러한 결합은, 중목구조와 같은 방법으로 자신들의 하중을 땅으로 전달한다. 결합하기 전, 오른쪽에 있는 수간은 왼쪽에 있는 수간에 비해 가지의 위쪽보다 아래쪽이 훨씬 더 굵었다. 이것은 두 연결된 교목에서 직경 생장이 차이가 있다는 것을 설명한다. 보통 가로지르는 가지는 중간이 잘록하게 된다. 이 지점은 가로지르는 가지에서 굴곡(屈曲, curvature)으로 표시된 바와 같이(오른쪽 그림), 휨 모멘트의 방향이 역전되는 지점이다. 다른 수목을 질식시키는 고무나무류는 중목구조를 만드는 명수이다. 균일응력 공리(uniform-stress axiom)에 따라 각 버팀대(brace)는 최적화된 형태이고 두께는 전체 시스템에 영구적으로 적응한다.

틀에 직각인 바람에서의 외로운 전사(戰士)

다른 한편, 바람이 해당 틀의 평면에 대해 수직으로 불면, 이들 두 교목은 마치 융합되지 않은 것처럼 흔들린다. 이는 이들이 같은 방향으로 흔들릴 때 특히 그렇다. 이들이 서로 상대적으로 진자운동(振子運動, pendulum movement)을 수행할 때, 교차 접속(交叉接續, cross connection)이 비틀림을 당할 수 있고, 이에 따라 섬유를 회전 개념으로 배열할 수 있다. 왼쪽 교목의 수간은 결합 부위 위와 아래의 두께가 거의 같다.

21. 접목과 펀칭 진단

교목 접목

사진: Jürgen Braukmann 제공

만약 차 정비공이 여러분의 차 추진축(propeller shaft)을 둘로 절단한 후 다시 이를 서로 용접할 것을 제안한다면, 당신이 아무리 낙관자라고 해도 그 정비공은 당신을 확신시키는 데 어려움을 겪을 것이다. 자동차에서 힘 흐름의 주된 통로가 추진축이라면, 교목에서는 수간이다. 아무리 접목에 열정을 가지고 있어도 이러한 사실은 기억하고 있어야 한다. 이러한 문제는 교목에서 접목으로 결합된 두 부분의 직경생장 속도가 다를 때 발생할 수 있다. 가끔, 외관상으로 문제가 없는 것처럼 보이지만 생물적인 결합이 충분히 강하지 못한 경우가 있다. 시한 신관(時限信管, time fuse)을 가진 이러한 종류의 폭탄은 포커페이스(poker face)를 하고 있고, 대부분의 경우, 부서지기 쉬운 도자기를 연상하는 단두대(guillotine) 같은 횡 파손(transverse fracture)의 형태를 띤다.

말려들어간 횡 섬유나 수피 매몰

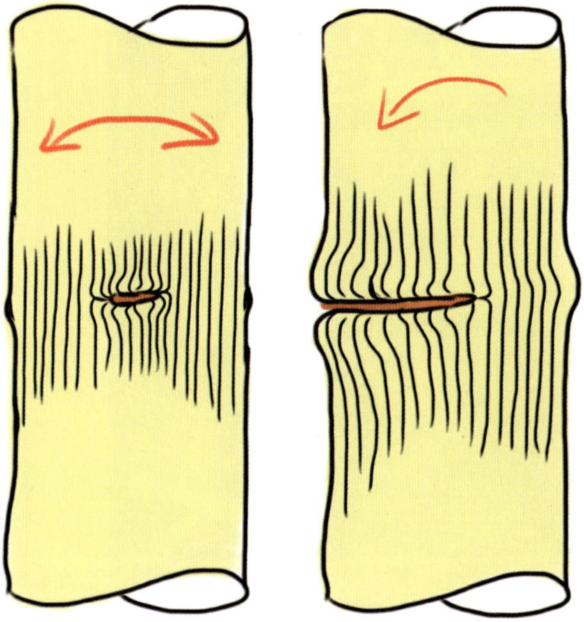

사진: Mick Boddy 제공

사용하는 방법과 상관없이 접목에는 보편적인 문제가 있다는 것이 우리의 의견이다. 접수(接穗, scion)의 목재는 섬유의 견고한 세로 흐름이 다시 가능하도록 대목(臺木, stock)에 접합되어야 한다. 어떤 접목 기술은, 더 굵은 대목이 먼저 접수의 목재에 의해 덮이거나 접수가 대목보다 크게 자라야 한다. 만약 이러한 현상이 수간의 종축에 직각으로 말려들어가는 섬유 흐름을 야기하면, 수간의 종축에 직각으로 수피 매몰이 발생할 수도 있다. 역학적으로 이는 균열과 같은 것이다. 위로부터 그리고 아래로부터 말려들어 가는 횡 섬유가 리그닌 접착(lignin bond)에 의해서만 결합되어 있으면 상황은 그렇게 좋지 않다. 이들 두 상태는 도자기 같은 취성 파괴(脆性破壞, brittle fracture)로 이어진다. 이러한 취성 파괴는 리그닌 때문이다.

파손된 수간의 접목 접합 부위를 관통하는 종 단면

부러지지 않은 구릿빛잎너도밤나무의 접목 부위

크리이프(creep) 같은 파괴

생재 톱 절단

사진: Jürgen Braukmann 제공

증거로서 가시적인 갈라짐이 있는 건재 톱 절단

펀치 시험(punch test)

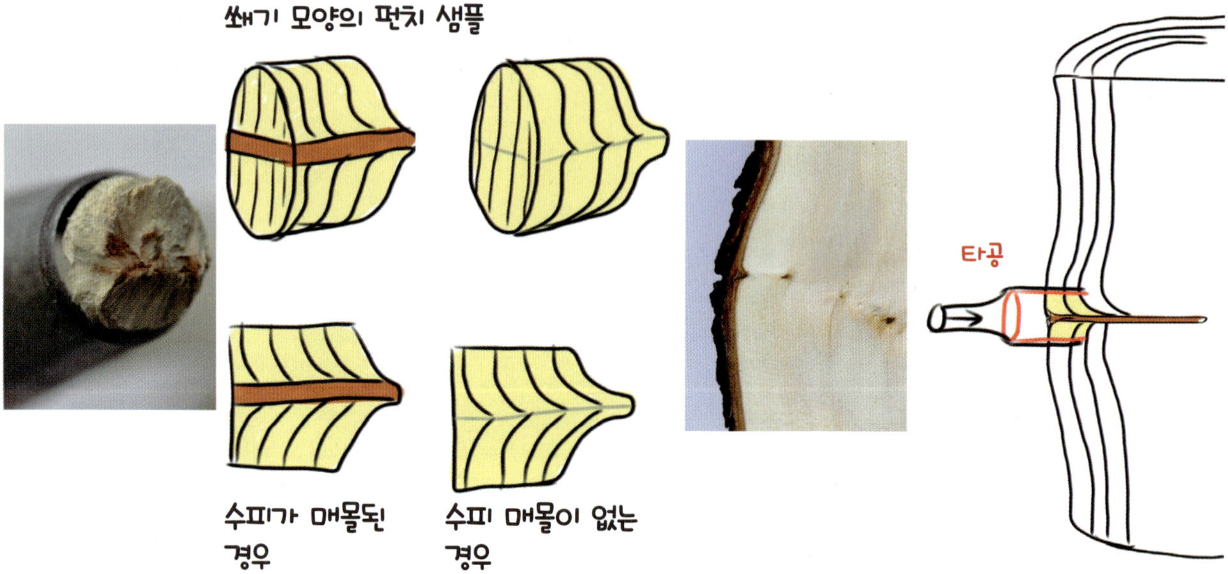

부후 진단 장비를 사용하여 부후하지 않은 접목을 평가하는 것은 만족스러운 결과를 제공하지 못했다. 많은 경우, 단순히 타공(打孔, punching) 도구(직경 16mm)를 이용한 타공이 밖에서는 볼 수 없는 국지적인 섬유 말림을 입증하는 데 충분할 것이다. 짧은 타공 샘플이 바로 수피 이음새에서 추출된다. 만약 수피 매몰이 있으면, 이는 타공된 구멍에서 수평적인 띠나 목재 섬유의 흐름에서 바로 볼 수 있다. 샘플의 끝이 쐐기 모양이면, 이 지점에서의 섬유는 수간의 축에 대해 직각으로 또는 비스듬하게 흐른다. 축에 대해 평행하게 자란 섬유를 가지고 있는 접목은 극단적인 횡 섬유를 만드는 경우가 드물기 때문에, 대부분의 경우 바깥에 횡 섬유가 있으면 거의 모든 곳에, 적어도 수간의 이 부위와 이 반지름을 따라 횡 섬유가 있다고 얘기해도 문제가 없다.

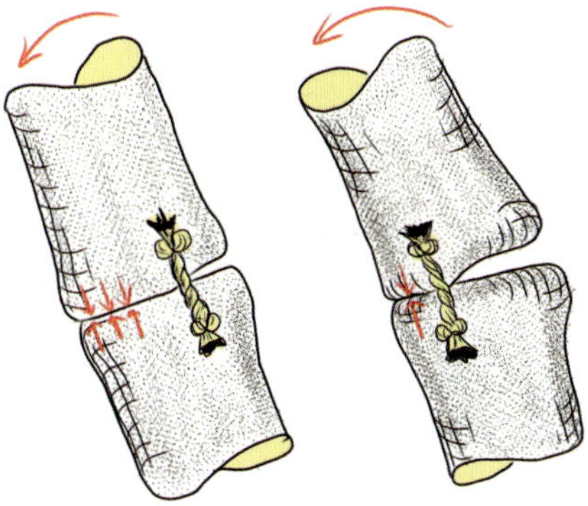

이 그림을 보면 이러한 교목이 여러분 아기들의 침실 앞에 서 있을 가능성에 전율할 것이다. 가로 균열을 가지고 끊임없이 자라는 이러한 교목이 어떻게 그렇게 오랫동안 부러지지 않고 서 있을 수 있을까? 이유는 이것이 기울어지고 있기 때문이다! 수피 매몰과 말린 횡 섬유의 접착이 놀라운 방법으로 압축을 지탱하고 있다. 휘어지는 방향이 반대로 바뀌면, 이들은 넘어질 것이다. 기울어지는 접목된 교목은 자신에 대해 시험을 실시한다: 이들은 인장 측면, 즉 기울어지는 교목의 위쪽 면에 인장을 부담하는 세로로 자란 섬유를 가지고 있어야 한다. 그렇지 않으면 폭풍이 불 때 휨의 위쪽 또는 다른 어느 쪽 방향에 대해서 안정성을 보장할 수 없다. 이는 단순히 자중(自重, deadweight)에 대한 파면 시험(破面試驗, fracture test)에 아주 작은 도움이 될 뿐이다.

겉보기만으로 누가 신뢰할 수 있을까?

사진: Bernd Malchow 제공

우리의 제한적인 연구는 표본 수집 한계로 접목의 수많은 문제를 보여주지 못한다. 문제는 이들이 가끔은 자신이 가지고 있는 위험을 보여주지 않는다는 것이다.

수간의 안전계수는 언제 직경의 단차에 의해 소진되었는가?

대목과 접수 목재의 서로 다른 강도는 파손을 지연시킬 수도, 가속화시킬 수도 있다.

생장을 통한 균열 연장

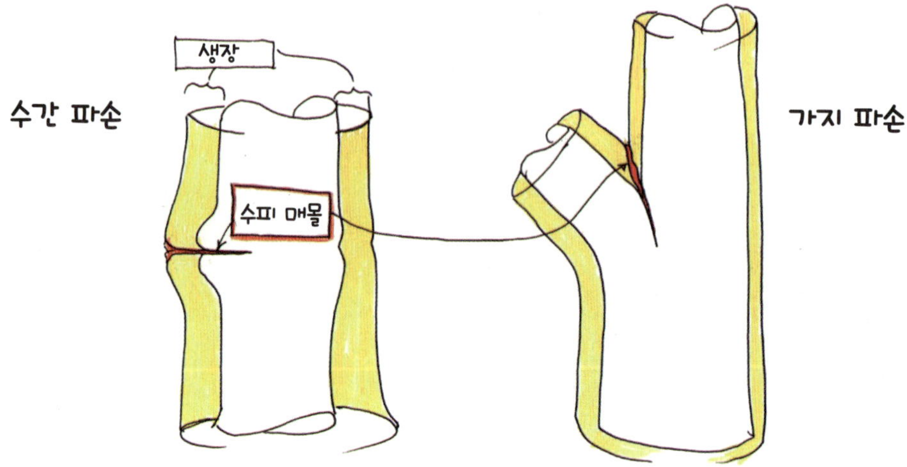

접목 부위(왼쪽)나 압착되는 가지(오른쪽)에서 직경 생장을 통해 균열되는 경향이 있는 매몰된 수피를 확장시키는 것은 수목이 저지르는 자해(自害, self-sabotage) 행위이다. 이는 모두를 아우르는 나이테가 아닌 파손에 이를 때까지 분리 틈새를 상대적으로 키우는 것이다.

참나무 수간에서의 "섬유 접힘"으로 인한 횡 섬유 파괴

수목 컨설턴트인 Nicolas Klöhn에 의해 보기 드문 현상이 참나무에서 목격되었다: 교목에 접목 흔적이 전혀 없음에도 불구하고, 불량한 접목에서처럼 수간이 부러졌다. 파괴된 모습은 말려든 나이테를 가진 섬유 접힘(fiber folding) 현상을 보이고 있는데, 이는 횡 섬유(transverse fiber) 파괴다! 따라서 수간 축에 직각 방향의 "직선"으로 안쪽으로 말린 섬유도 연장된 수피 매몰과 섬유 접힘처럼 같은 높이에서 수간 파손을 초래할 수 있다.

진단: 접목에서처럼 펀치 기술(이는 수피 매몰과 섬유 접힘을 탐지할 것이다)이 필요하고, 결함이 피상적인지 수간 깊숙이 연장되어 있는지를 알아보기 위한 추가적인 시험(생장추)이 필요할 수도 있다.

22. 죽은 수간과 딱정벌레가 사는 교목

균형 잡힌 비율에서 전사의 얼굴로

가장 아름다운 외톨이 교목도 나이가 들 수밖에 없다. 가끔 해당 교목이 어릴 때 대단한 자부심의 원천이 되었던 직근(直根, tap root)이 죽을 것이다. 부후가 발생하고 측근도 마찬가지로 죽고 부후할 것이다. 해당 선박의 선체는 더 작아진다. 이에 관해 놀라운 일은, 대부분의 경우, 해당 교목은 위에서부터 죽어 들어가서 항해에 필요한 돛의 크기를 줄일 것이다. 주거지에서는 자신이 어떻게 전정되어야 하는가를 보여준다. 통행과 거리가 멀어서 죽은 목재를 그대로 둘 수 있는 곳이라면, 많은 동물들이 속이 빈 교목에서 자신의 새로운 집을 가질 수 있어서 기뻐할 것이다.

시한 신관(時限信管, time fuse)을 가진 보존

사진: Sascha Haller 제공

개인적인 경험은 이 시점에 경고의 말을 끼워 넣을 필요성을 느끼게 한다. 일부 딱정벌레나 박쥐와 같은 친구들은 때때로 비오톱(biotope)인 교목을 보전하게 되면 인간을 잊는 경향이 있다. 높이 7m의 죽은 그루터기 아래에서 휴식을 취할 수 있도록 피곤한 연금 생활자를 부르는 벤치는 현대식으로 설치된 함정처럼 보인다. 그 벤치는 제거되어야 한다. 또한 딱정벌레가 침범한 교목은 통행로 근처에 남겨두어서는 안 된다. 죽은 교목은 지표면에서 부후하여 넘어진다. 그들은 반드시 넘어지며, 이는 시간문제일 뿐이다.

죽은 목재 비오톱은 통로로부터 멀리 있어야 하는가, 아니면 러시아워 (rush hour) 통행의 한가운데 있어야 하는가?

23. 수간과 가지의 균열

섬유 복합체와 위험한 보에서의 횡 인장

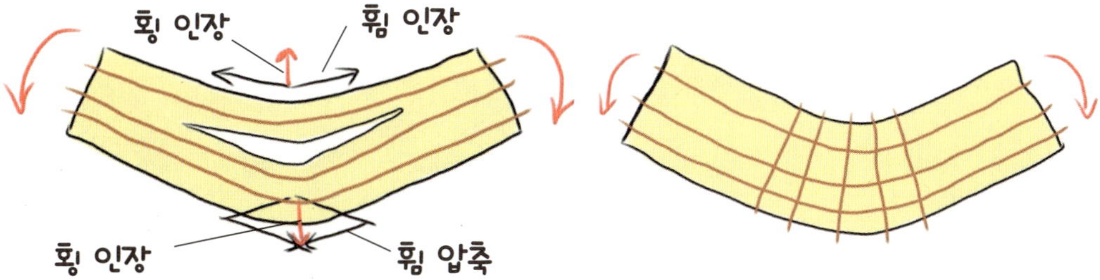

섬유 복합체(fiber composite)인 목재는, 소위 위험한 보(hazard beam)에 의해 위협을 받는다. 굽어진 조직이 계속 휘어지면 횡의 인장응력을 초래하여, 드물지 않게 종 방향으로 찢어진다. 쓸 수 있는 유일한 조치는 횡 강도를 높이는 것으로, 예를 들면 횡 섬유를 추가하는 것이다. 이 위험한 보 균열은 가끔 뿌리의 판근에서도 발생한다.

가지에서의 위험한 보 균열

가지의 경우, 종종 긴 지레 팔(lever arm)을 축소하는 것으로 충분하다. 그러나 이러한 균열이 부후의 침입 지점을 제공할 수 있기 때문에 주의해야 한다.

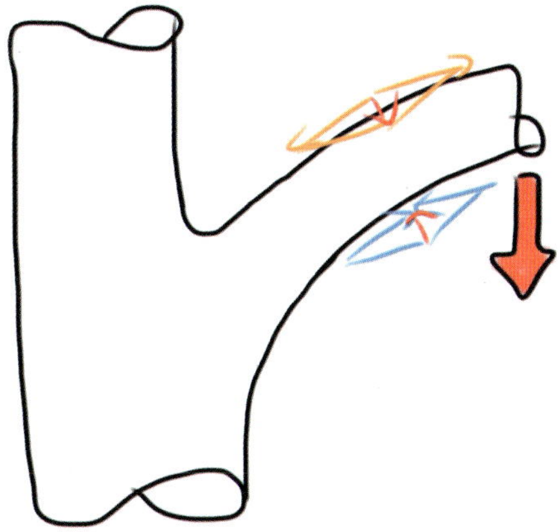

위태로운 보(hazard beams)에서의 균열은 가지가 아래로 휘어지기 시작하는 지점에서 멈추는데, 이는 이 지점에서 섬유직각방향 장력(transverse tension)이 섬유직각방향 압축(transverse compression)으로 전환되기 때문이다. 압축력을 받으면 균열은 일반적으로 멈춘다(왼쪽). 섬유직각방향 압축의 원리는 오른쪽 그림에서 보여주고 있다. 기본적으로 위태로운 보에서의 균열은 부하를 부담하는 단면(斷面, cross section)을 넓혀준다. 균열이 진행되지 않은 끝부분은 균열을 멈추게 하는 아래 방향으로의 휨이 있다는 것을 보여준다. 과도하게 쪼개지는 상황에서는, 결국 위태로운 보의 위쪽 면이 찢겨지기 때문에 해당 가지를 제거하거나 상당히 많이 축소할 필요가 있다.

위험한 보로 인한 전체적인 파손

얕은 뿌리를 가진 교목에서, 폭풍은 풍상측(windward side)에 있는 목재 섬유의 "밧줄"을 분리시킬 수도 있다. 이후 이 밧줄이 이어진 강한 돌풍에 의해 갑자기 팽팽하게 당겨지면, 해당 교목은 위쪽의 밧줄 부착 높이, 즉 그 "밧줄"이 부착된 해당 교목의 상단에서 파손될 수 있다. Stupsi가 이를 보여주고 있다. 교목은 균열이 발생하기 쉬운 부위에 수간을 방사 방향으로 서로 결집시키는 목재 방사조직을 더 많이 부착한다. 그럼에도 불구하고 때로는 파손된다.

밑동의 위험한 보

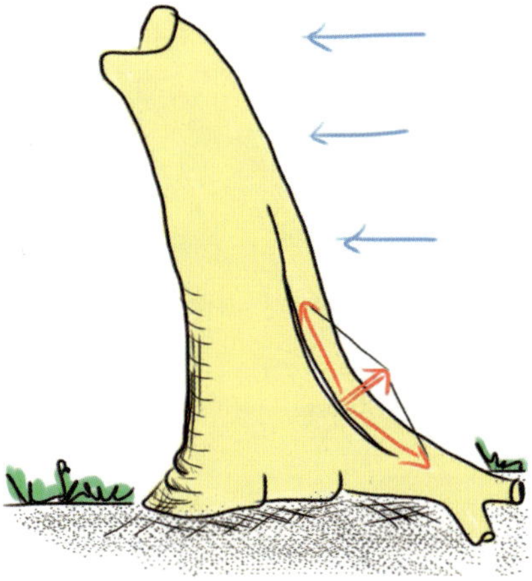

사진: Ted Green 제공

이 그림은 풍상측에 대한 횡 인장응력의 출발점을 보여준다. 풍하측(leeward side)에서는, 더 큰 횡 압축이 있기 때문에 풍하측의 위험한 보에는 균열이 없다. 밑동에서의 위험한 보 균열은 매우 위험하기 때문에, 대부분의 경우, 더구나 부후균이 지면에 가까운 균열에 침범할 수 있기 때문에, 해당 교목을 베어 버리거나, 울타리를 쳐서 접근을 막거나, 가혹하게 축소할 필요가 있다. 만약 해당 교목이 사브르(sabre) 칼처럼 생겼으면, 밑동 전체가 위험한 보로 변할 수 있다.

가지 꼬리를 따라, 그리고 위험한 보 균열 아래쪽의 파손 가능성

사진: Iwiza Tesari 제공

타원형 횡단면으로 인한 내부 균열

고부하 하에 있는 가지가 인장이나 버팀재 형성에 의해 타원형이 되면, 원주에 작용하는 압축응력의 방사 방향 장력의 구성요소가 균열을 형성하는 추가적인 원인이 될 수 있다. 단면: 런던버즘나무의 가지.

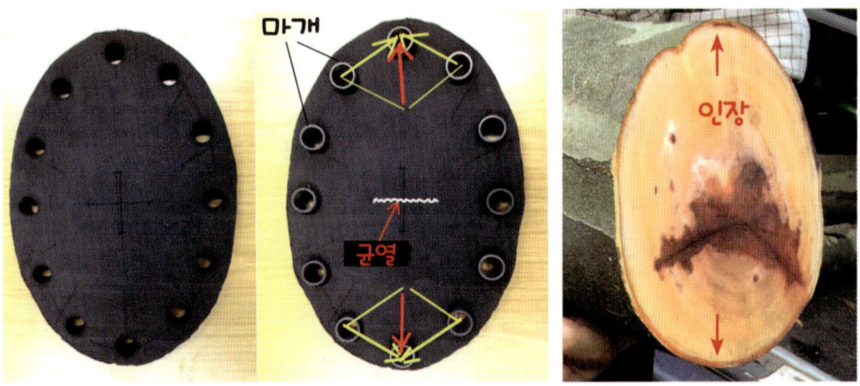

원주에 작용하는 압축적인 생장응력에 대한 모의실험에서, 타원형 고무판의 구멍을 확대시키는 마개가 목재 방사조직을 따라 균열이 형성되는 것을 설명한다.

주변의 방사조직이 갈라지지 않도록 막아주는(64페이지 참조) 원주 둘레의 생장응력(生長應力, growth stress)은 단면이 심한 타원형인 가지에서는 조금만 휘어져도 위험한 보 균열 형성을 촉진시킬 수 있다. 타원형 단면을 가진 런던버즘나무와 참나무의 곧은 가지에서도(큰 방사조직을 가진 교목) 직경이 가는 쪽 근처에서 방사조직을 따라 내부 균열이 있는 것이 발견되었다.

바나나 균열

신선한 바나나를 곧게 펴면 볼록한 쪽에서 바나나 균열(banana crack)이 발생한다. 바나나 균열은 아마 횡 방향으로 당겨진 큰 방사조직이나 고리 형태의 부후, 또는 이와 비슷한 어떤 것과 같은 목재 몸체 내에서의 작은 결함에 의해 야기된다. 전체적인 파손은 부후가 시작되고 난 후에 일어날 가능성이 더 높다. 부후가 없는 경우, 수간 파손은 위험한 보 균열보다 발생할 가능성이 훨씬 낮다. Frank Dietrich 박사는 그의 박사학위 논문에서 수목 내 균열이 시작되는 부위에서의 이들 균열은 원주 방향의 압축으로 작용하는 특별히 높은 생장응력에 의해 중화된다는 것을 보여주었다[23].

교목 내 전단응력

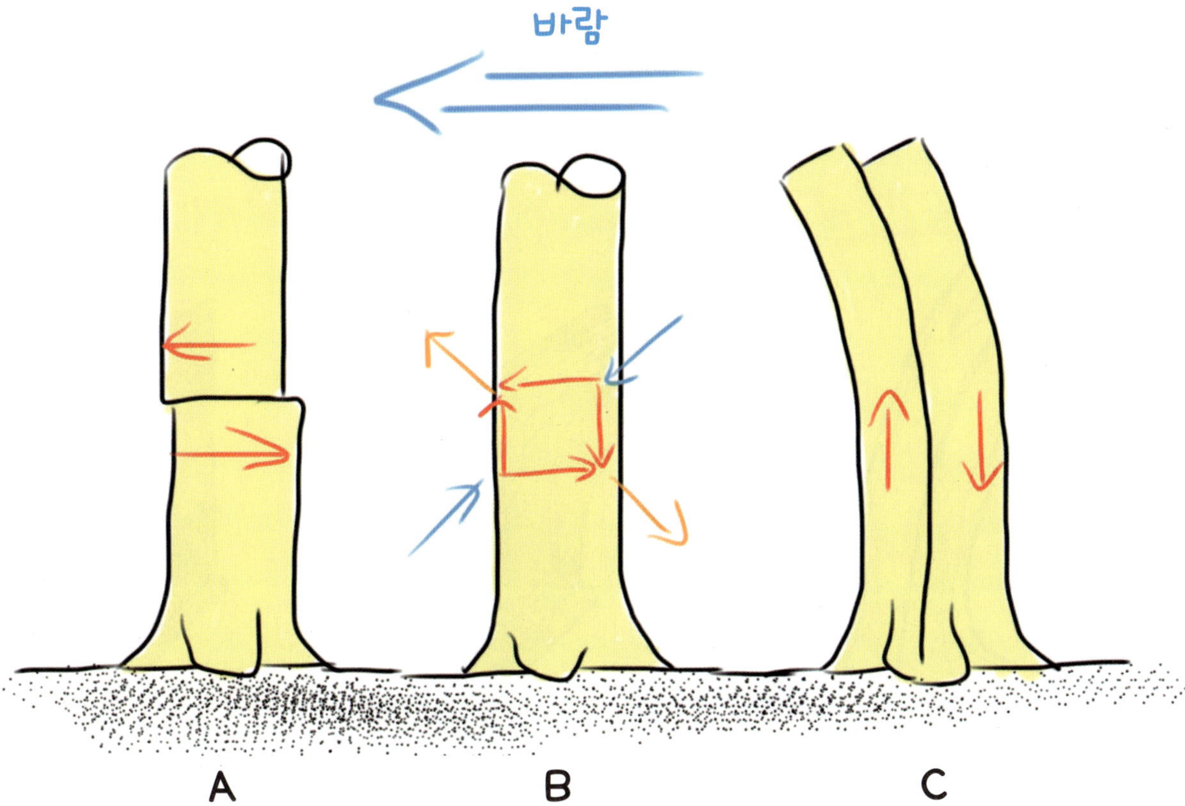

횡력(橫力, transverse force)으로 작용하는 바람은 해당 교목의 위쪽이 아래쪽에 엇갈려서 미끄러지게 한다(A). 하지만 장미를 전정할 때처럼, 섬유가 횡 방향으로 절단되어야 하기 때문에 이러한 일이 실제로는 발생하지 않는다. 그러나 전단응력이 작기 때문에(B) 섬유 방향을 따라 발생하는 길이 방향 전단응력은 크기가 동일하며 섬유 사이의 "접착력(glue)"을 극복하기 위해 필요할 뿐이다. 그러나 낮은 전단응력에도 불구하고 초기 결함이 없으면 균열이 발생하는 경우는 드물다.

전단 균열(剪斷龜裂, shear crack)

길이 방향 전단은 책의 페이지들에 의해 매우 잘 설명될 수 있다. 책을 휘는 것은 페이지들이 서로 미끄러지고 싶어 하는 것을 의미하고, 미끄러짐은 전단응력에 의해 저지된다. 휨응력(bending stress)과 달리, 전단응력이 수간의 중간에서 최고에 도달한다. 수간의 중간에서는 휨응력이 0이다.

횡 전단력(剪斷力, shear force)에 의해 유발된 균열

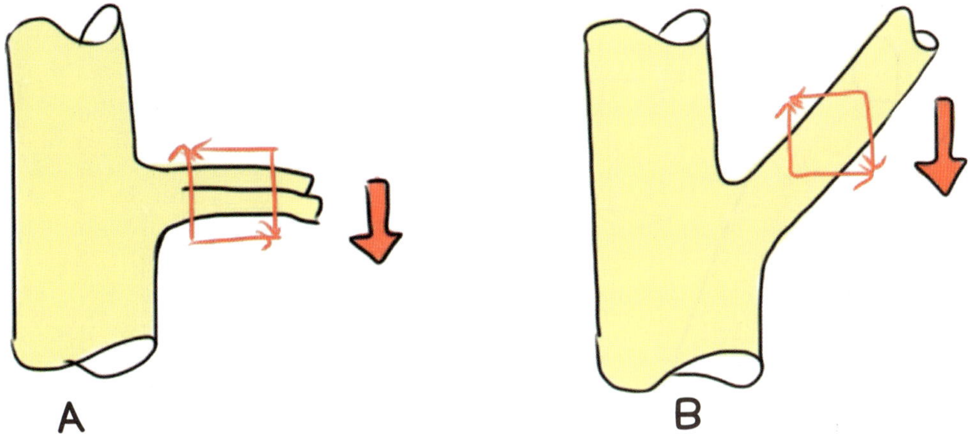

실제로, 전단강도가 낮은 섬유 방향에서 무게에 의해 야기된 최대 전단(A)을 받는 것은 수평적인 가지나 가지의 기관들뿐이다. 비스듬히 기운 가지에서는(B), 주된 전단 평면이 섬유의 낮은 전단강도 흐름에 대하여 45° 기울어져 있다.

분리 전단 균열

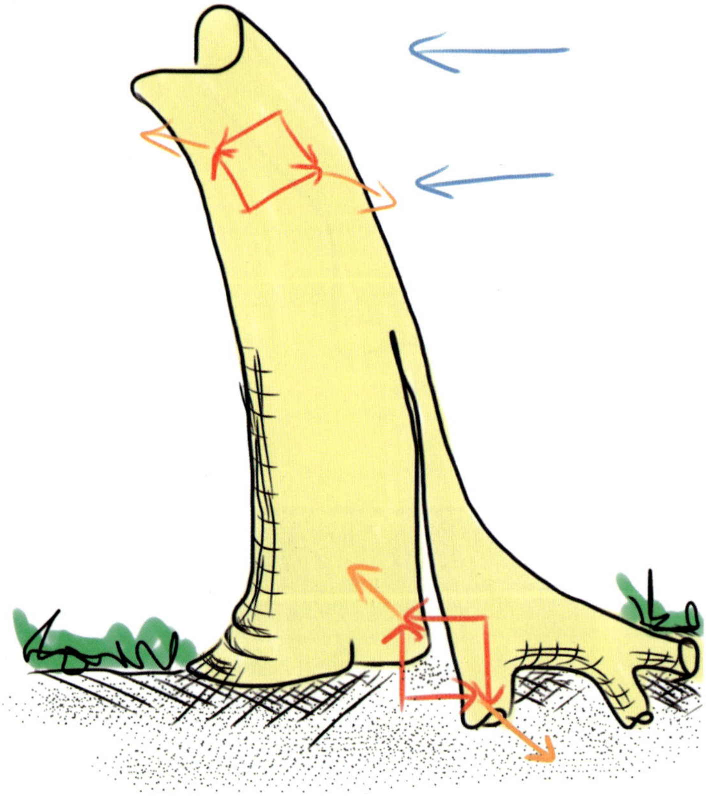

풍상측 근원의 수간 가까이에 수직근(垂直根, sinker root)이 있으면, 수간 가까이의 고 부하가 땅속으로 전달된다. 바람이 불 때 수직근이 휘는 수간을 전단하는 것은 드문 일이 아니다. 이러한 피해는 수간 근처에서 굴착에 의해 발생하는 잠재적인 위험과 비슷하다. 주된 인장 뿌리(tension root)가 분리된다.

매우 위험한 형제들: 위험한 보와 분리 전단 균열

차이에 주의: 위험한 보(hazard beam)는 언제나 수간으로부터 인장 하중(引張荷重, tensile load) 하에 있는 뿌리의 위쪽을 분리하는 구부러진 균열이다. 반면, 분리 전단 균열(separation shear crack)은 크게 휘어지지 않고 땅속으로 들어간다. 두 현상은 수간으로부터 주된 인장 닻(tension anchor)을 분리하기 때문에 해당 교목을 위험하게 만든다.

속이 빈 교목에서의 위험한 보와 분리 전단 균열

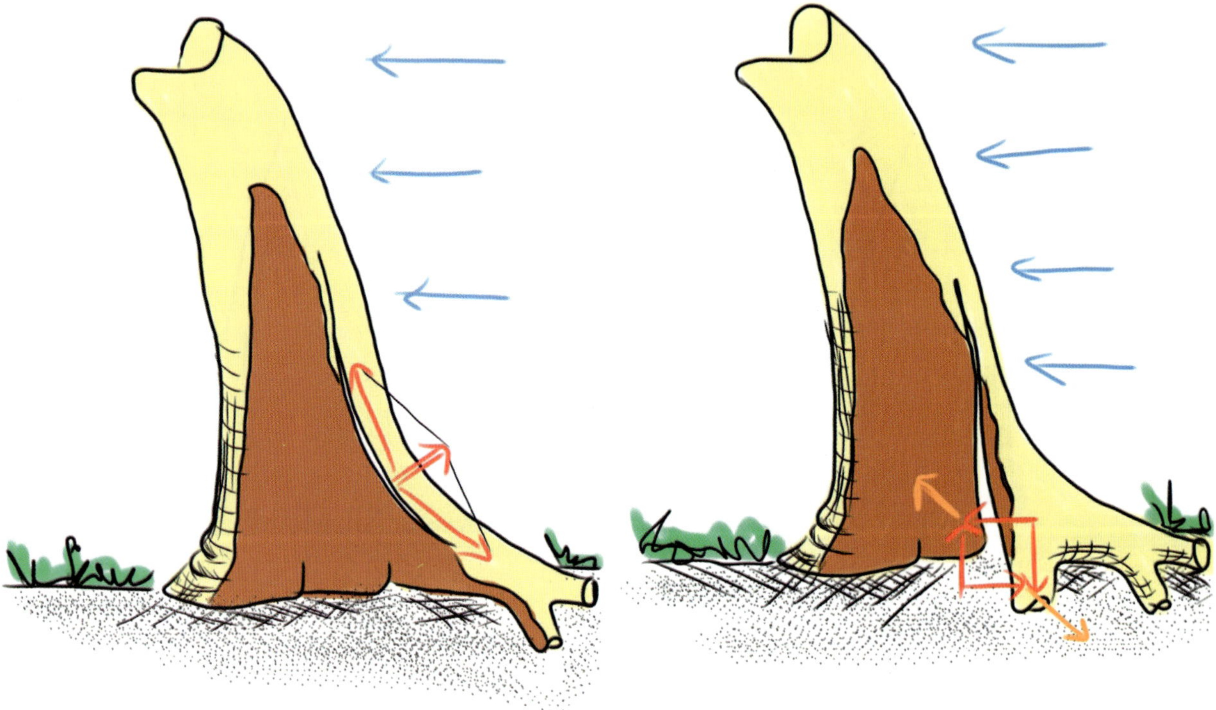

공동이 없는 교목에서 발생할 수 있는 것은 부후되거나 속이 빈 교목에서도 발생할 수밖에 없는데, 이는 남은 벽두께의 전단면은 더 작지만 응력은 더 크기 때문이다. 따라서 건강한 교목에 비해 더 낮은 풍하중(風荷重, wind load)에서 발생할 것이다. 두 유형의 파손은 인장 쪽에 악마의 귀를 만들 수 있다.

밑동에서의 전단 폭탄

밑동에서 발생한 이러한 전단에 의한 균열을 발견하는 것은 놀라운 일일 수 있다. 왜냐하면 수간에서 위로 올라갈수록 단면적이 작아짐에도 불구하고, 바람의 횡력에 의한 평균 전단응력은 훨씬 더 높을 것이다(전단응력 = 풍력/수간 단면). 사실, 밑동에 발생한 이들 깊은 전단으로 인한 균열은 서로 다른 원인을 가지고 있다: 따라서 전단 폭탄이라고 할 수 있다!

구멍 뚫린 고무판이 진실을 말한다

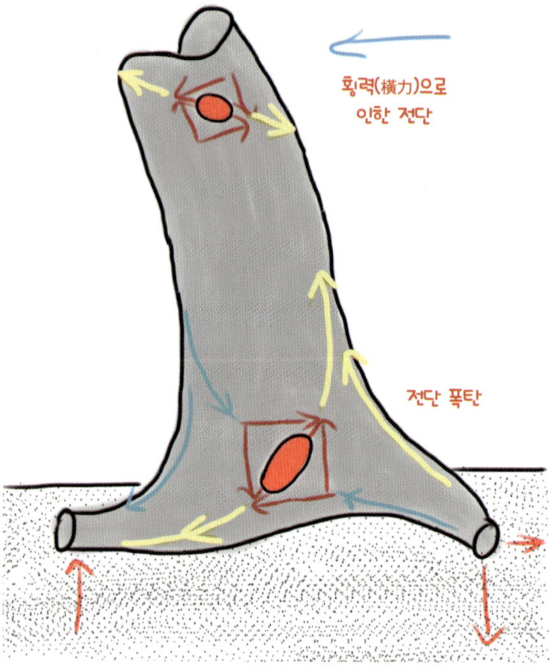

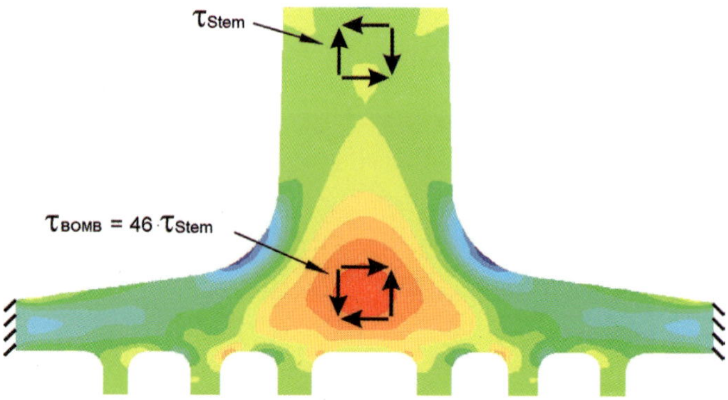

FEM: Iwiza Tesari

상단과 하단에 구멍이 뚫린 초미세 고무판은 이들 구멍이 다른 크기와 다른 방향으로 변형되는 휨 하중(bending load) 하에 있음을 보여준다. 관련된 전단 정사각형은 반대되는 전단의 배열을 보여준다. 말하자면, 상단과 하단의 변형된 원형 구멍 사이에서 전단이 역전된다. 이 지점에서 전단은 0이다. 이것으로 이러한 전단 폭탄 균열이 수간의 더 위로 연장되는 경우가 드문 이유를 설명할 수 있다. 아래쪽 둥근 구멍은 고강도로 세로 방향으로 당겨지기 때문에 국지적인 전단응력이 절정에 이르며, 전단 폭탄은 유한요소법(有限要素法, FEM/finite element method)의 전단응력 그림에서도 붉은 점으로 표시되어 있다.

비교를 위해

A

전단 폭탄

분리 전단 균열

전단 정사각형의 전도된 배열에서 볼 수 있는 것처럼(A), 전단 역전은 전단 폭탄 위에서 발생한다. 이는 전단 폭탄 위의 어떤 점에서 전단이 0이 된다는 것을 의미한다. 전단 폭탄이라고 부르는 아래쪽 전단 최고점은 굴절된 휨 압축에 직각으로 통과하는 굴절된 휨 인장으로부터 발생한다. 반면, 위쪽 전단 정사각형은 바람의 횡력에 의해 발생되고, 오른쪽 그림에서 수간 가까이의 수직근에 의해 시작된 전단과 같은 배열을 하고 있다. 오른쪽에서는 전단응력이 추가되는 반면, 왼쪽에서는 이들이 부분적으로 상쇄된다.

전단 정사각형, 비틀림과 이와 연관된 균열

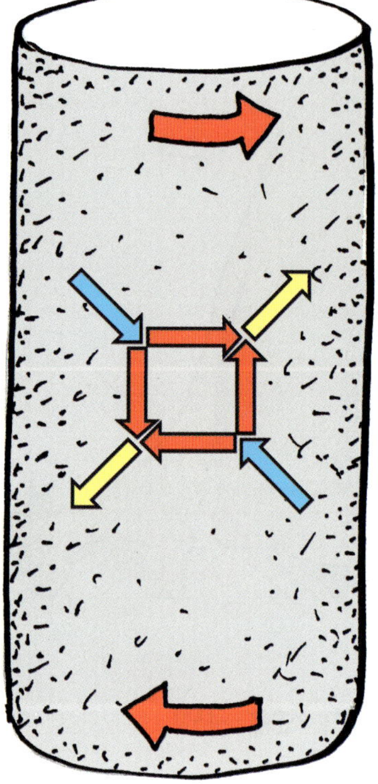

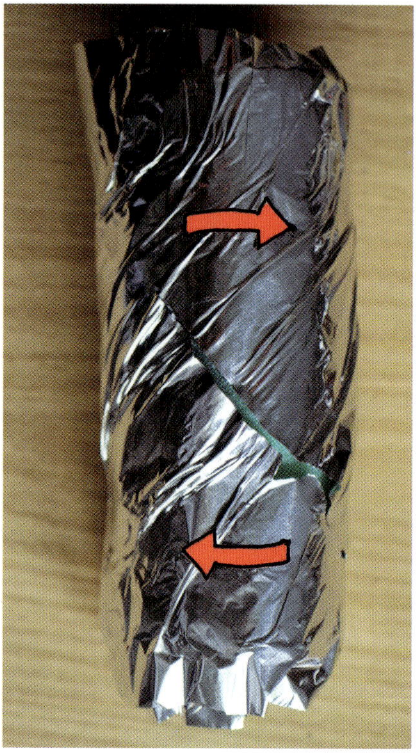

이론적으로 거위의 목이 비틀리면, 즉 원통이 비틀림에 의해 꼬이면, 비틀림 전단 정사각형은 원통의 축에 대해 45° 기울어진 경사진 인장 및 압축과 동일하다는 것이 바로 분명해진다. 압축은 알루미늄박(箔, foil)을 주름지게 한다. 비튼 티셔츠에 생긴 인장 방향의 경사진 주름을 보면 올림픽 토르소(torso – 머리 · 손발이 없는 나체 조상/彫像)를 약간 비틀 때의 현상을 상상할 수 있다. 이 경우, 인장, 압축, 전단응력은 양에서 동일하다. 비틀림에 의해 유발된 알루미늄박의 균열은 주름 방향이기도 한 인장 방향에 직각으로 발생한다[4].

뼈와 교목의 비틀림에 의해 유발된 균열

스키타기에서와 같이 과도한 비틀림을 받는 뼈는 표면이 인장응력에 직각으로 향하는 소위 비틀림성 골절(torsional fracture) 피해를 입는다. 교목도 자신의 나선형 결 배열에 반대되는 비틀림을 받으면 비틀림에 의해 유발된 균열 때문에 파손된다. 이 경우, 교목 섬유는 섬유 방향의 압축과 섬유에 직각에서의 인장을 경험한다 - 꼬는 방향과 반대로 감긴 밧줄처럼[26]!

일방적인 비틀림 하에 있는 교목의 섬유

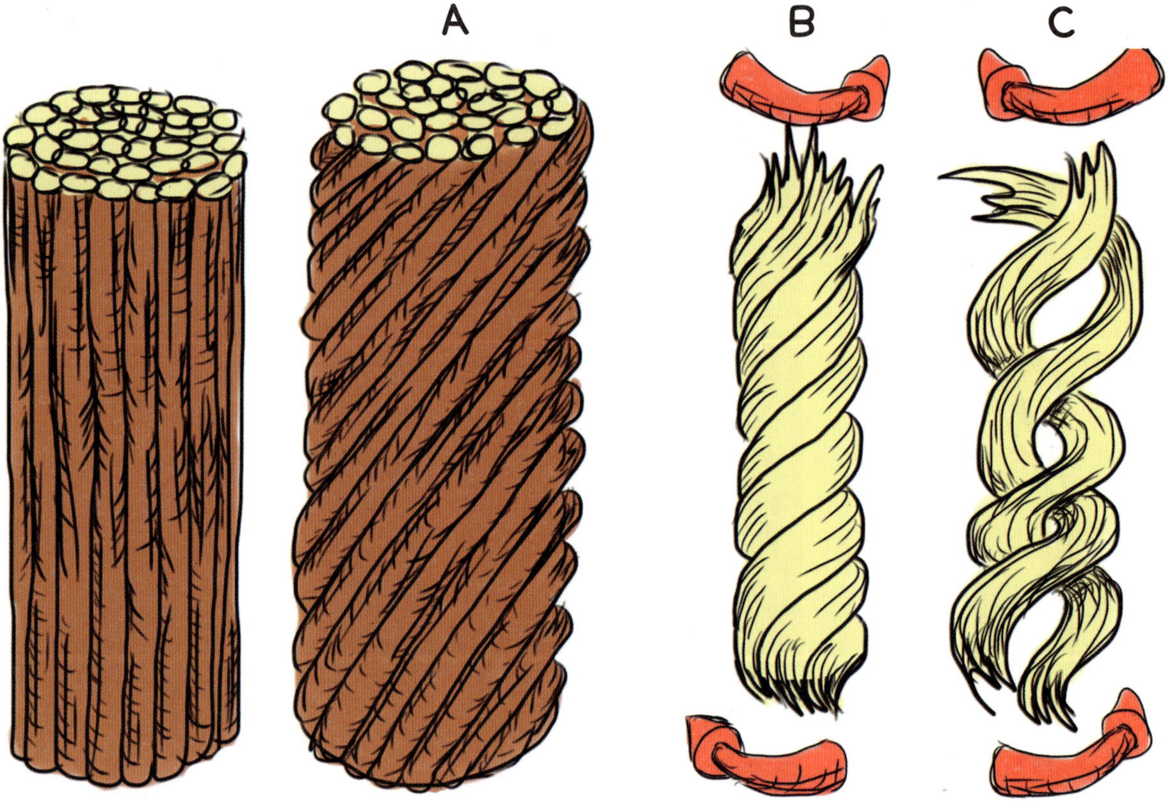

변형에 의한 최적화의 또 다른 경우는 막대 묶음을 비트는 것이다(A). 이들은, 앞의 티셔츠의 주름처럼, 인장력 방향으로 회전한다. 한쪽 방향으로 비틀린 교목의 역학적으로 통제된 나선형 결은 이 단계에서 자란 세포의 변형에 의해 이러한 방법으로 조절된다고 생각할 수 있다. 이것이, 감는 방향으로 꼬인 밧줄에서처럼, 변형에 의한 최적화이다(B). 반대 방향으로 비틀리면, 섬유가 횡 인장 하에 놓이게 되어 뒤틀림에 의해 유발된 균열이 발생한다(C).

가지의 나선형 균열

수관이라는 돛의 비대칭적인 면적은 비틀림이 유발되는 선행조건이다. 그러므로 나선형 결을 가진 교목이나 가지는 그 수관(crown)의 형태를 대칭적으로 바로잡아 주어야 한다.

활엽수에서 살아 있는 가지의 여름 낙지

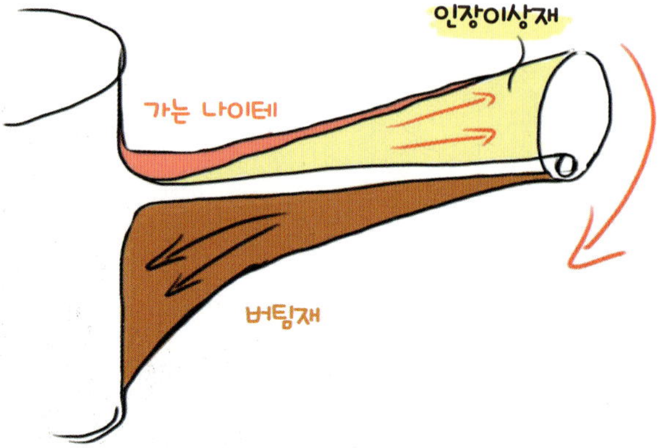

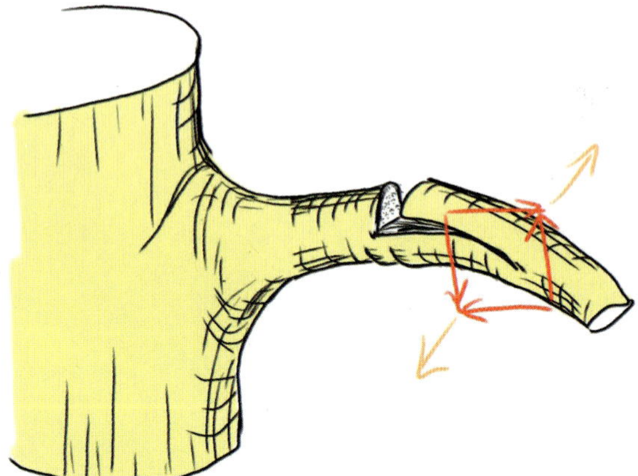

여름철 건조한 열기가 지속되는 기간이 지난 후에 발생하는 전형적인 여름 낙지(-落枝, summer branch drop)는 대부분 다음과 같은 일정한 방식을 따른다: 수간으로부터 대개 1m 정도 떨어진 긴 가지 위쪽 면에 있는 도관으로 가득 차 있지만 강도는 약한 가는 나이테에서 가로 균열이 형성된다. 이 가로 균열은 해당 가지의 중간에 이르기까지 연장될 수도 있다. 가로 균열에 의해 유발된 세로 균열은 오래된 인장이상재(引張異常材, tension wood)를 따라 섬유 방향으로 향하는데, 인장이상재는 가는 가지의 위쪽에는 더 이상 존재하지 않는다. 따라서 가지는 아래로 휘어져서 부러진다. 이러한 파손은 이제 생장응력(生長應力, growth stress)이라는 용어로 설명될 것이다.

여름 낙지에서 열(熱, heat)의 역할

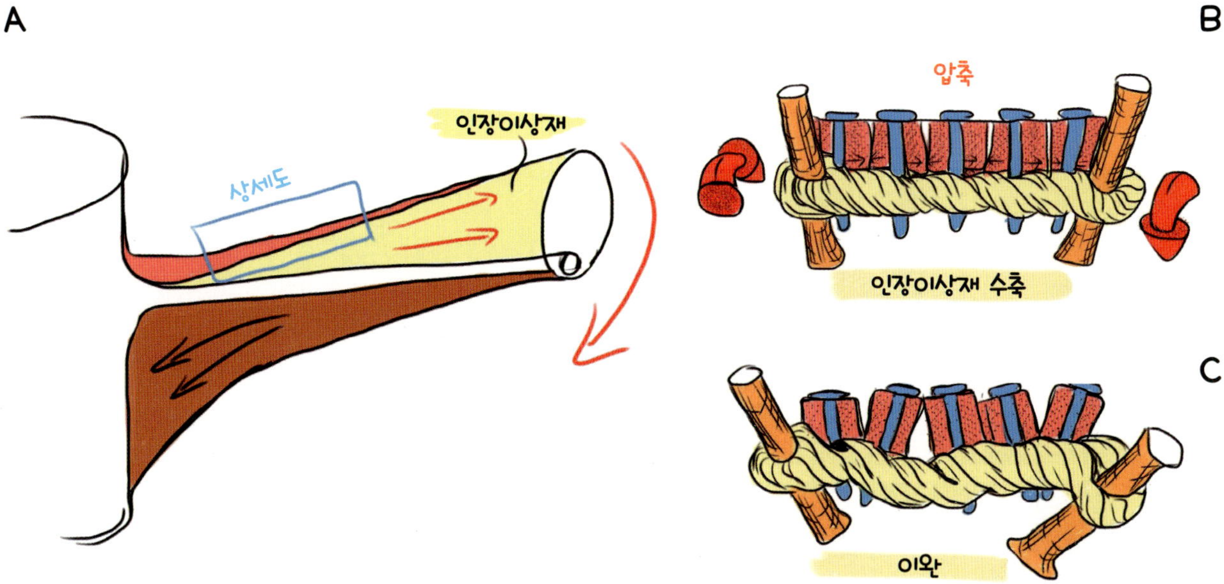

이제 위쪽 면에 인장이상재 대신 아래쪽 면에 버팀재를 만드는 긴 가지에서의 이러한 균열 발달은 순전히 물질 배분 행태(distribution of materials behavior) 측면에서 설명될 수 있다(A). 균열은 도자기의 파손과 같이 위쪽의 취성파괴로 시작한 다음 단단한 인장이상재가 존재하는 중간에 이르기까지 이어지는데, 이는 찢기는 것이 아니라 갈라지는 것이다. 그렇다면 여름철 열기는 어떤 역할을 하는가? 일반적으로 약한 가지 위쪽 면 밑에 위치한 인장이상재가 수축하면(B), 위쪽 면의 약한 나이테는 가지에 걸리는 휨 하중에 대한 반작용으로 압축력이 있는 사전 응력(prestress)을 경험한다. 해당 인장이상재(C)가 여름철 열기의 영향 하에서 이완되면, 이 사전 압축(precompression)은 더 이상 존재하지 않게 되고 가지의 약한 위쪽 면은 중력으로 인해 최고의 인장을 경험하게 되어 아래쪽으로 휘어진다. 이것이 가로 균열을 촉발할 수 있다. 인장이상재는 이완된 밧줄(C)을 되감을 때 뒤틀린 밧줄의 수축(B)으로 모사된다. 청색의 못은 목재 방사조직이다!

전형적인 여름 낙지 파손 패턴: 처음에는 가로 파단, 그 다음 세로 방향 분리

자낭균의 공격

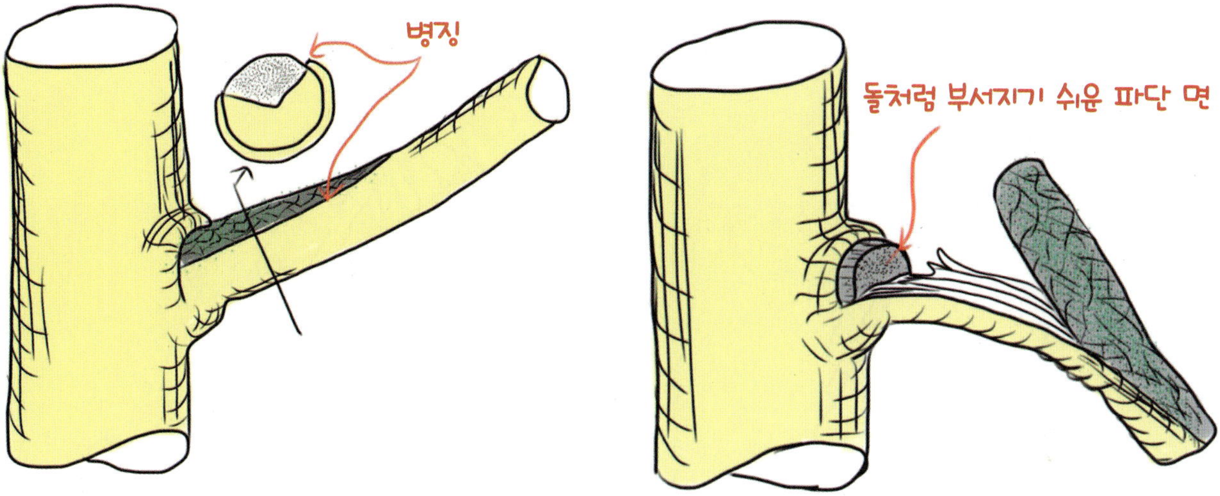

긴 "사자 꼬리 형태의 가지(lions tail types of branches)"에서 가지의 위쪽 면은 대부분 초기의 작은 균열을 공격하는 자낭균(子嚢菌, ascomycetes)에 의해 더욱 약화될 수 있다. 자낭균은 총의 탄창 내 총알처럼 관 안에 자신의 포자를 운반한다. 마사리아(Masaria) 감염의 유일한 가시적인 병징은, 건강하고 생장하는 목재와 보라색에서 흑회색을 띤 형성층이 죽은 부후된 목재의 위쪽 면 사이의 축 방향 가장자리에서 발견된다. 이 생장 가장자리(growth edge)는 버즘나무가 마사리아에 감염되었음을 보여주는 바로 그 증거이다. 이 책의 미생물 부분에서 설명하는 바와 같이, 다른 자낭균은 이처럼 분명한 현상을 보이지 않는다. 여름 낙지에서처럼, 파괴 패턴은 위쪽 면으로부터 아래쪽 면으로의 강도 분포(부서지기 쉽고, 단단하고, 압축에 대한 저항적인)에 의해 설명될 수 있다. 잠정적인 결론은, 파괴는 늦어도 가지 단면의 위쪽 절반이 연부후(軟腐朽, soft rot)에 위해 약화될 때 발생한다. 이 가설이 파손 기준이 되기 위해서는 향후 더 많은 증명이 필요하며, 아직 부족하다!

수피 탈락과 여름 낙지가 공통적인 것은 무엇인가?

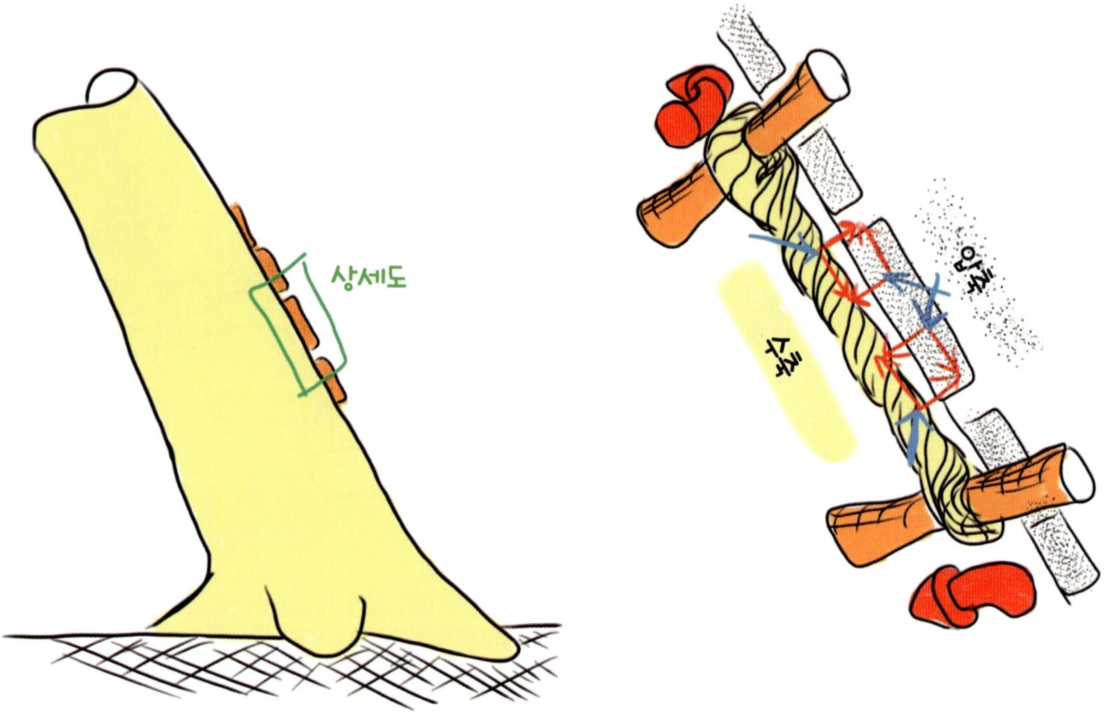

위에 묘사된 바와 같이, 점점 더 기울어지고 있는 교목은 매우 빈번하게 수간의 아래쪽에 수피 압축과 위쪽 면에서의 수피 탈락을 보임으로써 해당 교목이 내려앉고 있다는 것을 나타낸다. 침하하지 않는 활엽수는 자신의 위쪽 면에 수축하는 인장이상재를 가지고 있다. 인장이상재 위에 위치한 수피는 그 자체가 수축하지는 않기 때문에, 이 목재가 그대로 있는 한 축 방향 압축에 노출되어 떨어져 나가지 않을 것이다. 기울어지는 활엽 교목이 침하함에 따라, 인장이상재가 이완되고, 수피 판은 압축적인 초기 응력 대신 세로 방향 인장에 노출되고, 이에 따라 수피 판은 당겨진 고무 밴드에 있는 부서지기 쉬운 페인트처럼 떨어져 나간다.

인장이상재와 수피 탈락

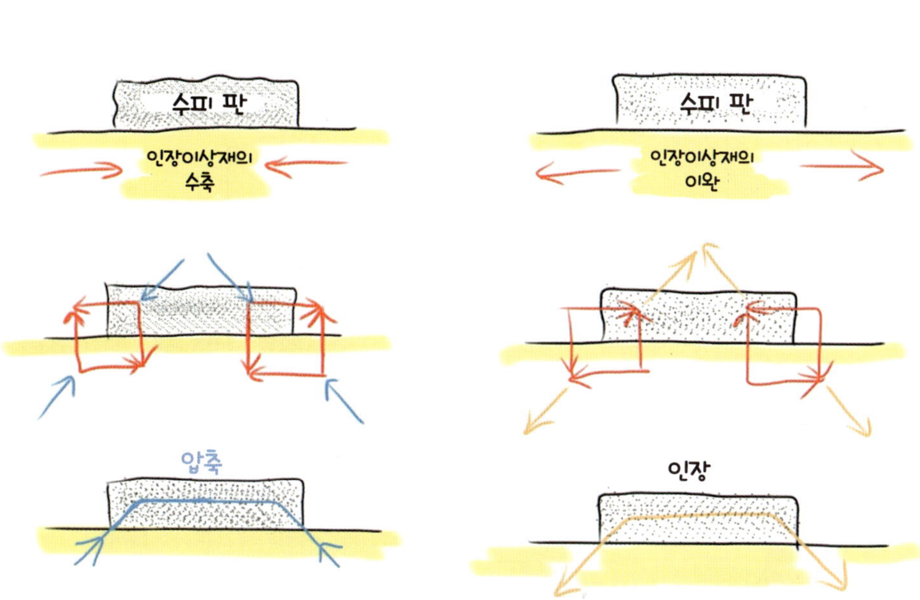

전단 정사각형 설계가 각각 인장이상재의 수축과 이완 방향으로 시작되면, 인장이상재의 접착면이 압축 부하(파란색 화살표) 하에 있기 때문에 인장이상재가 그대로 있으면 수피 판은 떨어져나가지 않을 것이라는 것을 쉽게 추론할 수 있다. 다른 한편, 인장이상재의 수축이 중단되어 이 목재가 이완되면, 수피는 자중 부하 하의 휨으로 인한 인장을 받게 된다. 전단 정사각형은 수피의 접착 면을 통과하는 사선의 인장(노란색 화살표)이 발생하고 결국 수피가 탈락한다는 것을 설명한다. 구과교목에서는 상황이 다르다: 해당 교목의 아래쪽 압축이상재 섬유의 좌굴 또한 위쪽 면(어떠한 인장이상재도 존재하지 않는)에 대한 인장을 증가시킨다. 이 인장도 해당 수피의 접착면을 비스듬히 통과한다. 이에 따라, 이 경우 해당 수피가 떨어져 나올 수도 있다. 따라서 수피 분리의 증상은 활엽수와 침엽수 모두에서 비슷하게 보인다.

24. 가지, 부착과 파손

샤이고(Shigo) 이후 수정된 가지 부착 모델

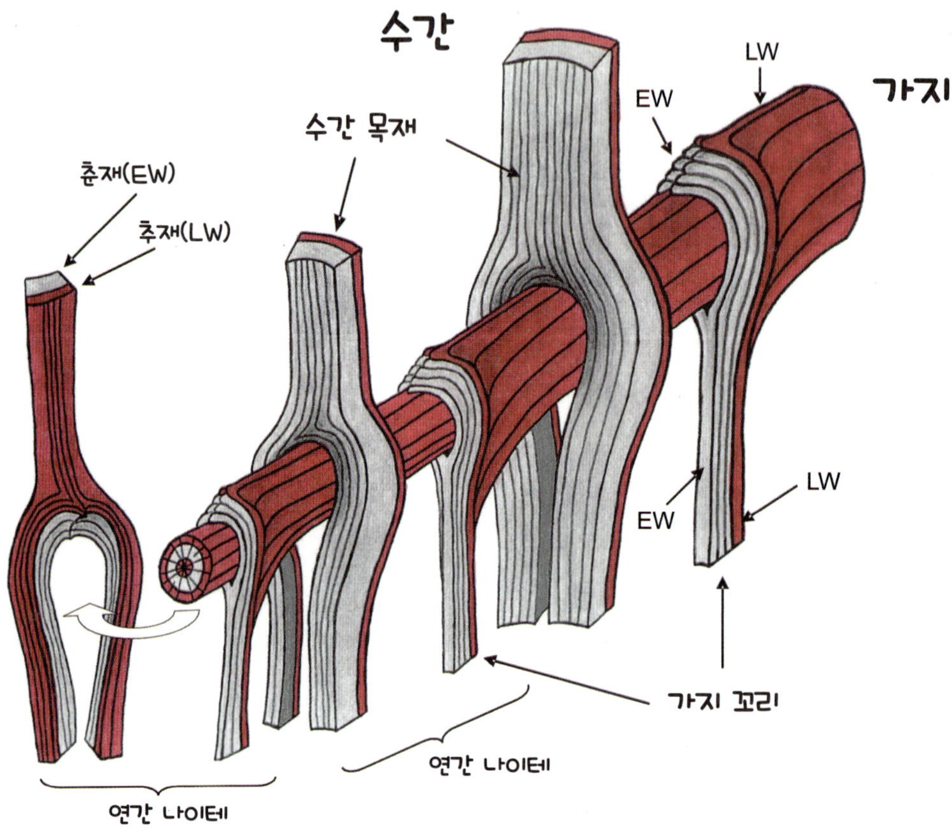

알렉스 샤이고(Alex Shigo) 이후 진전된 가지 부착 모델: 수간 목재와 가지 목재는 동시에 자란다. 이 경우 수간은 아래쪽이 열린 깃처럼 생긴(collar-like) 분기(fork)로 자라고, 열린 부위는 가지 꼬리(branch tail)에 의해서 채워진다. 더 이상 꼬리를 형성하지 않는 죽은 가지에서는 수간이 아래쪽의 가지도 에워싼다. 수간과 가지는 경쟁하므로 이들 각자는 서로 결합하기 위해 노력한다. 즉 서로 주변으로 자란다. 이것은 우리가 약간 변형했지만 여전히 샤이고의 모델이다[24, 25].

자연에서의 입증

A

서어나무

B
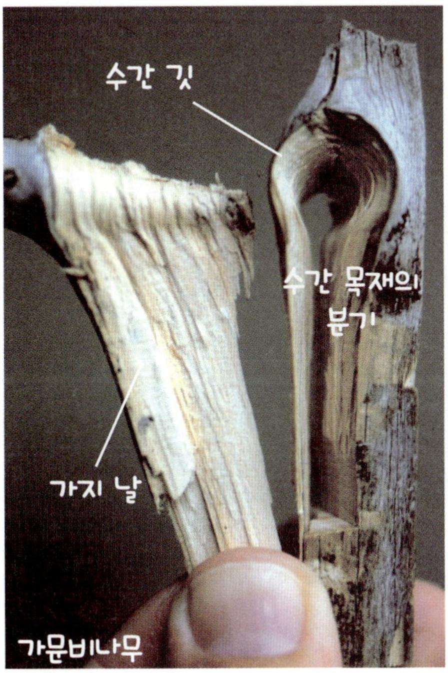

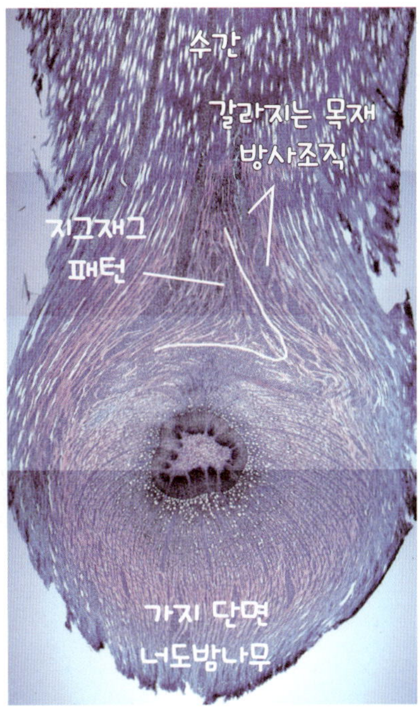

C

수간 목재의 분기와 쐐기 모양의 날(blade)처럼 아래로 연장된 가지 꼬리(branch tail)가 선명하게 보인다(A, B). 가지 목재 섬유는 현미경에서 보이는 바와 같이 위쪽에서 지그지그 형태의 고리로 수간 목재 섬유에 의해 덮여 있다(C). 가지 섬유는 가르마처럼(항상 가지의 중앙은 아님) 수간 정면에서 나뉜 다음 꼬리를 만들기 위해 수간 정면에서 아래로 굴절된다.

적출 실험

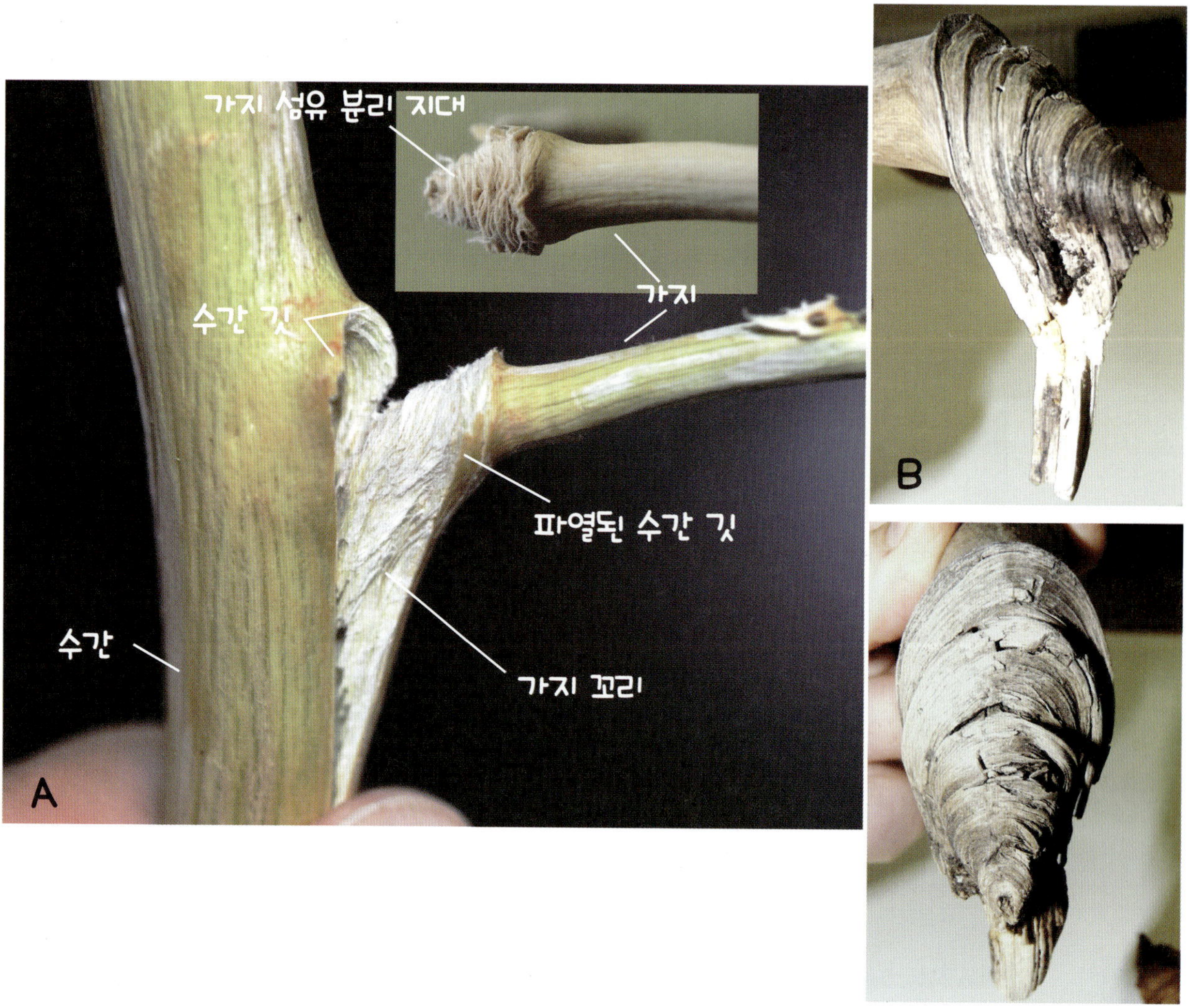

적출실험(摘出實驗, extraction experiment; A)은 우리의 변형된 모델을 확인해준다. 가지 옹이의 위쪽 면에 있는 단(段, step; B)은, 우리가 지금 알고 있는 한, 가지 바로 위 목재 조직이 지그재그 형태로 진행하면서 생긴 방향의 변화 때문이라고 할 수밖에 없다. 지그재그 형태의 목재 섬유는 각 단에서 항상 교대로 방향을 바꾼다.

가지 위쪽 지그재그 진행은 균열을 막는다

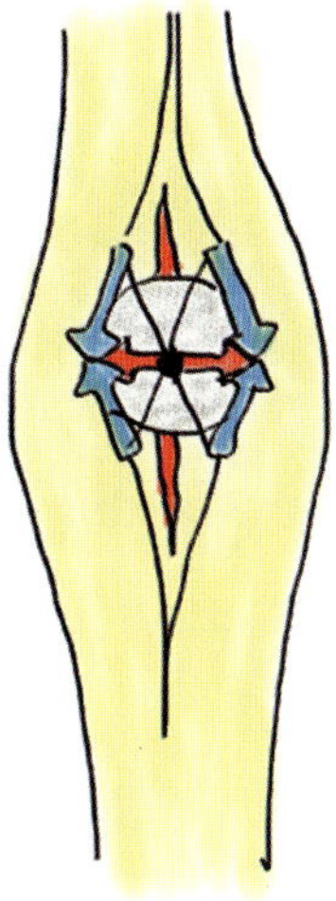

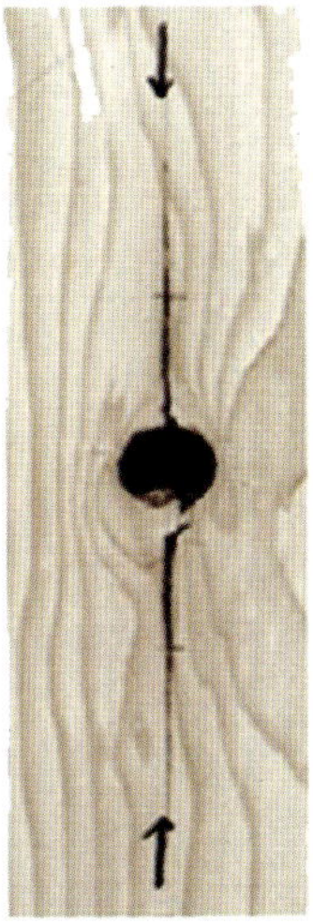

세로 압축 하에 있는 죽은 가지의 세로로 갈라지는 위험.

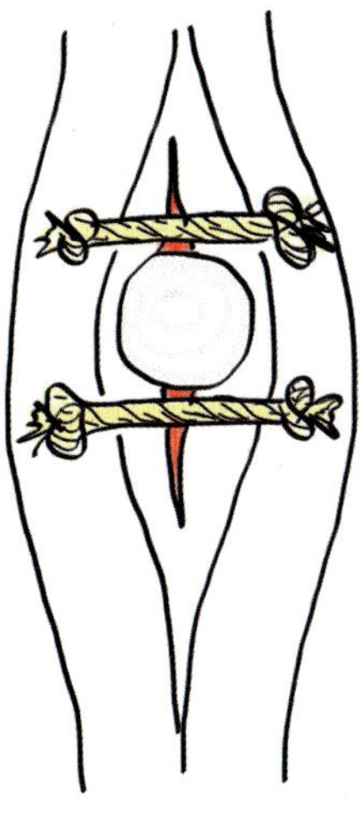

가로 섬유는 갈라지는 위험을 제한할 수 있다.

가로 섬유! 가지 위에서 급격하게 굴절된 세로 섬유는 가로 섬유로 바뀐다.

지그재그형 섬유에 의한 가로 안정화 입증

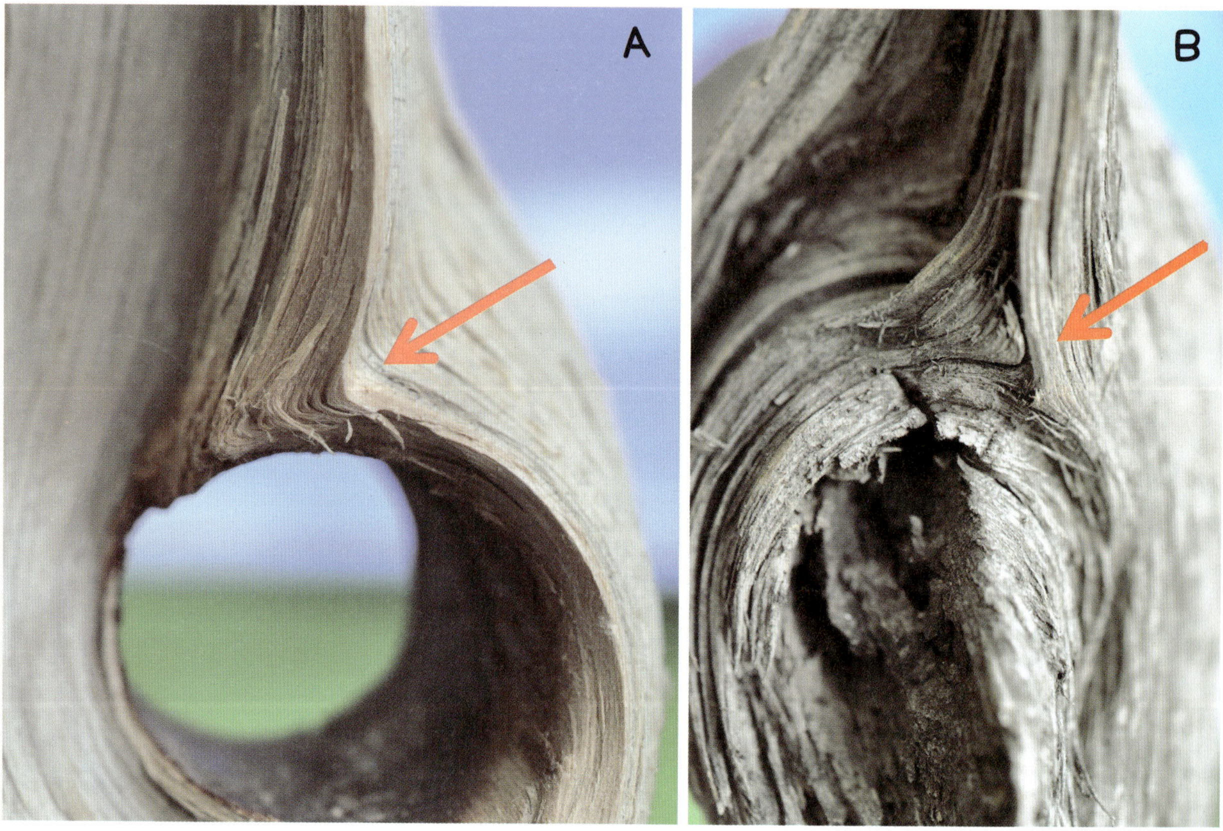

가지의 위쪽 면에 있는 섬유 고리(ring)의 진로(A, B)가 다르게 그리고 교호하는 것은 갈라지는 위험을 중화시킨다. 교호하는 고리 배열은 방사 방향의 계단 같은 수간을 만들어, 가지 경계가 거의 나사못의 나삿니 같은 윤곽을 만든다(다음 페이지의 C, D, E). 섬유 고리가 존재하는 것은 수간 쪽에 대한 힘의 흐름을 조절할 수 없기 때문이라고 해석할 수도 있다. 가지 주위에서 옆으로 통과하는 섬유는 부하 조절 하에서 스스로를 정렬시킬 수 있는데 비해, 가지 위쪽 섬유는 힘의 흐름의 "배수(背水, backwater)"에서 맴돌게 된다.

섬유 고리의 굴절되는 지점의 이동(C~E)

수간 섬유는 가지 위에서 안쪽으로 구부러지는데, 이는 이들이 서로 붙어 있도록 안정적으로 힘을 가한다. 이것이 자기 안정화(self-stabilization)이다.

소나무에서 수간 섬유의 교호

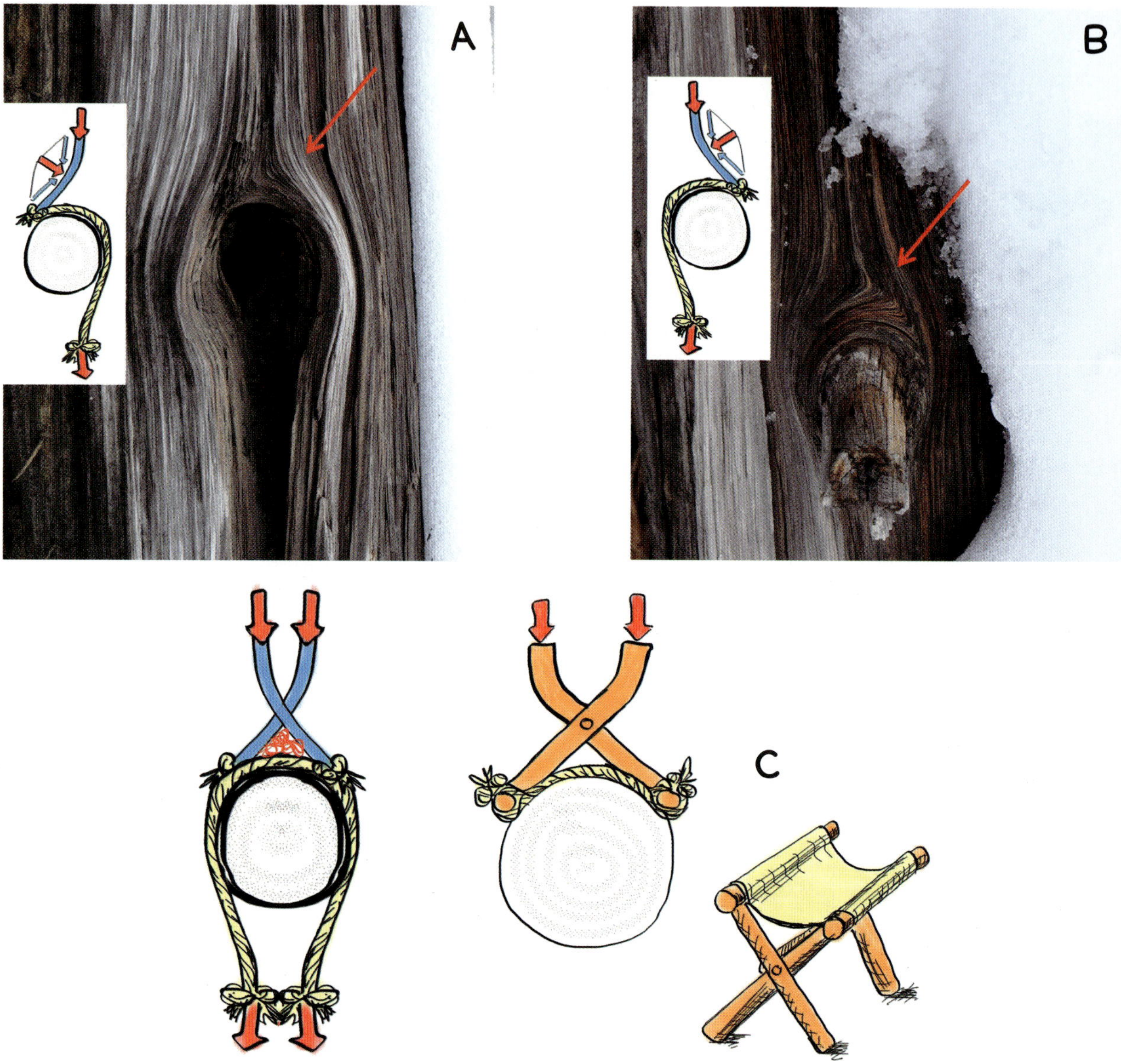

궁극적으로, 교호하는 섬유의 흐름은(A, B), 가지 위에 거꾸로 얽혀서 압축을 인장으로 바꾸는 접이 의자에 비유할 수 있다(C). 가지 아래의 압축은 이 그림에서 나타내지 않았다.

죽은 조직만이 통합될 수 있다

죽은 가지 둘레의 수간 깃

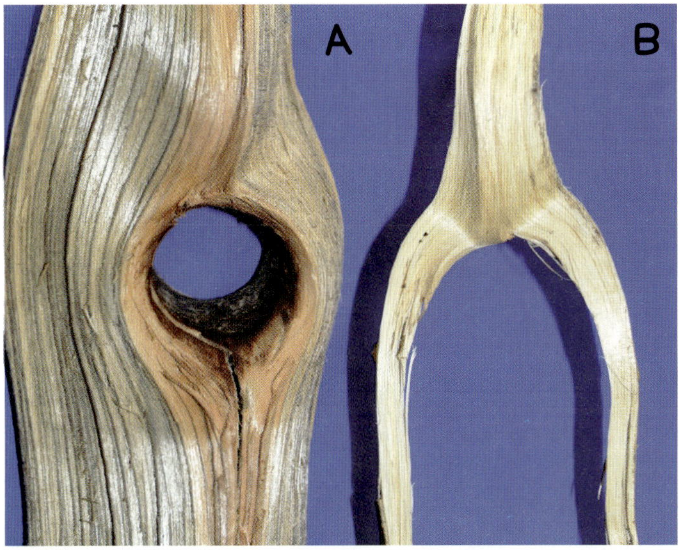

생기 넘치는 가지 둘레의 수간 분기

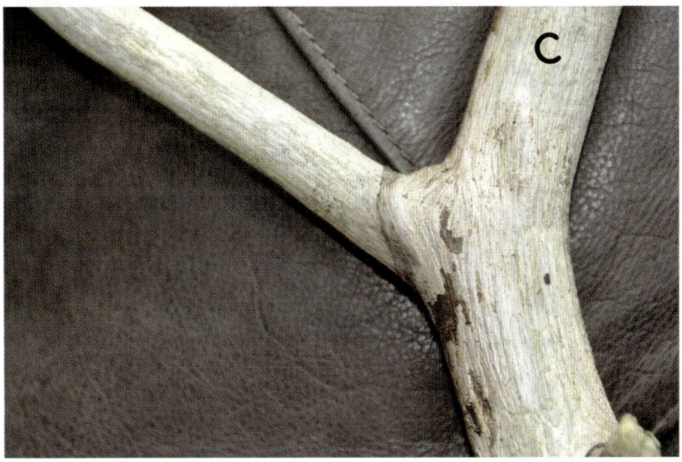

가지 가르마 구역의 섬유가 생장을 멈추면, 수간 목재의 섬유는 그 위로 자란다.

가지가 더 이상 충분한 생장을 지속하지 않거나 가지가 죽으면(A), 가지는 수간에 의해 완전히 에워싸인다. 가지의 아래쪽에서 아래로 굴절되는 가지 섬유의 꼬리가 끼어 들어가는 수간 분기(B)는 가지가 죽으면 해당 가지를 에워싸서 가지를 떨어뜨리는 깃(collar)이 된다. 이는 쓸모없는 가지를 떨어뜨리기 위해 설계된 정해진 파손 지점이다(C).

약한 가지 둘레의 탈락 깃

깃의 길이도 수간 바깥에 분명하게 건축자재를 부착시키는 수간의 능력을 입증하는 것인데, 이는 수간이 탈락하는 가지에 버팀재 형성을 위해 투자한다는 가정을 더욱 그럴듯하게 만든다. 자연에서, 가지가 파손되고 부후가 시작되면 일련의 파손 지점의 탈락 깃(shedding collar)은 종종 공동 안에 보금자리를 짓는 새에게 가치 있는 서식처를 제공하기도 한다.

가지보호지대 앞쪽의 미리 정해진 파손 지점

활엽수의 죽은 가지는 가지보호지대(branch protection zone) 바로 위의 탈락 깃에서 부러진다. 대부분의 경우, 이 지대는 항균성 물질(抗菌性物質, antimicrobial substance)에 의해 유발된 어두운 색을 하고 있고, 건전한 가지 목재로부터 죽어가는 목재를 분리시킨다. 죽은 가지 기부에 있는 탈락 깃 안쪽 목재의 더 높은 습도는 부생성 곰팡이(腐生性-, saprobic fungi)에 의한 목재 분해를 촉진시킨다. 이 때문에 목재 분해가 대부분의 경우 특히 이 지점에서 확연하고 죽은 가지는 여기서 더 잘 부러진다.

목재 방사조직은 탈락 깃이 생기면 부하에 따라 자신의 축을 바꾼다

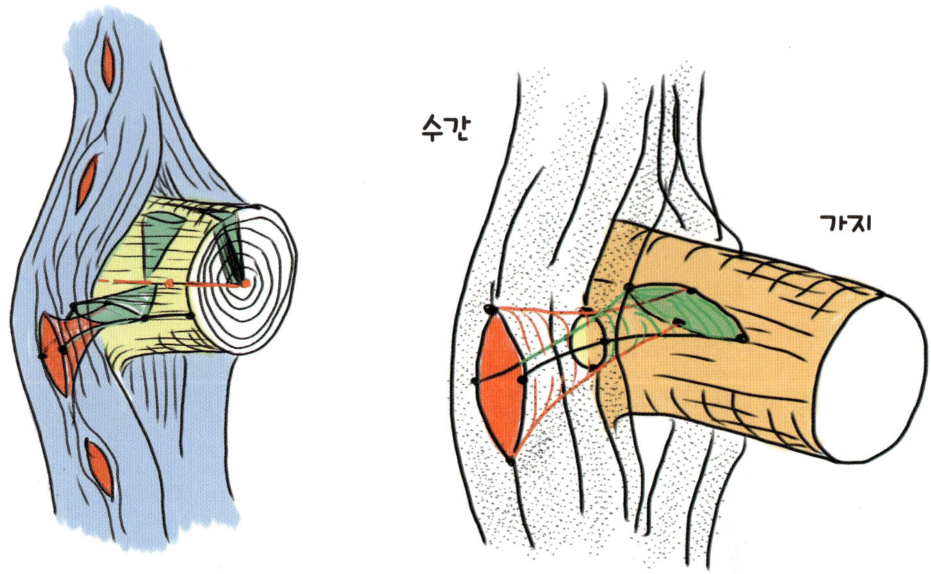

목재 방사조직은 섬유 흐름의 방향으로 방추(spindle)처럼 배열되어 있어서, 나침판의 바늘처럼 힘의 흐름(flux of force)을 가리키기도 한다(A). 우리는 물의 흐름 방향으로 자신의 방추를 위치시키는 강변 조약돌을 기억한다. 섬유 흐름은 가지 목재와 수간 목재가 접촉하는 지점에서 방향이 바뀐다: 따라서 목재 방사조직도 자신의 방추 형상을 바꾸어야 한다(A).

탈락 깃이 형성되기 시작한다: 전이대(轉移帶, transition zone)에서는, 가지 조직이 수간 조직으로 바뀌고, 목재 방사조직은 가지와 수간 조직을 서로 "볼트로 채운다"(B). 이에 따라 가지-수간 전이대의 형성층은 자신의 "충성심"을 더욱 우세한 부위로 국지적으로 전환함으로써(가지로부터 수간으로), 새로이 형성된 섬유는 국지적으로 우세한 힘 흐름의 축에 평행하게 흐르게 된다. 이는 다음의 목재를 관통하는 해부적인 단면에 의해 입증될 것이다.

목재 방사조직 회전의 현상학적 증거

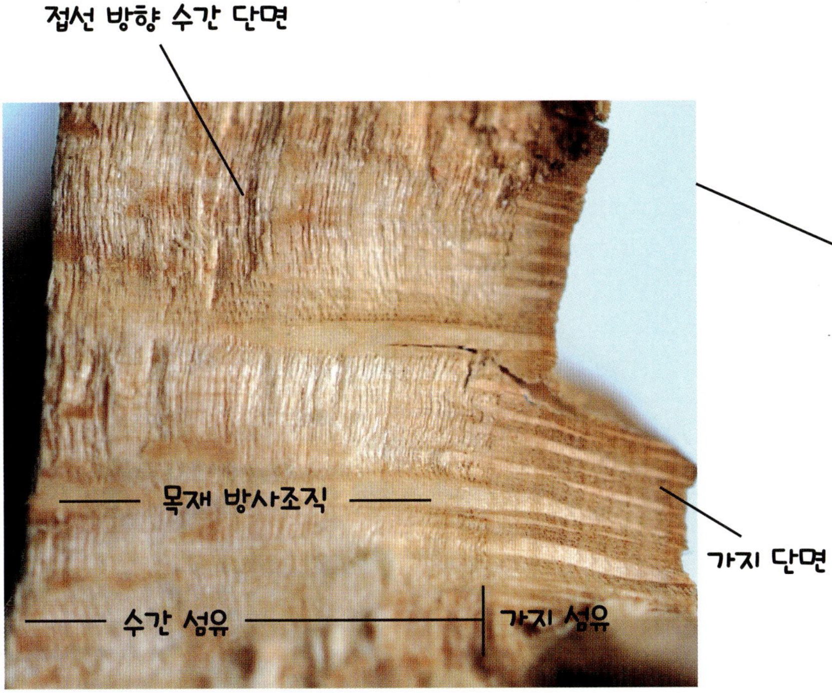

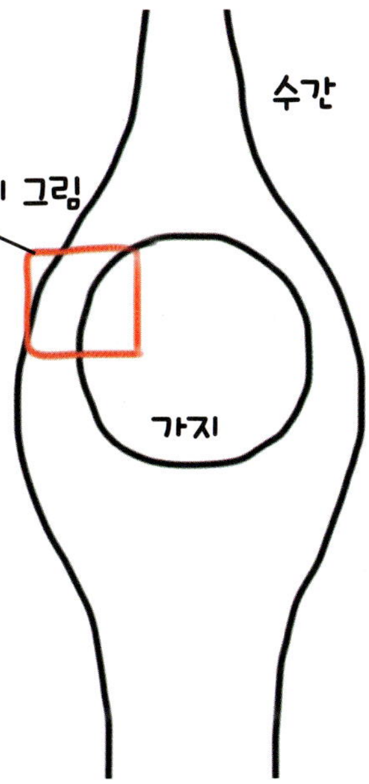

이것은 수간 목재에 서 있는 목재 방사조직이 90° 회전된 인접한 가지 목재에 누워 있다는 증거이다. 이들은 처음에는 자신의 넓은 면을, 나중에는 자신의 좁은 면을 각각 보여준다.

현미경 검사: 탈락 깃의 수간 목재는 가지 목재를 덮는다

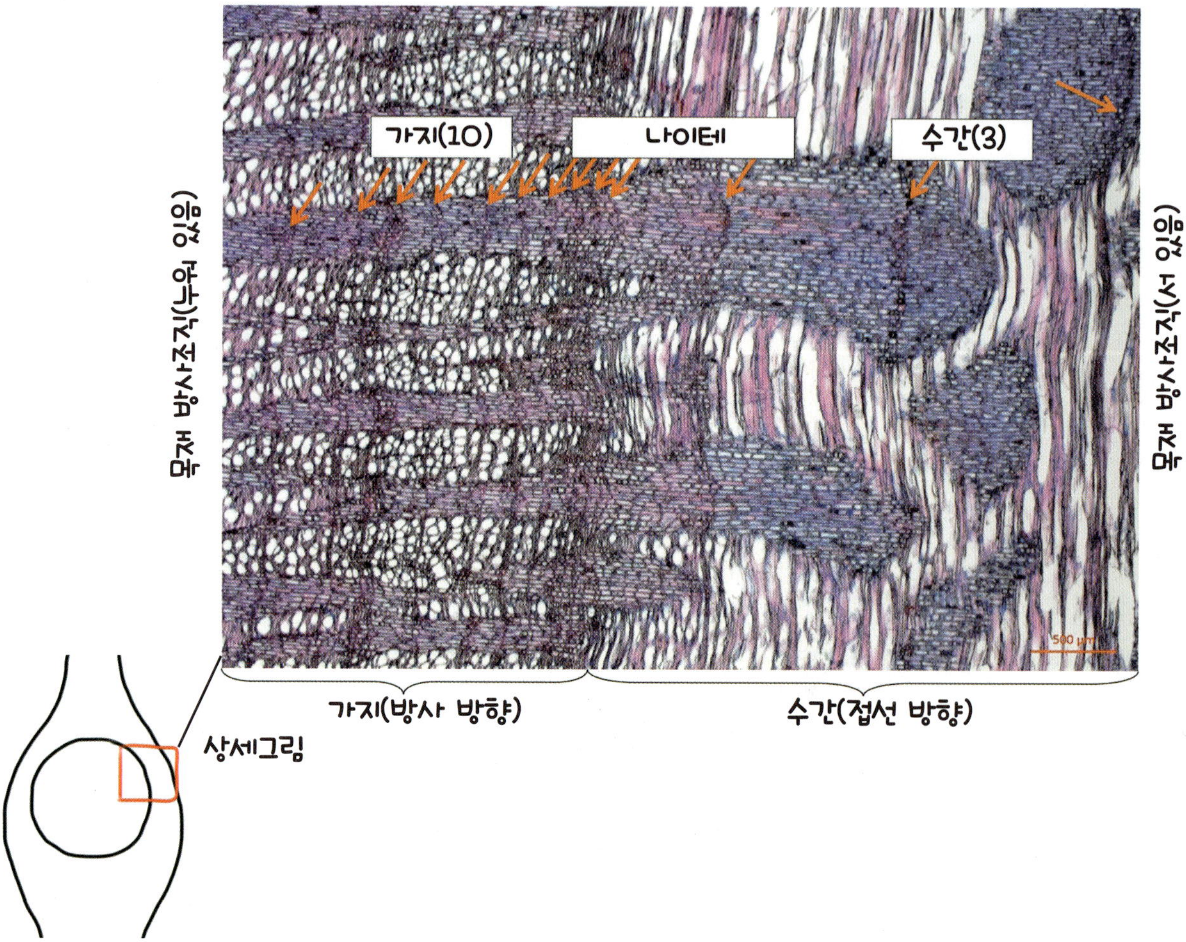

이 런던버즘나무(London plane) 목재 샘플은 목재 방사조직이 가지 목재로부터 수간 목재 속으로 연속적으로 연장됨으로써 가지를 수간에 볼트로 죈다는 것을 보여준다. 목재 방사조직을 따라 가보면, 활력이 약화된 가지의 줄어드는 나이테가 수간의 넓은 나이테에 의해 통합되는 것을 볼 수 있다.

너도밤나무(beech)의 가지와 탈락 깃 사이 목재 방사조직 회전에 관한 현미경 영상

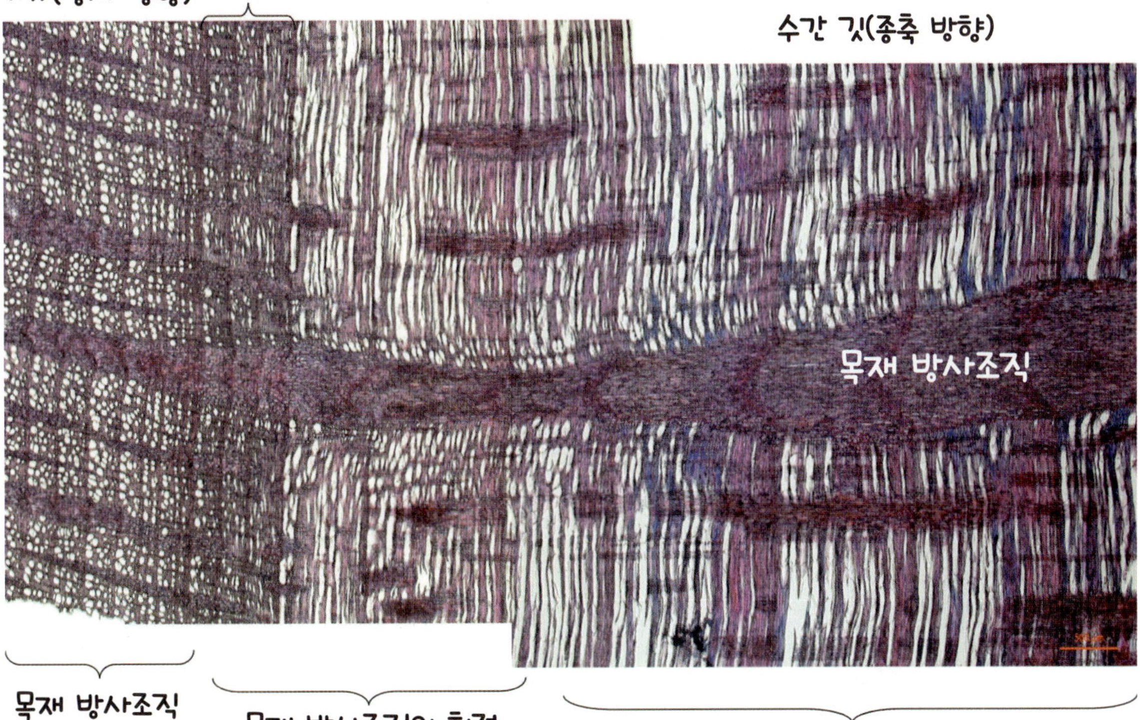

가지나 수간 어느 쪽 힘의 흐름에 의해서도 분명하게 지배되지 않는 전이대(轉移帶, transition zone)에서, 목재 방사조직은 둥근 단면(방향의 독립성)을 가지고 있으며, 그 후 재배열되고 회전되어 커다란 방추(spindle)로 자란다.

섬유 흐름에서의 "목재 방사조직 조약돌"

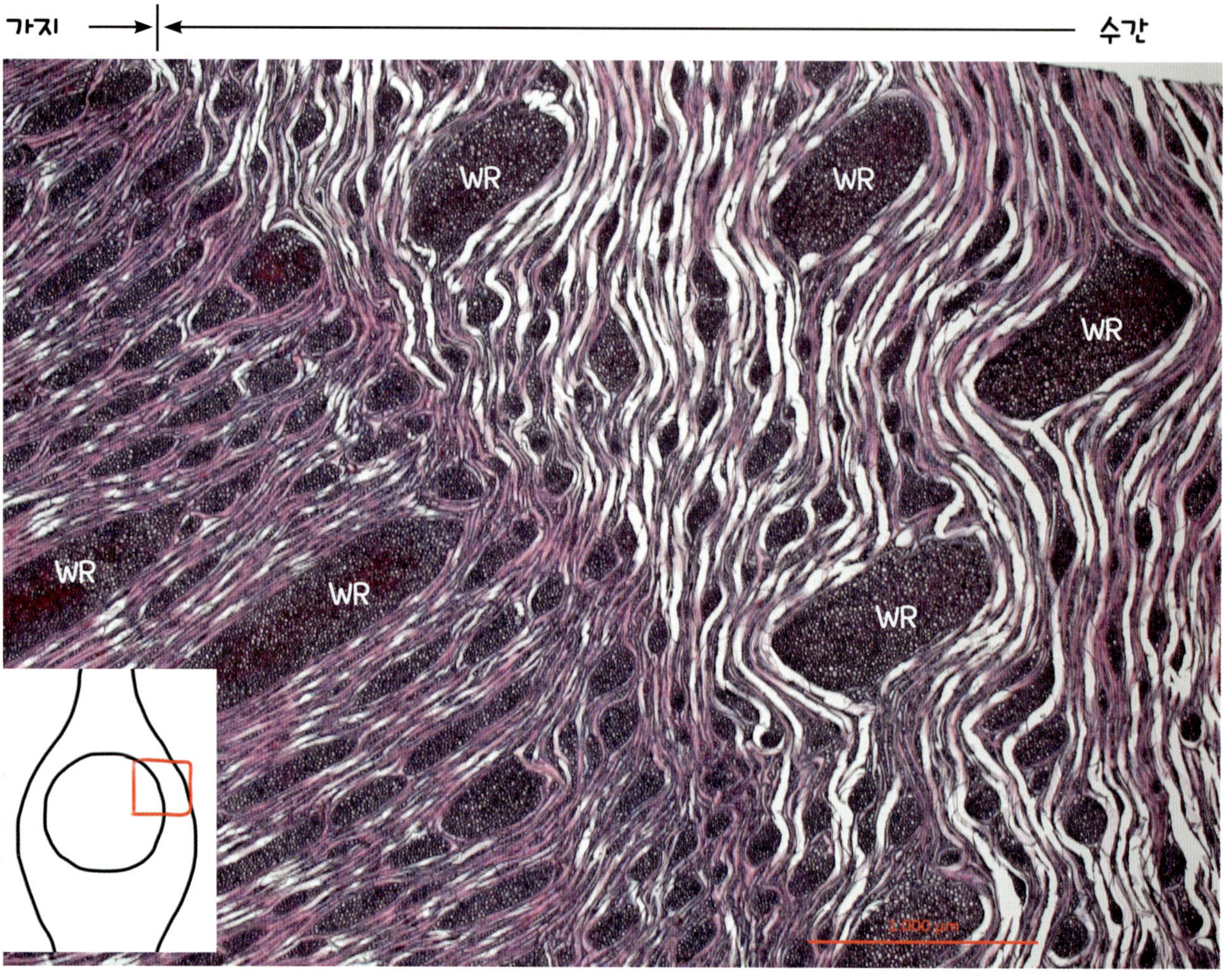

가지 쪽의 가지-수간 전환. 비교하면서 갑자기 난 생각인데, 개울의 흐름 방향이 조약돌 모습을 결정하듯이, 힘의 흐름 그리고 이에 따른 섬유의 흐름도 조약돌 모양의 목재 방사조직(WR) 방추의 모습을 조절한다. 나뭇결을 보라!

왕성한 가지 부착 지점에서의 목재 방사조직 행태

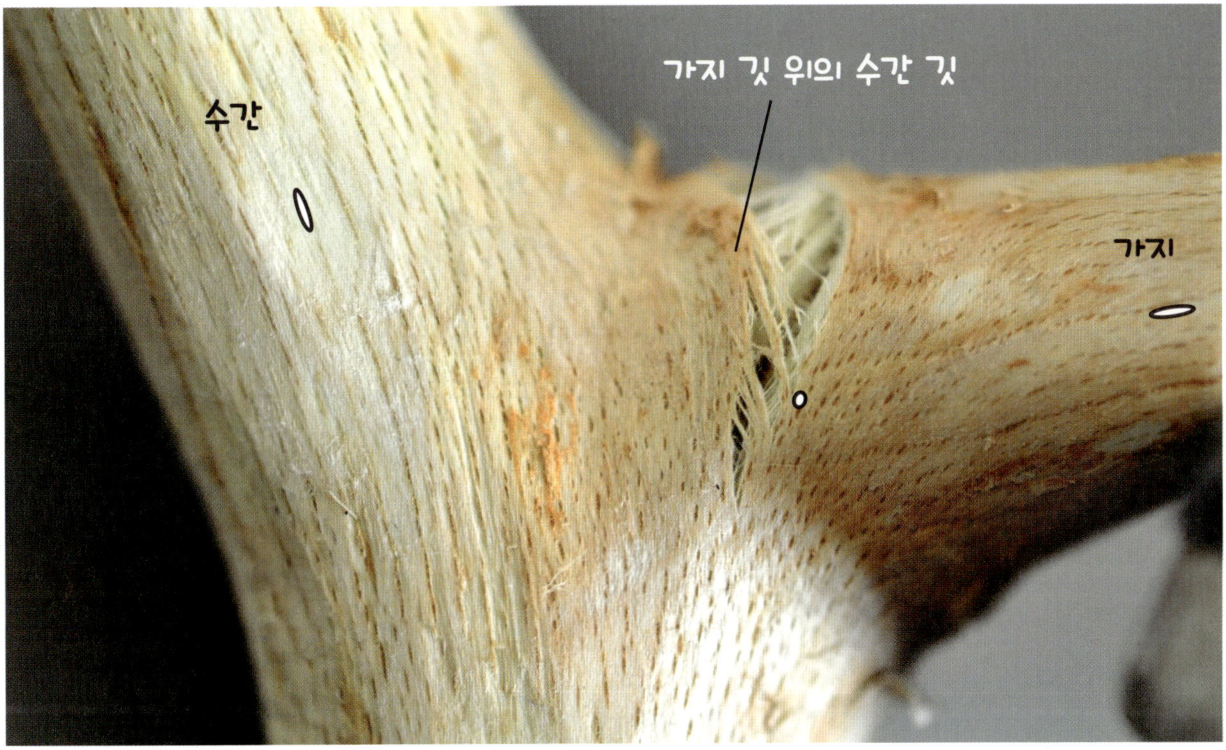

어떤 탈락 깃도 형성하지 않는 왕성한 가지도 가지와 수간 사이에 "방향이 정해지지 않은" 전이대 내에 둥근 모양의 목재 방사조직을 보여준다. 이들 둥근 방사조직은 모두 인장 방향으로 균등하게 잘 배열되어 있다. 이것은 역학적인 요소에서 V자형 노치(notch) 형태에 작용하는 노치 응력(notch stress) 방향의 종속성을 연상시킨다(다음 페이지 참조): 횡 방향으로 당겨진 목재 방사조직 방추는 건조 균열을 일으킨다! 살아 있지만 이미 활력이 약화된 가지 둘레에 대한 탈락 깃 형성과 달리, 이 경우에는 가지 목재와 수간 목재를 볼트로 죄지 않는다. 접착성(接着性, adhesive) 결합만이 이용될 뿐이다.

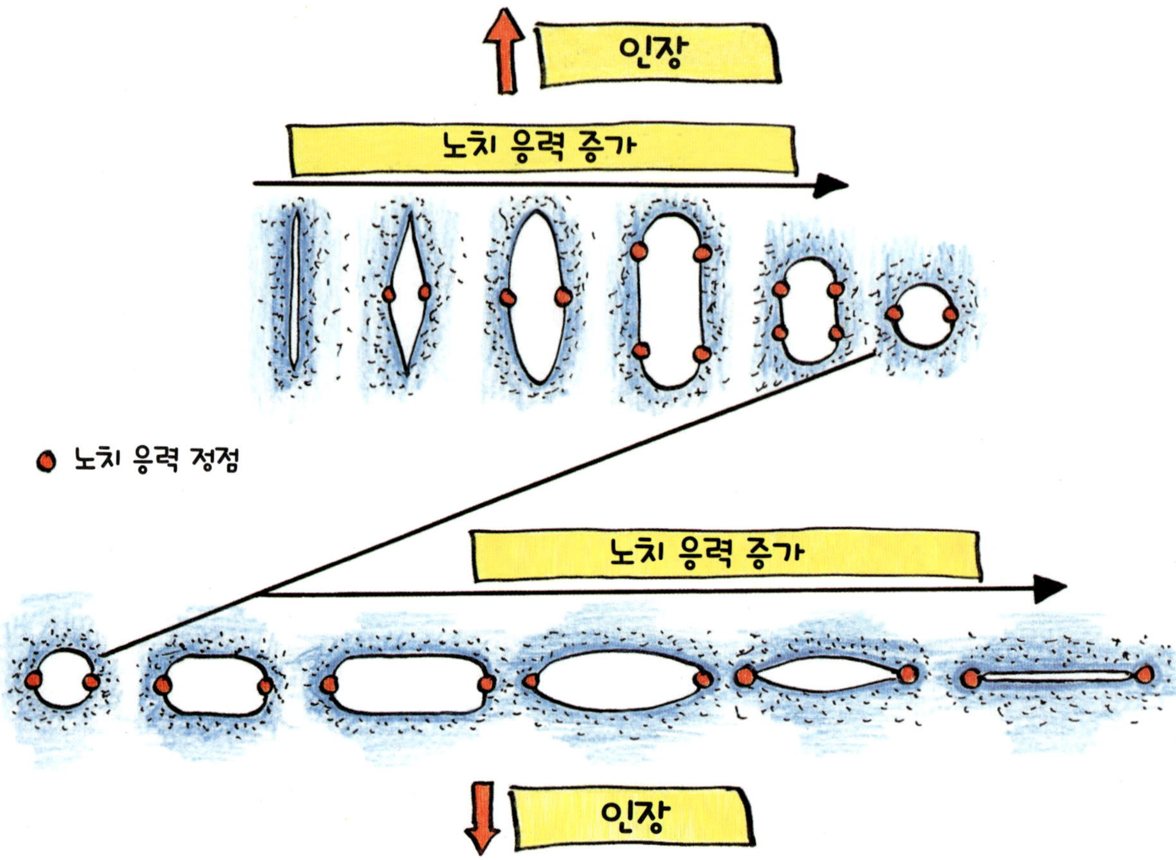

수직적인 인장에 대한 노치 형태와 노치 응력 간의 관계

타원형 노치는 가로 방향으로 당겨진 노치보다 덜 해롭다. 둥근 노치만이 모든 방향의 인장에 만족한다[26]. 이 그림은 목재 방사조직 방추가 새로운 섬유 방향으로 회전하는 것을 설명하고 있다(222페이지 참조).

세장(細長, slenderness)으로 인한 가지 파손

운반하는 사람들이 운송 중에 음식의 대부분을 먹을 수 있도록 하기 위해서 자사의 매점을 도시의 반대쪽 끝으로 이동시킬 생각을 하는 회사는 없다. "사자꼬리 가지(Lion s tail branch)"는 수간으로부터 먼 끝에 작은 녹색의 수관을 가진 긴 가지, 즉 꼬리 끝의 덤불을 일컫는 영어 이름이다. 이 가지들은 일정하게 원뿔에서 원통 형태로 자라고, 적어도 수간 가까이에서는 더 이상 굵어지지 않는 반면 훨씬 더 길게 자라기만 한다. 이는 이들 가지가 가늘고 길어서 파손될 가능성이 있는 후보자로 만든다.

문제 유발 절단

아직도 세장(slenderness) 문제를 유발하는 확실한 방법인 사자꼬리 가지 형태로 가지를 절단하고 있는 것은 더욱 놀라운 일이다. 이러한 가지 관리는 건강한 목재의 세장파괴(slenderness fracture)를 유발하거나, 버즘나무의 마사리아병(Massaria) 경우에서 본 바와 같이, 가는 가지에 정착하는 경향이 있는 자낭균에 의해 유발되는 부후를 초래할 수 있다. 그런데 이 나무는, 절단 부위에서 새로운 어린 가지를 발생시킴으로써, 절단 지점에서 가지 만드는 것을 좋아하는 것처럼 보인다.

가지에 대한 임계 세장비가 있는가?

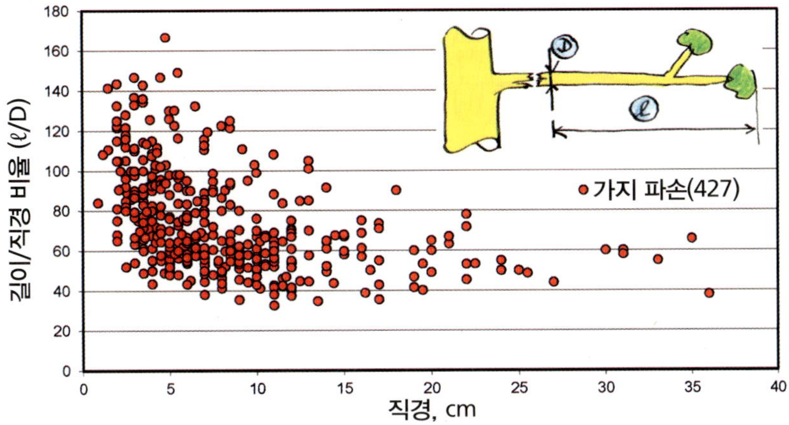

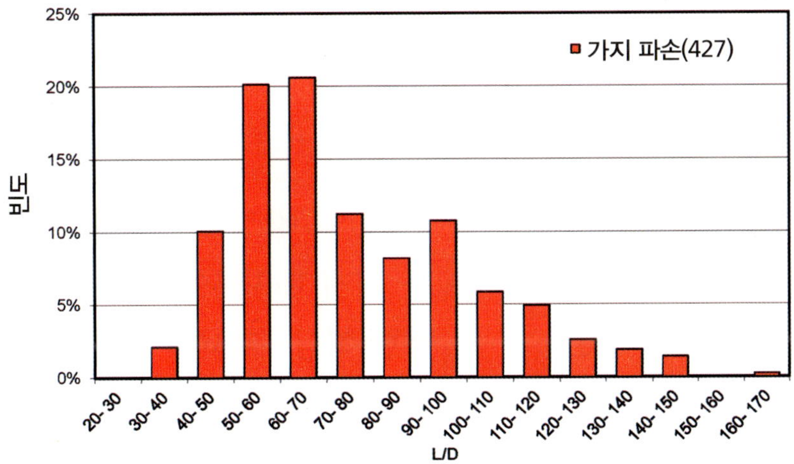

일부 초기 현장 연구는 건강한 가지가 ℓ/D=40을 초과하면 더 자주 파손되는 경향이 있다는 것을 보여준다. 이것은 가지 부착 지점에서 가지가 파손되는 것과는 다르다. 가지 부착에서의 파손은 부착의 질(수피 매몰, 횡 섬유, 탈락 깃 등)에 의해 결정된다. 길이 "ℓ"은 가지 끝에서 파손된 지점까지의 거리를 측정한 것이다: 가지는 일반적으로 측면 지지(lateral support)를 받고 있기 때문에 ℓ/D=40 법칙의 성급한 적용은 권장할만하지 못하다. 이는 VTA(육안교목평가)를 포함한 종합적인 접근이 필요하다는 것을 의미한다[60].

사자꼬리 가지 파손의 반대!
측면 섬유 축적으로 인한 가지 파손

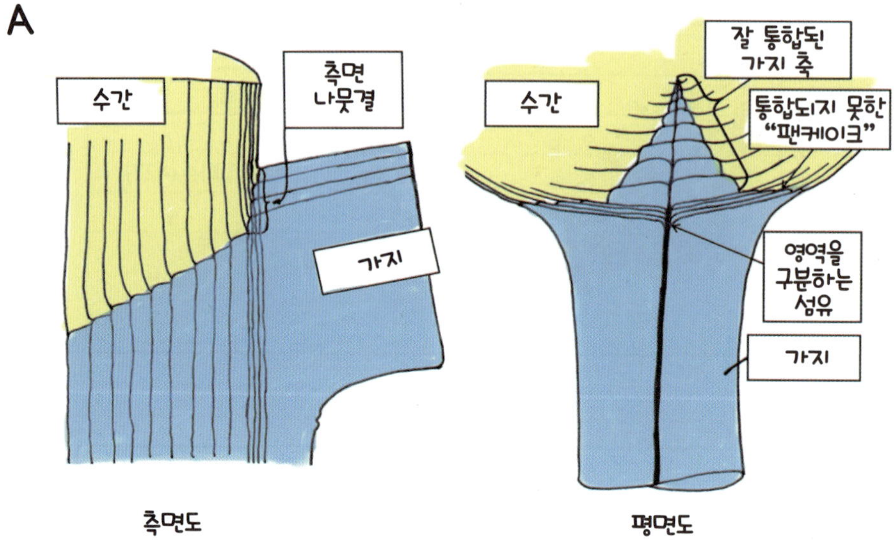

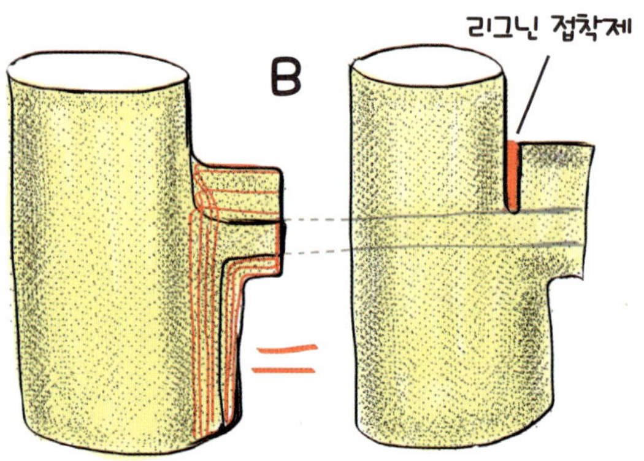

수간이 왕성한 가지 위에 수간 섬유를 너무 적게 배치하여 빨리 자라는 가지에 대한 통합 책임자로서의 임무를 수행하지 못하면, 가지에게 주어진 유일한 선택은 자신의 위쪽 면의 섬유를 팬케이크처럼 수간에 납작하게 접착시키는 것이다(A). 가지는 수간 속으로 구멍을 뚫고 나무못(dowel)을 박을 수 없지만, 어쨌든 가지는 수간에 의해 "삼켜져야(swallowed)" 즉 통합되어야 한다. 역학적으로, 이러한 통합되지 못한 가지는 위쪽 면에 톱 절단 자국이 있는 가지에 비유할 수 있는데, 이러한 톱 절단 자국은 나중에 리그닌-펙틴(lignin-pectin) 접착제로 아문다(B). 이러한 결합이 내포하고 있는 위험은 해당 가지의 위쪽 면에서의 취성파괴(脆性破壞, brittle fracture)로 인한 파손이다[27].

측면 섬유에 의해 유발된 파손

A

B

C

사진: Mick Boddy 제공

파손 유형 A는 한눈에 보아도 부러진 가지가 처음에는 수간에 의해 매우 잘 통합되어 있는 반면, 나중에는 이 가지의 위쪽이 팬케이크처럼 수목에 붙어 있다. 가지 B는 이러한 비호를 받는 유년시절을 보내지 못하고 처음부터 바로 팬케이크처럼 수간에 부착되어 있고, 수간은 이들을 통합하는 데 관심이 없다(C). 이러한 경우의 문제는 이들 가지가 위험하게 보이지 않는다는 것이다. 이들은 조밀하고 튼튼하고 잎으로 무성하게 덮여 있으며, 직경이 빠르게 자란다. 그것도 너무 빠르게!

종축 섬유는 어색한 곳으로 향한다

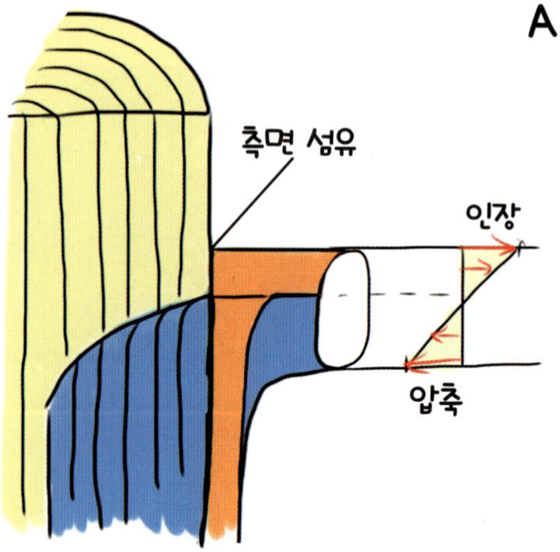

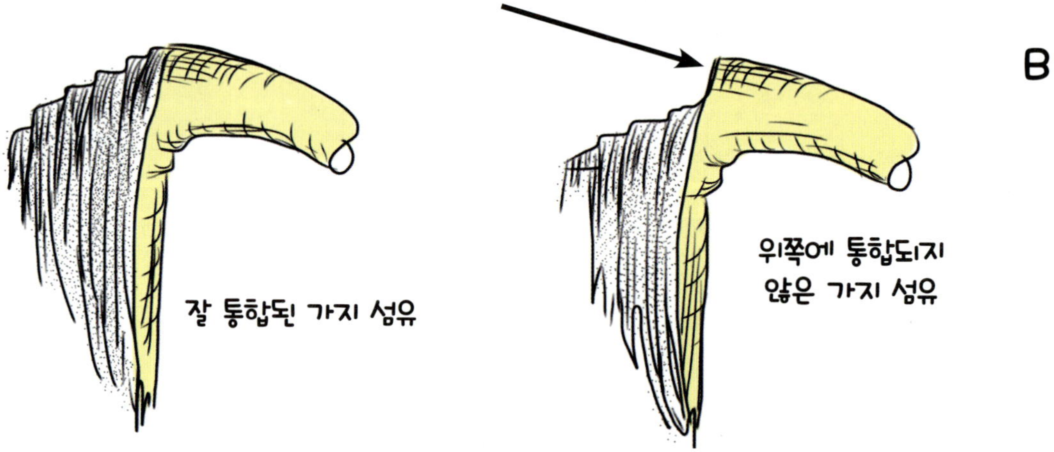

또 다른 불리한 점이 있다: 위쪽 면에 횡 섬유(橫纖維, transverse fiber)가 축적됨에 따라, 해당 가지의 축을 따라 뻗어 있고 수간에 의해 잘 통합된 가지 섬유는 점점 부하가 걸리지 않는 해당 가지의 중간이나 아래쪽으로 이동한다(A). 이에 따라 인장 하중(引張荷重, tensile load) 하에 있는 가지의 위쪽에서 파괴 저항(fracture resistance) 역할을 하는 것은, 서로 비교해보면 파손 부위에서 잘 볼 수 있는 바와 같이(B, C), 측면 섬유(側面纖維, lateral fiber) 사이의 리그닌-펙틴 접착제뿐이다.

C

잘 통합된 가지 꼬리

약하게 통합된 가지 꼬리

측면 섬유 축적 부위에서의 찬장 문 펄럭임으로 인한 파손

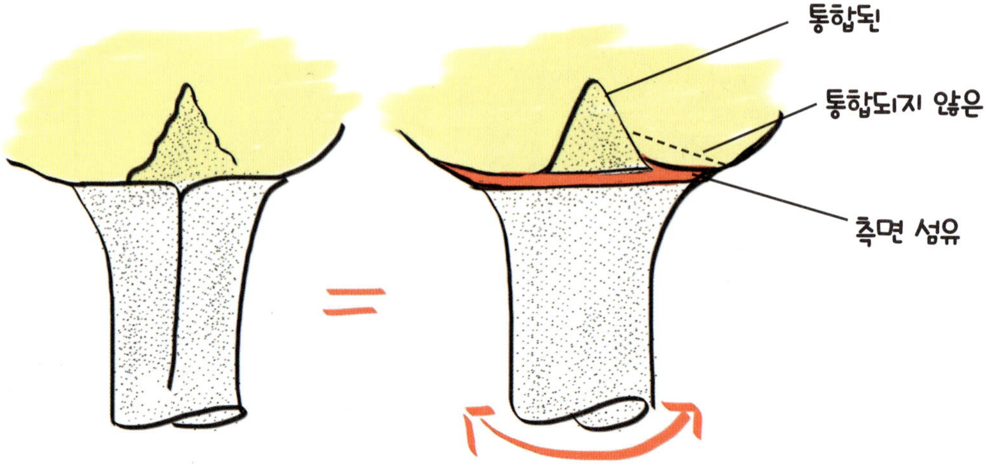

수간의 측면에 거의 접착되어 있지 않은 측면 섬유(側面纖維, lateral fiber)도 가지의 측면에 배열되기 때문에, 이들은 횡풍(cross wind)에 의해 유발되는 찬장 문 펄럭임(cupboard door flapping)으로 인한 파손을 촉진시킨다. 이 효과는 버즘나무에서 참나무에 이르기까지 거대한 목재 방사조직을 가진 모든 교목 수종에서 나타난다.

측면 섬유 축적으로 인한 찬장 문 펄럭임

목재 방사조직 태업

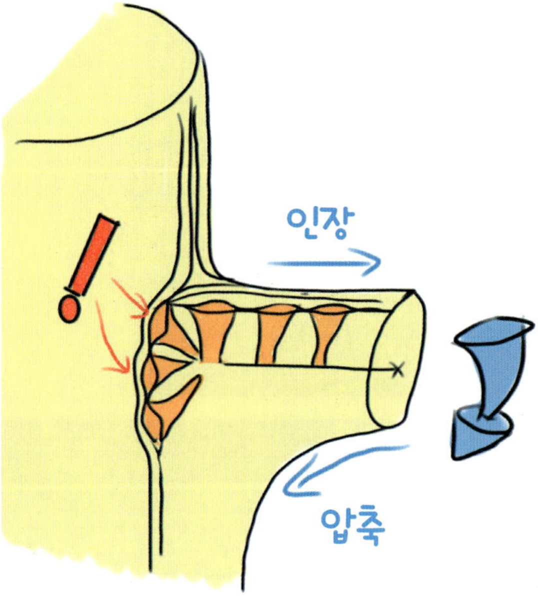

파손 부위는 굴절된 목재 방사조직(화살표)을 가진 측면 섬유를 보여준다.

참나무의 측면 섬유 파손: 가지 섬유와 횡의 위치로 추정되는 목재 방사조직 방추(화살표)가 추가적인 파손의 개시자이다.

가지 부착 지점에서의 부후 확산

목재를 분해하고 이로 인해 부후를 유발하는 곰팡이의 균사(菌絲, hypha)는 가지와 수간의 목재 몸체 모두에서 목재 섬유의 방향을 따라 가장 빠르게 퍼져나갈 수 있다. 이것이 가지에서 수간으로의 전이대에서 대부분 부후가 섬유의 흐름을 따라 확산되는 이유이다.

가지로부터 시작되는 목재 부후

위쪽 면에서만 목재 부후를 보이는 가지의 경우(예, 마사리아병으로 인해 고통받는 버즘나무의 굵은 가지), 가지 부착 지점에서의 부후는 아래쪽으로 굴절된 가지 섬유 내에서 잘 확산되는데, 이 섬유는 탈락 깃(shedding collar)의 앞에 배열되어 있다. 이에 따라 부후는 수간 속으로 거의 또는 전혀 침투하지 못하는 경우가 많다.

부후가 해당 수간의 내부로 더 깊이 확산될 수 있는 경우는 가지의 단면 전체나 가지 한쪽의 수직면 절반이 부후될 때에만 가능하다.

위쪽 면이 부후된 버즘나무의 파손된 가지. 아래 사진의 절단 표면에서 볼 수 있듯이, 수간 목재는 부후에 노출되지 않았다.

버즘나무: 위쪽 면에서만 부후를 보이는 마사리아에 감염된 가지

전체 횡단면에 걸쳐 부후된 마사리아 감염 가지

2차 정착 곰팡이에 의해 횡단면 절반이 부후된 마사리아 감염 가지

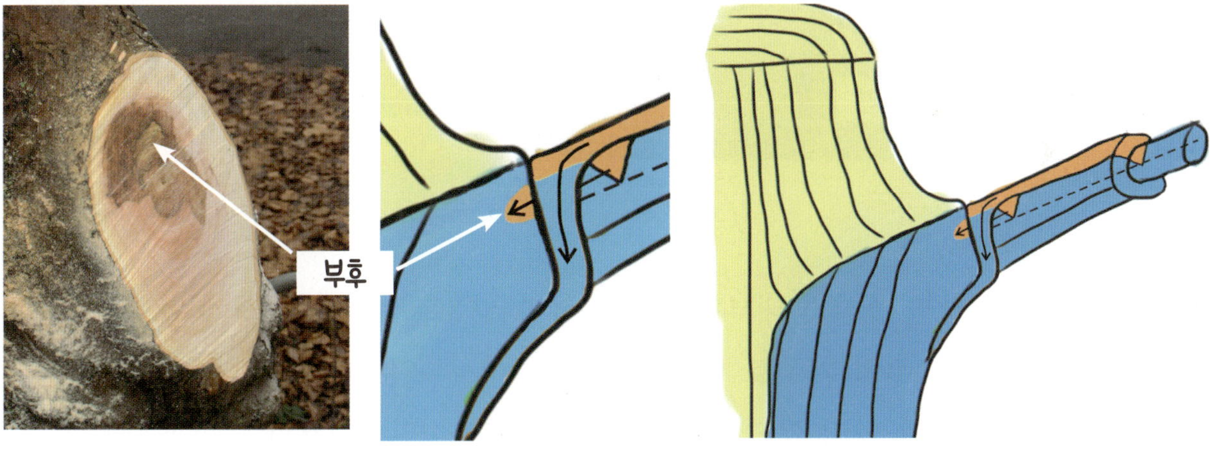

수간 방향으로의 부후 확산은 일반적으로 가지보호지대(부후 주위의 검은 경계선)에 의해 차단된다.

수간에서 시작된 목재 부후

수간으로부터 시작된 중심의 내부 부후(예, 심재부후)는 가지 부착의 위쪽 면보다 아래쪽 면에서 수간으로부터 가지로 더 빠르게 침투할 수 있는데, 이는 이 부위의 섬유흐름이 가지보호지대와 달리 짧고 방해받지 않기 때문이다. 가지의 중심과 아래쪽 부위는 대개 수간으로부터 시작된 심재부후(心材腐朽, heartwood rot)에 의해 대부분 파괴되는데, 이로 인해 대부분의 경우 해당 가지가 잘 통합되어 있는 깊은 앵커를 잃게 된다. 위쪽 면 횡 섬유 축적의 경우, 이는 때 이른 가지 파손을 초래할 수 있다. 따라서 속이 빈 가지에 대해서는 70% 법칙이 통하지 않는다!

탈구냐 파단이냐?

수간에서 시작된 목재 부후는 때 이른 가지 탈구(脫臼, breakout)로 이어지는데 비해, 가지에서 시작된 목재 부후는 거의 항상 때 이른 가지 파단(破斷, fracture)으로 이어진다.

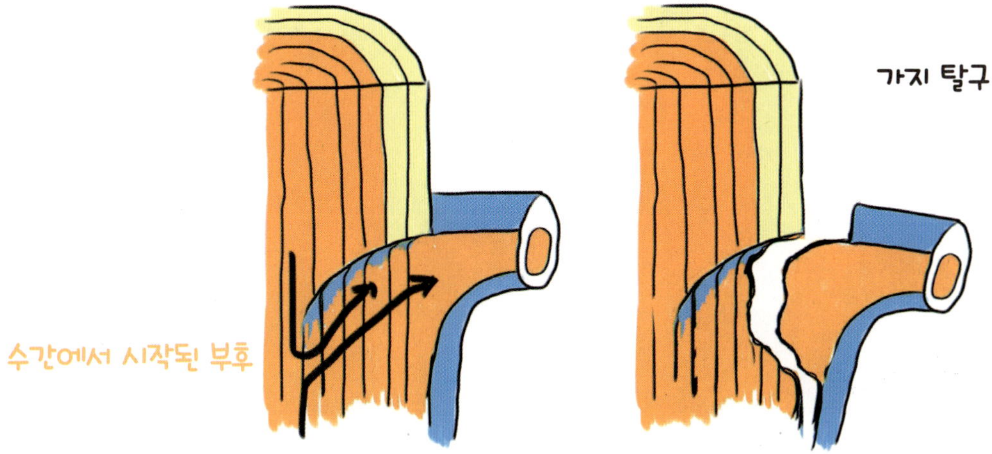

수간에서 시작된 목재 부후의 결과로 인한 가지 탈구.

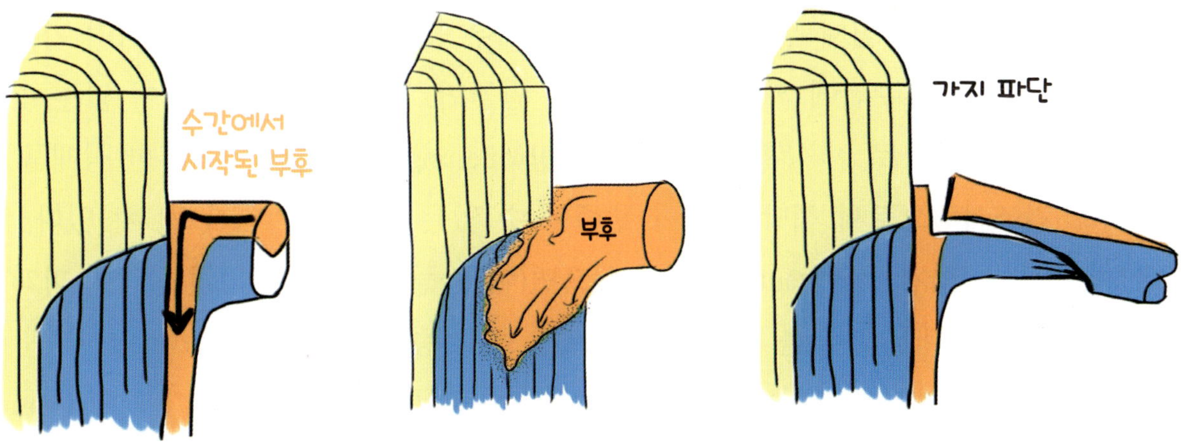

수간 속으로 침입한 국지적인 부후가 있거나 없는 가지에서 시작된 목재 부후로 인한 가지 파단.

심재 부후로 고통받고 있는 노령목에 마지막 기회가 될 수도: 수간에서 시작된 부후가 때 이른 가지 탈구를 유발한다

살아 있는 가지의 탈구

죽은 지 오래된 가지의 탈구

이러한 수간 내부의 심재 부후는 교목에게는 매우 좋지 않다. 여기에 더하여 가지의 탈구가 해당 교목의 수간에 꽤 커다란 상처를 만들면, 해당 교목은 희망이 없는 것처럼 보인다. 그러나 바로 이 상황이 수간의 "개방(opening up)"을 통해 부후한 심재를 환기시키고 건조시킴으로써 해당 교목이 생존할 수 있는 마지막 기회가 될 수 있다. 만약 이미 수간에 "환기 구멍(vent hole)"이 있으면(예를 들면, 해당 수목의 상단이 파괴되어 발생), 이것이 내부 부후를 건조하게 만드는 중앙 통풍관(通風管, air duct)이 될 수 있어서 부후 확산의 속도를 늦출 수 있다. 해당 수관은 이 가지를 "환기 기둥(venting shaft)"으로 대체함으로써 결국 해당 교목의 생명을 연장시킬 수 있다. 우리는 "개방된(open)" 심재 부후를 가진 키 작은 노령목이 부후와 함께 매우 오래 살아갈 수도 있다는 것을 알고 있다.

25. 중국풍 콧수염의 몸짓 언어

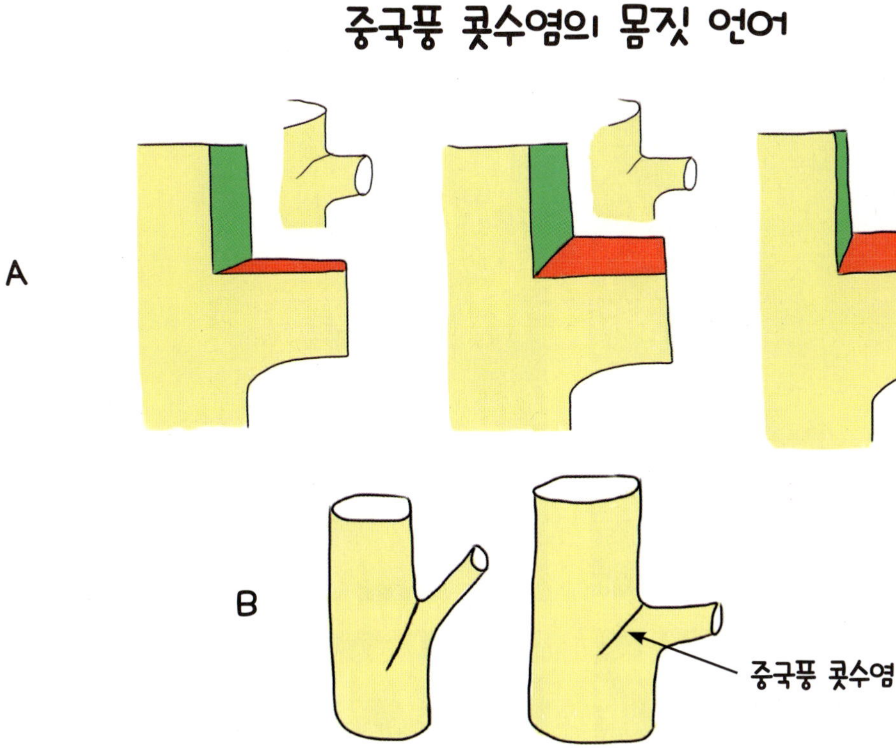

이제 질문은 측면 섬유 축적과 수간에 의한 불충분한 가지 통합으로 인한 가지 탈구의 위험성을 눈치 챌 수 있는 증상이 있는가이다. 중국풍 콧수염(chinese moustache, 지피융기선/branch bark ridge)을 한 번 보자: 그림 A에서, 수간의 나이테는 녹색으로, 가지의 나이테는 적색으로 표시되어 있다. 나이테가 좁은 수간이 더 이상 가지를 통합하지 못하면(A, 오른쪽), 녹색과 적색의 접촉 지역이 중국풍 콧수염처럼 올라간다. 많은 경우, 이는 수간에 가까운 가지 위쪽 면에 측면 섬유가 축적되었음을 가리킨다. 나중에 보겠지만, 이것이 항상 이러한 상태를 의미하지는 않는다. 이에 대한 자세한 입증 없이 그리고 일반적으로 말하면, 우리는 연속적인 중국풍 콧수염이 가지의 위쪽 면과 수간 사이의 각도를 2등분하는 선의 방향으로 나 있으면 가지와 수간의 생장이 동일하다고 생각해도 좋을 것이다(B).

위로 향하는 중국풍 콧수염

자연에서 발견한 다음 사례는, 수간을 향해 휘어지는 중국풍 콧수염이 보여주는 바와 같이, 측면 섬유의 축적 가능성을 발견하는 데 도움이 되기 때문에 우리의 시선을 끈다.

변형!

A

B

가파른 중국풍 콧수염이 나중에 수간으로부터 가지를 향해 휘어지면(A), 이는 가지 생장이 감소하고 수간 생장이 증가한다는 것을 나타낸다. 이렇게 되면 교목의 분기(分岐, fork)는 가지 부착(branch attachment)으로 전환된다. 역으로, 위쪽으로 휘어지는 중국풍 콧수염이 나타내는 바와 같이, 가지가 과도하게 굵어지면 가지 부착이 분기(分岐, fork)로 변할 수도 있다(B).

한눈에!

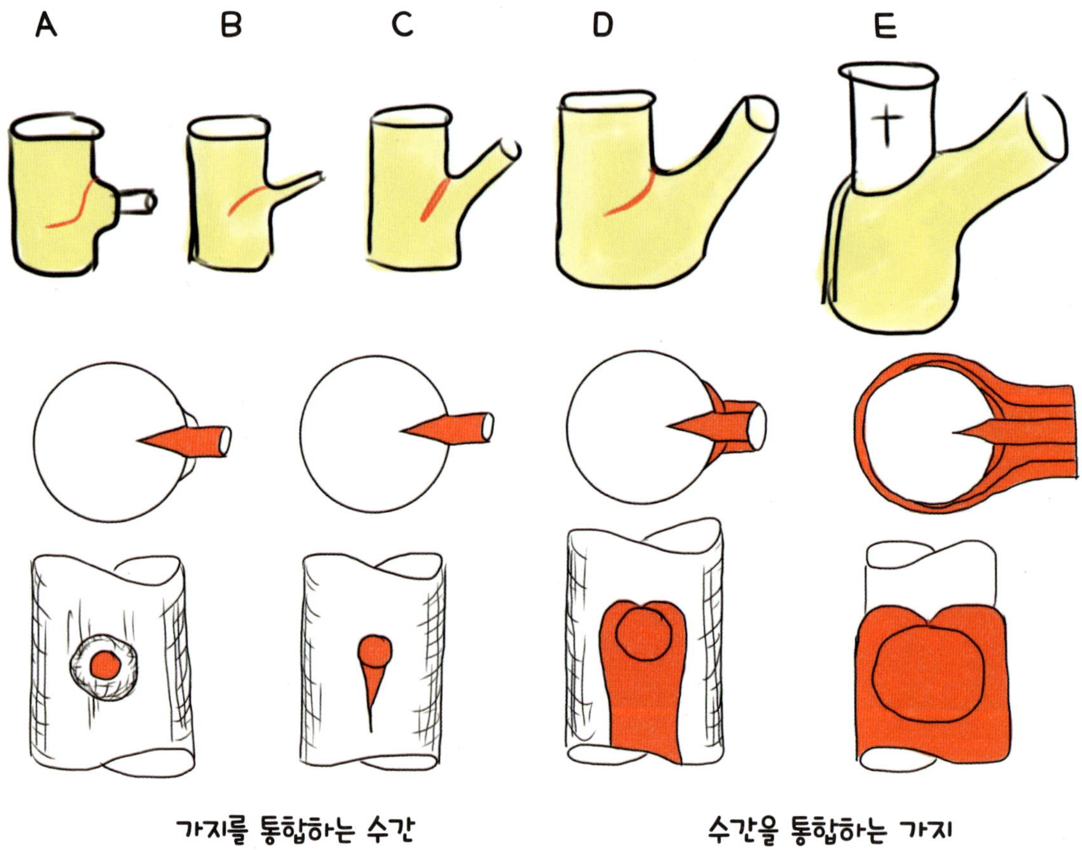

그림은 왼쪽에서 오른쪽 방향으로 수간에 의해 주도되는 생장(A)에서 점점 가지에 의해 주도되는 생장(E)으로 변하는 것을 보여준다. 그 사이에는, 수간에 의한 통합이 소홀히 되고 수간에 약하게 접착된 횡 방향 가지 섬유를 가진 위험한 가지(D)가 있다. 중국풍 콧수염이 이를 나타내고 있지만 불행하게도 분명하지 않다. A와 D를 보면, 두 경우 모두 중국풍 콧수염이 수간을 향해 올라가지만, 증상이 분명하지 않아서 잘못 진단할 위험성이 있다.

다른 사이비 효과가 모호성을 높인다

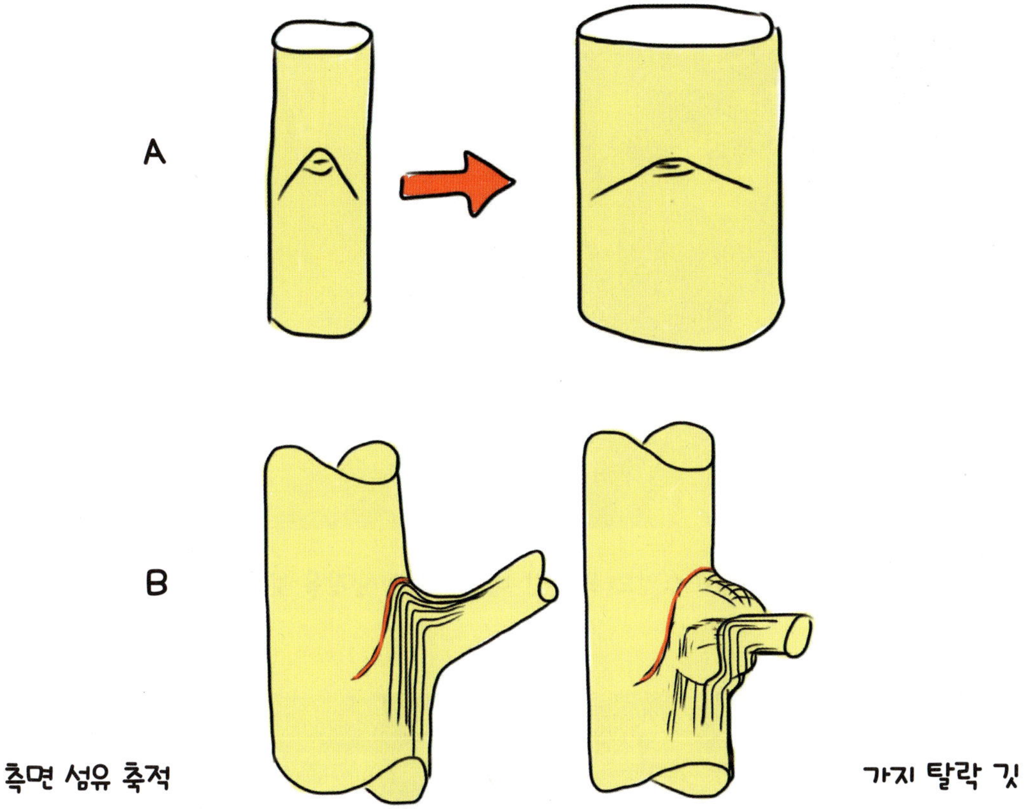

이 그림의 위에서, 교목 수간은 정상적인 방사 방향 생장에 따라 모든 중국풍 콧수염을 평평하게 만들 것이다. 평평한 중국풍 콧수염은 수간 내부 깊이 오래된 전정 상처를 가리키는 데 비해 가파른 중국풍 콧수염은 어리고 표면적인 가지 상처를 나타낸다. 목재상들은 이것을 잘 안다. 중국풍 콧수염의 아랫부분이 수평 방향으로 휘는 것도 수간의 방사 방향 증식의 결과를 나타낼 수 있다. 그리고 방사 방향 증식이 거의 없는 가지 주변의 탈락 깃도, 측면 섬유가 축적됨에 따라, 중국풍 콧수염은 오메가(Ω) 형태로 가파른 상승을 유발할 수 있다(B).

측면 섬유에 의한 어떠한 위험 없이 수간을 향해 휘는 중국풍 콧수염

가지는 탈락 깃에 의해 통합되고 수간의 뚜렷한 방사 방향 생장을 보인다: 오메가(Ω) 형상.

탈락 깃의 생성: 가지 기부와 중국풍 콧수염 사이의 거리가 늘어남.

두 극단적인 경우: 가지 체계가 도움이 될 수 있다!

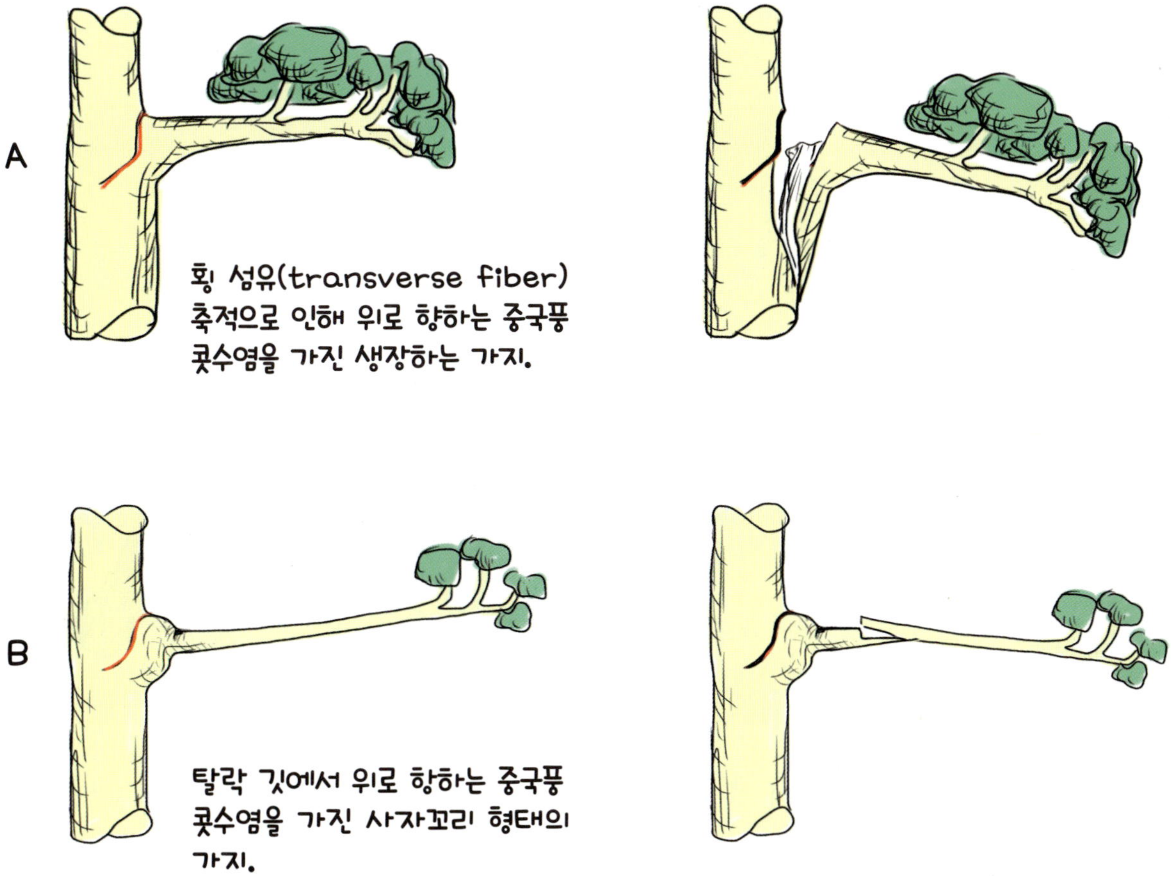

단지 위로 향하는 중국풍 콧수염만으로도 이를 극단적으로 다른 파괴 기제를 예측할 수 있을 것이다: 횡 섬유 축적으로 인한 가지 탈구(A)와 세장으로 인한 가지 파단(B). 가지 전체를 고려하는 것이 도움이 될 수 있다. A 경우에는, 해당 가지가 단단하고 왕성하며 튼튼하다. B 경우에는, 사자꼬리 가지나 활력을 잃은 가지일 가능성이 높다.

다양성(多樣性) 가운데 통일

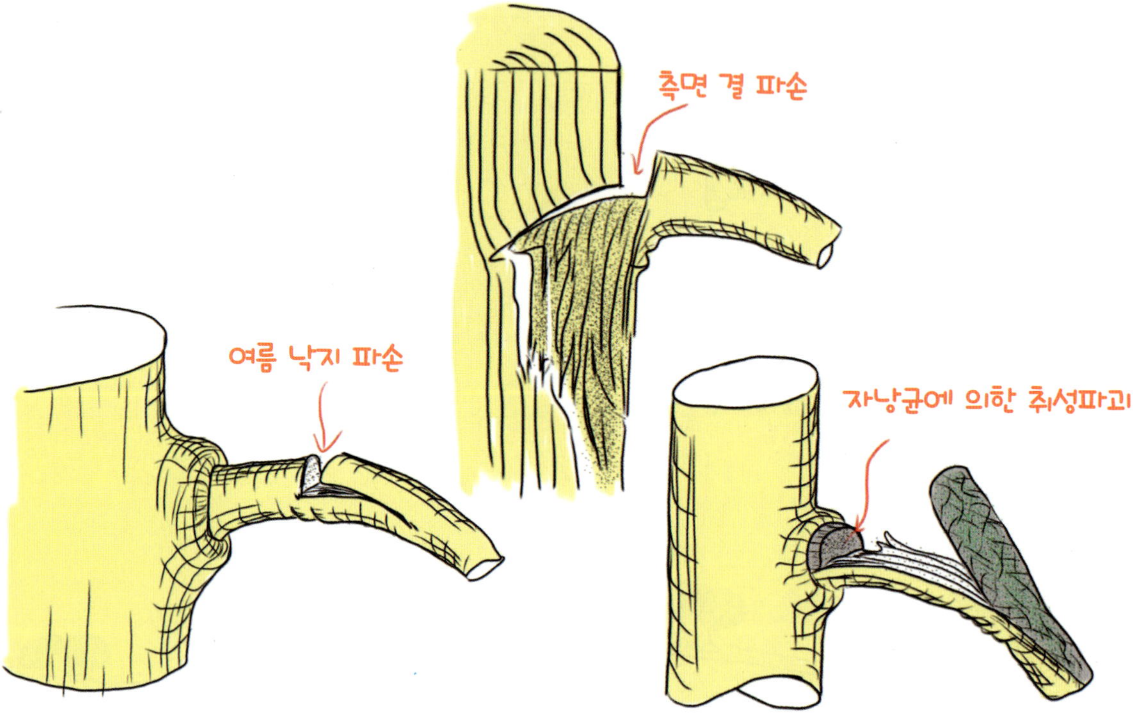

여기에 나열된 파손은 원인이 다름에도 불구하고, 이들은 모두 가지의 부서지기 쉬운 위쪽 면, 즉 도자기처럼 생각될 수도 있는 리그닌의 횡적 파단(transverse fracture)으로부터 시작된다. 위쪽의 파손 유형은, 부하가 단순히 섬유 사이의 연약한 리그닌-펙틴 접착을 압도함으로써 횡 섬유가 분리되는 경우이다. 자낭균에 의해 유발된 가지 파손의 경우(오른쪽), 가지의 위쪽 면에서 연부후(軟腐朽, soft rot)에 의해 섬유소(纖維素, cellulose)가 분해된다. 이는 종축 섬유가 부서지기 쉬운 가로 파단에 의해 파손되도록 할 수 있다. 여름 낙지에 의한 파손에서는(왼쪽), 가지의 약한 위쪽 면에서 작용하는 장력으로 인한 파손을 지연시키는 압축적인 강화된 응력이 사라진다. 이는 해당 부위를 방해받지 않은 장력 상태에 둔다. 파단 패턴은 매우 비슷하다.

가지가 수간을 통합한다: 주지(leading shoot) 둘레의 탈락 깃

A

수간 깃에 의한 가지 통합이 불만족스럽다는 것을 보았는데, 이는 수간 가까운 가지의 위쪽 면에 측면 섬유 축적으로 이어져서 가지의 탈구를 유발할 수 있기 때문이다. 다음 단계는 가지가 계속 에워싸는 것으로, 가지가 수간 주위로 자라서 결국은 그 주위에 탈락 깃을 형성한다. 이는 자신의 상관을 해고하는 부하직원과 같다. 그런데 처음부터 이렇게 할 필요는 없다. 수간의 활력이 떨어져서 가지가 수간을 점점 더 많이 에워싸기(가지 우세) 이전인 초기에는(A) 가지가 수간에 의해 완벽하게 통합되는 작은 꼬리를 가지고 있다. 마지막 단계(B, 다음 페이지)에는, 수간 둘레에 탈락 깃이 형성되는데, 약한 수간은 가끔 죽거나 그 탈락 깃에서 부러진다(C).

횡 섬유 고리: 가지가 수간 둘레로 자란다!

B

C

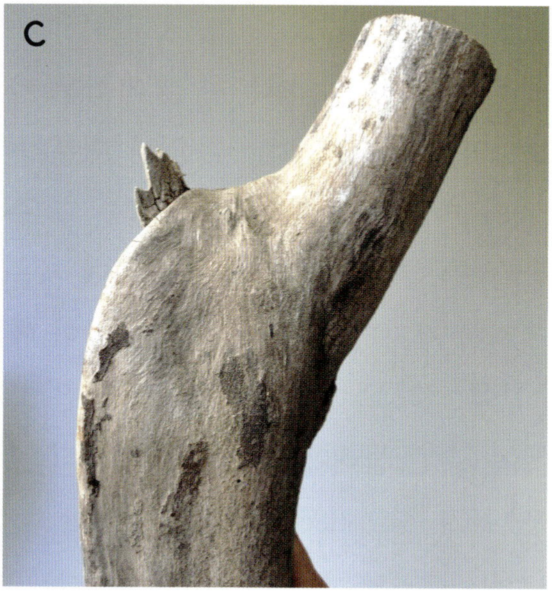

수피 매몰로 인한 가지 파손

가지가 좁은 각도로 부착되어 있으면 생장으로 인해 수피 매몰이 발생할 수 있는데, 이는 역학적으로 균열과 동일하다. 가지와 수간의 방사 방향 생장 과정에서 이 균열은 더 길어지고 임계 길이(critical length)에 이르면 가지가 찢어지는 피해를 유발한다. 측면의 파손 띠가 회색이고 풍화되면, 이는 더 이른 초기 균열을 의미한다. 우리는 현장 연구에서 수피 매몰(樹皮埋沒, bark inclusion)은 종종 가지 각도가 20~25° 미만에서 발생한다는 것을 발견하였다. 측면 섬유의 축적은 접착된 접합으로서 이미 문제가 있는데, 수피 매몰은 접착 면을 더욱 감소시킨다.

26. 교목 분기: 인장 분기, 압축 분기, 사이비 분기, 삼중 분기

교목의 인장 분기와 압축 분기

왼쪽 그림의 인장 분기(引張分岐, tension fork)는 잘 찢어지지 않지만, 여전히 두 줄기의 섬유는 서로 접착되어(bonded) 있을 뿐이다. 압축 분기(壓縮分岐, compression fork)에서는(오른쪽), 접착 면이 매몰된 수피에 의해 줄어들어 있다. 수피 매몰이 클수록 매몰된 수피 끝의 정면에 있는 이랑(rib)은 더 크다(균열 효과/crack effect). 압축 분기에서, 이들 골을 귀(ear)라고도 부른다. 큰 귀를 가진 분기는 더욱 위험하다고 할 수 있다.

통합된 가지 대비 인장 분기의 접착 특성 실연

찢은 경우

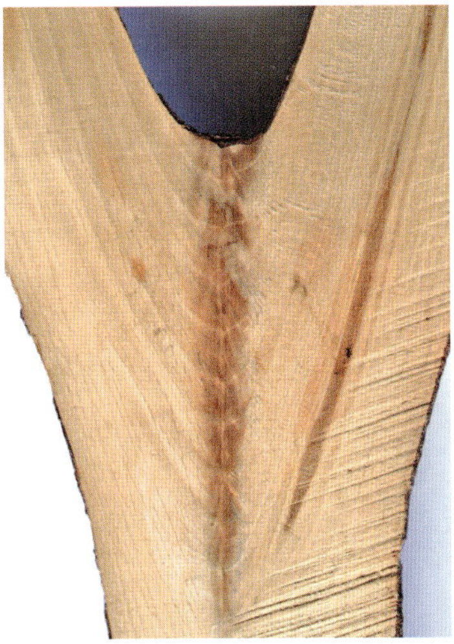

톱으로 절단한 경우

건조로 인한 균열의 경우

가지의 톱 절단 단면

가지 탈구(脫臼, breakout)

교목 분기에 횡 응력이 있는가?

장력 삼각형의 윤곽과 충분히 일치하지만 접착만 되어 있는 양호한 노치(notch) 형태를 한 장력 분기가 있다. 그러면 그 분기는 왜 접착된 접합 부위에서 파손되지 않는가? 우리 부서의 Iwiza Tesari 박사에 의한 유한 요소 분석(有限要素分析法, FEM; Finite-Element Analysis)이 이를 설명한다. 아래로 향하는 섬유가 접착된 접합 부위를 관통하지 않으면, 주된 힘의 흐름(flux of force)이 이러한 섬유의 흐름을 따라간다. 줄기 사이의 노치에서는, 응력이 오른쪽 그림의 분기에서 낮은데, 이는 순수한 이방성(異方性, orthotropic) 상태를 매우 잘 나타낸다. 힘의 흐름 화살표를 나타내는 아래의 그림은 작은 수평적인 화살표만을 보여준다. 그러나 왼쪽 그림의 등방성(等方性, isotropic) 분기(즉 섬유 구조가 없음)에서는, 힘의 흐름이 분기에 직각으로 노치의 둘레를 흐른다. 따라서 장력 분기는 잘 파손되지 않는데, 이는 힘의 흐름에 관한 한, 서로 접착된 두 개의 독립적인 수간처럼 행동하고, 또한 대개 가파른 각도로 위쪽으로 연장되어 있는 지레팔(lever arm)이 수평적인 가지보다 측면의 인장응력(引張應力, tension stress)을 덜 받기 때문이다. 노치 기부의 불규칙적인 목재의 미로를 통과하려는 힘의 흐름이 거의 없으면, 해당 노치의 장력 삼각형 형태 때문에, 어떤 노치 응력도 발생시킬 수 없다. 더욱이, 낮은 부하 하에서 섬유가 불규칙하게 얽혀 있으면 찢어질 가능성이 낮다.

Iwiza Tesari 박사의 유한요소분석을 통해 본 분기에서의 횡 인장응력

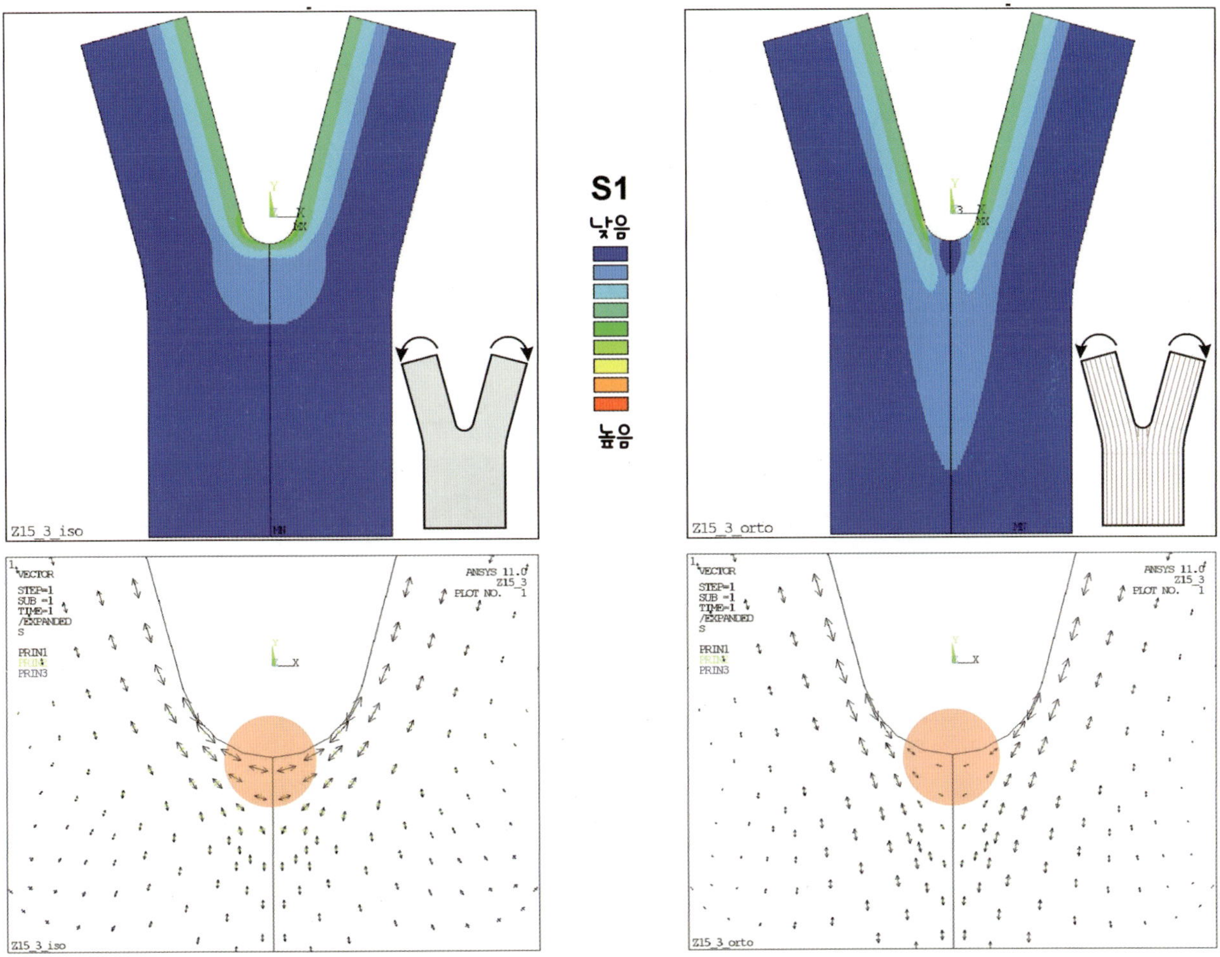

등방성 분기
(유리, 철강, 알루미늄)

이방성 분기
(교목 분기와 같은 섬유 복합체)

교목 분기 각도와 횡 인장력

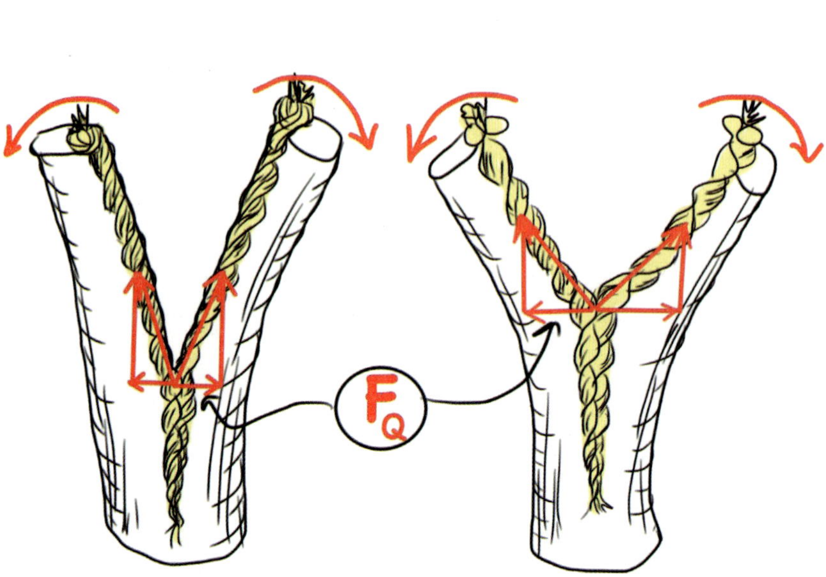

이 기적적인 찢어짐은 접착된 접합 부위의 횡 인장응력 때문인데, 이는 좁은 각도로 분기를 이루고 있는 가는 가지의 수평 지레 팔에 부하가 걸렸을 때 발생한다. 장력 분기 각도가 커질수록 더 높은 가로 인장응력 F_Q를 나타내어, 우리가 알고 있는 측면 섬유의 축적을 가진 가지와 같은 유형의 상태를 만든다.

다른 교목 분기 부하의 경우

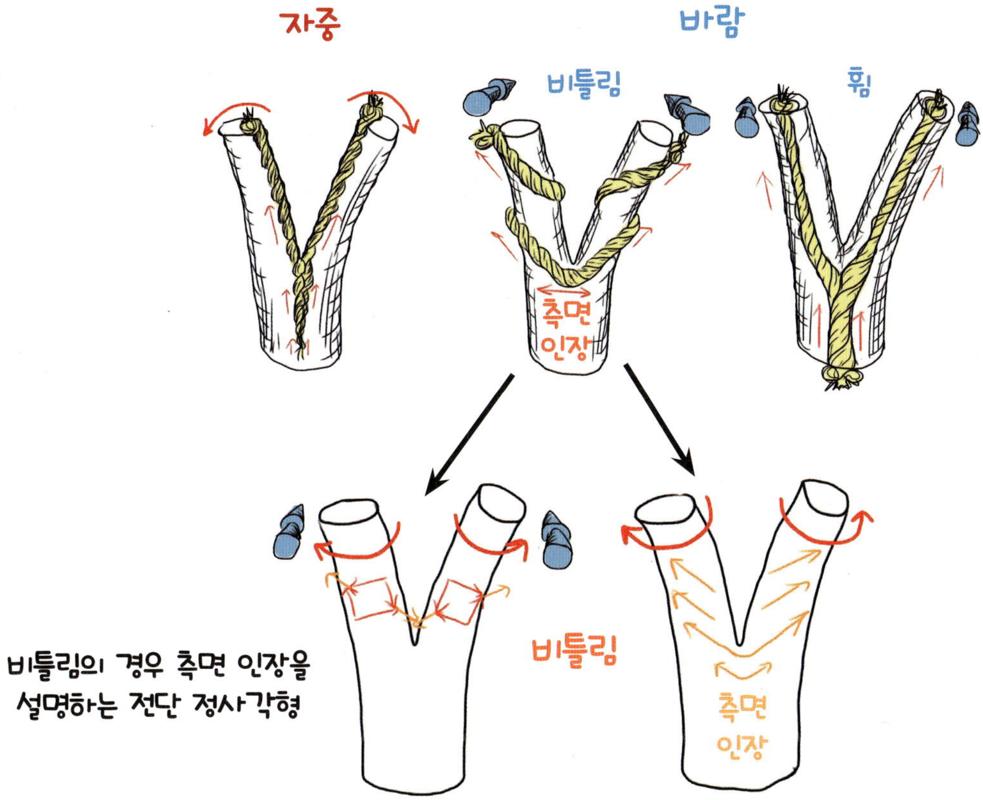

자중 부하(自重負荷, weight load)가 있으면, 아래로 향하는 섬유 흐름을 따라 발생하는 인장력은 압축 분기에서 매몰된 수피를 따라 진행할 가능성이 높다. 인장 방향과 평행한 균열이나 수피 매몰은 위험하지 않다! 그러나 분기 평면에 직각으로 바람에 노출되면, 줄기는 휨과 비틀림을 당한다. 그리고 분기의 노치에서 횡 인장응력을 발생시키는 것은 바로 이 비틀림이다. 비틀림으로 인한 이 인장은 압축 분기의 수피 매몰을 균열로 변화시켜 분기 파손을 유발한다. 그래서 이 파손을 풍상측 압축 분기 귀(ear)의 "찬장 문 펄럭임(cupboard door flapping)"이라고 부른다.

두 가지 주된 교목 분기 파괴자

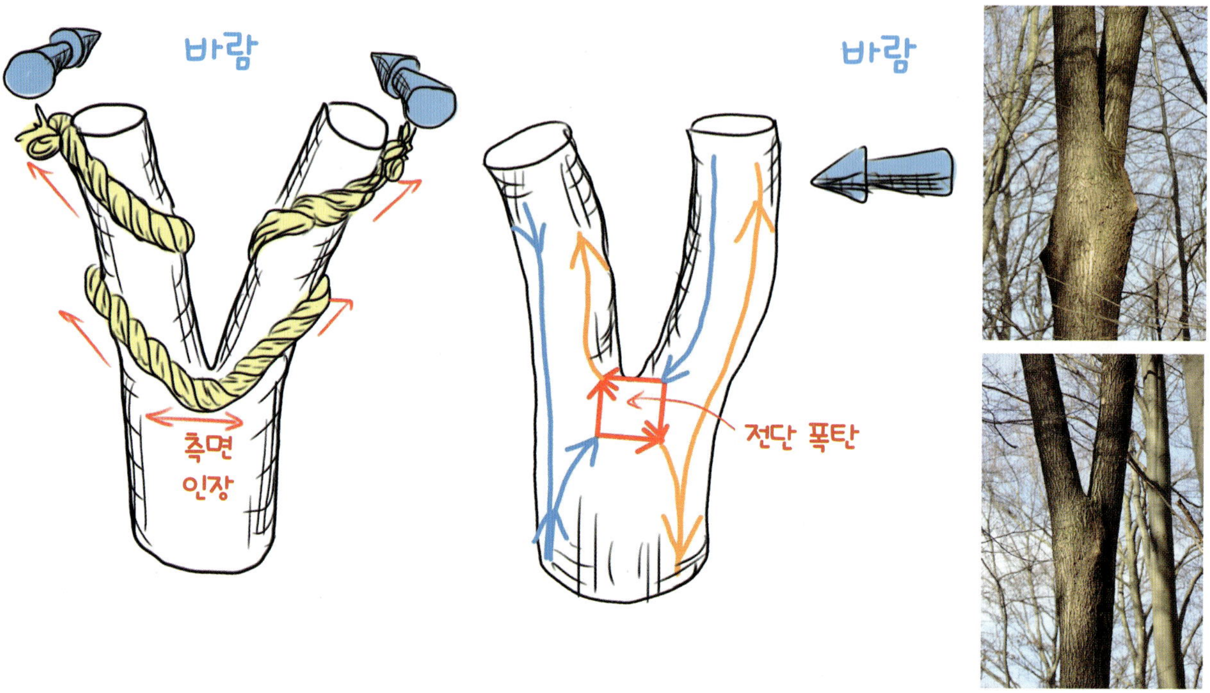

줄기에 뒤틀림이 발생하는 분기 노치에서는 횡 인장응력에 추가하여 바람에 의한 줄기의 휨이 발생한다. 바람에 의한 줄기의 측면 휨으로 인해 분기 기부에는 인장과 압축 응력이 교차하고 그 결과 "전단 폭탄(shear bomb)"이 생성될 수 있다. 이는 분기에서 전단에 의해 유발되는 파손을 야기할 수 있다. 실제로 파손을 유발하는 두 부하가 존재하는 경우, 밧줄로 수관을 잡아매는 것은 수습 방안이 아니다.

압축 분기 파손

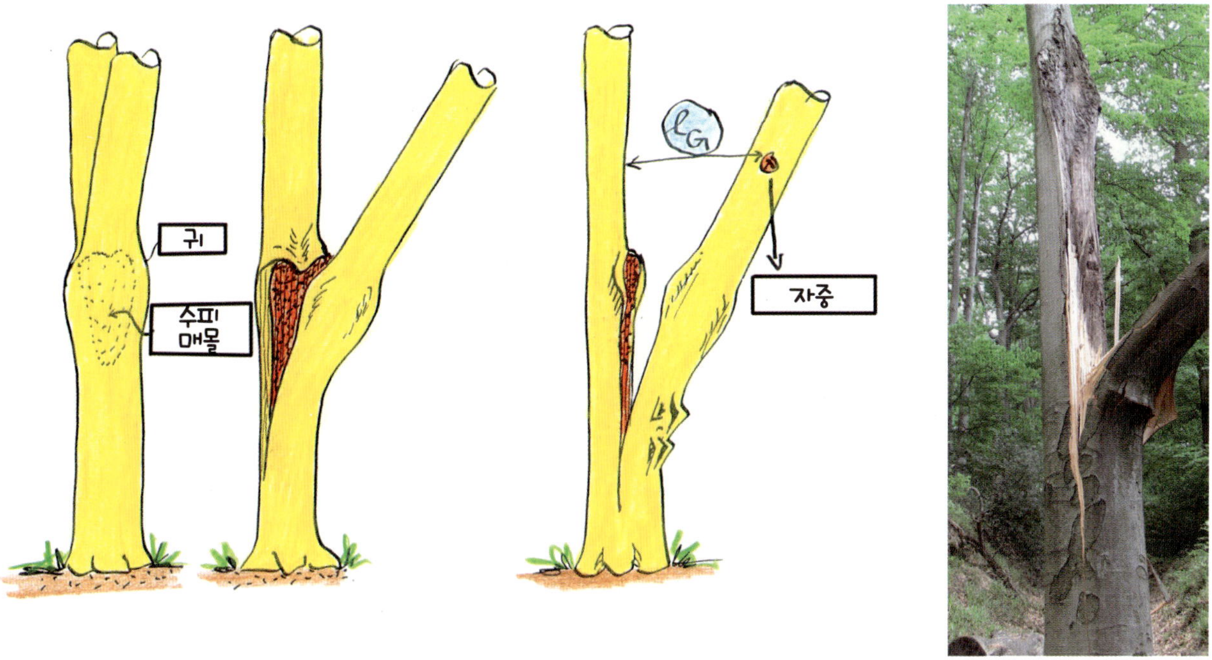

통상의 압축 분기 파손에서는 횡 인장 하에 있는 분기 귀의 융합된 나이테가 먼저 파괴될 것이다. 이렇게 되면 매몰된 수피가 바깥쪽으로 찢어지게 되고, 그때까지 압축 부하 하에 있던 균열의 아래쪽 끝은 이제 인장이 작용하면서 아래로 확대된다. 더 아래 찢어진 수간의 연약한 반원형 단면은 수관의 무게가 더 크게 작용하여 휘어지면서 찢어지고, 벌어지는 균열은 계속 진행되어, 특정한 곳에서 줄기의 결정적인 측면 굴절이 발생하면 해당 줄기는 가로 파손으로 이어질 것이다. 따라서 전형적인 분기 파손은 귀의 찢어짐으로부터 종축 방향 균열로의 변화로 구성된다:

1. 귀를 통한 균열.
2. 매몰된 수피의 연장으로서의 종축 방향 찢어짐.
3. 찢어진 수간의 절반 중 하나가 가로 방향 파손.

가지와 줄기 분기에서의 찬장 문 펄럭임

사진: Ulrich Otto 제공

가지나 줄기 분기에서의 찬장 문 펄럭임(cupboard door flapping)은 매몰된 수피 방향으로 부는 바람에 의해 유발된다. 가지나 분기의 귀는 풍상측에서 먼저 파손된 후 찬장 문처럼 열려서 펄럭거린다. 바람이 밧줄 인장의 방향으로 작용하지 않기 때문에, 이 문제는 단순히 수관을 잡아매는 것으로 방지할 수 없다. 이러한 경우, 전정, 즉 긴 지레팔을 축소하는 것이 도움이 될 수 있다. 수간 부착 지점에서의 가지 탈구는 ℓ/D 세장비 척도만으로 평가될 수 없다. 그런데 대부분의 압축 분기가 발견되는 산림에서는, 인접한 교목에 의해 바람으로부터 보호되고 이웃 간의 도움이 찬장 문 펄럭임의 위험을 제한한다[60].

분기 형상의 변형

A

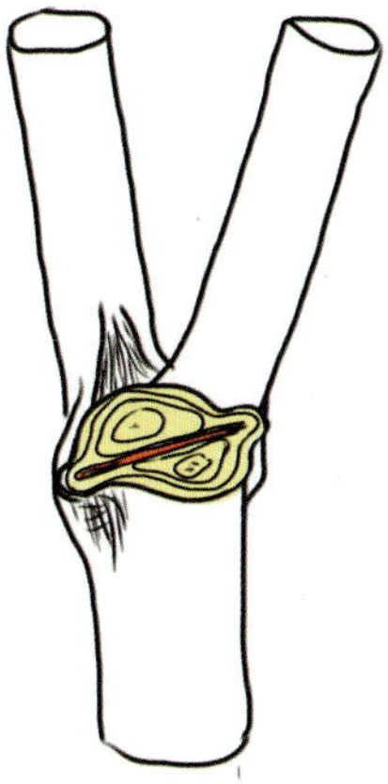

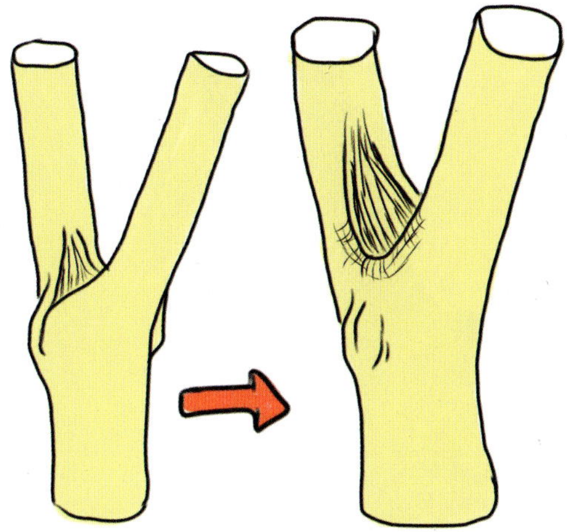

B

C

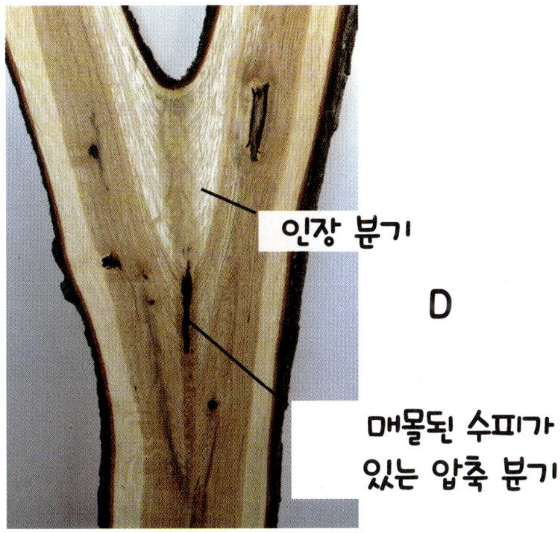

D

이웃하는 교목이 제거된 후, 예를 들면 노출 후에, 교목이 자신의 분기 각도를 늘리면, 더욱 바깥으로 뻗어가는 가지 때문에 압축 분기는 파손되거나 인장 분기로 바뀐다(A). 대부분의 경우, 이는 물이 고이는 워터 포켓(water pocket) 형성을 동반한다(B, C). 아직 어린 압축 분기는 워터 포켓 없이 인장 분기를 형성할 수도 있다(D). 가끔 부후보다 워터 포켓에서 발생하는 결빙으로 인한 팽창이 더 위험한 결과를 가져올 수 있는데, 이는 곰팡이가 좋아하는 환경은 젖어 있는 곳이 아니라 습기가 있는 곳이기 때문이다!

진짜 줄기 분기와 가지에 의한 사이비 분기

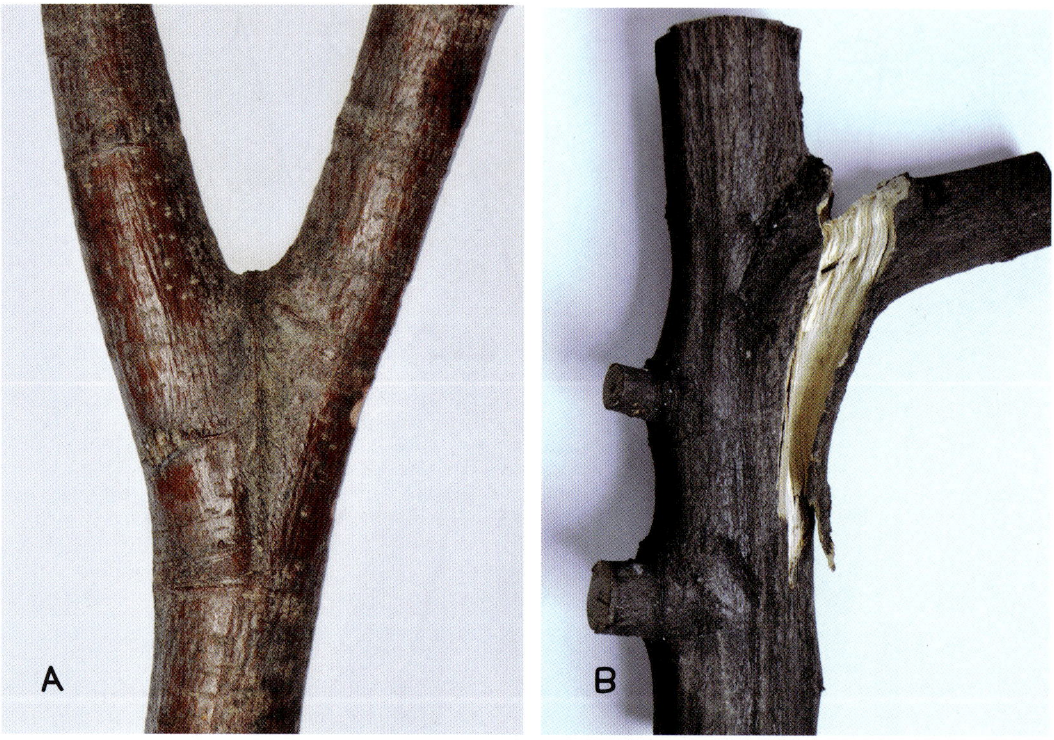

명백한 진짜 분기(동일세력 줄기가 만드는 분기)는 줄기 사이에 좌우 대칭의 중국풍 콧수염, 즉 간피융기선(幹皮隆起線, stem bark ridge)을 가지고 있다(A). 명백한 가지(수간에 비해)는 자신의 수간에 대해 대각선 방향으로 흐르는 중국풍 콧수염으로 묘사된다(B). 진짜 분기처럼 보이도록 줄기가 배열되어 있더라도 이 특징을 가지고 있으면 사이비 분기이다(C). 사이비 분기의 파손은 실제로는 가지의 탈구이기 때문에(D, E), 파손된 면에서 안쪽으로 향한 단(段, step)을 보면 찢어진 가지가 과거에 이 수간의 안쪽에서 통합된 적이 있는 흔적을 발견할 수 있다. 측면 섬유에 의해 유발된 파손인 경우에는 이들 단이 적어도 가지 중심(초기 통합) 가까이에서 발견된다.

통합 흔적인 단은 사이비 분기를 나타낸다!

C

D

E

한눈에!

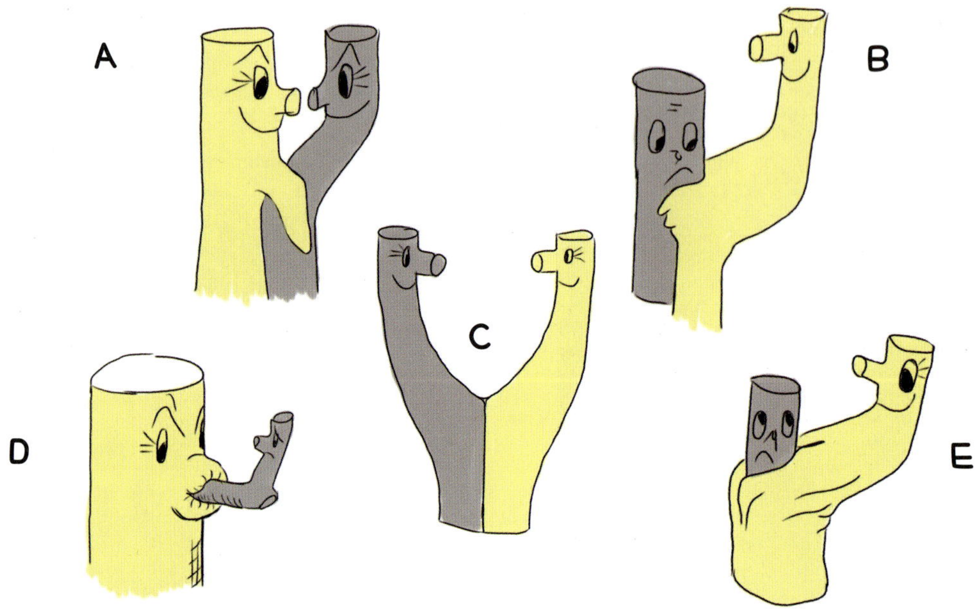

이상적인 가지 부착인 경우에는, 수간과 가지가 모두 계속해서 왕성하게 자라고, 가지 각도는 너무 가파르지 않고(수피매몰이 없음), 수간도 자라는 가지를 통합한다(A). 수간이 더 이상 가지 통합 활동을 하지 않으면, 가지는 수간에 자신의 윗부분 섬유만 접착시킨다(B). 이 경우, 가지는 축적된 측면 섬유(lateral fiber)로 인해 횡 인장(transverse tension) 하에서 쉽게 탈구된다. 줄기가 평행하게 같은 세력으로 자라면 인장 분기, 또는 수피 매몰인 경우, 압축 분기를 형성하게 된다(C). 이들의 경우, 결코 통합되지 않거나 초기 단계에만 통합되어 단순하게 접착된 접합을 형성한다. 가지가 활력이 떨어진 사자꼬리 가지이거나 죽으면, 수간은 이를 에워싸서 탈락 깃을 형성한다(D). 이러한 탈락 깃은, 자라는 가지가 측면 섬유를 형성할 뿐만 아니라 최종적으로 측면 섬유로 해당 수간을 에워싸는 경우, 역으로 수간 주위에서 발생할 수도 있다(E).

삼중 교목 분기: 쐐기냐, 죽느냐?

A B C

우리는 삼중 교목 분기(triple tree fork)를 세 개의 줄기를 가진 접합으로 정의하는데, 대부분의 경우 중앙의 선도하는 줄기는 약하고 두 경쟁하는 줄기는 왕성한 가지로 이루어져 있다. 선도하는 줄기가 두 중국풍 콧수염 사이에 연속되는 공급선을 가지고 있으면(A), 스스로를 부양할 수 있다. 그러나 두 경쟁자의 깃이 닫혀서 중앙 공급선을 차단하면(B), 공급 상황은 더욱 어렵게 된다. 결과는 선도하는 줄기의 죽음이 될 수도 있다. 만약 선도하는 줄기가 아직 옥죄어 죽지 않으면, 이 줄기는 부후하는 다리가 되어 두 경쟁자를 갈라놓을 수 있다(C). 결국, 선도하는 줄기는 쐐기처럼 삼중 분기를 억지로 갈라놓을 수 있다(D). 이들 분기 주변에서 펀칭 시험(punching test)을 해보면 섬유의 흐름을 확인할 수 있어서, 수행하는 예측의 신뢰성을 높이고 현실성 있는 조치를 취할 수 있을 것이다(E).

분할 효과가 있는 교목의 삼중 분기

D

E

펀칭 시험이 섬유의 배열을 보여준다.

측면 섬유에 의해 유발된 교목의 지상부 파손

A

가지가 부착된 부위의 수간 축에 대해 횡 방향으로 흐르는 목재 섬유에서의 수간 파손은 강한 바람에 의해 피해를 입은 광범위한 면적의 산림에서 발생하는데, 이는 침엽수로 된 임분(林分, stand) 전반에서 아래쪽 가지 부착 마디(branch whorl) 가운데 하나에서 부러진다(A). 통합된 가지 위의 "접는 의자(214페이지 참조)"는 인장 하중(引張荷重, tensile load) 하에 처하게 되면 균열과 비슷한 상태가 된다. 톱 절단면의 건조 균열은 이곳이 약한 곳임을 보여준다(B). 그러나 특히 침엽수에서, 나이든 수간도 가끔 가지 부착이 종축 방향 인장(풍상측)을 받으면 파손된다(C).

건조 균열은 가지 위쪽 수간의 측면 섬유를 나타낸다

B

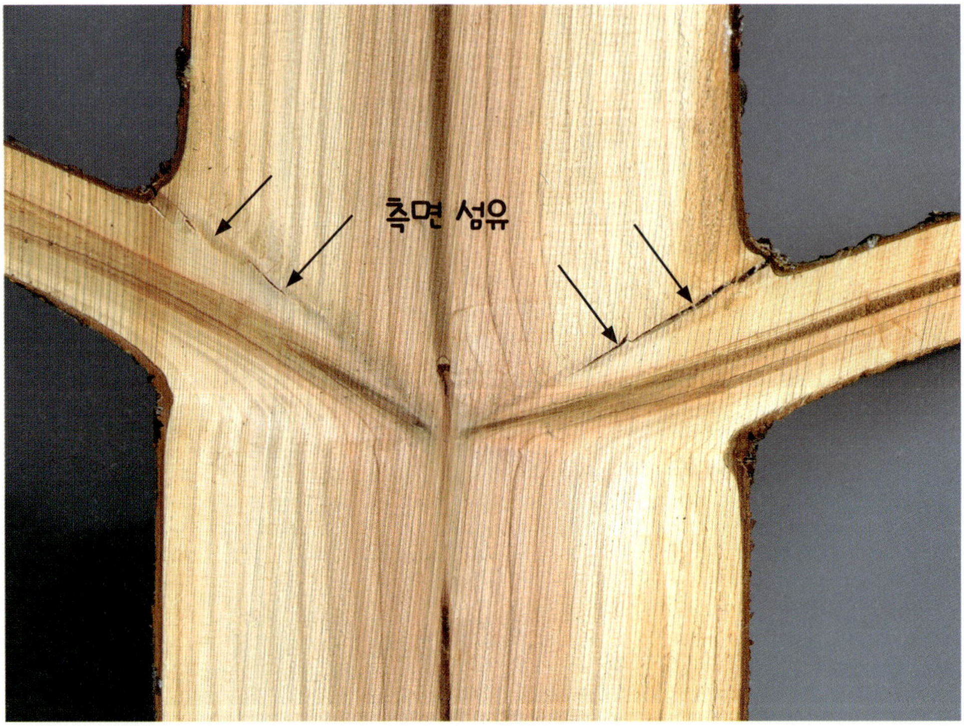

C

이것이 가지 위를 덮고 있는 측면 섬유 고리의 결합이다.

중국풍 콧수염에서의 섬유 흐름

A

외관을 관찰하는 사람들은 지피융기선을 수간 섬유가 가지 섬유를 분리시키는 선으로 여기기 쉽다. 이 가정은 진짜 교목 분기(동일세력 줄기에 의한) 또는 수간과 가지에 의해 형성된 노치의 중국풍 콧수염 가장 바깥 지점에서만 적용될 수 있다. 대부분의 섬유는 뚜렷하게 중국풍 콧수염에 교차하거나 사선으로 통과하여 흐르는데(A), 이로 인해 중국풍 콧수염은 상단(上端, apex) 부위의 생장 역사에 대한 흐릿한 자국으로 바뀐다.

B

C

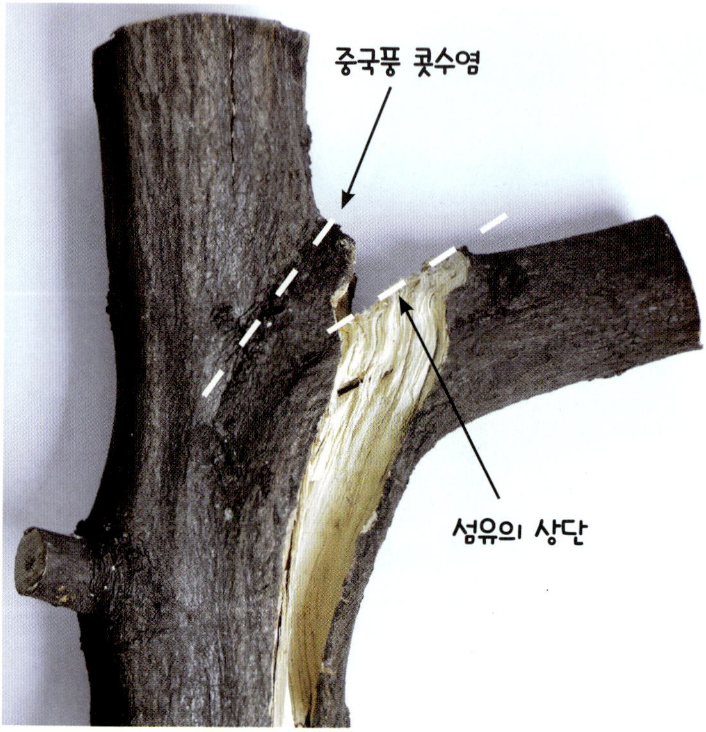

펀칭 시험(B)과 탈구 시험(C)은 최근의 의심조차 없애준다. 위쪽에서 들어가는 수간 섬유는 중국풍 콧수염을 가로지르면서 가지 주위에 수간 깃(trunk collar)을 형성하기 때문에 가지가 잘 통합된다.

펀칭 시험은 섬유 흐름을 보여준다

중국풍 쿳수염을 가로지르는 섬유: 수간이 가지를 통합한다.

탈락 깃이 없기 때문에, 뚜렷한 측면 섬유 생산은 의심해보아야 한다.

가지 부착 지점에서의 자세한 증상 탐지

A

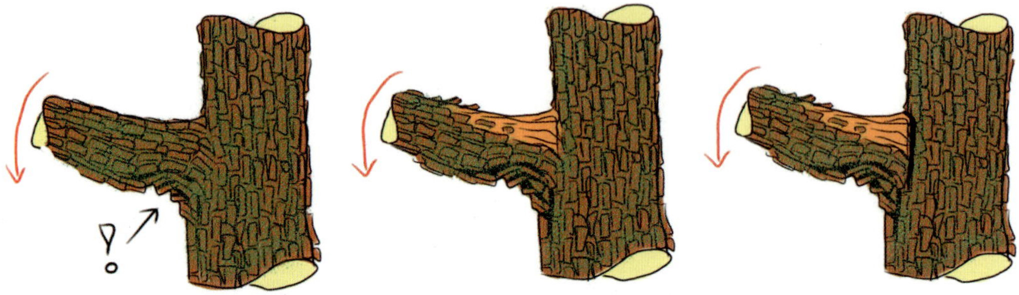

B

C

우리는 기울어진 교목에서 발생하는 현상을 알고 있다. 풍화된 흔적이 없고(unweathered), 밝은 갈색이며, 얇은 수피를 드러내고 있는 가지 위쪽 면의 탈락된 수피(A)와 아래쪽 면의 압축된 수피는 이 가지가 처지는 가지(sagging branch; B, C)임을 나타낸다.

찬장 문 펄럭임 증상

이 사례처럼 가지 부착 정면인 가지의 측면에서 수피가 탈락되는 현상이 발생하는 경우, 앞선 수피 탈락 현상을 참고하면, 대부분 "옆바람" 하중(sidewind loading)에 의한 것으로 추정할 수 있다. 이들은 찬장 문 펄럭임(cupboard door flapping) 현상으로 인한 파손의 전조 증상이다. 대개 이들 가지는 과감하게 축소 또는 제거하거나, 낮은 가지를 가지고 넓은 공간을 차지하고 있으면 A형 지지대를 설치해 줄 필요가 있다.

찬장 문 펄럭임 사례들

죽은 가지가 처음에는 더 안전하다가 나중에 덜 안전하게 되는 이유

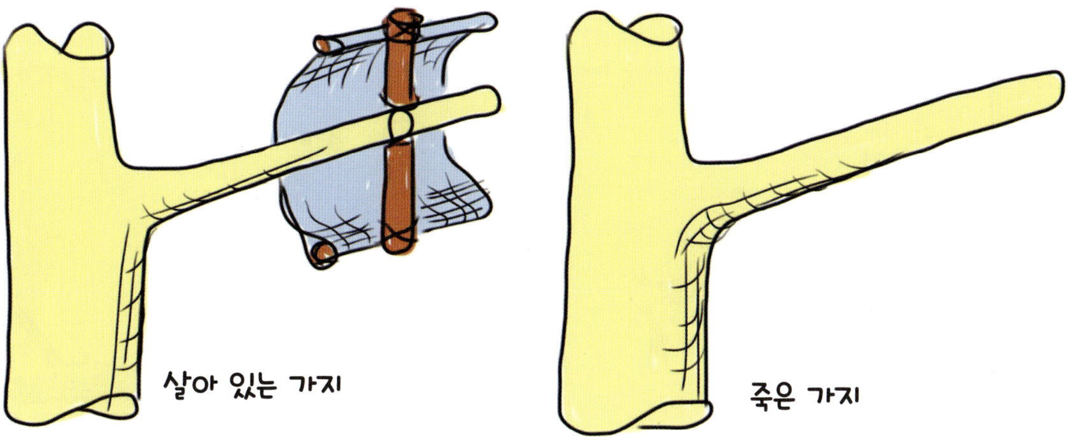

이 말이 도발적으로 들릴지도 모르지만, 죽은 가지는 초기 부후로 인해 위험해지기 전에는 더 안전하게 된다. 죽은 목제는 건조되면서 살아 있는 목재보다 약 2배 정도 강해진다. 죽은 가지는 잎을 달고 있지 않기 때문에 풍하중(風荷重, wind load)에 대한 노출이 더 낮다. 목재부후균(木材腐朽菌, wood-decaying fungi)이 죽은 가지를 분해시킬 때에만 가지의 강도가 급격하게 떨어져서 위험하게 변한다. 이는 어떻게 진행되는가? 곰팡이가 죽은 가지에 정착(定着, colonization)하는 유형은 두 가지가 있다. 한 가지 전략은 가는 가지의 끝에서 시작하여 수간으로 나아가는 것으로, 곰팡이의 자실체(子實體, fruit body)를 동반하는 경우가 많다. 전형적으로 수간에서 먼 가지의 끝부터 순차적으로 떨어져 나간다. 다른 전략은 보다 은밀하다. 죽은 가지는 탈락 깃(shedding collar)의 내부가 부후되고 있는 동안, 내부의 습도가 높고 부후에 이상적인 비오톱(biotope)을 형성하여, 어떤 증상도 보이지 않는다. 이러한 현상은 부후가 처음으로 확산되기 시작하는 목재 말뚝의 지표면(地表面, ground level) 가까이에서도 나타난다. 탈락 깃의 천공 저항(drilling resistance)을 측정하면, 말뚝에서처럼, 이러한 상황을 분명하게 확인할 수 있다.

가지 끝에서 수간으로 진행하는 부후

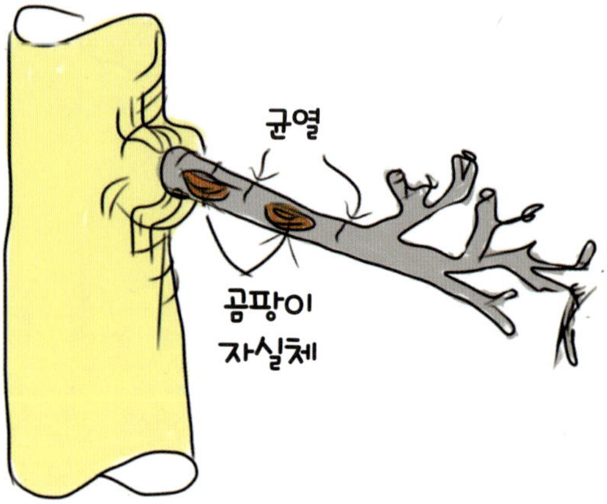

탈락 깃에서의 국지적 부후

말뚝의 토양 접촉

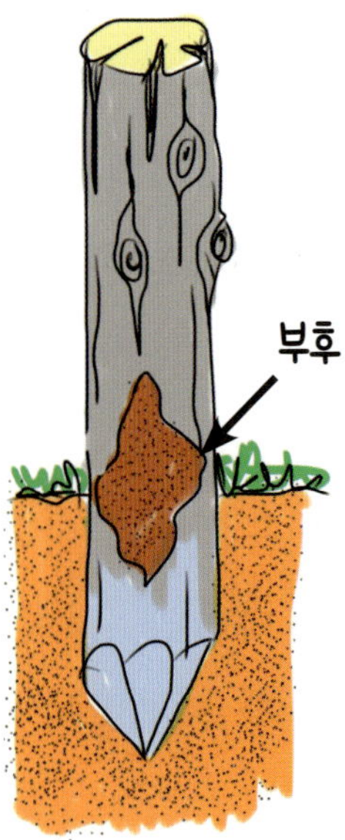

탈락 깃에서의 비슷한 부후 비오톱

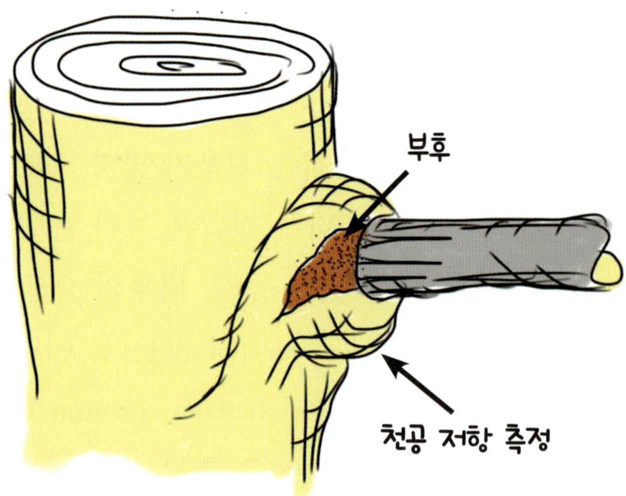

27. 교목 뿌리: 전단 뿌리 뿐과 인장 뿌리판

힘 원뿔 방법과 교목 뿌리

A

B

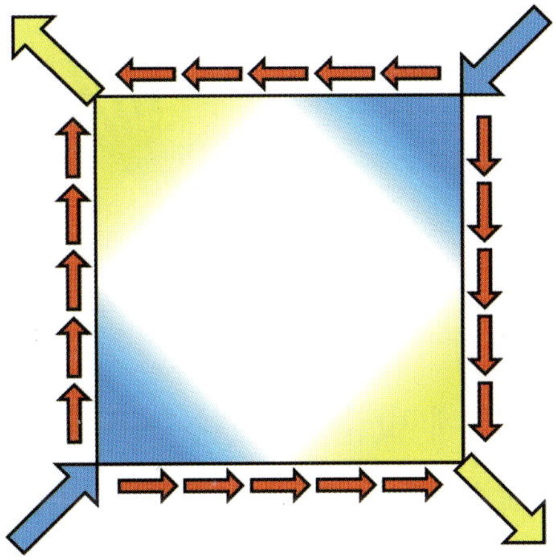

전단 정사각형(shear square)과 힘 원뿔 방법은 매우 잘 어울린다. 앞에서 살펴보았듯이 그림 A는 90° 개각(開角, opening angle)이 있는 힘 원뿔을 어떻게 네 개의 전단 정사각형으로 그럴듯하게 설명할 수 있는지를 보여준다. 그림 (B)처럼, 상응하는 인장-압축의 교차(tension-compression cross)와 이의 힘 원뿔(force cone)로 된 하나의 전단 정사각형 그림은 힘 흐름(force flux)의 아름다운 조화를 나타낸다. 모든 구성요소가 잘 부합되어 있다. 이 힘 원뿔 방법은 뿌리 역학(力學, mechanics)을 이해하는 데 중요한 도구라는 것을 알게 될 것이다.

추가적인 이해를 위해: 힘 원뿔 방법으로 설계된 가벼운 구조물

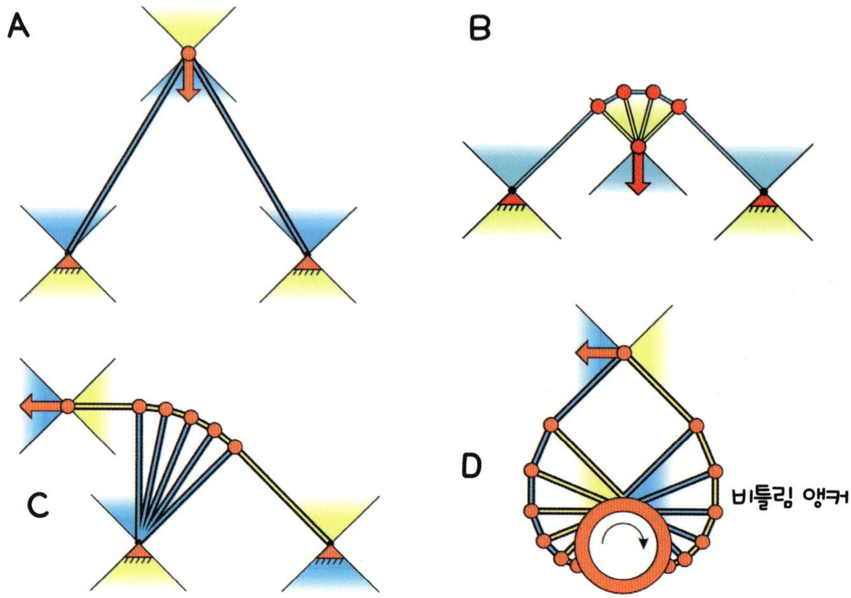

아래에 빗금 친 면을 가진 붉은 삼각형은, 이의 지지력(支持力, support force)이 결국 청색의 압축 원뿔과 노란색 인장 원뿔을 형성하는 단단하게 고정된 지지 포인트임을 나타낸다. 가장 간단한 설계는 청색 압축 원뿔과 청색 압축 원뿔을 직접 연결하는 것이다(A). 연결 버팀목(strut)이 힘 원뿔 사이에 있으면 안 되기 때문에 직접 연결이 불가능하면, 청색 압축 버팀목은 노란색 인장 밧줄을 이용하여 다른 청색 압축 원뿔로 방향을 바꿀 수 있다. 이것은 망치를 던지는 것과 거의 같다(B)! 그렇지 않으면, 노란색 인장 밧줄을 잡기 위해 압축 버팀목을 이용하는데, 이는 한 노란 인장 원뿔로부터 거리를 두고(C, D) 단단히 당겨진 또 다른 노란 인장 원뿔 속으로 굴절된다. 힘 원뿔 방법은 무한한 크기(infinite size)의 설계 공간에서 불필요한 모서리(lazy corner)는 배제하고, 고하중(高荷重, high-load) 하에 있는 실제 영역을 선택한다.

짧은 지레 팔(lever arm)의 일생

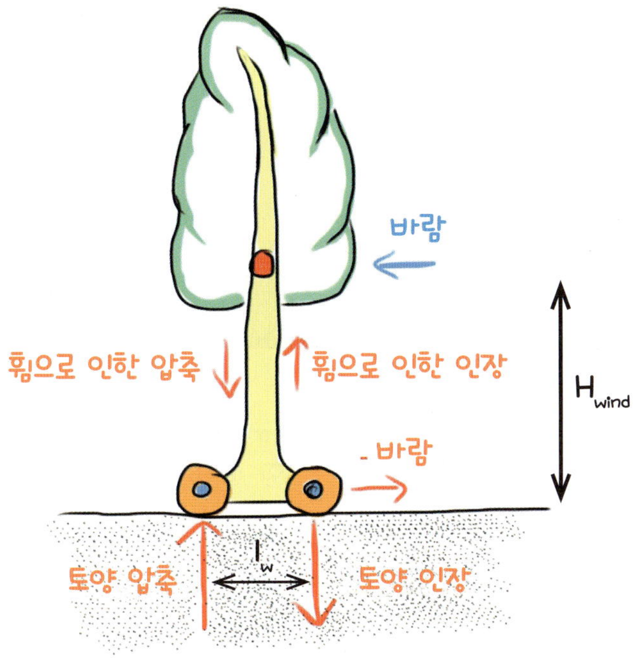

이것이 뿌리가 직면해야 하는 문제다: 짧은 지레(lever) (l_w)에 작용하는 강한 힘은 궁극적으로 땅에 의해 제공되어야 하는, 이 힘은 바람(H_{wind})으로 대표되는 긴 지레와 싸워야 한다. 두 수직적인 지반력(地盤力, ground force)이 이 교목이 넘어지는 것을 막아준다. 아래쪽 수평적인 힘(-바람)은 이 교목이 옆으로 밀려나는 것을 막는다. 그러나 강도(强度, strength)에 관한 한, 땅은 가엽게도 불충분하다. 땅이 과습하게 되면 진흙처럼 흩어지고, 너무 건조하면 빠르게 먼지로 변한다. 모래성을 쌓아본 사람들은 다 알 듯이, 흙은 적당하게 습하고 약간 다져져 있을 때에만 유용하다. 토질역학(土質力學, soil mechanics)에서 압축된 마찰면(friction surface) 사이에서의 마찰이 크다는 모호-쿨롱(Mohr-Coulomb)의 법칙에 따라, 기본적으로 압축된 토양이 더 높은 전단강도(剪斷强度, shear strength)를 가진다.

모호-쿨롱(Mohr-Coulomb)의 법칙

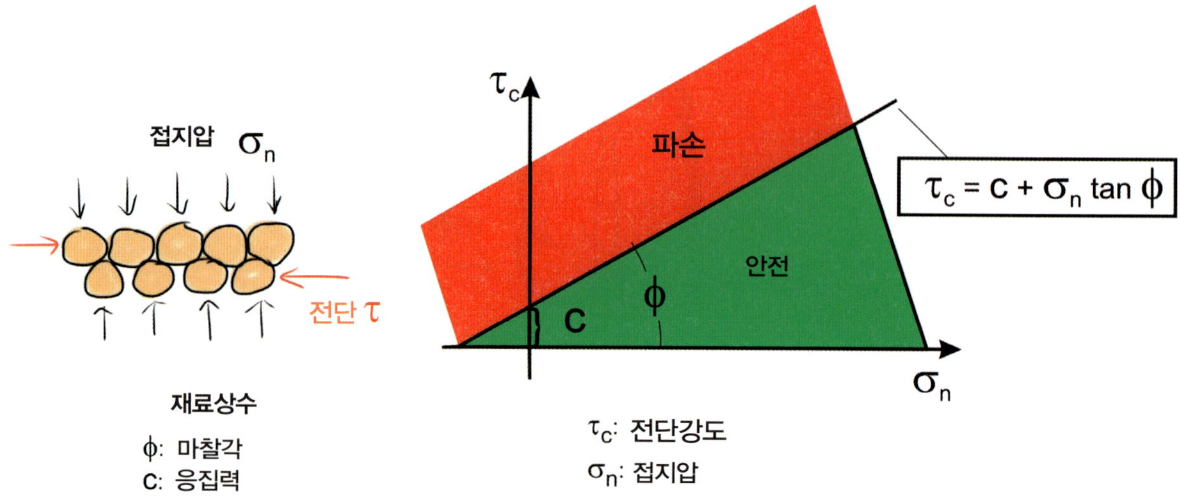

토양의 전단강도(剪斷强度, shear strength), 즉 최대 허용가능 전단응력(剪斷應力, shear stress)은 위에서 보는 바와 같이 직선으로 표시된다. 이는 다음과 같은 의미이다:

1. 토양의 전단강도는 전단면(剪斷面, shear surface)에 작용하는 압력과 함께 증가한다. 이는 모든 토질역학 교과서의 표준적인 견해이다.
2. 응집력(凝集力, cohesion)이라고 불리는 접지압(接地壓, contact pressure)이 없는 초기 전단강도(σ_n=c)도 있다.
3. 토양 수분이 증가함에 따라 응집력과 함께 전단강도도 감소한다.

여기에 단순한 가상적인 모델이 있다:

두 줄의 토양 입자를 서로에 대해 힘을 가해 보자. 이들이 폼로킹(form-locking) 패턴으로 적극적으로 결합함으로써 전단강도를 발생시킨다. 임계 전단응력, 즉 전단강도에 도달하면, 이들은 서로 뛰어넘으면서(hopping over) 미끄러진다. 전체 배열이 물로 미끄럽게 되면, 토양 입자의 적극적인 연결(positive connection)은 완화되어서 전단강도가 감소한다.

풍상측의 큰 판근

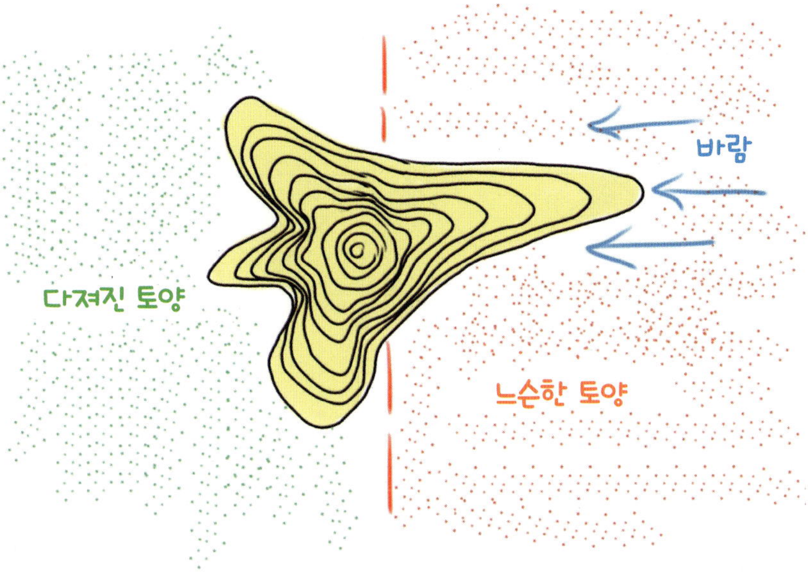

풍상측(바람이 불어오는 쪽)의 들려진 느슨한 토양은 덜 다져져 있어서, 덜 딱딱하고 덜 단단하다. 그러므로 일방적인 풍하중(風荷重, wind load) 하에 있는 교목은 대부분 바람이 불어오는 쪽에 더 많은 뿌리를 키우거나 더 큰 판근(板根, buttress root)을 만든다. 판근은 수간(樹幹, trunk)으로부터 전달된 풍하중을 여러 방향의 뿌리에 의해 고착되어 있는 토양에게 별(star) 모양으로 배분한다.

그러나 궁극적으로 수목은 토양의 전단강도를 통해 고착된다. 판근 사이의 공간은 부하를 덜 받는다. 그러므로 이들은 단단한 목재가 적은 더 얇은 나이테를 만든다. 판근의 두꺼운 나이테가 모이게 되면 수간의 둥근 원주에서 솟아올라 위 그림과 같은 형태를 만든다. 또한 기울어진 교목도 대부분 인장측(引張側, tension side)에 큰 판근을 가지고 있다.

교목 아래의 힘 원뿔

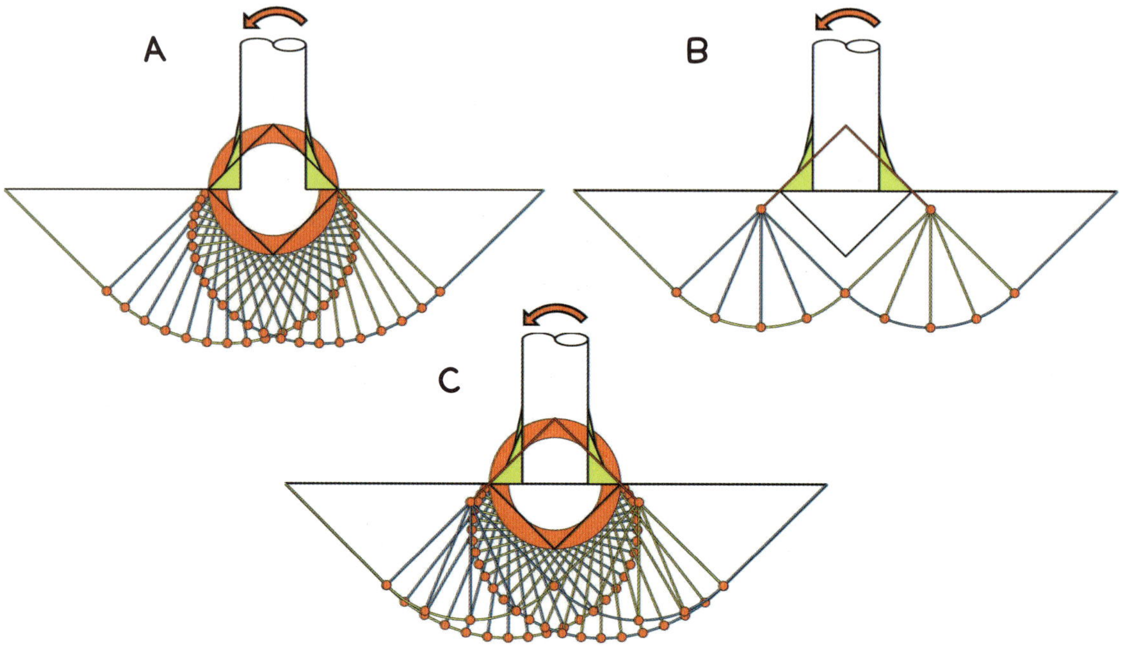

힘 원뿔(force cone) 방법에 의한 접근에는 두 가지가 있다. 그림 A에서, 교목 아래 큰 부하를 받는 지역은 원통형 비틀림 앵커(torsion anchor)의 기초 위에 있다고 볼 수 있고(278페이지 참조), 근원(根元, root collar; 더 아래 녹색 인장 삼각형)의 크기는 수간의 반지름 정도 된다고 가정한다. 다른 접근은 분명한 인장과 압축 원뿔을 가진 더 분명한 그림(B)을 제시한다. 두 모델의 지표면에 대한 측면 연장이 동일하다는 가정 하에 두 원뿔의 힘이 부딪치는 지점을 선택한다(C). 모델 B는 상황을 더 분명하게 그림으로 설명하기 때문에 아래 그림에서 활용된다. 그림 C는 설계 A의 회전 중심이 대략 수평근(水平根, horizontal root)의 굵기만큼 아래로 이동하게 한다는 것을 보여주는 증거이다[4].

수직적 및 수평적 힘 원뿔

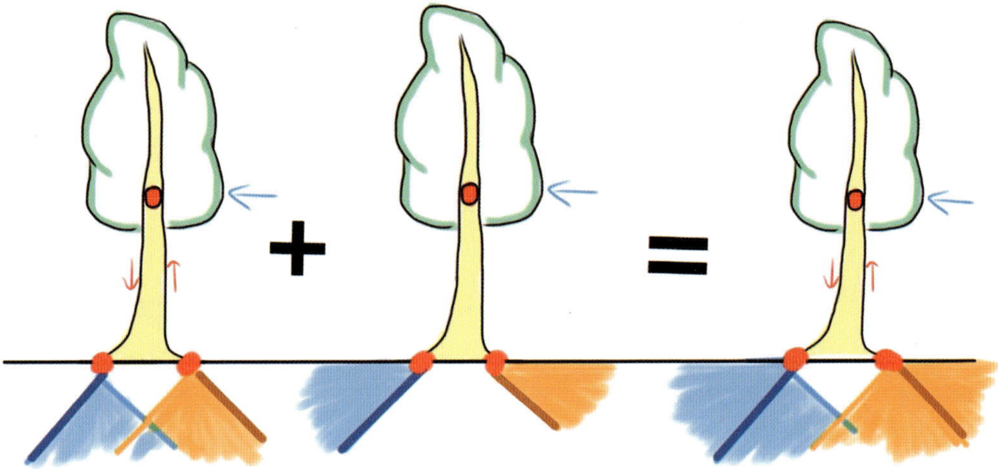

두 수직적인 뿌리 힘이 자신의 힘 원뿔(왼쪽)로 바람의 휨 모멘트(bending moment)에 대응하기 때문에 넘어지지 않는다. 그러나 어릴 때 만들어보았던 풍력 자동차(wind car)처럼 이 교목도 풍하중에 의해 옆으로 움직일 수도 있다. 이는 가운데 그림의 두 힘 원뿔에 의해 방지되는데, 이는 이제 오른쪽 그림에서 보여주는 바와 같이 "통합 힘 원뿔 시스템"을 만들기 위해 왼쪽 그림과 결합된다. 중요한 발견은 공통적으로 사용되는 수평적 및 수직적 원뿔의 모서리이다. 이는 수평 원뿔의 아래 모서리는 필요하면 교목이 넘어지는 것을 방지할 수 있고, 같은 모서리는 수직적인 원뿔의 존재만으로 교목이 옆으로 움직이는 것으로부터 보호할 수 있다는 것을 의미한다. 따라서 수평의 인장 뿌리(tension root)가 없는 심장근(心臟根, heart root)을 만드는 교목이 옆으로 움직이지 않는 것과 마찬가지로, 확실한 깊은 뿌리가 없이 수평의 얕은 뿌리를 만드는 교목도 같은 이유로 쉽게 넘어지지 않는다. 원뿔의 모서리는 힘 원뿔 원리에 따라 두 가능성을 허용한다.

토양으로 인한 인장 대신 전단

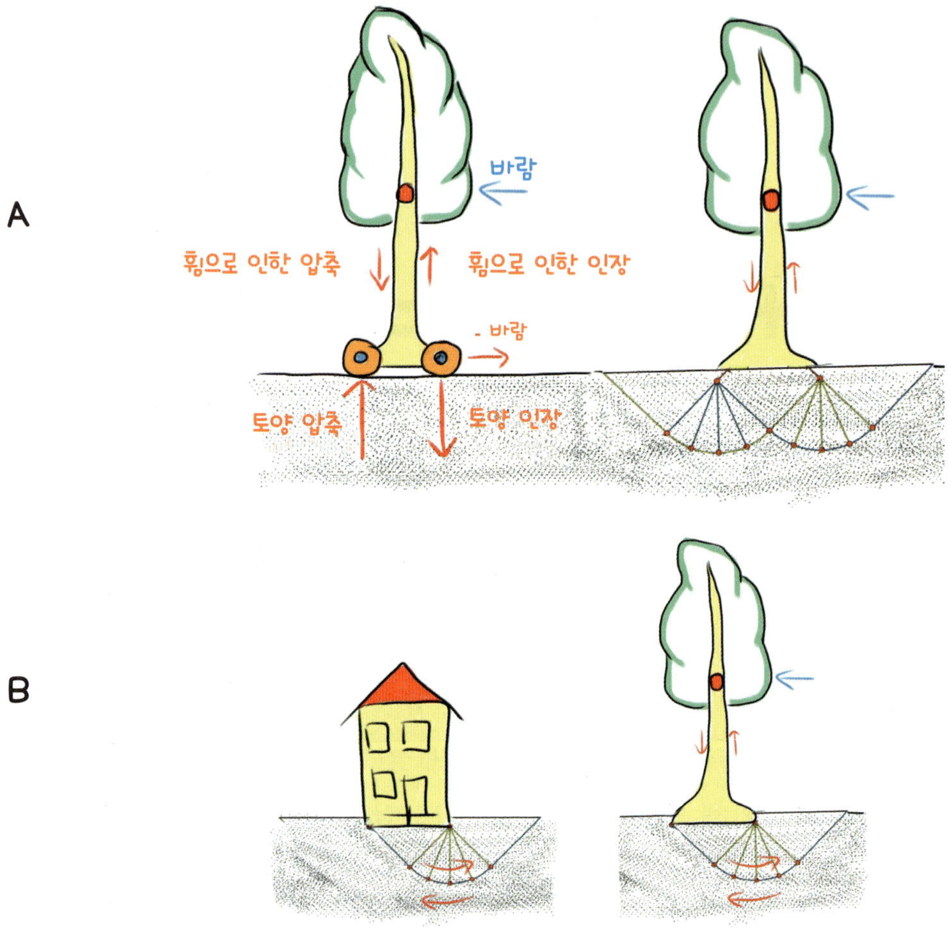

다시 그림 A는, 토양이 실질적으로 인장(引張, tension)을 지지하지 않기 때문에, 토양에 작용하는 인장응력(引張應力, tensile stress)이 어떻게 전단응력(剪斷應力, shear stress)으로 전환되는지를 보여준다. 토양 내에는 바람의 휨 모멘트(bending moment)에 대응하는 고정점(固定點, anchoring point)이 없기 때문에, 뿌리판(root plate) 모서리의 전단강도(shear strength)만이 해당 교목을 고정할 수 있다. 넘어지는 경우, 압축 원뿔이 풍하측(風下側, leeward side; 바람이 불어가는 쪽)의 다져진 토양 위로 "분리되고(break-off), 나중에 증명하고자 하는 바와 같이(B), 인장 뿌리판(tension root plate)만 절단된다. 건물에 관한 비슷한 생각이 많은 토목공학 교과서에 언급되어 있다.

세상에는 모두를 위한 충분한 공간이 있다

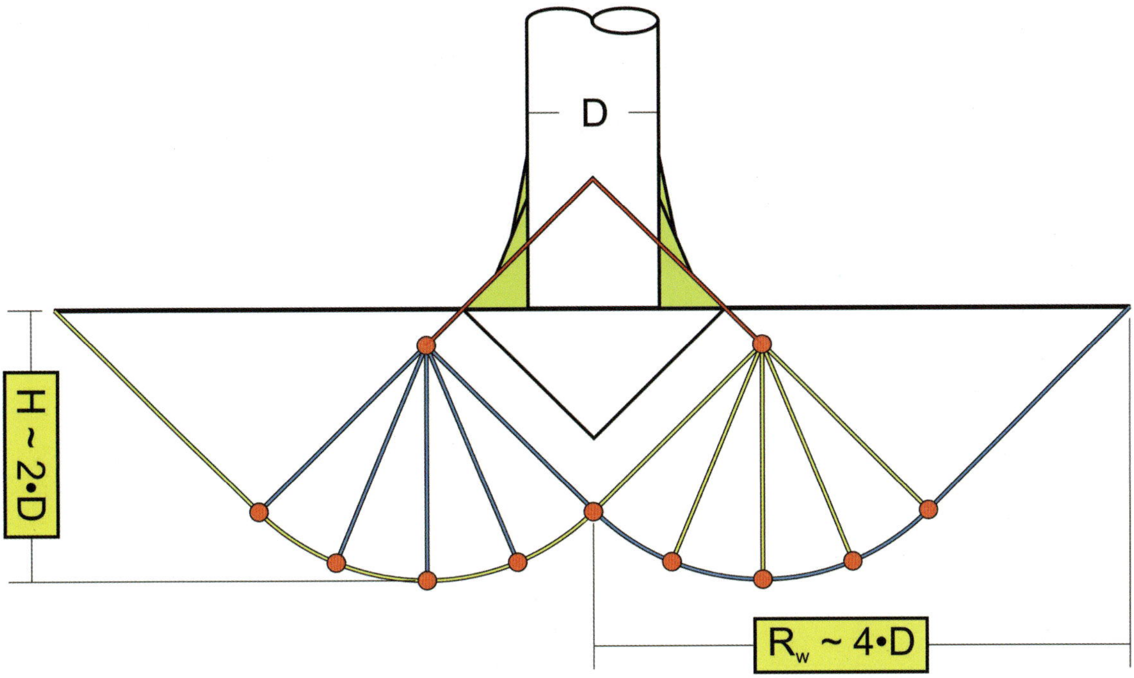

주의: 여기서 보여주는 고부하 하에 있는 설계 공간은 뿌리판(root plate)이 아니다. 이는 다른 2차원(二次元, two dimension)의 반무한체(半無限體, half space)와 연결된 2차원의 휘어지는 보(beam) 아래의 높은 부하를 받는 지역일 뿐이다. 반무한체가 토양처럼 너무 단단하지 않은 균일한 물질로 구성되어 있는 경우, 이 고부하 지역이 뿌리로 보강될 수 있다면 좋을 것이다. 적어도, 이 정도로!! 생물학적인 측면에서는 더 많은 공간이 필요할 수 있다. 하지만 여기서는 순전히 역학적인 측면만 고려한다.

컴퓨터 입증

A

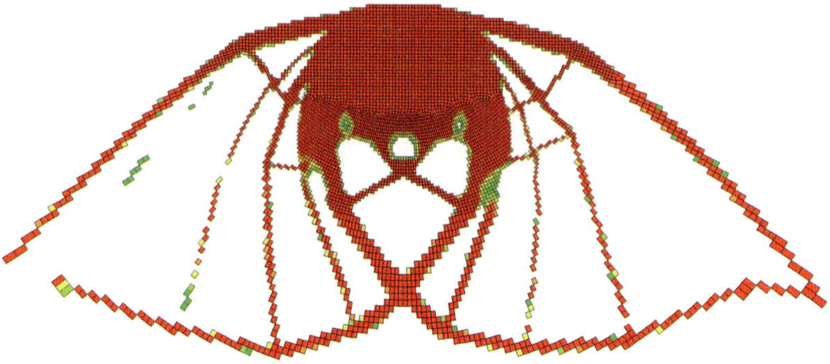

유한요소법(FEM): Klaus Bethge

B

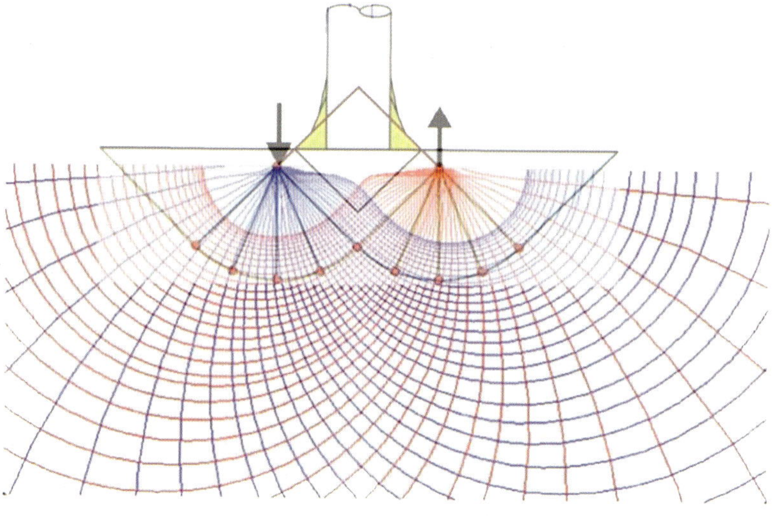

유한요소법(FEM): Herbert Moldenhauer

우리의 전통적인 컴퓨터 시뮬레이션인 SKO(Soft Kill Option) 방법은[22] 힘 원뿔 방법과 비슷한 해법으로 낮은 부하 하에 있는 반무한체(半無限體, half space)를 제거한다(A). 다른 한편, 컴퓨터 시뮬레이션 CAIO(Computer Aided Internal Optimization) 방법은 붉은색 힘의 장력 선과 푸른색 압축 선을 따라 최적의 섬유 연속을 계산한다(B). 힘 원뿔 방법과 정성적으로 잘 맞는다.

자연 상태와의 비교에 의한 입증

자연을 설명하는 이론은 자연에 의해 가장 잘 점검된다. 휨하중(bending load)을 받는 교목 아래 고부하 지역을 정의하는 힘 원뿔 방법, 그리고 강한 뿌리로 보강되어 있는 이 지역의 약한 토양은 풍도(風倒, windthrow) 충격으로 땅 밖으로 전단(shearing)되는 뿌리 분(root ball)과 거의 같다. 이러한 일치는 충분히 만족스럽다.

넘어진 교목을 이용한 추가 비교

이 사진들은 넘어진 직후에 찍었다. 따라서 빗물이 아직 토양에서 완전히 빠져나가지 않았다.

교목을 당겨서 넘어뜨리기

이 작업은 인위적으로 연출된 것으로 교목이 넘어지는 단계를 보여주는 데 그 목적이 있다. 뿌리판은 힘 원뿔 방법에 의해 평가될 것이다.

붉은 화살표는 밧줄이 걸린 지점을 가리킨다.

지하 뿌리의 연속적인 파손으로 인해 찢어지는 커다란 소음

마지막 뿌리 파손은 공기 중에 모래를 흩뿌린다!

힘 원뿔 방법과의 비교

힘 원뿔 방법에 의해 결정된 고부하 지역은 뿌리로 완전히 보강되어 있다: 훌륭한 고정이다.

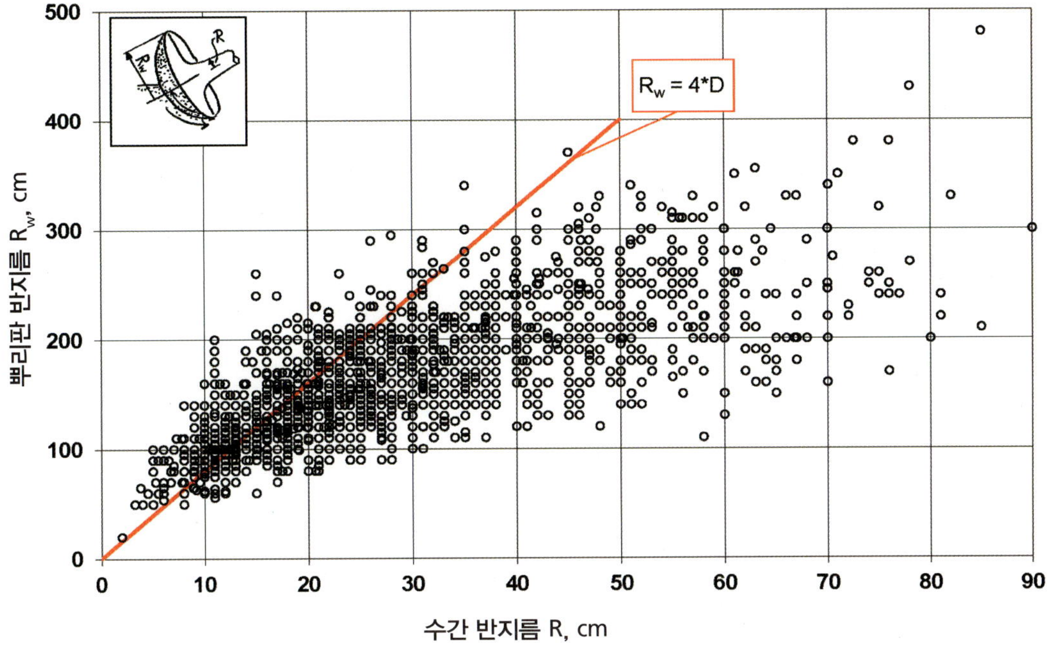

이 도표는 현장 연구[18]의 결과로, 근원 위에서 측정한 수간 반지름(R) 대비 찢어진 뿌리판의 반지름(R_W)을 보여준다. 넘어진 각 교목에 대한 측정 결과가 이 도표에 표시되어 있다. 붉은색의 직선은 힘 원뿔 방법에 의한 고부하 범위의 반지름을 나타낸다. 이 반지름은 풍도 도표의 가운데 지역에 놓여 있다. 더 굵은 교목은 가끔 수관(樹冠, crown)과 뿌리판이 이미 고사하여, 뿌리판 반지름이 줄어든 것으로 나타났다. 아주 가는 교목은 전단되는 적절한 뿌리 분이 형성되지 않아서 비교하기 어렵다.

지면의 균열 해석

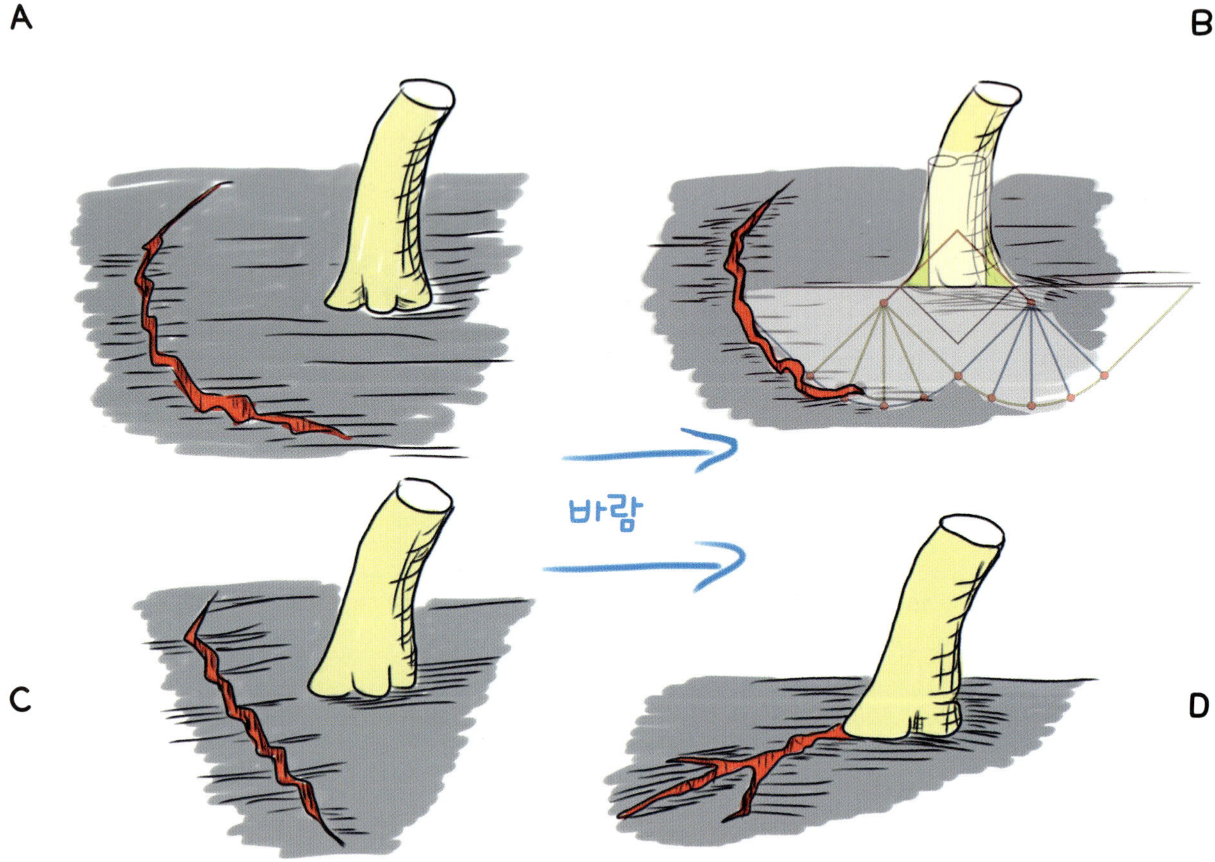

지면의 균열(龜裂, crack)은 뿌리-토양 혼성물의 부분적인 파손의 초기 징후이다. 균열이 해당 교목에 가까울수록 뿌리판의 움직임은 더 작다. 곡선의 균열(A)은 힘 원뿔 방법(B)으로 평가할 수 있다. 직선 균열(C)은 굴착 피해의 징후일 수도 있고, 자갈에 접하고 있는 토양처럼 불균일한 지반을 나타낼 수도 있다. 방사상 균열(D)은 빠르게 자라는 땅속의 방사상 뿌리를 가리킬 수도 있고, 수직근(垂直根, sinker root)이 절단되면서 수평 뿌리가 들렸을 수도 있다.

28. 심장근형, 직근형, 천근형, 판근형, 죽마형 뿌리 발생 교목

전단 뿌리 분과 인장 뿌리판을 가진 심장근 발달 교목

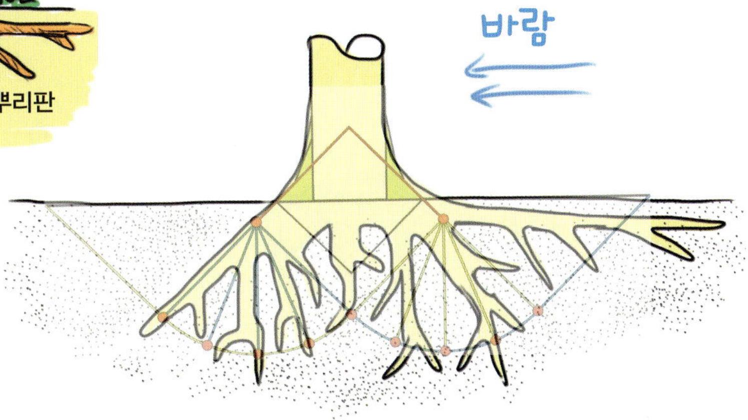

이제 우리는 풍도(風倒, windthrow)가 발생하면 압축 원뿔은 땅속에 있는 상태로 파손되는 데 비해 인장 원뿔은 잘린 뿌리 분처럼 절단되고, 인장 뿌리(tension root)가 지면에 가까이 있으면 이는 부러지거나 찢겨진다는 것을 알고 있다. 굵은 인장 뿌리는 부러지기 쉽지만 유연한 가는 뿌리는 찢겨질 가능성이 높다[29]. 우리 연구소의 뮐러박사(Dr. Peter Müller)[28]는 풍하중은 인장 뿌리판이, 전단에 대한 저항력을 높이는, 전단 뿌리 분의 전단 면(剪斷面, shear area) 압축을 유발한다는 것을 보여주었다.

압축에 의해 고정되는 직근 형성 교목

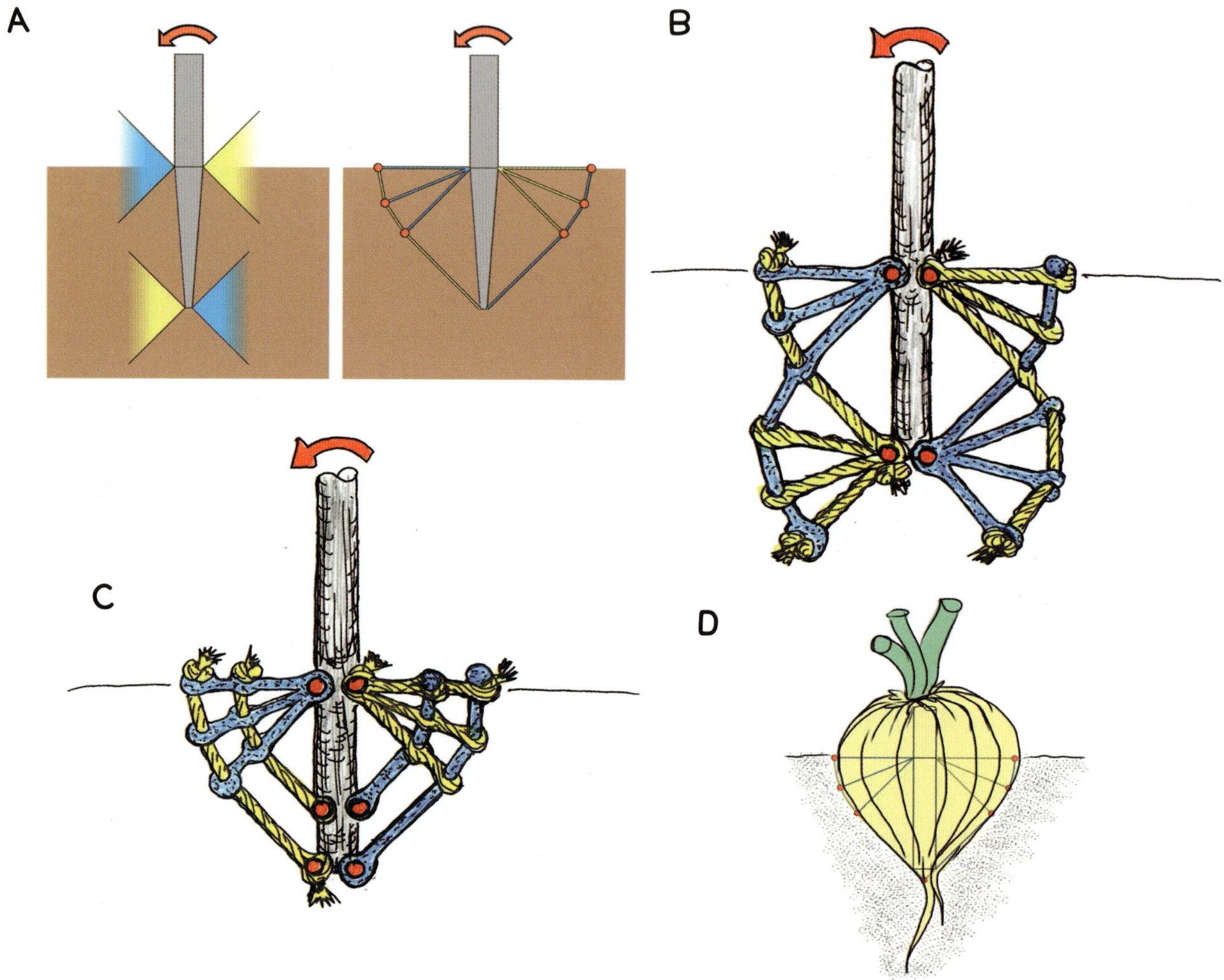

직근(直根, tap root)을 형성하는 교목은 운이 좋게도 풍상측(風上側, windward side; 바람이 불어오는 쪽)과 풍하측(風下側, leeward side; 바람이 불어가는 쪽) 모두에 압축 원뿔을 가지고 있다(A). 압축 하에 있는 토양이 더 높은 전단강도를 가진다. 모든 요소를 고려하면, 설계 B와 같이 된다. 그러나 아래에 인장 뿌리가 몇 개밖에 없거나 이들의 구조가 약해서 아래 왼쪽 그림(C)이 보다 현실을 보여줄 가능성이 높다. 결국, 이것은 일부 무와 양파의 형상과 매우 잘 부합한다(D).

직근의 길이

A

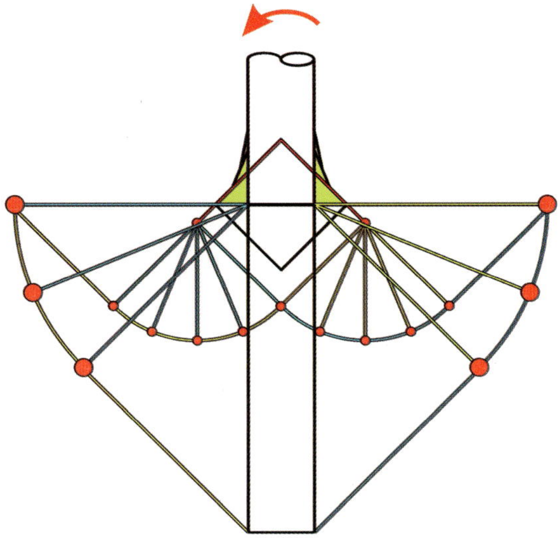

앞에 본 그림에서, 우리는 직근의 길이를 어떻게 추정했는가? 풍도에 관한 현장연구에 의하면, 정상적으로 가시적인 직근을 형성한다는 교목 수종은, 예를 들면 심장근을 형성하는 식물(heart rooter)과 비슷한 뿌리판 반지름을 보이는 것으로 나타났다. 따라서 풍도의 현장 연구에 따라, 직근 식물의 기하학적 힘 원뿔의 깊이를 힘 원뿔 설계 공간의 측면 연장이 대략 심장근 식물의 공간과 비슷하도록 정한다(A). 모든 깊이에서 뿌리가 그림(다음 페이지 B)에서처럼 잘 일치하지는 않을 것이다. 심장근 식물에서 직근 식물로의 전이(轉移, transition)도 있을 것이다. CAIO 방법에 의해 설계된 힘 원뿔을 컴퓨터를 이용하여 증명한 결과에 의하면, 최적 섬유의 구성이 힘의 흐름과 일치한다는 것을 보여준다(C). 위에 언급된 풍도 연구는 그림 D에 붉게 표시된 소나무 넘어짐으로 표시된다. 다시 말하면 이는 뿌리 분 크기가 직근 형성교목, 심장근 교목, 평평한 천근(淺根, shallow root) 형성 교목의 순이라는 것을 보여준다.

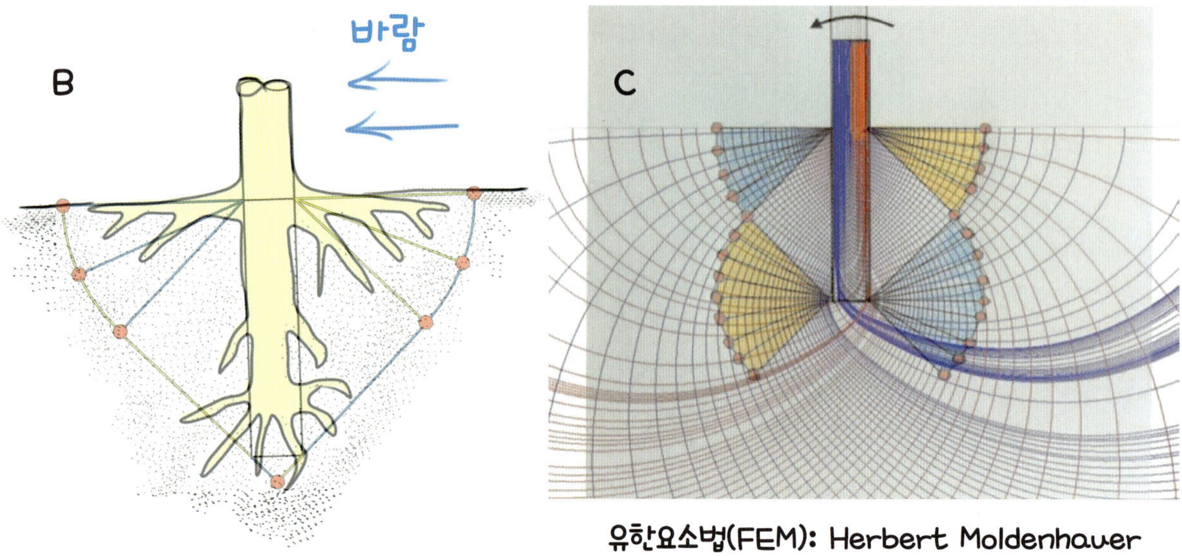

유한요소법(FEM): Herbert Moldenhauer

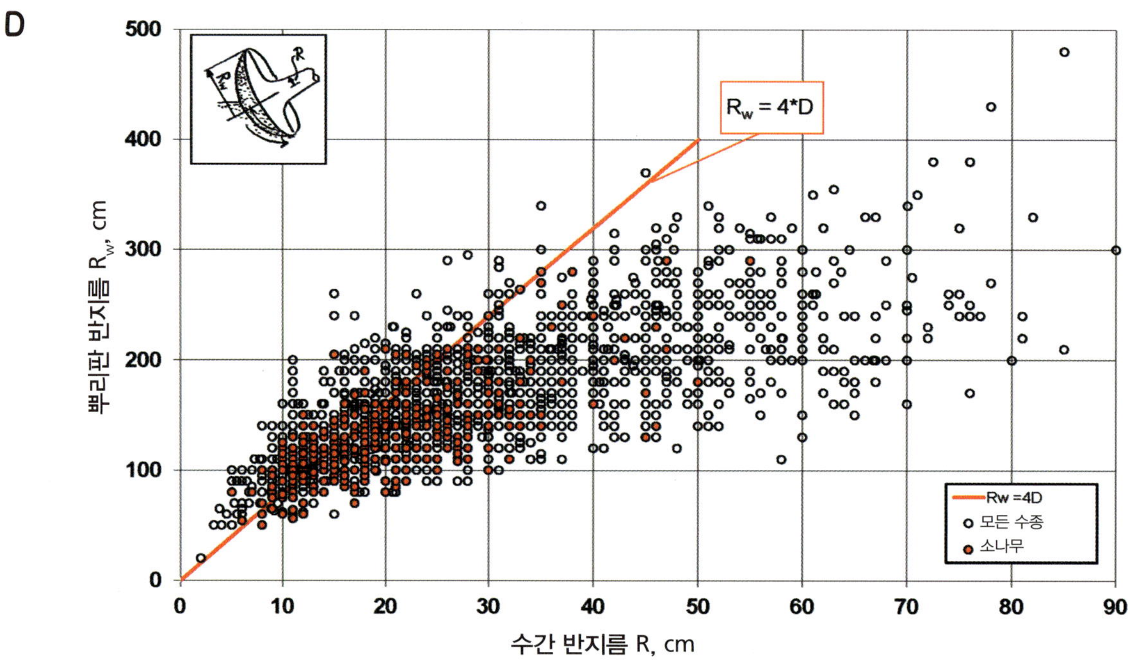

점의 집단 중에서 포락선(包絡線, envelope) 아래쪽은 대부분 단단한 땅에 있는 작은 뿌리판들이다(366페이지 참조). 점 집단의 포락선 위쪽은 이론적으로 정체된 물, 모래 등으로 된 크게 단단하지 않은 땅에서 큰 뿌리판을 가진 교목들이다.

삽으로 본 뿌리 분

분위기를 전환하여, 토양이 뿌리가 아닌 삽의 날에 의해 보강되어 있어서 땅에서 단순한 토양 분(earth ball)을 떠올릴 수 있고 이러한 방법으로 삽의 풍도를 모의실험한다면, 그 토양 분은 직근 형성 교목을 위해 설계한 힘 원뿔과 닮았을 것이다.

풍도에서의 전단 길이 비교

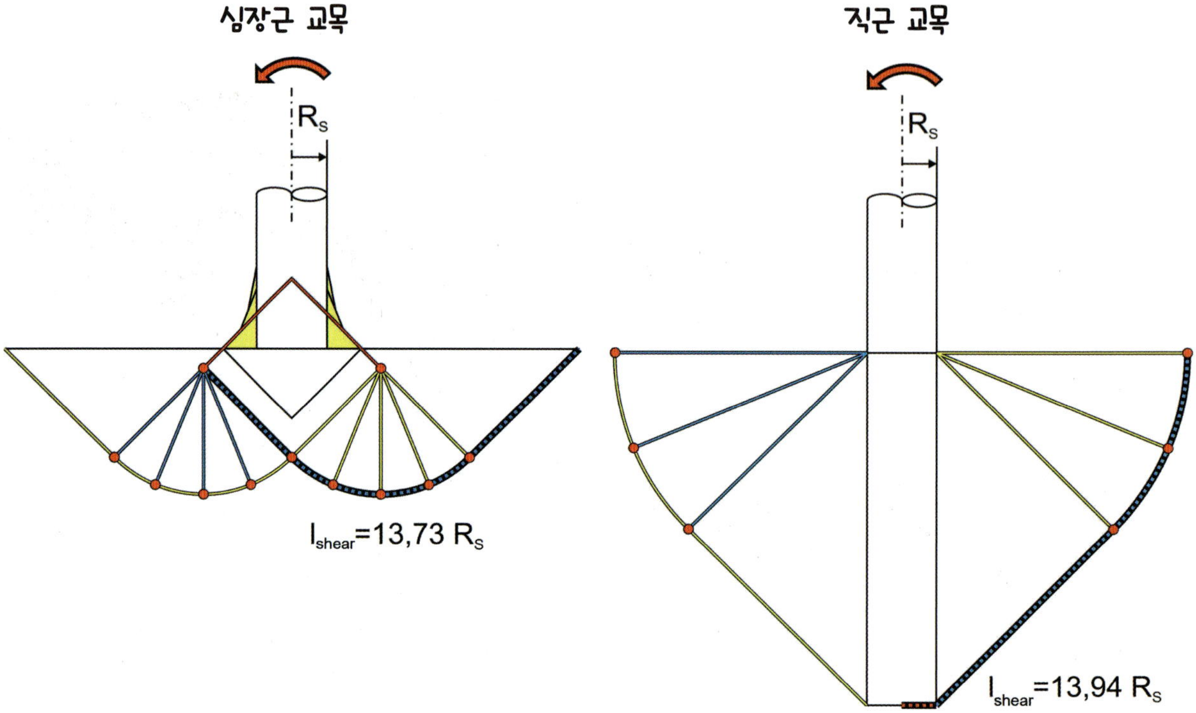

측면 연장이 동일하다면, 풍도를 위해 필요한 에너지를 결정하는 짙은 청색으로 표시된 전단 길이(shearing length)는 크기가 거의 같을 것이다. 이는 압축 원뿔 지역이 풍도에서 파손되어 실제로 땅속에 남아 있다는 현장 경험을 고려한다[30]. 짧은 호우가 토양의 더 깊은 층을 연화시킬 가능성이 낮다는 것도 직근 교목의 유리한 점일 수도 있다. 어떤 경우든, 침수된 토양에서는 직근 교목은 없고 평평한 천근 교목만 있을 것이다.

평평한 천근 교목 – 옷걸이?

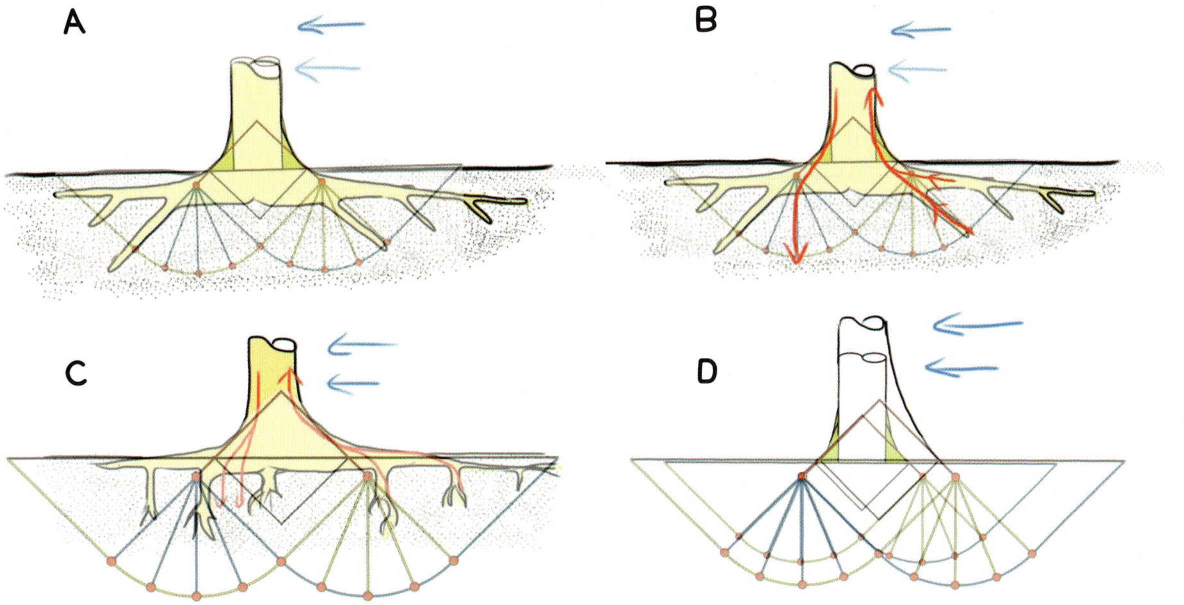

넓은 시각에서 보더라도 평평한 천근 교목의 수평적인 뿌리판은 수직적인 힘 원뿔이 적절하게 위치하지 않았다는 것을 보여준다(A). 기껏해야 인장 원뿔의 가장자리에서 45°의 수직근을 만드는데, 이는 심장근 교목(B)처럼 부분적으로 고정할 뿐이다. 그러나 수평적인 뿌리판이 수직적인 직근 시스템을 발달시키면, 평평한 천근 교목은 직근에 의해 땅에 올려놓은 옷걸이처럼 보일 것이다(C). 이는 굵은 수평근을 휨 하중 하에 놓이게 하여 가끔 풍상측에 큰 판근을 발생시킨다. 결국 이는 큰 판근 방향의 힘 원뿔 사이에 위치한 정사각형을 이동시키고, 그 과정에서 이를 더 크게 확대하여 설계 공간을 증대시킨다(D). 이 효과는 모든 판근 발달 교목(buttress rooter)에 의해 활용된다.

판근 발달 교목

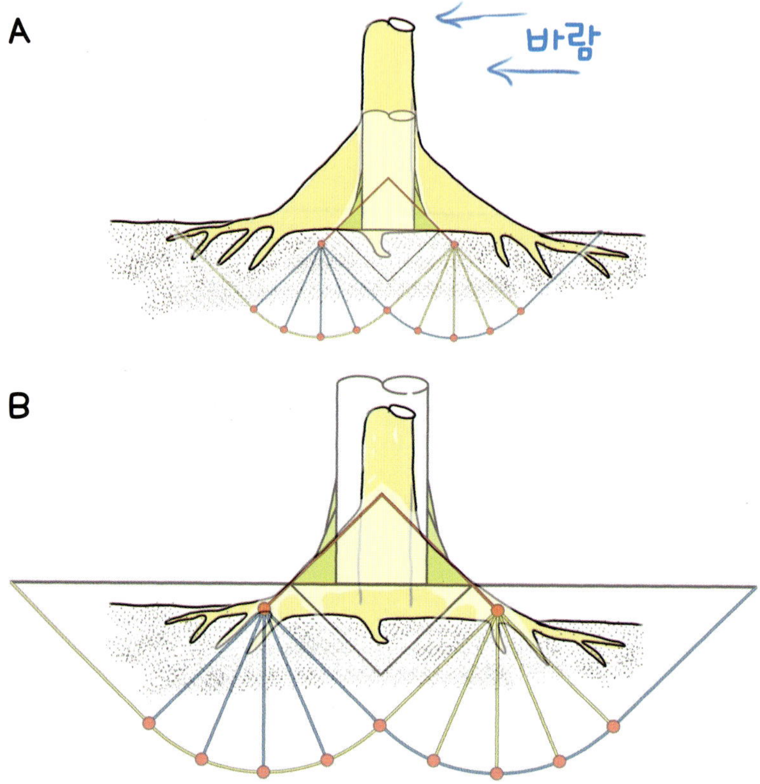

실제로, 판근 발달 교목은 뻣뻣한 수평근을 가진 평평한 천근 교목과 거의 비슷하다. 힘 원뿔 모델을 판근 발달 교목(A)의 수간 직경에만 적용하면 힘 원뿔의 중심이 더 밖에 위치해야 한다는 것을 바로 보여준다. 힘 원뿔 사이의 정사각형을 판근 윤곽에 맞추는 것이 더 좋을 것이다. 이제 토양 내 훨씬 더 큰 설계 공간이 주어져서 토양의 더 넓은 구역으로 부하를 배분하게 된다(B). 판근의 분이 식물 용기(plant container)처럼 보이면, 판근은 해당 용기의 반지름을 키워서 안정성을 높인다.

판근 발달 교목의 넘어짐

사진: Clayton Lee 제공

수간 직경에 꼭 맞는 더 작은 힘 원뿔을 설계하면, 너무 펑펑해서 재화중량(載貨重量, DWT, dead weight)이 불충분한 식물 용기와 매우 흡사하게, 뿌리판이 이 교목에게는 너무 얕다는 것을 보여준다. 넘어졌다는 것은 판근의 아래쪽 끝에 있는 풍하측 경첩(輕捷, hinge) 주위가 절단되었음을 의미한다. 이 또한 전단 뿌리 분이 없는 천근 교목에서 본 바로 그 파손 유형이다. 이 경우, 판근에 의해 보강되지 않은 풍하측 수평근이 쉽게 끊어진다.

싱가포르의 판근 발달 수목

기초가 되는 지반의 질에 따라 부하를 조절하는 생장이 달라지기 때문에 토질이 판근의 형태를 결정하는 데 큰 영향을 미칠 가능성이 높다. 싱가포르의 수목관리 전문가인 티 스위 핑(Tee Swee Ping) 씨가 판근이 사람의 키보다 훨씬 높이 자랄 수 있다는 것을 보여준다. 눈에 띄게 자라는 측면의 지지 뿌리(화살표)는 왼쪽 판근의 균열을 보상하기 위해 애쓰고 있다.

죽마 뿌리 발생 교목 – 부후와의 경주

A

B

이 그림(A)이 죽마(竹馬, stilt) 뿌리 발달이 어떻게 시작하는가를 보여준다. 숲에서 조용히 썩어가고 있는 기주의 그루터기 위에서 하나의 씨앗이 발아한다. 이 용감한 실생묘는 자신의 뿌리가 토양을 만나도록 서둘러야 하기 때문에 탐욕스러운 곰팡이가 자신의 기주 그루터기를 분해하기 전에 충분히 굵게 자라야 한다. 여기에 성공하면 흥미로운 작은 교목이 될 것이다. 캐나다 퀸 샤롯테 섬(Queen Charlotte Island)에서, 우리는 숲속 깊은 곳에서 높이 7m에 이르는 죽마 뿌리의 "거미 다리(spider s leg)"에 감탄했다. 이는 처음에는 스툽시(Stupsi – 이 책의 캐릭터 이름)가 보여주는 바와 같이 불안정하다(B). 맹그로브(mangrove)는 거미 다리 건축 기술의 대가이다.

29. 맹그로브, 기근 발생 교목, 교살 고무나무

맹그로브 – 죽마 뿌리 발생 전문 교목

가는 수간과 펼쳐진 뿌리판 사이의 뿌리 직경을 보면 맹그로브(mangrove)나무가 자신의 무거운 부하를 지탱하기 위해 서 있는 연한 진흙을 확실히 신뢰하지 않는다는 것을 바로 알 수 있다. 눈신발(snowshoes)이 부드러운 눈에 빠지지 않도록 자신에게 주어진 부하를 배분할 수 있는 것과 같은 방법으로, 맹그로브도 널리 퍼진 자신의 뿌리로 진흙에 서 있다.

압축 뿌리의 사랑

기울어진 맹그로브는 대부분 위쪽의 인장 뿌리(tension root)보다 압축 면의 지지 뿌리를 선호할 것이다. 기반이 되는 토양은 전단강도가 너무 낮기 때문에 인장 뿌리로 이를 보강하는 것은 의미가 없다. 만약 이 이론이 많은 맹그로브에서 증명될 수 있다면, 이들은 결국 어떤 인장도 땅으로 전달할 수 없는 거의 탄력적인 식물 용기처럼 서 있을 것이다. 그러나 모든 것이 그처럼 극단적이지는 않은 것 같다. 맹그로브는 갑작스런 인장 하중(引張荷重, tensile load)이 발생할 때 충격흡수장치(shock absorber)와 같은 역할을 하는 자신의 인장 측(引張側, tension side) 뿌리를 구부려 이들이 진흙으로부터 찢겨 나오는 것을 지연시킨다. 지금 우리가 알고 있는 관점에서 볼 때, 맹그로브는 무언가 추가적인 인장 밧줄을 가진 탄력적인 수목 용기처럼 서 있다.

심장근 발생 교목, 판근 발생 교목, 맹그로브

Sascha Haller 제공

이 그림은 아래의 노란색 인장 삼각형(tension triangle)이 해당 교목 수간 기부의 반지름 크기인 판근이 없는 심장근 발생교목의 힘 원뿔 설계 공간과, 판근이 있는 교목의 설계 공간을 비교하고, 마지막으로 맹그로브의 뿌리판을 비교하여 잘 보여준다. 우리는 아직 후자에 대한 자세한 힘 원뿔 모델이 없다.

넓게 더 넓게 – 연하게 더 연하게

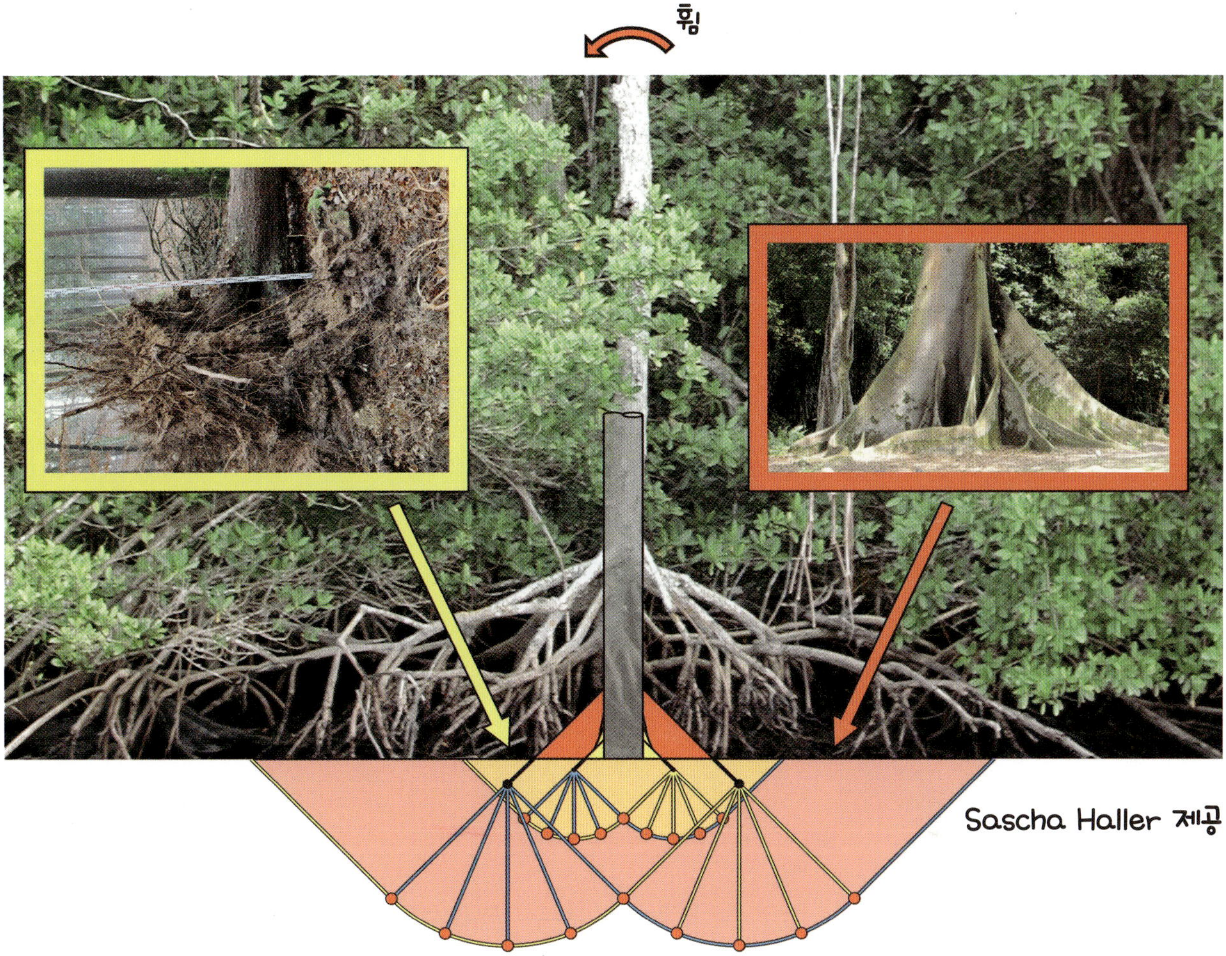

Sascha Haller 제공

여기에 다음과 같이 확대된 그림이 있다: 넘어진 심장근 발생 교목(왼쪽), 판근 발생 교목(오른쪽), 맹그로브(가운데). 해당 교목 아래의 설계 공간이 넓어짐에 따라 뿌리에 작용하는 부하가 급격히 감소하고, 또한 이는 주변 토양과 맹그로브 진흙에서 각각 부하를 제거한다. 전략은 이것이다: 토양의 전단강도(shear strength) 대신 긴 지레 팔(lever arm).

기근 발생 교목

사진: Tee Swee Ping 제공

이는 왼쪽 사진처럼 가는 낚싯줄로 시작한다. 가는 뿌리 가닥들은 지면을 향해 자란다. Zimmermann[31]은 이들이 땅에 고정되고 난 후 수축한다는 것을 보여주었다. 그가 기근(氣根, aerial root) 아래에 흙으로 가득 찬 양동이를 놓아두었는데, 기근이 그 양동이를 들어올렸다. 이는 기근이 기계적인 부하에 대처할 수 있는 인장 밧줄(tension rope) 시스템이라는 것을 나타내며, 또한 모든 표면이 순응적으로 자람에 따라 자신의 형태와 초기 응력(初期應力, prestress)을 적응시킴으로써 부하가 바뀌게 된다.

교살 고무나무 - 양자(養子, foster child)가 부친 살해범으로

사진: Tee Swee Ping 제공

교살(絞殺, strangler) 고무나무는 자신을 의심하지 않는 기주(寄主, host) 교목에서 시작한다. 이들도 기근을 지면으로 보내어 처음에는 자신의 밧줄로 해당 기주 교목을 에워싼다. 수간과 접촉하는 기근은 납작한 뿌리를 형성하고, 이들은 서로 접촉하면 합쳐져서 파이프 형태를 만들고 최종적으로는 가짜 수간(false trunk)을 형성한다. 이 가짜 수간은 아직도 계속 직경이 자라고 있는 기주 교목을 강철 테처럼 압박한다. 해당 기주 교목이 죽으면, 해당 교살 고무나무는 양육한 아버지의 부식질(腐植質, humus)에서 자란다. 이들이 강한 가짜 수간을 만들지 않았다면, 넘어지는 기주 교목이 이를 뽑아버릴 수도 있다.

30. 교목 아래의 정체된 수분과 바위

정체된 수분이나 바위 위의 얕은 토양층

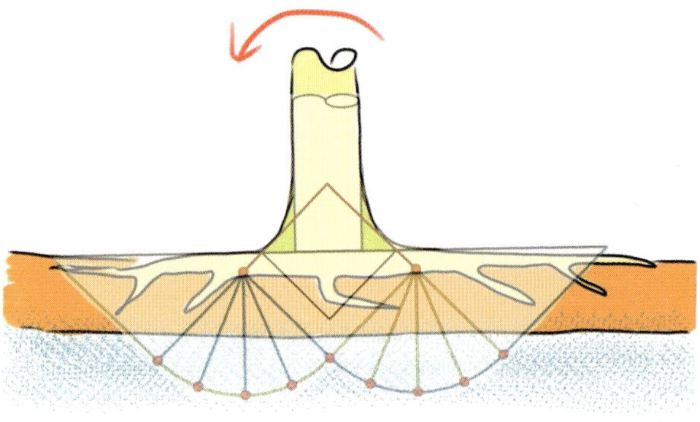

정체된 수분

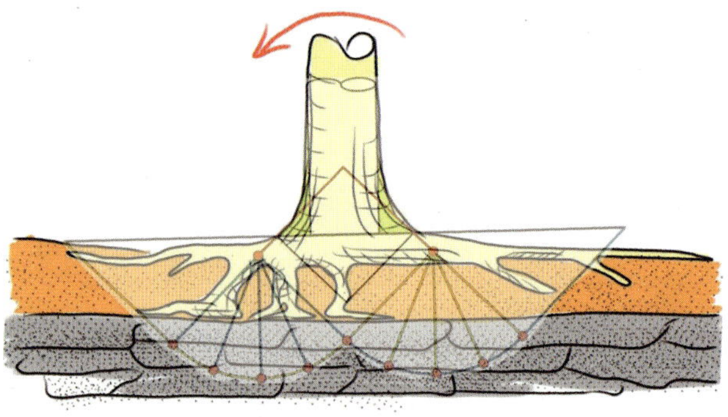

바위

힘 원뿔 방법만으로 심장근 발생 교목이 정체된 수분이나 바위에 의해 수간 직경보다 지하 발달이 더 크게 억제된다는 것을 보여줄 수 있다. 위 그림의 수간 직경은 각각 정체된 수분과 바위에 의해 제한되고, 이는 천근성 교목으로의 전환을 강요받고 있으며, 토양의 전단강도에 의해 제공되는 고정하는 도움 없이 자란다. 이러한 경우, 이 교목은 기껏해야 평평하고 연한 토양 판 위에 직근(直根, sinker root)에 의해 고정된 옷걸이처럼 서 있다. 바위 위에 서 있는 교목은 적어도 압축 면에 지지대(支持臺, prop) 형태의 뿌리를 만들 수 있다.

바위 위의 평평한 토양

A

폭풍은 어떤 교목이 토양이 너무 습하기 때문에 땅속으로 뿌리 뻗는 것을 싫어하는지, 또는 바위 널판 때문에 뿌리가 침투할 수 없는지에 대해 신경을 쓰지 않는 것 같다. 일단 바위 덩어리 위에 자라는 교목(A)이 일정한 크기에 도달하면 이는 정체된 수분 위에 자라는 교목처럼 넘어질 것이다. 또한 해당 교목이 풍상측에 긴 인장 뿌리를 키울 공간이 없으면(B, 다음 페이지), 이 교목의 운명은 더 빨리 끝날 것이다. 그러나 바위에 튼튼한 측근(側根, lateral root)을 고정시키기에 충분한 수의 틈이 있으면, 유명한 교목 사냥꾼인 Rob McBride가 찍은 이 사진(C)의 "Dragon Oak"과 같이, 오랜 기간 안전하게 고정되어 있을 수 있다.

바위 위의 평평한 토양

B

C

사진: Rob McBride 제공

중앙 수직근의 죽음

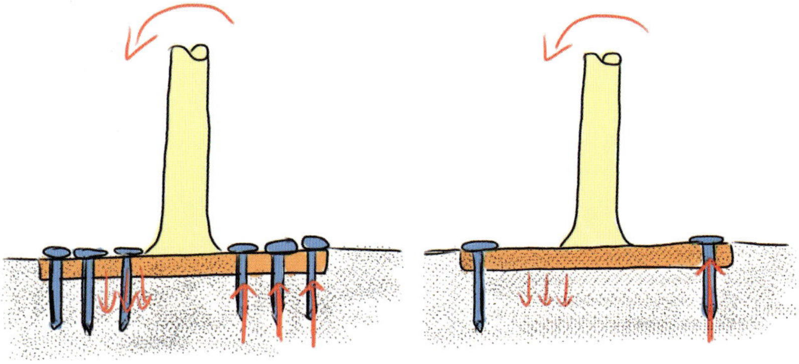

사진: Clayton Lee 제공

정체된 수분이 중앙 수직근(垂直根, sinker root)의 부후를 초래하면, 인장 측의 주변 수직근만이 토양과 맞물린 시스템으로 제자리에 남아 있게 된다. 이들이 당겨지면, 젖은 발(wet foot)을 가진 이 불쌍한 교목은 옷걸이처럼 압축 측 근원 위로 넘어진다. 이렇게 되면 놀란 목격자는 납작한 뿌리판 아래에 어떤 수직근도 찾아보기 어려울 것이다. 극단적으로 정체된 수분 상태 하에서는, 뿌리를 둘러싸고 있는 긴 인장 밧줄과 토양층은 진흙 위에 떠 있어서 바람에 의해 넘어지는 경우에는 뱀처럼 땅에서 쉽게 뽑힐 것이다. 또한 땅속의 바위 위에 있는 교목들도 뿌리판의 중심에 있는 수직근이 죽는 경우가 많다.

풍도 특징의 도식(圖式, schematic)

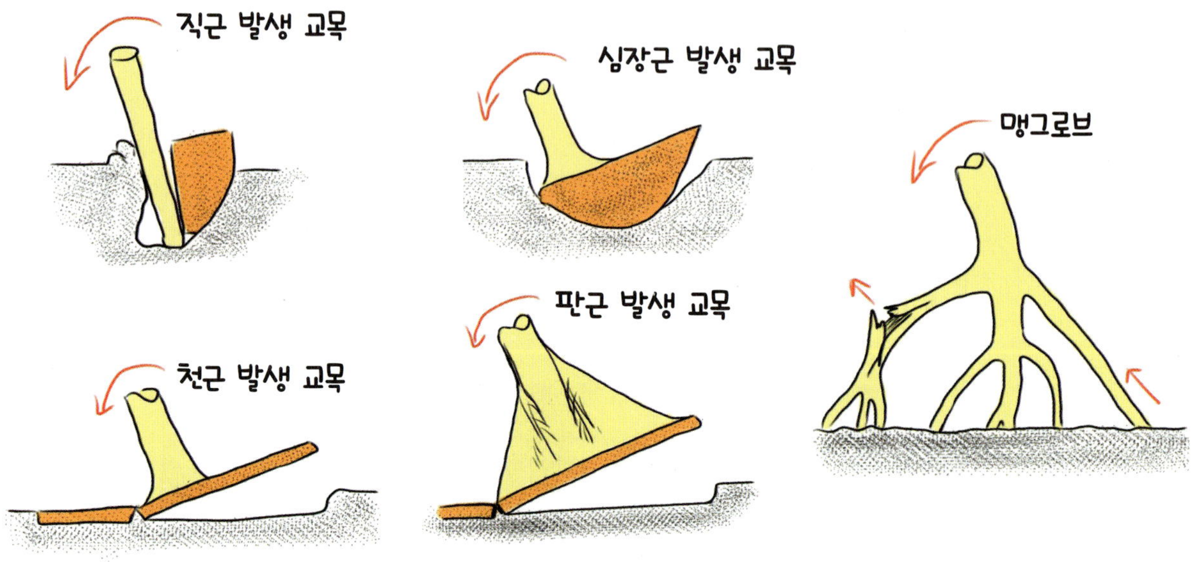

직근 발생 교목과 심장근 발생 교목만 토양의 전단강도로부터 뚜렷한 편익을 누린다. 평평한 천근 발생 교목과 판근 발생 교목은 이들 교목의 재화중량(載貨重量, DWT, dead weight)과 뿌리판의 재화중량 하에 식물 용기처럼 단단히 서 있다. 기껏해야 이들은 두세 개의 수직근으로 토양에 고정되어 있다. 맹그로브의 거미 다리는 고정하는 힘이 가장 낮으면서 가장 긴 지레 팔을 가지고 있다. 이들 긴 죽마는 진흙을 죔쇠로 죄고 진흙으로부터 찢어질 수 있다. 말하자면, 거미는 다리가 거미집의 몇 가닥에 자신의 전체중을 배분시키는 것을 가능하게 하기 때문에, 긴 다리를 가지고 있다. 다시 한 번, 다양성 속의 통일성인 경우이다.

31. 이웃하는 교목과 모여 난 교목

이웃하는 교목 - 친구인가 적인가?

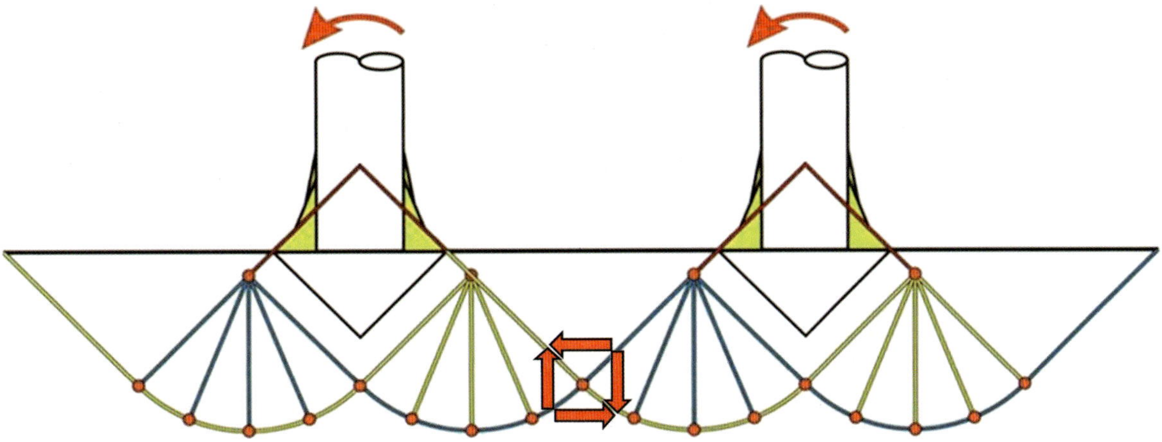

두 인접한 심장근 발생 교목의 힘 원뿔 설계는 둘 사이에 직각으로 교차하고 완벽하게 융합되는 압축과 인장을 보여준다. 만약 결과가 정말로 두 교목을 연결하는 인장과 압축적인 연결이면, 즉 부하를 부담할 수 있는 뿌리 융합이면, 이것이 주된 편익이다. 바바리안(Bavarian) 풍습인 손가락 당기기(fingertugging)에서처럼(다음 페이지) 이는 긍정적인 연결일 수도 있다. 이러한 친밀한 기계적인 연결이 있으면, 이들 구성원 각각은, 이를 구름다리의 받침대(abutment)처럼 이용하여, 다른 구성원의 부하도 부담한다.

손가락 당기기

협력이냐 상호 파괴(sabotage)냐?

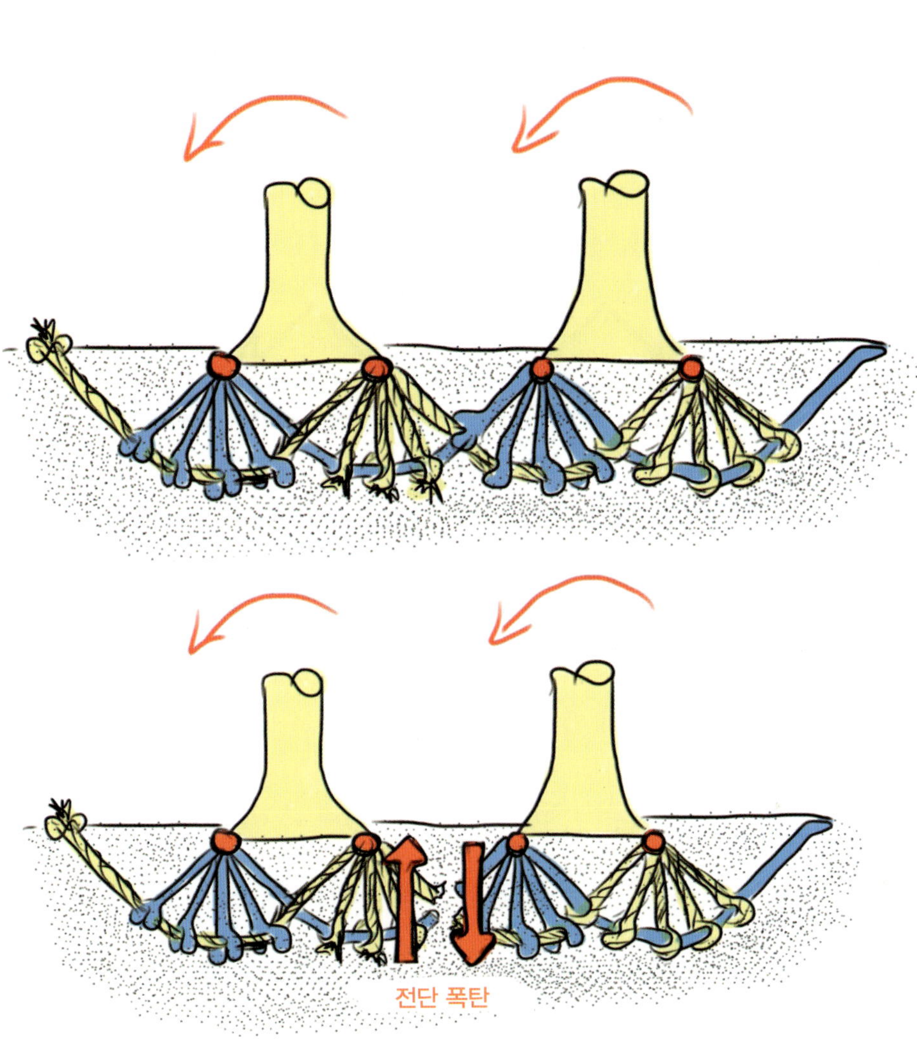

그러나 지속적으로 부하를 부담하고 있는 두 구성원이 넘어지거나 이러한 연결이 전혀 없었다면 어떤 일이 일어나는가? 이 경우에는, 상호작용이 두 뿌리 분 사이에 있는 토양의 큰 전단에 의해서만 유발된다. 이는 두 교목 사이에 전단으로 인한 균열이 발생할 가능성을 높인다.

더 가까운 간격

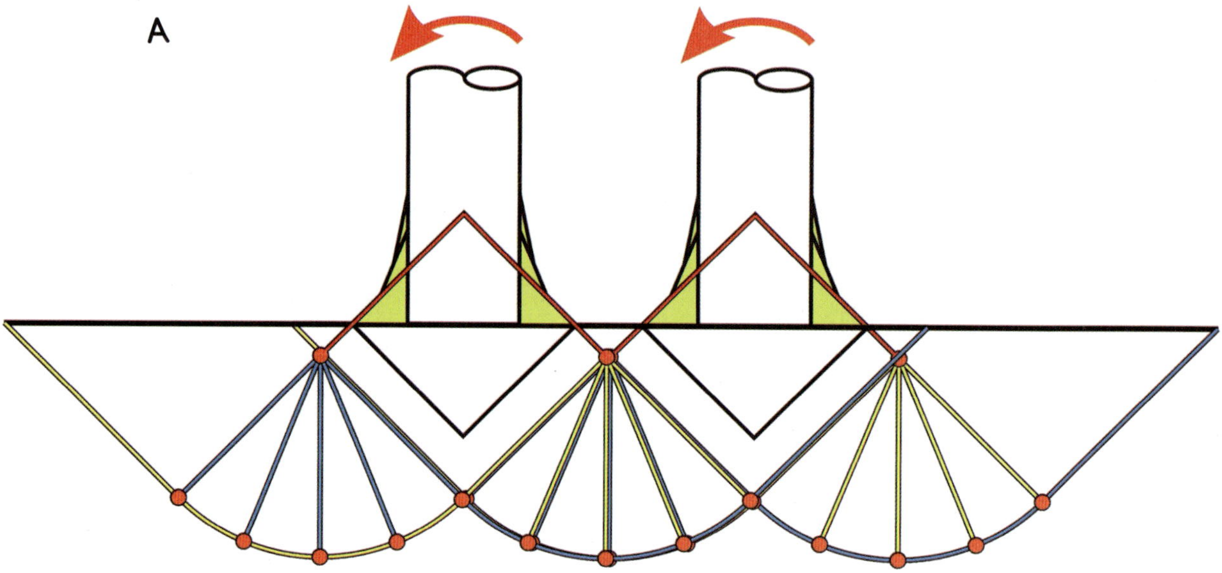

부하의 상호 소멸

이웃하는 교목 사이의 거리가 더 짧으면, 한 교목의 중앙 인장 원뿔과 다른 교목의 압축 원뿔이 상쇄되어, 이제 힘의 흐름(flux of force)이 공통의 붉은 점에서 교차한다. 이처럼 짧은 거리에서는, 이웃 교목들의 양호한 융합이나 얽힘이 더욱 중요하다. 이러한 연결이 존재하면, 두 수간이 하나의 공통된 커다란 설계 공간을 활성화시킨다(B). 대부분의 경우, 우리 부서 Iwiza Tesari 박사가 수행한 유한 요소(有限要素, finite-element) 계산에 의해 증명된 바와 같이, 이는 안정성에도 도움이 된다. 반대로, 두 가까운 뿌리판이 융합하지 않으면, 더 멀리 떨어져 있는 경우보다 전단으로 인한 땅의 균열과 교목 넘어짐이 발생할 가능성이 더 높아진다.

B

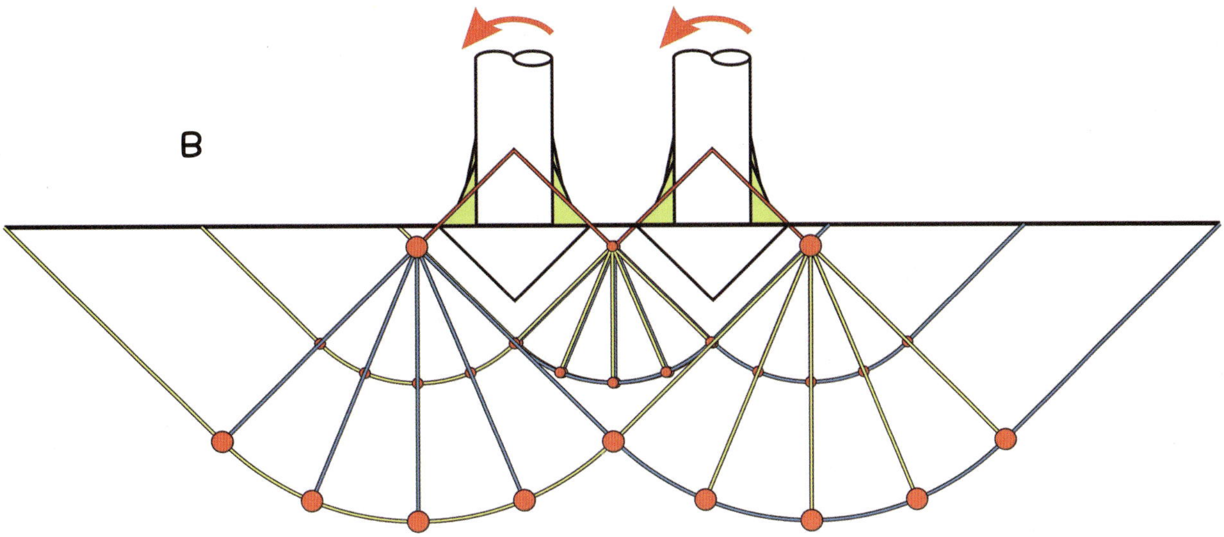

총 설계 공간

C

이들 교목은 견고하게 연결되어 있으며, 그렇지 않았으면 아마 오래 전에 쓰러졌을 것이다.

직근의 우정

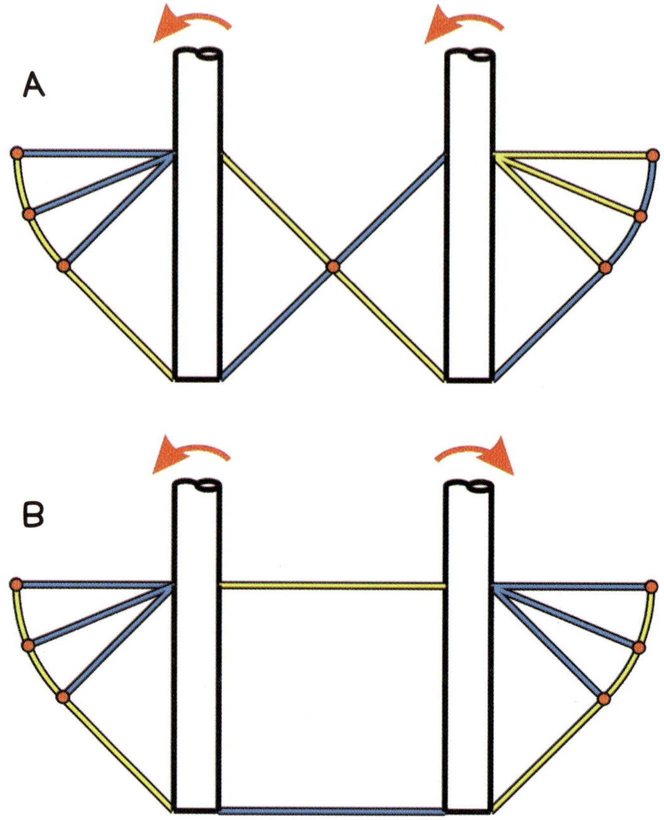

도시에서는 대부분의 토양이 답압(踏壓, compaction)되어 있고, 직근(直根, tap root)을 발생시키는 교목이 드물다. 힘 원뿔 방법의 유효성을 증명하기 위해, 이를 동일한 부하 하에 있는 두 인접한 직근 발생 교목(A)과, 서로 반대 방향으로 휘어지는 두 직근 발생 교목(B)에 적용해보자. 경우 A는, 인장-압축 교차가 융합된 구조인 반면, 경우 B는 위쪽 인장 밧줄이 뿌리 다리(root bridge)처럼 존재한다. 이렇지 못하면, 외톨이 교목은 더 잘 쓰러질 것이다. 주의: 거리가 다르거나 휘는 방향이 다르면 다른 힘 원뿔 설계가 필요하다.

모여 난 교목: 햇빛을 갈망하는 위험한 집단

모여 난 교목들은 자신들의 수간이 서로 닿기 때문에 서로 다른 방향으로 서 있다. 이들의 햇빛에 대한 갈망은 이들을 의도적으로 기울어진 교목으로 만들기 때문에 서로 멀리 휘어져서 한 쪽으로 치우친 수관을 발달시킨다. 이들은 인장 측 유지 뿌리를 위한 공간이 없다. 접촉하고 있는 상대방이 고정점(固定點, anchoring point)이면서 동시에 구름다리의 받침대(abutment)일 수밖에 없다. 이는 인장을 지속시키는 실질적인 뿌리 융합이 있는 경우에만 가능하다(A). 이것이 파괴되거나(B) 위험한 보(beam) 균열이 발달하면(C), 전체 시스템이 위협을 받는다. 모든 기울어진 교목에서처럼, 측면 침하가 뚜렷하고, 위쪽 면에서 수피가 떨어져나가거나 이끼가 없는 반점이 나타나고, 맨 아래쪽 수피에 주름이 잡히는 현상이 발생한다. 만약 중앙에 하나의 교목이 있으면, 이 교목은 스스로 뿌리로 보낼 수 있는 자신만의 수간 섬유를 가지고 있을 때에만 생존할 것이다(D). 그러나 주위에 측면 벽이 형성되면 그 중앙 교목은 죽어서 부러지게 되고 이는 부후 통로로 변할 것이다. 셋 이상의 수간이 있으면. 환상(環狀, ring)의 줄당김(ring cabling)이나 긴 쪽 가지를 과감하게 축소하여 파손을 지연시켜야 할 것이다.

모여 난 교목은 종종 측면 섬유(lateral fibre)의 축적으로 무너져 내린다.

32. 도시 교목 원리: 공간 대신 역학적인 도움

지하의 도움

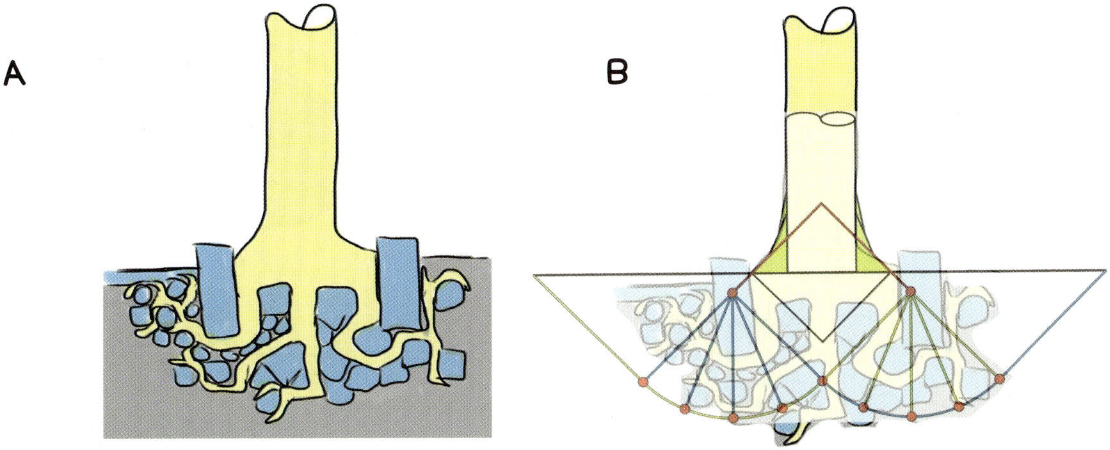

많은 용감한 도시 정원사는 자신의 교목이 사방에 수간 직경의 4배에 상당하는 공간이 없다는 것을 생각하면서 머리를 갸웃거릴 수 있다. 정체된 물에서 자라는 교목은 항상 자신의 수간 직경의 2배 깊이까지 뿌리를 내리지 못한다. 이 후자의 상황은 안전 문제가 발생할 가능성이 매우 높지만, 도시의 돌멩이와 배관에 얽힌 교목 주변의 공간은 이들 은밀한 토양 앵커들의 자발적인 도움을 활성화시킬 것이다. 해당 교목이 이들에게 부하를 전달하면, 이들은 해당 교목으로부터 훨씬 더 먼 거리의 토양 단면을 밀어낸다. 또한 돌멩이 주위를 둘러싸고 있는 모든 루프는 뿌리 힘의 감소를 의미한다. 이 모든 것이 특히 도시에 있는 교목의 안정성 평가를 어렵게 만든다. 제거된 돌멩이 가장자리나 들어 올려진 돌멩이가 뿌리 뻗음에 관한 중요한 정보를 제공할 수 있다. 그러나 모든 교목은 자신의 위치에 적합한 자신만의 해결책을 만들어낸다. 이것이, 우리 생각으로는, 교목 뿌리에 일반적으로 적용할 수 있는 파괴기준(破壞基準, failure criterion)이 있을 수 없는 이유이다. 결국 주어진 수많은 상이한 뿌리 구조 하에서, 이들에게 어떤 상황이 적용되고 있을까?

이차적인 힘 원뿔은 고정하는 보조물에서 출발한다

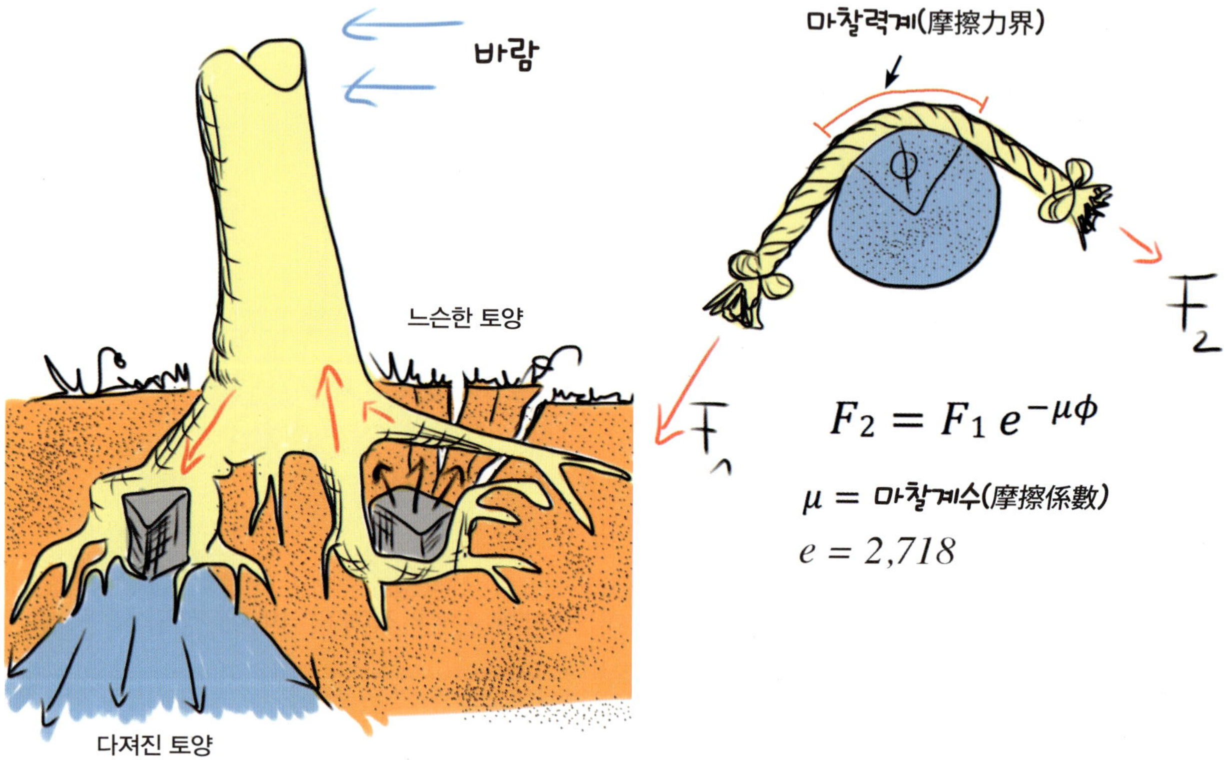

해당 교목으로부터 압축적인 부하 하에 있는 풍하측의 고정하는 돌은 돌 아래 다져진 토양에 좋은 받침대가 되는 튼튼한 힘 원뿔(이차적인 힘 원뿔)을 아래로 보내는 단단한 지지대 역할을 하는 반면, 풍상측의 돌은 사정이 좋지 못하다. 물론, 이 돌도 뿌리에 의해 들리면 힘 원뿔을 위로 올릴 수 있지만, 들어 올려진 토양은 많은 부하를 부담하지 못할 것이다. 풍상측 돌이 느슨한 땅에서 약간 더 큰 전단 면적을 활성화시킬 수 있지만, 이는 풍하측에서 보다 도움이 훨씬 덜 되는데, 그러나 여전히 없는 것보다 낫다. 뿌리가 돌을 감싸고 있으면, 우리 부서의 Roland Kappel 박사가 보여준 바와 같이[32], 뜯어내는 힘(tear-out force)이 증가한다.

경계면 사이

사진: Simon Longman 제공

이 교목들은 도로와 배수구 사이에 위치하여 뿌리를 뻗을 충분한 공간이 없다. 이들이 할 수 있는 유일한 방법은 개별적으로 문재 해결방안을 찾는 것이다. 배수구의 콘크리트 옹벽 아래로 많은 것이 지나가고 교목들은 그 뒤에서 고정하고 있다. 좁은 토양의 띠는 완전히 활용되고 있고, 둘러싸인 슬래브(slab) 아래에는 마음대로 사용할 수 있는 많은 고정점(anchoring point)이 있다. 이 경우, 개별적으로 진단하는 것은 정말 어려운 일이다. 판근에 난 생장 균열(increment strip)이 도움이 될 수 있는데, 이는 앵커를 만들기 위해 열심히 노력하는 조직이 남긴 표시이다.

풍상측 보존 뿌리가 없으면, 바람에 넘어지기 쉽다

사진: Jürgen Braukmann 제공

교목들은 물을 향해서가 아니라 물의 반대 방향으로 쓰러지는 경우가 더 많다.

생존의 중심으로서의 바위

사진: Dr. Hans-Jürgen Goegelbecker 제공

지금 이 교목은 어릴 때부터 협력적인 행태를 보이도록 훈련되었으며, 그렇지 않으면 바위에서 바로 미끄러져 떨어졌을 것이다. 지금 이 교목은 어릴 때 형성이 시작된 가로지르는 밧줄에 매달려 바위를 사방에 걸쳐 압축 지지대로서 사용함으로써 고정되어 있다. 이것이 자연의 위대한 업적이지만, 모여 난 교목처럼, 이 또한 위험의 공동체이다. 아직 걱정할 정도는 아닌데, 직경 4cm 두께의 뿌리는 두 마리의 코끼리를 들어올리기에 충분한 인장 강도(引張強度, tensile strength)를 가지고 있다.

33. 뿌리의 분기, 뿌리 단면, 교살 뿌리

전단 방지 뿌리와 매듭 형성 뿌리

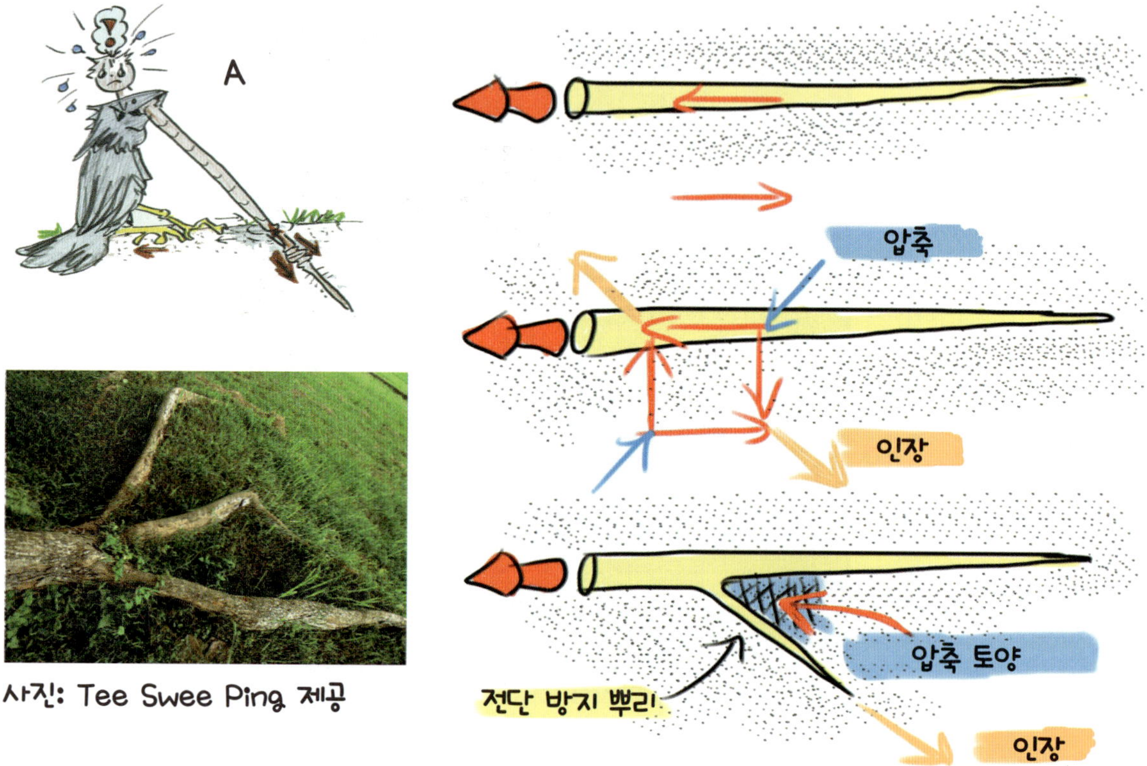

사진: Tee Swee Ping 제공

찌르레기(blackbird)가 땅에서 지렁이를 당길 때(A), 불행한 희생자에 의해 확보되는 저항은 순전히 지렁이의 몸과 주변 토양 사이의 마찰에 의해서 결정된다. 고정하는 기술에 관한한 전문가인 뿌리는 전단 정사각형(B, C)으로부터 45° 인장 각도를 따르고, 이러한 방향으로 측면 뿌리(D)를 옆으로(E) 또는 아래로 육성한다. 이 전단 방지(shear killer) 뿌리[29, 29, 32] 사이의 토양은 압축되어 더 단단해진다. 전단 방지 뿌리는 그 뿌리를 커다란 토양 매듭을 가진 뿌리로 바꾼다. 지렁이는 기어 다녀야 하기 때문에 이렇게 하지 못한다. 안타까운 일이다.

가지 부착처럼 설계된 측면 뿌리 부착

"측면 뿌리의 꼬리"

공간 대신 강도

사진: Neil McLean 제공

자연 환경에 있는 많은 교목들은 공간을 포기하는 대신 고정 보조물을 선택한다. 압축 지지대는 압축 앵커로 바위에 힘을 가한다. 이 사진에서, 이 교목은 수평으로 불어오는 바람의 힘에 의해서 넘어지는 것을 막기 위해 하향 각도로 뻗어서 아래쪽 방향의 바위 틈 사이에 인장 뿌리를 고정하여 유지되고 있다. 이 뿌리의 뚜렷한 생장 균열은 이 용감한 교목을 잡고 있는데 힘든 시간을 가졌다는 것과, 이 교목을 뒤쪽 면 바위와 단단하게 고정하고 있음을 보여준다.

부하 기록으로서의 뿌리 단면

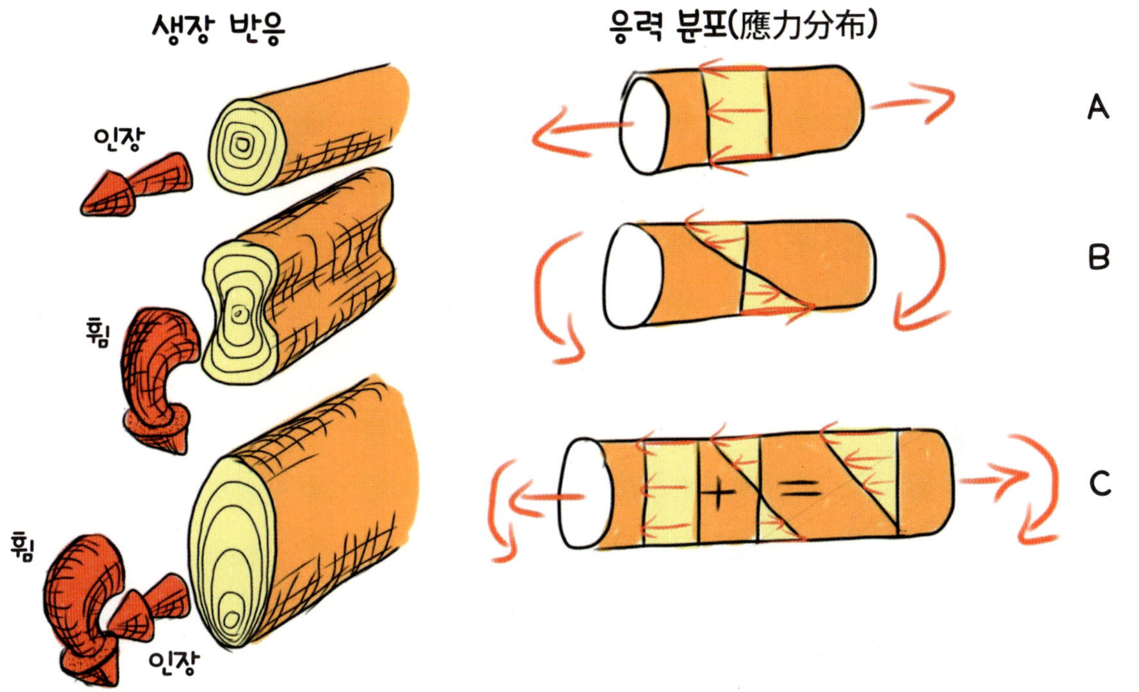

인장 뿌리는 자신의 단면 전반에 걸쳐 동일한 응력을 부담한다(A). 이들은 모든 곳에 같은 두께의 나이테를 만들면서 반응한다. 그래서 둥근 단면은 원형(circular)을 유지한다. 휨을 받는 뿌리(B)는 휨의 방향을 표시하는 화살표의 위쪽과 아래쪽에 높은 응력이 걸리기 때문에 두 지점에서 연륜의 폭이 넓다. 중간에서는, 응력이 영(零, zero)이고 생장은 크지 않다. 인장과 휨이 결합되면(C), 압축과 인장응력이 아래쪽에서는 부분적으로 상쇄되는 반면, 위쪽에서는 인장응력이 추가된다. 이렇게 되면 뿌리는 위쪽에서만 왕성하게 자라며, 극단적으로는 판근으로까지 자란다.

부하 변화 날짜 기록

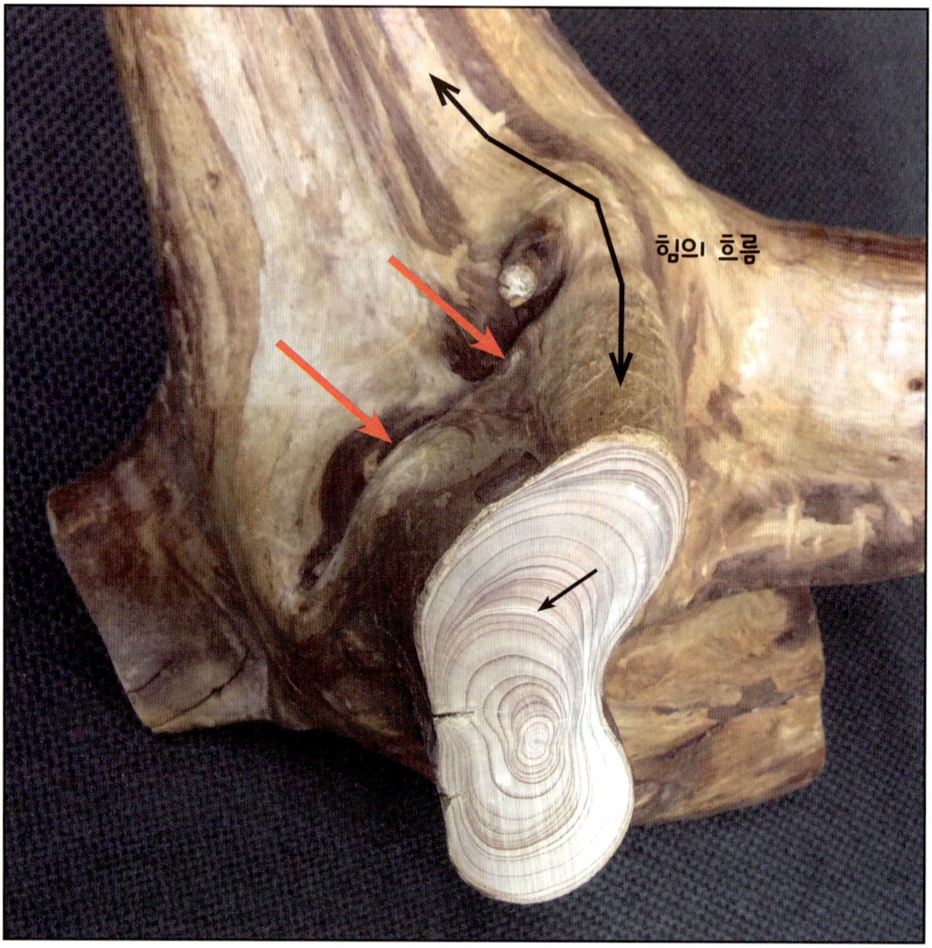

이 밑동은 근원의 일부 섬유가 뒤틀림(붉은 화살표)을 초래하는 과부하를 경험했다. 그 지점으로부터 힘의 흐름(flux of force)이 완만한 뒤틀림 위치 주변으로 향하면서 해당 뿌리의 대칭적인 부하가 역전됐다. 이 사건 이후 자란 나이테의 수를 보면 사고가 일어난 시기를 알 수 있다.

옥죄는 뿌리

너무 긴 뿌리를 가진 교목을 너무 작은 식재 구덩이에 식재하면서 긴 뿌리가 식재 구덩이의 가장자리에 걸려 있지 않도록 하기 위해 식재 수목을 돌려서 심으면 향후 옥죄는 뿌리(strangler root) 발생을 초래한다. 충분한 공간이 없는 용기에 오래 방치된 식물도 뿌리가 안에서 돌기 때문에 이 또한 옥죄는 뿌리를 유발할 수 있다. 또한 교목 자신이나 이웃 교목의 수간에서 흘러내리는 고농도의 빗물은 굴수성(屈水性, hydrotropism)으로 자란 뿌리를 먼저 거미원숭이(spider monkey, 휘감을 수 있는 유연하고 긴 꼬리를 가진 원숭이)로 바꾼 다음 목을 조이는 뿌리로 바꾼다.

결합은 국지적으로 시작된다

뿌리와 수간의 결합이 확대되면 질식에 이를 때까지 수액 흐름의 방향 전환을 초래할 수 있다.

땅속 구덩이의 목 조르는 뱀

사진: Jürgen Braukmann 제공

34. 경사지와 낭떠러지에 서 있는 교목

경사지 교목의 힘 원뿔

A

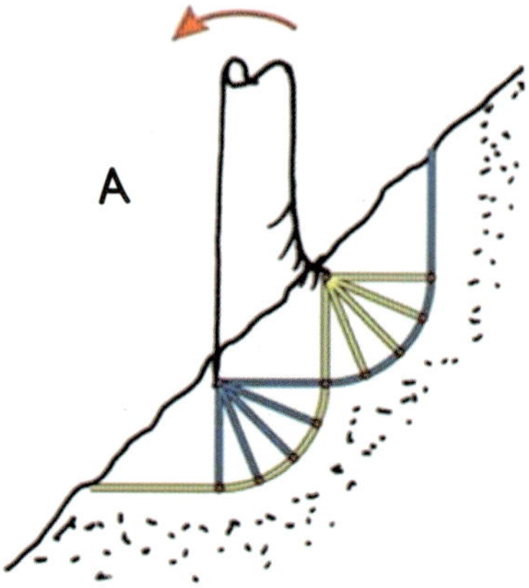

B

C

D

45° 경사에 선 교목은 기껏해야 압축 원뿔의 모서리에서 수직적인 지지 뿌리를 가지고 있는데, 이는 나중에 아래쪽에 만들어지는 빈 공간에 다리를 놓을 수 있다. 위쪽에서 해당 교목은 인장 원뿔의 모서리에 수평의 인장 뿌리를 가지고 있다(B). 이 경사가 오래전에 침식되어도(C, D) 해당 교목은 아직도 45° 경사에서 자랐다는 것을 확실히 보여줄 수 있다.

경사에 서 있는 교목 평가하기

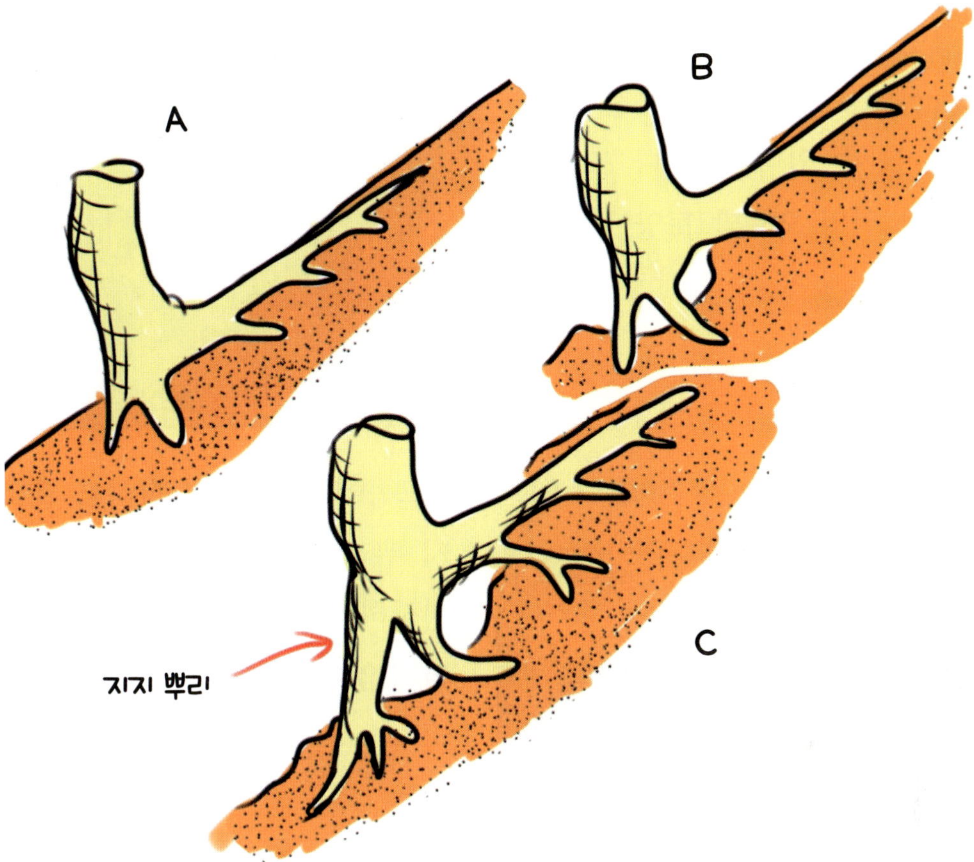

경사에서 자라는 교목(A)은 바람에 의한 움직임 때문에 땅을 느슨하게 만들어서, 자신의 뿌리 아래에 빈 공간을 만든다(B). 이는 뒤틀리지 않고 직경 생장을 하는데 충분한 시간을 가지고 내리막으로 발달하는 지지 뿌리(support root)에 의해서만 적응할 수 있다(C). 이것이 가능한 경우, 여전히 토양의 균열과 오르막 부분의 찢어지거나 부러진 뿌리를 관찰할 필요가 있다. 경사는 교목에 의해서가 아닌 관목, 초본, "생물적 철망"인 담쟁이덩굴 등으로 보강되는 것이 더 좋다.

교목에 의한 자기 침식(自己浸蝕, self-undermining)이 시작되면 굵어진 지지 뿌리를 쉽게 볼 수 있다. 그러나 조심하라! 인장 뿌리 위의 오르막 토양에 균열이 있는지?

교목에 의한 자기 침식이 완료되고, 지지 뿌리가 수간의 연장으로 성공적으로 생장하였다. 오르막의 인장 뿌리는 파손되지 않아야 한다.

해당 교목이 자기 침식을 계속하기 때문에, 지지 뿌리가 없다는 것은 언제나 나쁜 예후(豫後, prognosis)를 의미한다.

Mattheck(2007)에서 전재

절벽 교목

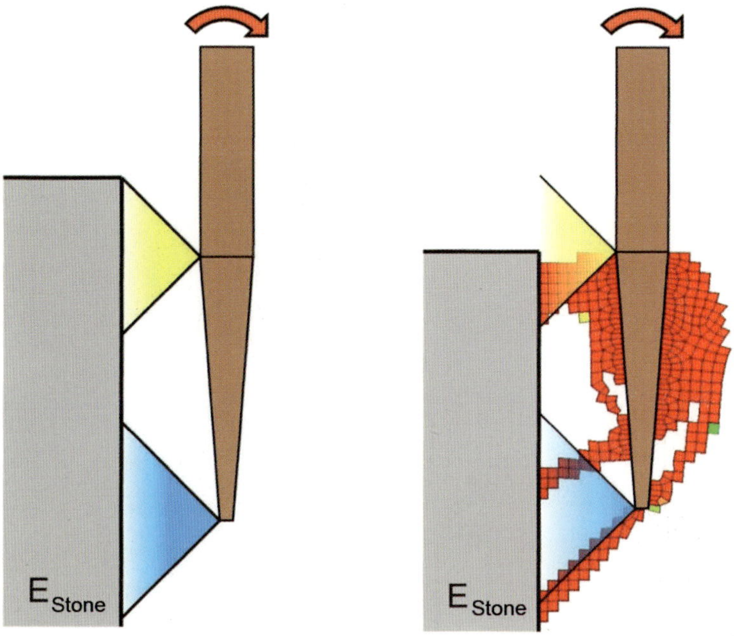

SKO: Sascha Haller

사진: Mick Boddy 제공

힘 원뿔 방법은 절벽 교목이 측면으로 고정되어야 한다는 것을 명확하게 보여주는데, 바위로부터 휘어질 때에는 위쪽에는 인장 뿌리(tension root)가, 아래쪽에는 압축 뿌리(compression root)가 필요하다. 우리 부서의 Sascha Haller 박사가 Soft Kill Option(SKO) 분석한 결과, 부하를 부담하는 부분만이 남았다. 이 결과는 힘 원뿔 방법에 의해 확인될 때 이해할 수 있다.

휨과 중력에 저항하는 뿌리

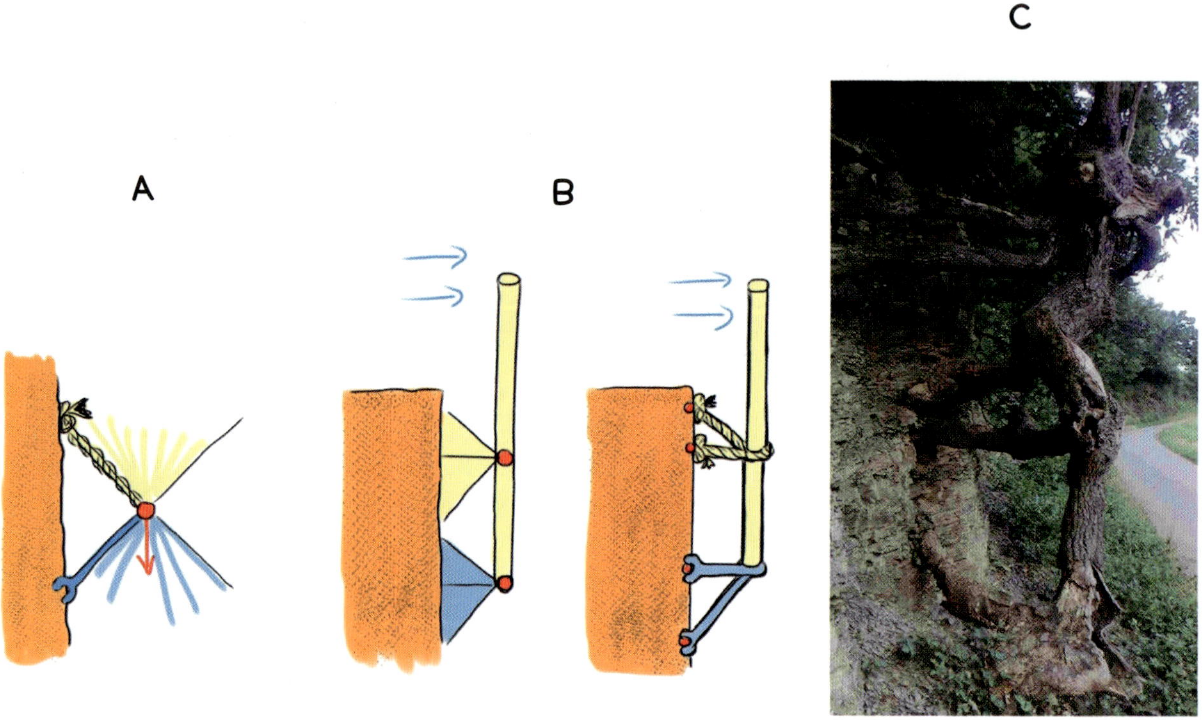

사진: Benjamin Olsowski 제공

힘 원뿔은 뿌리의 기능을 평가하는 데 사용될 수 있다. 단 하나의 수직적인 힘(A)은 해당 교목의 무게일 수 있다. 이는 45°의 인장 밧줄과 45°의 지지로 최적으로 고정되어 있다. 그러나 또한 이들은 그림 B에서 인장 밧줄과 지지가 수평적으로 추가될 수 있는 힘 원뿔의 모서리에 위치해 있다. 후자는 반대 방향으로부터 휨이 발생하는 경우 뒤바뀔 수 있다.

경사와 절벽 교목의 사례

부족한 공간은 더 단단한 물질에 의해 보완될 수 있다. 느슨하고 붕괴된 바위를 조심하라. 이는 가끔 교목의 파손을 유발할 수 있다.

재훈련(再訓練, retraining)

사진: Rob McBride(교목 탐구자) 제공

앞서 본 교목들은 아마 어릴 때부터 절벽에 매달려 있었던 것으로 보이지만, 이 사례는 고약한 돌발 상황(nasty surprise) 하에 있다. 활동적인 뿌리판의 절반이 공기 중에 덩그러니 걸려 있고, 인장 앵커에 의해 제자리에 붙어 있을 뿐이다. 다행히도, 땅은 경사에서 먼 가지의 무게에 의해 단단하게 압축되고 있고, 이는 더 큰 부하를 견딜 수 있게 만든다. 해당 교목 아래 가파른 경사의 윤곽은 압축 삼각형의 윤곽에 의해 잘 설명된다. 만약 긴 가지가 절단되면, 해당 교목은 넘어질 가능성이 매우 높다.

35. 제방에 서 있는 교목

물가 교목은 제방 파괴자인가?

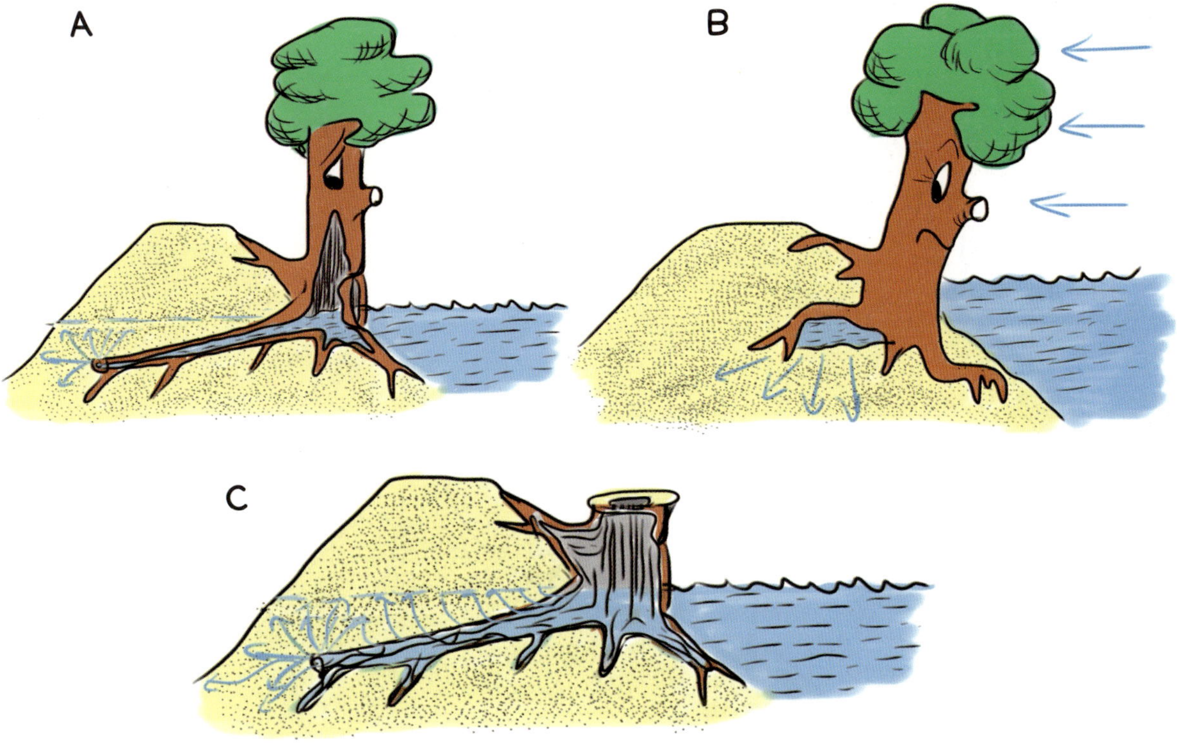

물가 교목은, 예를 들면 떠도는 얼음에 의해 상처를 받아서 부후가 발생할 수 있고, 속이 빈 뿌리는 물을 뭍 쪽까지 보낼 것이다(A). 이렇게 되면 서로 연결된 시스템 내의 수위(水位, water level)가 전반적으로 동일하게 되듯이, 뭍 쪽의 제방이 들어 올려진다. 들어 올려진 토양은 전단강도가 낮기 때문에, 이것이 제방이 무너지는 원인이 될 수 있다. 또한 바람에 의해 교목이 움직이면 뿌리 아래의 빈 공간으로 물이 들어가게 되고 해당 수목이 반대로 흔들리면 물을 제방 안으로 펌프질할 수 있다(B). 해당 수목을 잘라버리는 것만이 해결책이 아닌데, 이는 뿌리 부후가 제방으로 침투하게 하는 확실한 처방이기 때문이다(C).

뭍 쪽의 교목도 제방 파괴자인가?

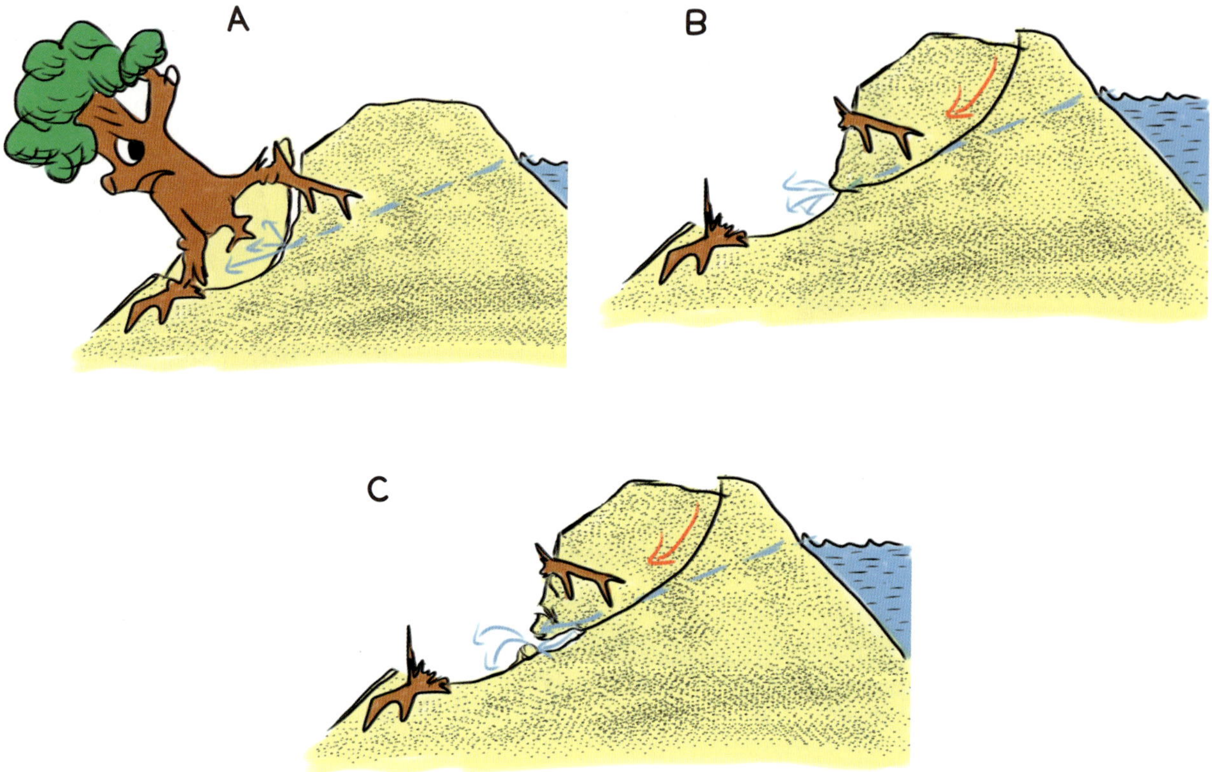

특히, 뭍 쪽으로 기울어진 교목은 이들의 인장 뿌리를 이용하여 지반을 들어 올려서 지반을 느슨하게 하고 삼출(滲出, seepage) 통로 발달을 돕는다. 이는 다시 부분적으로 젖은 토양의 뿌리 고착력을 약화시킨다(A). 이렇게 되면 전단에 의해 쉽게 넘어질 수 있는데, 이는 큰 공간을 만들어서 상단의 미끄러짐 원(slippage circle)(B)에 저항하는 지반을 없앤다. 이는 뭍 쪽 미끄러짐 원의 밑을 파내는 점진적인 관공작용(貫孔作用, hole erosion/piping)에 의해 더욱 촉진될 수 있다(C).

컴퓨터를 이용한 최적 뿌리의 모의실험

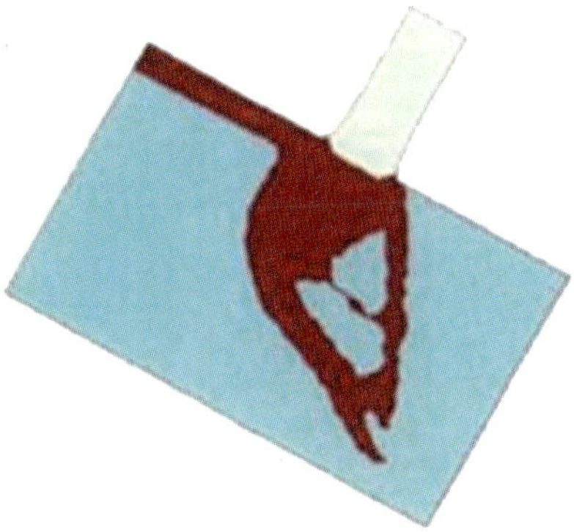

유한요소법(FEM):
Matthias Teschner

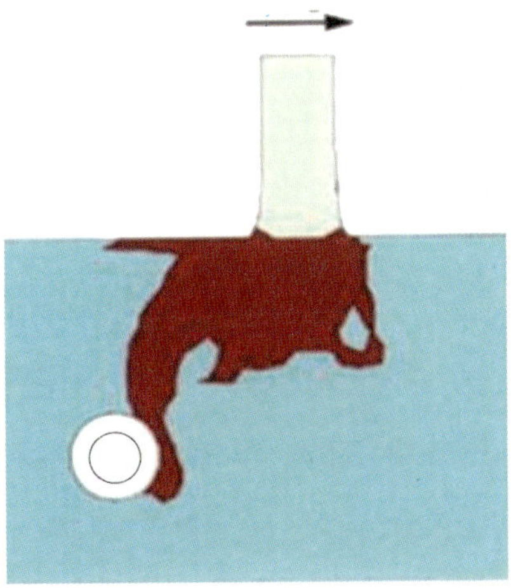

앞서, 우리는 경량 최적화 방법인 SKO(Soft Kill Option)를 사용하여 기계적으로 도움이 되는 뿌리 형태를 추정했다[33]. 이는 지금 힘 원뿔 방법 덕분에 훨씬 쉬워졌다.

36. 배관에 접한 교목

교목 아래의 배관

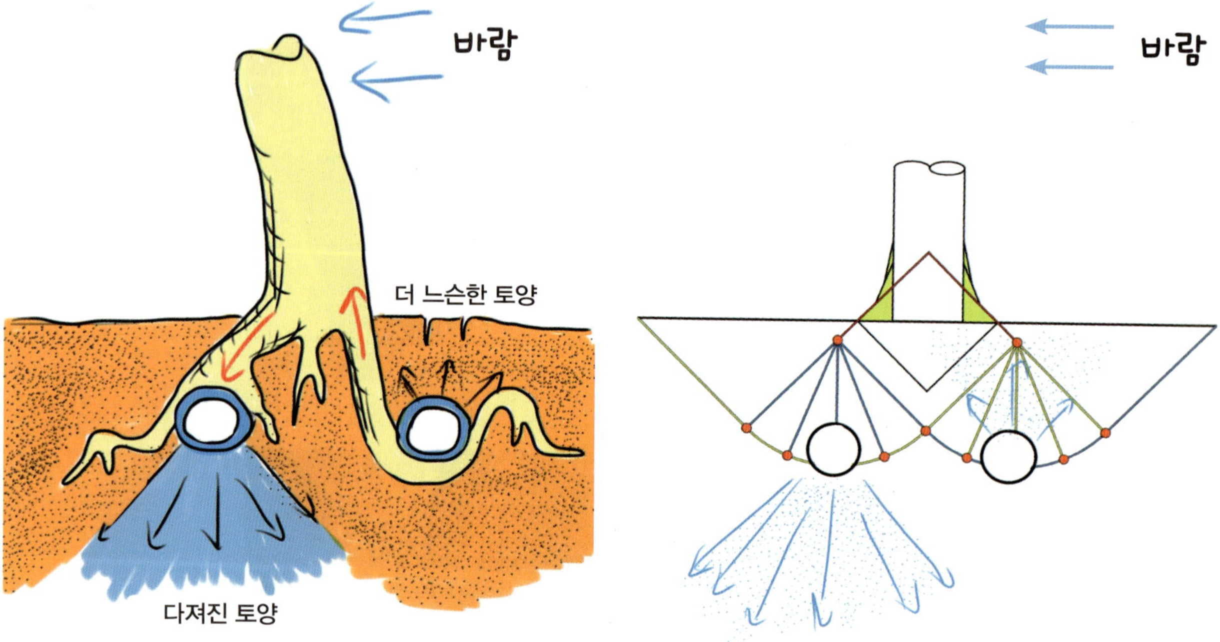

교목 아래 배관이 위치해 있으면, 해당 부지는 주변 토양보다 더 서늘할 것이다. 뿌리들은 굴수성 생장(hydrotropic growth)에 이끌리게 되어 뿌리와 배관 사이에 최초의 마찰 접촉(摩擦接觸, friction contact)이 발생할 것이다. 이는 해당 배관이 교목의 앵커가 되도록 만든다. 이에 따라 접촉하는 뿌리는 오히려 부하 통제 하에서 자란다. 풍하측(風下側, leeside) 배관은 땅으로 향하는 압축 원뿔을 통과하므로, 아래쪽으로부터 지지하는 배관이 된다. 한편, 풍상측(風上側, windward) 배관은 토양을 위로 들어 올리기 때문에, 해당 배관은 자신의 휨강도에 의해서만 거의 전적으로 뿌리의 힘을 견뎌야 하고, 이로 인해 더 높은 부하 하에 놓이게 된다.

고리(loop)냐, 지지대냐?

A

B

뿌리가 배관을 통과하지 못하기 때문에, 뿌리는 풍상측에 뿌리 고리(root loop)(A)를 형성해야 한다. 위에 보이는 인장 고리(tension loop)는 가스 폭발을 유발했다. 풍하측에서는, 공주와 완두콩(the princess and the Pea)에서처럼 접촉 응력(接觸應力, contact stress)을 분산하는 완충재(緩衝材, cushion)나 지지대 모양을 만듦으로서 뿌리가 간단하게 배관에 의지할 수 있다(B).

힘 원뿔 모델에서의 뿌리 고리

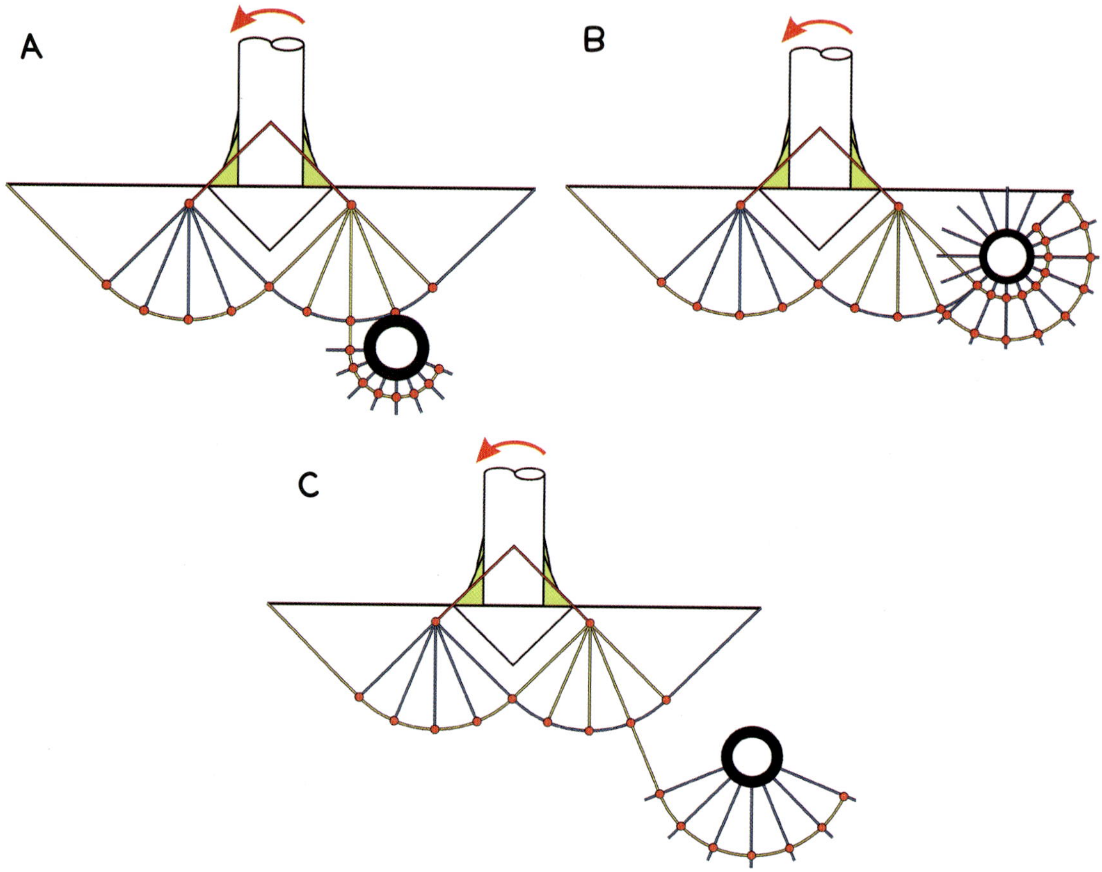

배관은 주변의 모든 압축과 마찰, 즉 전단만을 부담할 수 있기 때문에, 인장 측의 뿌리는 배관의 아래로 뻗어서 고착을 위한 고리를 만들어야 한다(A). 뿌리와 배관 사이에 흙이 있어도 힘은 전달될 수 있다. 힘 원뿔 설계 공간 바깥의 배관도 뿌리 고리에 의해 부하를 받을 수 있다(B). 뿌리로부터 교목까지의 거리가 멀수록, 뿌리가 힘 원뿔 바깥에서 횡으로 더 멀리 위치할수록, 부하는 더 작아진다(C). 사실, 수간으로부터의 거리의 함수처럼, 이는 뿌리 단면이 점점 가늘어지는 것으로도 나타난다.

가스 폭발과 뿌리 고리

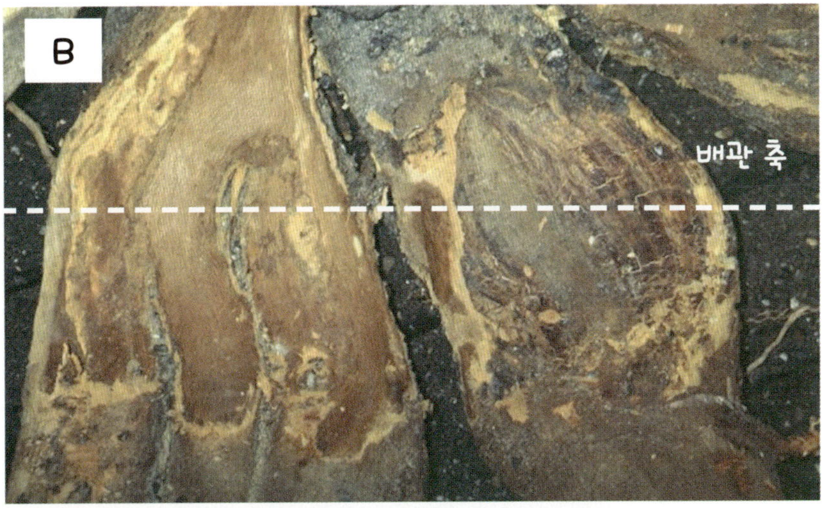

C

버즘나무 뿌리에 의해 형성된 이 고리(A)는 주택 2채를 날려 보내는 가스 폭발을 유발하였다. 접촉 부위에서(B), 뿌리 고리는 접촉 응력을 좀 더 고르게 배분하기 위해 넓어졌다. 이는 수많은 평평해진 나이테를 사용할 수 있도록 만들었는데(C), 이 나이테들은 부하 적용의 최소 기간을 확인하기 위해 연필로 다시 그렸다. 또한 그 사고를 유발한 해당 교목에 인접한 교목들도 뿌리 고리(D, 다음 페이지)나 판으로 결합된 뿌리를 가진 뿌리 무리(root tong)를 만들었다(E).

뿌리 고리와 뿌리 무리

D

E

힘 원뿔 모델에서의 압축 지지대

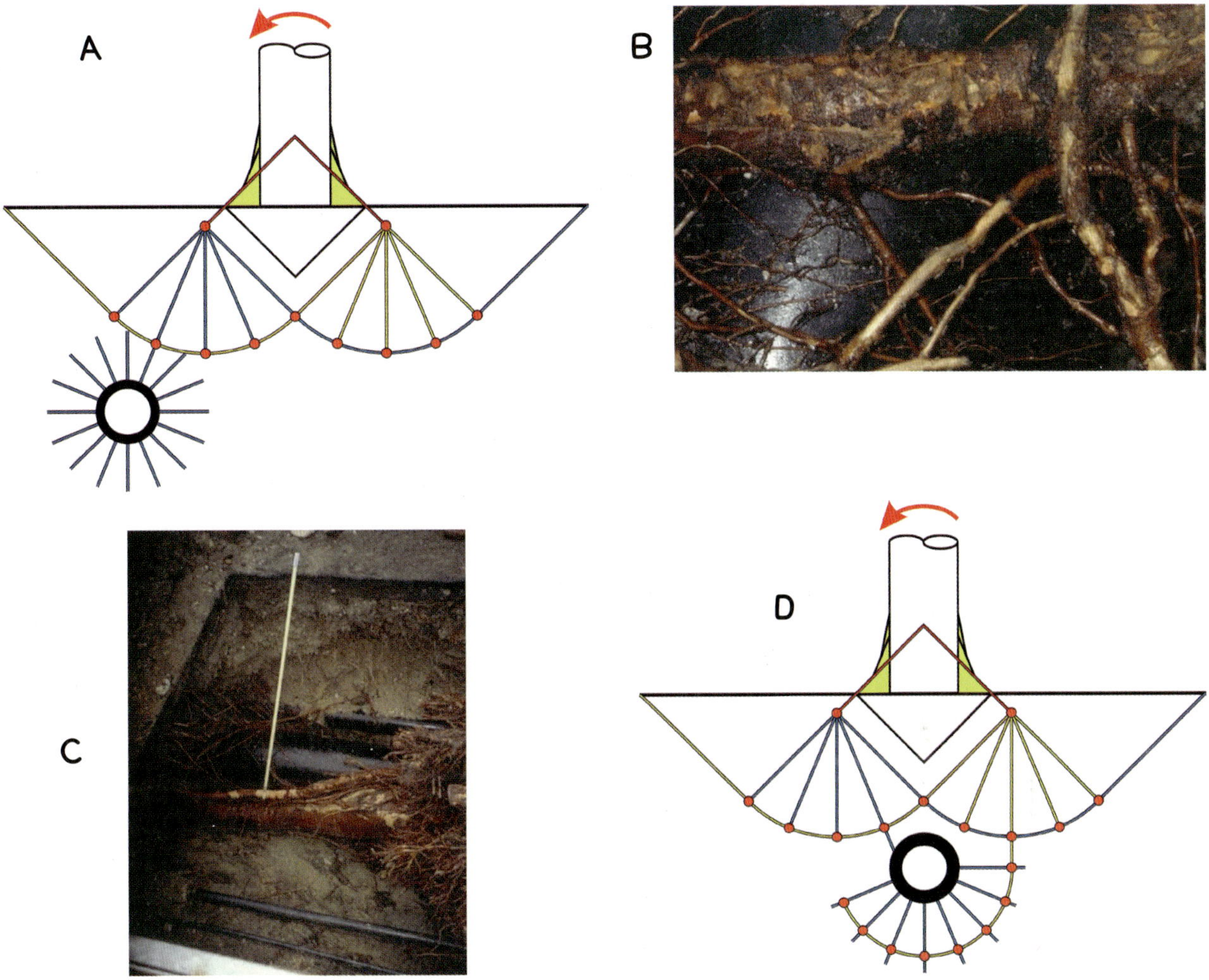

배관이 압축 원뿔 바로 아래에 위치해 있으면(A), 그 배관 위에 압축 지지대가 형성될 것이다(B). 예를 들어 해당 교목의 비틀림 때문에, 뿌리가 배관의 한쪽에서 힘을 받으면, 측면 완충재가 만들어진다. 해당 교목이 그 배관 위에 서 있으면, 인장 고리와 압축 지지대의 효과는 부분적으로 상쇄될 수 있다(D). 그러나 바람이 배관 방향으로 불면, 풍상측의 고리와 풍하측의 뿌리 지지대가 된다.

뿌리와 상/하수관

하수관은 서늘하고 습기가 있기 때문에 주변 뿌리가 굴수성으로 자라도록 유인한다. 미끄러운 점액질 근관(根冠, root cap)은, 아래 사진에서 보는 바와 같이, 방취판(防臭瓣, seal)을 밀어내면서까지 하수관의 끼워 넣기(plug-in) 연결에 침투한다. 일단 이들이 배관 안에 위치하면, 이들은 상상할 수 없이 커진 표면적을 가진 치밀한 뿌리 덩어리를 만든다. 이러한 방법으로, 뿌리는 많은 양의 물을 흡수할 수 있게 된다. 시간이 지나면 언젠가 우리가 화장실의 물을 내리고 싶어도 더 이상 작동하지 않음을 발견하게 된다.

뿌리 생장의 힘

이 병은 Örjan stål이 제공한 것이다.

뿌리 생장의 힘은 부서진 채로 땅에서 발견된 고무 개스킷(gasket)과 스프링 구동(spring-actuated)의 주둥이를 가진 이 맥주병에서 볼 수 있는데, 관목의 뿌리가 병을 관통하여 자랐다. Gernot Bruder[34] 박사는 죔쇠(clamp) 안에 살아 있는 뿌리를 고정시키는 실험을 했다. 2년 후에, 그는 0.72MPa(메가파스칼)에 이르는 횡 응력(transverse stress)을 발견하였다. Bennie[35]는 0.24~1.45MPa의 축 방향 뿌리 압력과 0.51~0.90MPa의 방사상 뿌리 압력을 발견하였다. 이 횡 압력 때문에 A4 크기의 뿌리 면적이면 코끼리를 들어 올릴 수 있는 정도가 된다. 아스팔트 포장의 균열은 어떨까? 뿌리 힘이면 문제가 안 된다[2]!

돌 사이 뿌리의 완충재 형성

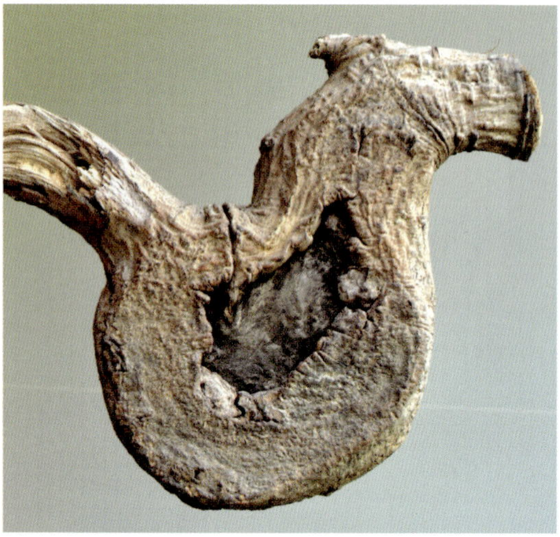

37. 노숙목과 이들의 보전

노목(老木, old tree): 상부 수관과 하부 수관

노목의 상부 수관은 폭풍 충격의 결과나 부후(왼쪽)로 인해 부러질 수 있다. 이렇게 되면 아래 가지는 수간에 의해 더 이상 적절하게 통합되지 못한다. 그러므로 이들은 수간과 가지 생장 사이의 평행을 회복하기 위해 축소될 수 있다. 이러한 수관 조절은 뿌리 부후에 의한 것처럼 상부 수관이 죽은 교목에도 적용된다(오른쪽). 그러므로 어린 교목은 통행의 안전을 위해 요구되는 경우에 한해서만 수관을 높이는 전정을 해야 한다.

파손 경로 차단하기

물론, 노숙목(老熟木, veteran tree)은 이들 대부분이 상당히 축소되었기 때문에 속이 빈 교목에 대한 70% 규칙이 적용되지 않는다. 대신, 왼쪽 그림의 붉은 화살표가 가리키는 것처럼 이들의 파손 움직임을 이해하기 위해 노력해야 한다. 이들 서서히 진행되는 파손 움직임은 전정이나 기계적인 보조재에 의해 멈추어져야 한다. 오른쪽 그림은 이 교목에 노출된 몇 가지 가능성을 보여준다. 해당 교목 단면의 내향적인 좌굴을 방지하기 위한 돌망태(gabion)는 부후 공동이 건조하게 유지되도록 반드시 공기가 통과할 수 있도록 해야 한다.

살아가기 위해 절대적인 준 골격

사진: Mick Boddy 제공

수피가 조각으로 부서지는 것은 인장응력(引張應力, tensile stress)이 높다는 것을 의미하고, 수피의 압축 주름은 압축응력이 높다는 것을 나타낸다. 이들 두 수피 언어가 보내는 신호는 노숙목을 평가하는 중요한 수단이다. 왼쪽 그림의 점진적인 움직임은, 예를 들면 오른쪽에 보여준 수단에 의해 멈추게 할 수 있다. 토양은 인장 강도(引張强度, tensile strength)가 없기 때문에, 항상 땅으로는 인장 대신 압축을 전달하는 것이 더 좋다.

38. 교목 공학: 한계 부하 예측, 용기 공식

한계 부하 분석에 근거한 교목 공학

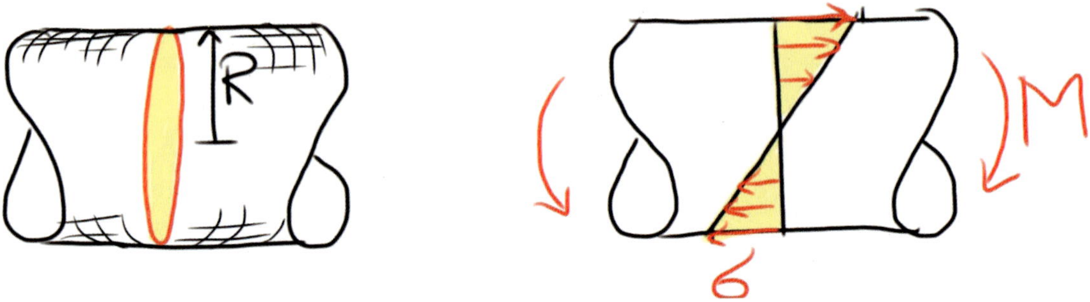

$$M_F = \sigma_C \cdot \frac{\pi}{4} R^3$$

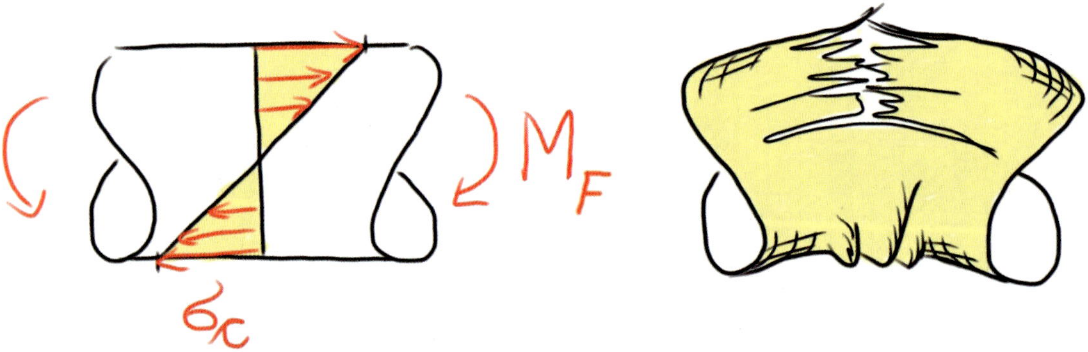

가끔 최대 신뢰 부하(maximum credible load)를 계산하는 것은 상대적으로 쉽다. 따라서 한계 부하 분석(限界負荷分析, limit load analysis)은 오랫동안 공학(工學, engineering)에서 알려져 왔다. 여기서는 기본적인 아이디어를 휘어진 원통을 이용하여 설명한다. 휨응력 σ는 원통이 파손되는 한계수준인 σ_c를 초과하여 증가할 수 없다. 파괴 모멘트(fracture moment) M_F(한계 부하)는 여기에 주어진 공식에 의해서 수간 반지름 R과 자재의 강도 σ_C를 이용하여 계산할 수 있다. 휨강도 σ_c는 시료 자재의 파손을 유발하는 실험에 의해 확인되어야 한다.

한계 부하 분석에 근거한 교목 공학

입력 데이터의 부족으로 인해, 우리는 개별 바람 부하 추정을 신뢰하기 어렵다. 그러나 파괴 모멘트 M_F 보다 큰 바람 휨 모멘트가 토양으로 전달되지는 않을 것이다. 풍하중은 높이 H_{eff}에 위치한 중력의 중심 부위 부근에서 작용한다. 힘 F_H는 해당 교목이 풍력 자동차처럼 옆으로 "멀리 움직이는 것"을 방지한다. 한 쌍의 수직적인 힘 F_V는 해당 교목이 차량 위로 쓰러지는 것을 방지한다. 지레 팔 ℓ은 경험이나 풍도 도해에 의해, 지역적인 환경에 따라 결정된다. 일반적으로 해당 교목은 전단응력에 의해 땅에 고정된다. 그러나 배관, 돌, 주택의 담장과 같은 튼튼한 앵커가 있으면, 이들 공식은 이들의 최대 부하를 추정하는 데 도움이 될 것이다[60].

벽에 대한 권투선수

교목이 벽의 풍상측에 조성된 돋움 상(raised bed)에 식재되면, 벽을 향하는 뿌리 덩이나 가끔 매우 독특한 창 모양의 뿌리가 벽을 압박할 것이다. 이렇게 되면 접촉하는 곳에서는 접촉 표면을 넓히는 "권투 글러브(boxing glove)" 같은 완충재가 형성된다. 항상 반복적으로 발생하는 충격 부하는 가끔 해당 교목으로부터 멀리 떨어진 벽에 균열을 유발할 수 있다. 권투 글러브는 항상 이 균열 뒤에 위치한다. 최대 부하는 바람의 파괴부하 F_{wind}에 의해 우리 모델을 이용하여 추정되는데, F_{wind}는 풍하측 압력 부하로 작용하며, 최악의 경우에는 벽이 혼자서 부담한다[60].

풍상측 인장 고리

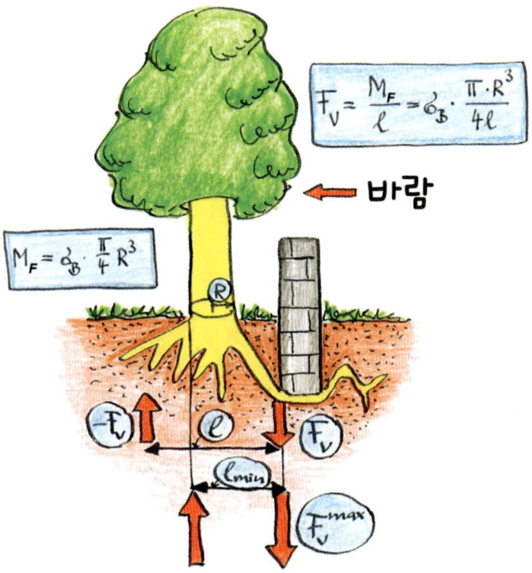

사진: Klaus Schröder 제공

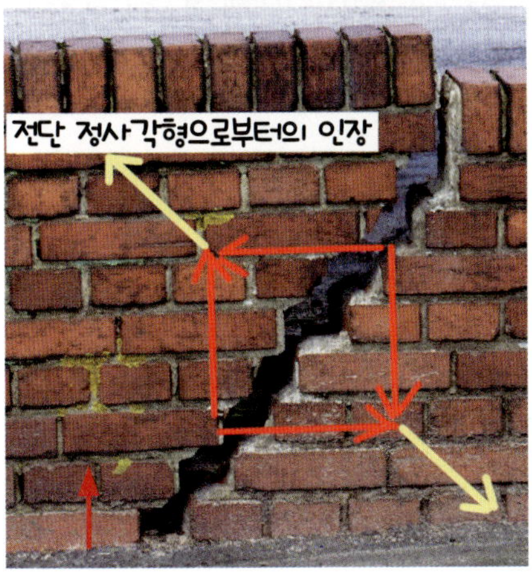

풍상측 뿌리는 해당 교목이 넘어지지 않도록 하기 위해 인장력(引張力, tensile force) F_V을 가져야 한다. 만약 뿌리가 풍상측의 벽, 돌, 배관 아래로 뻗어 있으면, 이들 물체는 수간 파괴 모멘트 M_F에 의해 다시 결정되는 최대값인 인장력 F_V에 의해 들여 올려질 것이다. 풍하측에 연장된 뿌리가 없다고 가정하면, 우리는 뿌리 지레 팔 l_{min}을 고려할 수 있다. 이는 최대의 힘 F_V^{max}를 만들어낼 것이다. 휨 인장은 벽의 위쪽 부위에 균열을 만드는데 비해, 전단 정사각형으로부터의 인장은 대각선 균열을 유발한다[60].

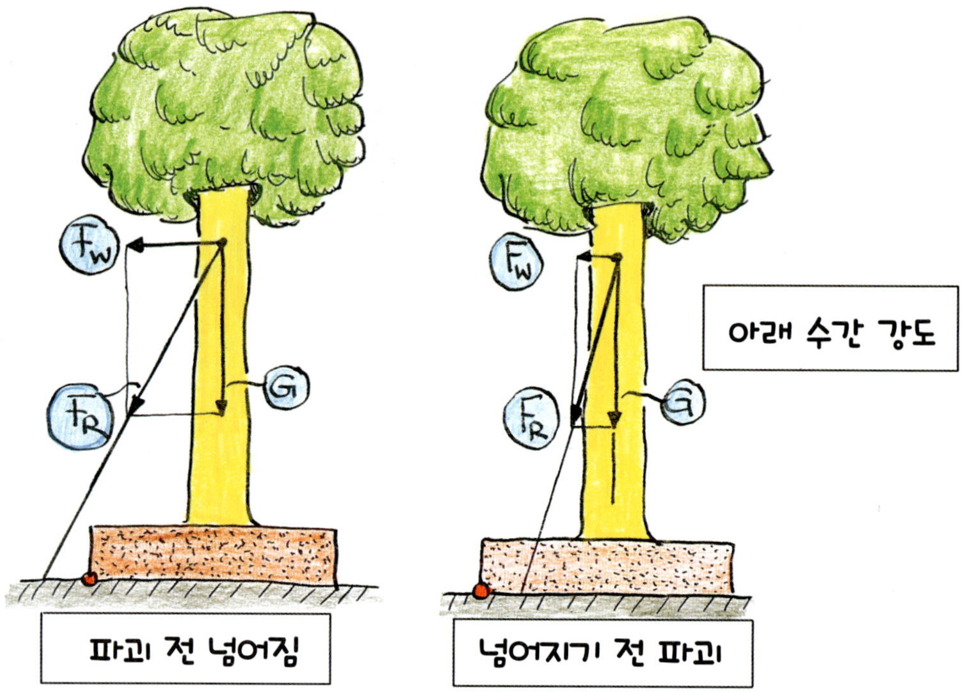

용기는 바람 F_W와 무게 G로 인한 힘이 용기의 기부가 아닌 용기 옆의 지면을 가격하면 넘어질 것이다. 용기 내 교목은 이동성(도로용 가구)이고, 배관이나 주택에 영향을 주지 않으며, 충돌 피해가 거의 발생하지 않고, 옥상 정원(roof garden)에서 직접적인 인장력을 유발하지 않기 때문에 전망이 밝다고 예언할 수 있다. 이 그림에서는 지면의 한계로 용기를 매우 작게 그렸다[60].

교목 용기는 얼마나 커야 하나?

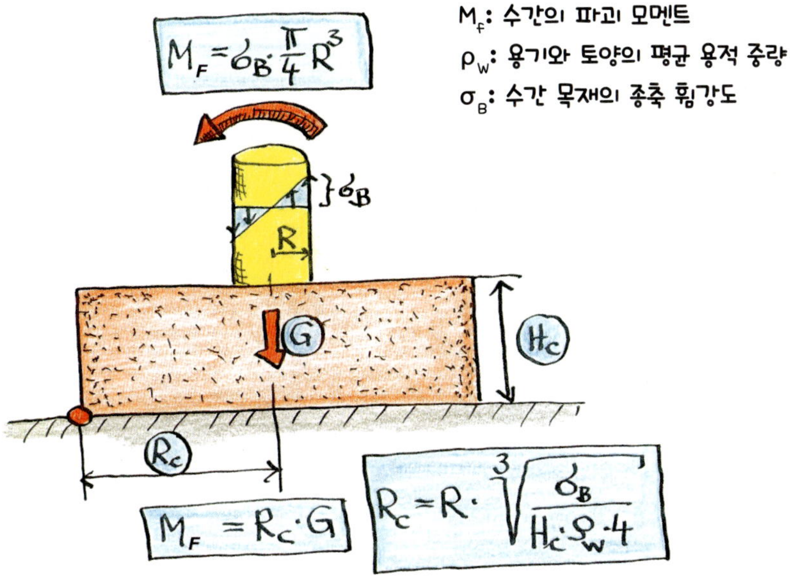

만약 정사각형 용기가 사용된다면, 일반적으로 신중을 기하기 위해 정사각형이 원형의 용기 형태를 둘러싸고 있다고 보고 둥근 통에 적용되는 용기 공식(container formula)을 적용할 것이다. 그 공식은 궁극적으로 해당 교목의 수간이 용기가 넘어지는 것과 같은 풍하중에서 부러진다는 사실에 근거한다. 줄기 파괴를 방지하는 가장 쉬운 방법은 약 H/D(수고/직경)=30 정도의 낮은 세장비(細長比, slenderness)를 확보하는 것인데, 이는 아래 가지를 남겨두고 높이를 축소함으로써 달성된다. 여기에는 다음과 같은 가정이 전제된다:

1. 용기는 바람 하중의 영향을 받지 않고, 토양과 함께 무게 G를 가진다. 우리는 용기의 높이 H_c를 규정한다.
2. 해당 교목은 거의 휘어지지 않고, 어떤 경우든 용기의 가장자리를 넘지 않는다. 질량중심(質量中心, center of mass)은 용기의 중간 위에 있다.
3. 알려지지 않은 해당 교목의 무게는 0으로 두자. 이 가정은 신중을 기하기 위함이다[60].

풍도 도해에서의 용기 반지름

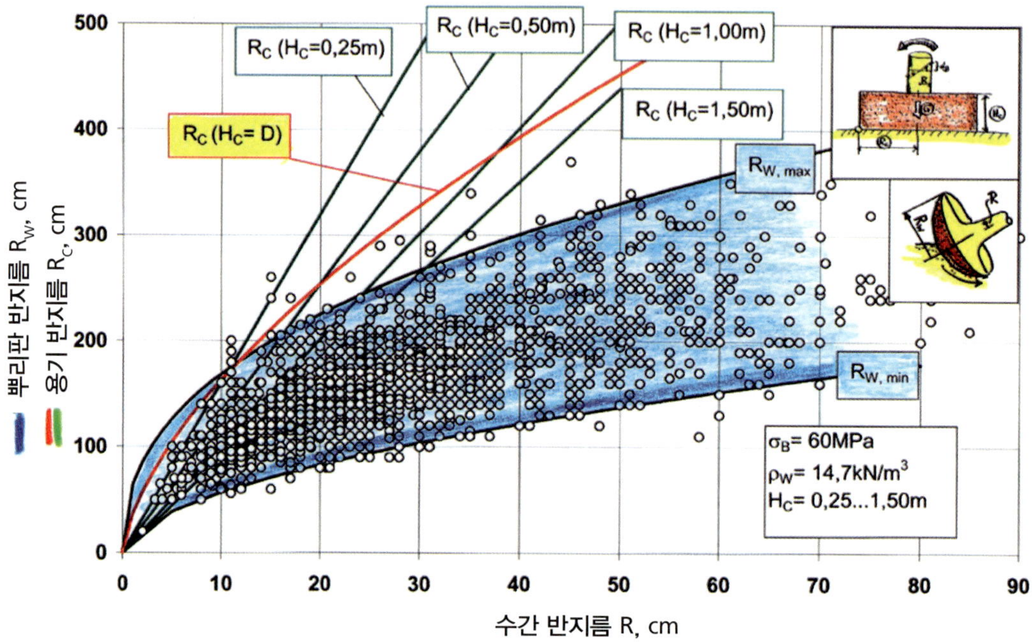

용기 반지름 R_C는 오히려 낮은 전단강도의 토양에서 전단된 뿌리판의 반지름 R_W처럼 행동한다. 이는 용기의 경우 토양의 전단강도로부터 큰 도움을 기대할 수 없기 때문에 타당하다고 할 수 있다. 용기의 높이 H_C가 클수록 필수적인 뿌리판, 즉 용기의 반지름은 더 작아진다. 입력 데이터와 계산된 용기 반지름은 예시일 뿐이다. 이들은 재료가 다르면 변할 수 있다. D는 줄기 기부 직경으로 D=2R이다(숫자 계산은 Klaus Bethge 박사가 함)[60].

용기로부터의 풍도(風倒, windthrow)?

풍하중(wind loading) 하에서, 특히 가뭄이 심각할 때 뿌리 분이 수축되면, 용기가 넘어지지 않아도 해당 교목이 넘어지는 사태가 발생할 수 있다. 그러므로 자동차 통행에 도움이 되도록 경사지게 하거나 보행자의 편익을 위한 의자처럼 수평으로 된 "마개(stopper)"가 필요하고, 내부에는 작은 덩어리나 홈을 만들 수도 있다. 용기의 안쪽에 가로대(cross bar)를 설치하는 것도 도움이 된다! 그러나 이들의 부착 지점에서는 어떠한 균열도 유발되지 않아야 한다[60].

용기에 적용되는 공식과 안정성

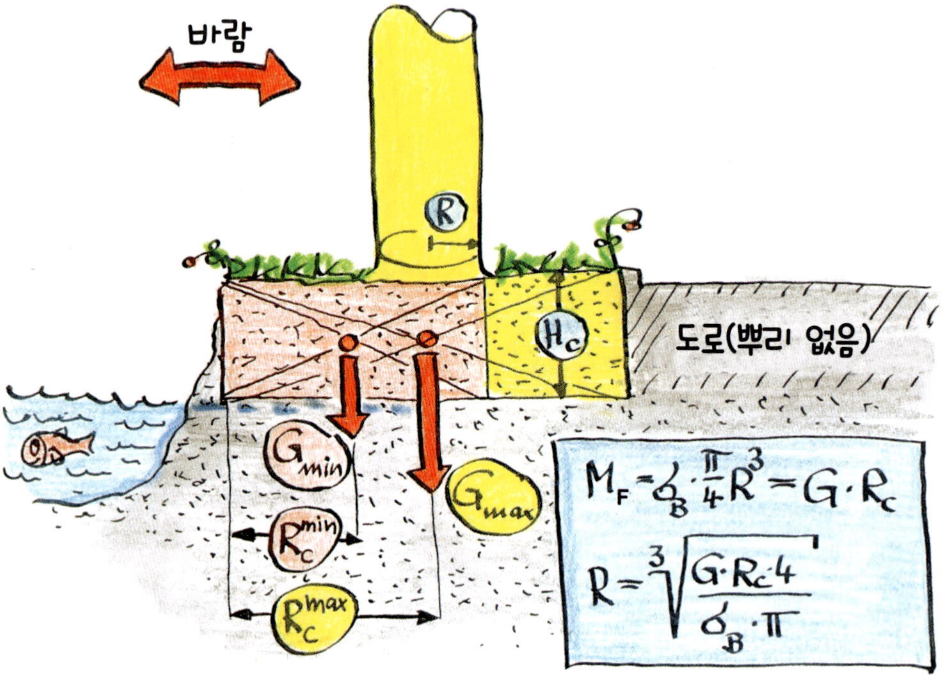

많은 경우, 용기에 적용되는 공식(公式, formular)은, 굴착으로 뿌리판이 한정된 경우나 해당 교목이 도로(뿌리가 없는)와 해당 도로와 평행하게 흐르는 개울 사이에 서 있을 경우, 안정성의 일차적인 추정을 위해 사용될 수도 있다. 도로 방향에 평행하게 뿌리판을 연장하기 위해서는 가정이 필요하다. 직경이 거의 같은 인접한 이웃 교목이 있는 경우, 때로는 모든 교목이 동시에 넘어질 때를 추정할 수 있다. 어떤 경우든, 최종 결과는 완전한 수관을 가진 교목의 최대 허용가능 수간 반지름이다. 뿌리판 자체는 용기처럼 행동하여 바람에 넘어지는 동안 분리되지 않는다는 것이 중요하다[60]!

용기의 반지름과 힘 원뿔 방법

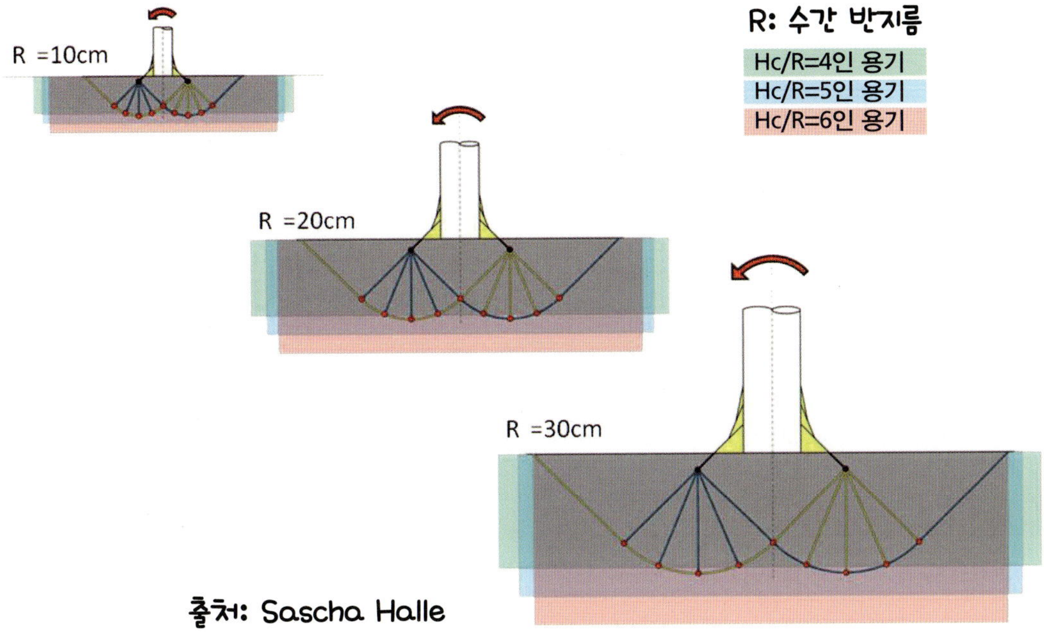

출처: Sascha Halle

용기 공식은 측정될 식물 용기의 높이가 필요한 반면, 힘 원뿔 방법은 특별히 높은 부하 아래에 위치한 설계 공간의 깊이를 자동적으로 나타낸다: 이는 줄기 기부 직경의 2배와 동일하다. 이는 특히 흥미를 일으키는 용기 높이 H_c=4R과 비교된다. 예상했던 것처럼, 설계 공간은 중간 범위의 수간 직경이 아닌 너무 가늘거나 너무 굵은 교목에는 잘 맞지 않는다[30].

영구 용기는 돌로 된 세상에 활기를 불어 넣는다

사진: Tee Swee Ping 제공

싱가포르: 도시 전체를 정원으로 바꿀 수 있다면... 이 사진은 마음씨가 따뜻하고 전문적인 수목관리가 도시를 정원, 진정한 정원 도시로 바꿀 수 있다는 훌륭한 방법을 보여준다. 이는 다양한 식물이 살 수 있는 영구적이면서도 이동이 가능한 많은 용기 교목들에 의해 크게 도움을 받았다. 이들은 정원 가구(garden furniture) 같다. 배관을 막지도 않고, 굴착 피해도 없고, 차량에 의한 교목 피해도 없다.

39. 수관 지키기

가지 강도의 함수로서의 밧줄 수용능력 (收容能力, carrying capacity)

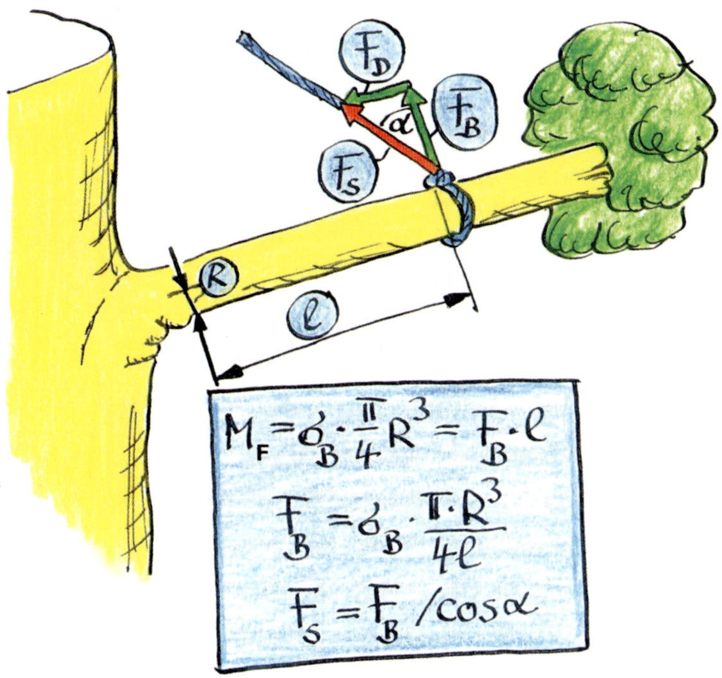

건강한 상태의 가지를 들어 올릴 수 있을 정도로 수관을 안전하게 확보하고 있는 밧줄이 설치되었다면, 그 밧줄은 이 가지를 대등하게 대체할 것이다 – 그러나 이는 정적이고 해당 부하의 방향에 대한 것일 뿐이다! 이는 옆바람(side wind)에 대응하지 못하기 때문에, 이 상황에 대응할 수 있는 추가적인 밧줄이나 전정만이 도움을 제공할 수 있을 것이다. 가지가 떨어져서 밧줄에 매달리면, 전달된 충격 부하(衝擊負荷, jolt load)는 밧줄이 처지지 않더라고 적어도 해당 가지 무게의 2배가 된다. 추락 높이가 추가되면, 충격 부하가 무게의 몇 배가 되는 것이 현실적이다. 가지가 바람에 의해 들어 올려진 후 밧줄을 향해 내리치는 경우의 높은 충격 부하도 상상할 수 있다[36, 60].

가지 강도 함수로서의 A형 구조

A형 구조가 합력(合力, resultant force) F_S로 건강한 가지를 들어 올릴 정도로 충분히 튼튼하면, 이 구조는 이 부하 방향에서 가지를 대체할 것이다. 이 지지대가 가지의 위쪽을 잡고 있고 기초가 인장과 압축에 견딜 수 있을 정도로 강하면, A형 구조는 옆바람과 가지가 들리는 것에도 대응할 수 있다. 가지가 이미 땅에 거의 닿아 있으면, 가지 아래에 자갈이나 흙더미를 쌓을 수 있는데, 여기서 부정근(不定根, adventitious root)이 발생하는 경우가 많이 있다(105페이지 참조). 가지가 아직 더미나 땅에 완전히 닿지 않았으면, 가지에 조심스럽게 톱으로 절단자국(saw cut)을 낼 수 있지만, 이 작업을 할 때에는 가지를 지지하고 있어야 한다. 이러한 간섭은 주인의 승인이 필요하다. 이 노치 기술을 제안할 수 있는 것은 영국의 Ted Green 덕분이다[60].

40. 곰팡이 자실체와 곰팡이의 몸짓 언어

곰팡이 자실체의 몸짓 언어

이는 역학과 관계가 매우 깊다. 어쨌든 곰팡이는 자신들이 소화한 목재의 양, 그리고 목재의 강도(强度, strength)와 강성(剛性, stiffness)이 감소한 정도에 관해 얘기한다. 때로는 부후가 교목 내 어떻게 분포하고 있는가도 나타낸다. 가끔 사고를 예측할 수 있는 증거를 가지고 있는데, 이와 관련된 분야를 "법균류학"(法菌類學, forensic mycology)이라고 부른다: 즉 곰팡이 자실체(子實體, fruit body)가 법정에서 증인이 될 수 있다[3].

포자 발사기로서의 곰팡이 자실체

자실체는 균사체(菌絲體, mycelium)라고 불리는 곰팡이의 실 가닥 덩어리로 이루어진다. 즉, 균사체는 가는 곰팡이 세포인 균사(菌絲, hypha)로 구성되어 있다. 자실체의 균사체는 대부분 몇 가지 균사 시스템, 예를 들면 안정화를 위한 후막골격균사(厚膜骨格菌絲, thick-walled skeletal hypha), 채색을 위한 색소 균사(pigmented hyphae) 등을 내포하고 있다. 이렇게 하여, 부착형(bracket)이나 우산형(toadstool)과 같은 여러 가지 다른 곰팡이 갓(cap)이 발생한다. 곰팡이 포자(胞子, spore)는 생식 과정(生殖過程, sexual process)의 결과로 자실체에 형성된다. 이들 포자는 바람에 의해 쉽게 퍼질 수 있도록 매우 작다. 따라서 자실체는 자신이 가지고 있는 포자를 보호하고 이들을 발사대(發射臺, launching pad)에서 발사하는 것처럼 자연 환경으로 방출하는 곰팡이 기관으로, 새로운 기주 교목에 정착(定着, colonization)시키는 것이 그 목적이다[37].

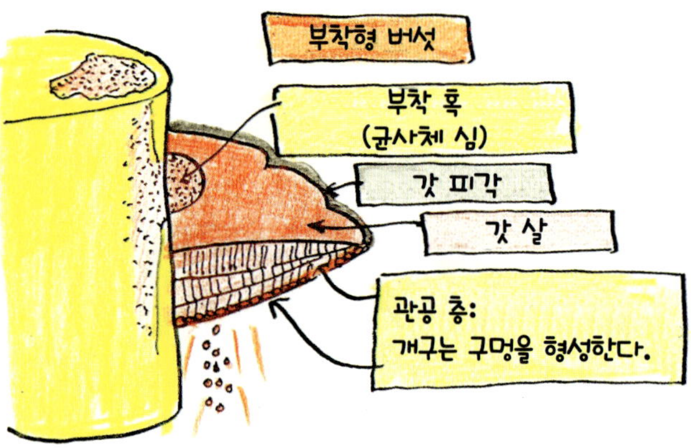

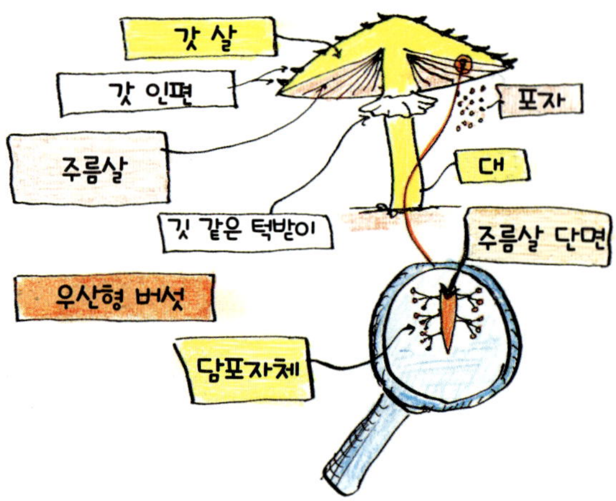

목재를 부후시키는 곰팡이는 가끔 부착형 버섯이나 우산형 버섯을 만든다. 곰팡이의 종은 자실체의 특징으로부터 확인할 수 있다.

수평 생장량이 중요하다

다년생 자실체의 몸짓 언어는 자신이 위치한 부위에서 해당 교목 내에 아직 분해되지 않은 목재가 얼마나 남아 있는가를 우리에게 말해준다. 곰팡이 자실체가 아직 수평 방향으로 왕성하게 자라고 있으면(A), 곰팡이는 아직 식량인 목재를 충분히 가지고 있다. 이들 생장량이 점진적으로 감소하면 곰팡이가 접근할 수 있는 목재가 끝나가고 있다(B). 이러한 상황이 되면, 자실체는 "감퇴(recede)"하고, 해당 교목은 그 지점에서 거의 완전히 분해된다. B의 경우에는 자실체의 크기는 중요하지 않다; 중요한 것은 마지막 몇 개의 생장 증분뿐이다. Pauli(그림의 캐릭터)의 경우, 옛날에는 식량이 많았으나 이제 남은 것은 뼈뿐이다. 주의: 교목은 A 경우에도 파손될 수 있다. 곰팡이 식량으로 풍부한 목재가 있다는 것이 항상 안전한 교목을 위해 충분한 목재가 있다는 것을 의미하지는 않는다[3].

부착을 위한 거점은 마지막에 떨어진다

자실체가 급격하게 쇠락하는 곳에서도, 해당 곰팡이의 부착 부위는 전혀 분해되지 않거나 맨 마지막에 가서야 분해된다. 목재도 이 지역에서 균사체에 의해 강하게 보강될 수 있다. 어디든 들어가는 수렵용 칼(hunting knife)도 부착 지점 안으로 찔러 넣는 것은 불가능하다. 곰팡이는 자신이 걸린 벽을 먹어치우는 그림에 비유할 수 있는데, 그림이 걸린 못과 못의 인접한 주위는 마지막까지 안전할 것이다[3].

최소의 뜯어내는 힘

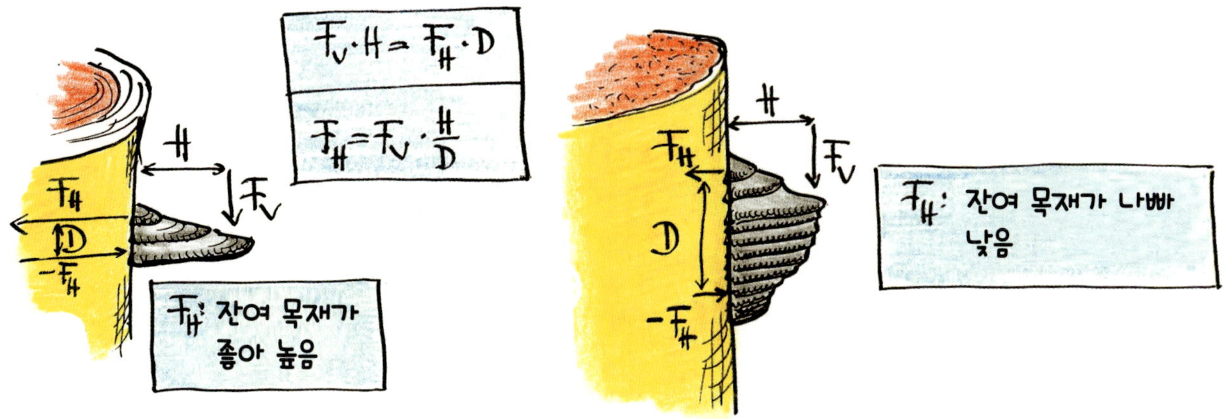

그림에서 보는 바와 같이, 곰팡이 자실체의 높이 H가 확인되고, 수직적인 힘 F_V가 이를 아래로 휜다면, 자실체가 쇠락한 경우 단순하게 추정된 거리 D에서 낮은 수평적인 힘 F_H가 목재 내에서 작용한다. 이는 목재가 이미 광범위하게 분해되었을 때 일어난다. 수평적인 지레 팔 H는 더 이상 증가하지 않고, 목재 내 수평적인 힘의 지레 팔 D만 증가한다. 이는 또한 해당 자실체를 뜯어내는 것에 약하게 저항한다. 지레 팔 D가 길어질수록 목재에서 당기는 수평적인 뜯어내는 힘은 더 낮다. 대단하다! 이들 곰팡이가 도대체 무엇을 하고 있는 거야? Pauli가 목재 내의 힘이 어떻게 발생하는가를 보여준다. Pauli는 손으로 밧줄을 당기면서 발로는 누르고 있다. Pauli의 발로부터 밧줄이 멀어질수록 목재 내의 수평적인 힘은 더 낮을 것이다[3].

부착 부위 보호하기

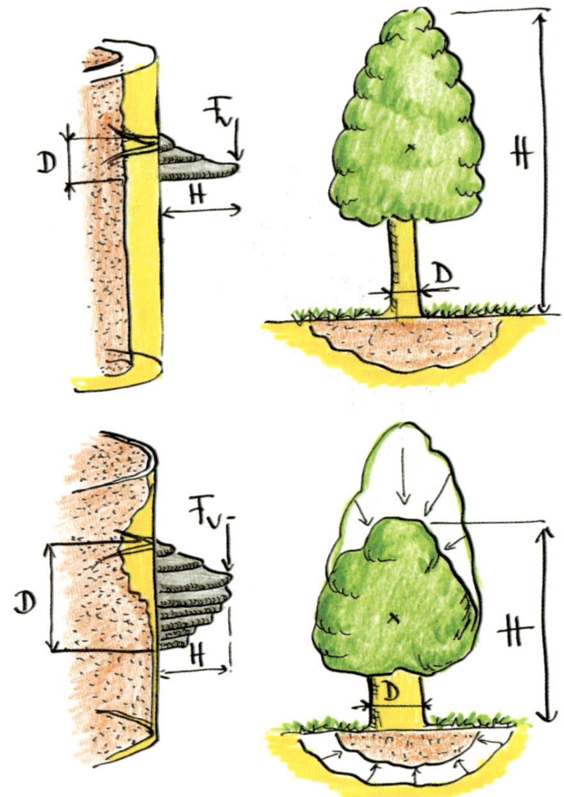

실제로 몇 년 된 곰팡이의 자실체는 하는 행동에서 노령목과 크게 다르지 않다. 교목이 가지 마름으로 자신의 크기를 고루 축소하듯이, 곰팡이는 자신의 높이 H를 제한한다. 더구나 곰팡이는 교목처럼 자신의 두께 D를 키운다. 곰팡이 자실체에서, 부착 부위 바로 옆의 목재는 훨씬 덜 분해하고 균사체로 보강된다. 가지가 말라 죽어 들어가는 교목에서도 수간 가까운 뿌리판은 토양 앵커로 보존된다. 교목과 곰팡이는 죽어가면서도 안전하기 위해 공통적인 전략을 가지고 있는데, 이는 수고/직경비율(H/D ratio)을 줄이는 것이다[3].

이 경우, 곰팡이 자실체가 사고를 예측할 수 있다는 것을 증명함으로써 피해 사례의 증인이 된다. 자실체는 항상 포자가 아래로 향하도록, 즉 굴지적인 방식으로 자란다. 화살표가 가리키는 자실체는 사고가 나기 전에 해당 교목에 있었다. 이 자실체의 생장 증분은 줄어들고 있다. 다른 한편, 바닥에서 굴지적으로 90° 회전하여 넘어진 줄기에서 자라는 자실체는 최근 왕성한 생장을 보이고 있다. 이는 수간이 파괴되고 난 후 구획화 기작(區劃化機作, compartmentalization mechanisms)이 붕괴되어 균사체가 발달하고 새로운 목재 부위를 소비할 수 있었다는 사실 때문일 것이다. 남은 수간에서, 목재는 기부에서보다 위쪽에서 더 강하게 분해된다: 이로 인해 시간이 갈수록 위쪽 자실체의 생장량이 크게 감소한다. 만약 이들의 언어를 이해하면, 우리는 곰팡이 자실체가 매우 말이 많은 작은 생물인 것을 알게 될 것이다[3].

의심스러운 경우

이들 곰팡이는 자실체가 반드시 사고를 예측할 수 있다는 결론을 내리기 어려운데, 그 이유는 땅에 누워 있는 교목의 수간에 있는 자실체가 사고가 나기 전에 이미 착상한 자실체처럼 굴지성 회전을 보이지 않기 때문이다. 또한 넘어진 수간에 지금 수평으로 자라는 자실체가 서 있는 수간에 존재하는 자실체와 크기가 거의 비슷하고 부러진 부위로부터 같은 거리에 위치한다. 이 경우 사고 이전에는 가시적인 자실체가 없었을 가능성이 높다. 서 있는 교목에 친절한 Pauli가 보고 있는 것과 같은 자실체가 존재할 수 있을까[3]?

붕괴 기록

이 경우, 곰팡이 자실체는 이 교목이 각도 α만큼 기울어져 있었다고 말한다. 그러나 이 교목은 기울어지기 시작하기 전에 자실체를 가지고 있었다. 기울어지기 시작한 이후, 나중에 부러진 부위 아래와 그 위에 각각 하나씩 두 개의 새로운 자실체가 발생했다. 후자의 자실체는 지금 누워 있는 수간 부위에 위치해 있다. 이는 이 자실체가 해당 교목이 붕괴 전, 그러나 기울어지기 시작한 이후에 발생했다는 것과, 부후 징후는 붕괴 전에 분명히 있었다는 것을 보여주고 있다[3].

구르는 통나무

사고가 나면, 법정은 가끔 증거물이 움직였는지에 대해 궁금해 한다. 이들 자실체는 해당 수간이 적어도 한 번은 구르는 움직임이 발생했다고 말하고 있다. 위쪽의 왼쪽 자실체는 새로운 것이 아니지만 구멍(pore)이 아래를 가리키고 있다(굴지성). 그리고 왼쪽 그림의 아래 자실체의 구멍이 위를 향하고 있는 것을 볼 때, 이 수간은 몇 주 또는 몇 달 전에 움직였다는 것을 의미한다[3].

뒤집힌 세상

표준적인 부착형 모양

굴지적 교정으로 인한 물리적 왜곡

곰팡이 자실체의 올바른 굴지성적인 배열은 이들에게 절대적이다. 이 흰구름송편버섯(*Trametes hirsuta*)처럼 자실체를 뒤집어 놓으면 부착형 모양이 버섯 자루(stipe)에 고루 구멍을 가진 거의 우산형 곰팡이처럼 자라는 악당으로 만든다!

곰팡이의 유합 밀랍

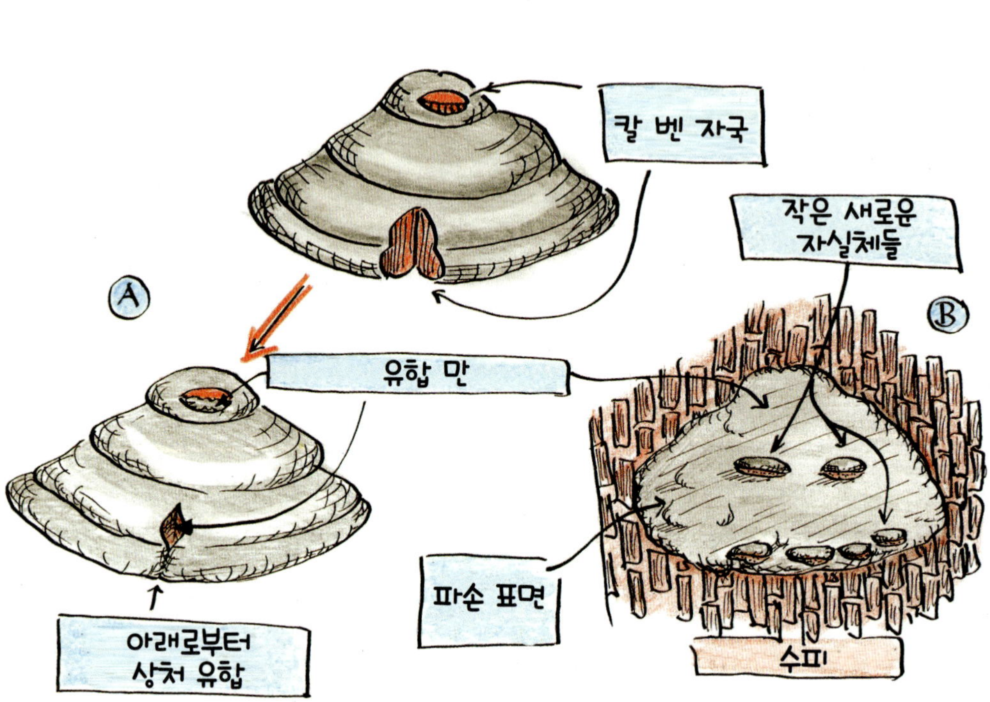

자가 수리(self repair)의 명수인 교목이 자신의 상처를 유합한다는 것은 일반화된 지식이다. 어쨌든 이들은 피해를 입을 위협이 있어도 도망가지 못한다. 그런데 곰팡이 자실체가 손상되면 어떤 일이 일어날까? 이들도 자신의 상처를 수선한다. 그러나 자실체는 상처 부위를 유합하는 것처럼 시작한 다음 지퍼처럼 아래에서 위로 상처를 접합한다. 결국 구멍을 가진 활발한 생장 층은 아랫부분에 위치해 있다. 만약 증거를 없앨 목적 등으로 곰팡이 자실체를 떼어내면, 균사체는 파손 부위를 먼저 밀봉한다. "격벽(隔壁, bulkhead)을 폐쇄하라"는 명령이 내려진 것으로 보인다. 그 후 큰 자실체의 오래된 파손 표면에서 자라나와 작은 새로운 자실체가 형성된다. 이들은 떨어져나간 자실체의 마지막 생장 나이테의 아래에서 자주 발견된다[3].

자기 통제

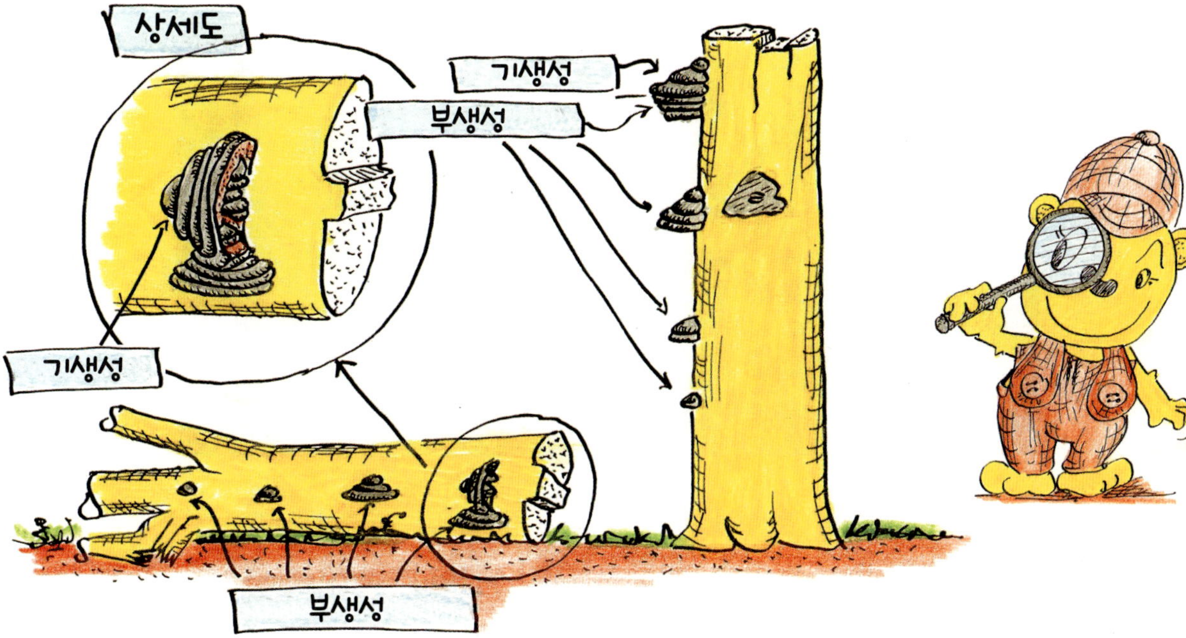

곰팡이 자실체의 몸짓 언어에 관한 장을 끝내면서, 이 그림에 관해 탐정의 질문을 몇 가지 해보자.

1. 서 있는 그루터기의 어느 부위에서 목재가 가장 많이 부후되었는가?
2. 곰팡이 자실체는 목재로부터 떨어졌는가?
3. 부후는 파손 전에 식별할 수 있었는가?
4. 이 교목의 누워 있는 부위에서 목재가 가장 많이 부후된 곳은 어디인가?
5. 이 교목의 누워 있는 부위가 파손 후에 움직였는가? [3]

목재 부후 곰팡이: 기생균과 부생균

목재를 분해하는 곰팡이는 종종 두 범주로 다시 나눈다: 기생균(寄生菌, parasites)과 부생균(腐生菌, saprophytes 또는 saprobes). 기생성 곰팡이는 살아 있는 교목의 목재에서 자라서 이들 교목에 피해를 주거나 죽이기까지 할 수 있다. 반면, 부생성 곰팡이는 죽은 목재에서 자라고 이를 분해한다. 이러한 기능 때문에 이들은 목재 자원을 자연적인 방법으로 순환시키는 산림 관리인으로 여겨지며, 동시에 새로운 교목이 자랄 수 있는 공간을 창출한다. 일단 기생성 목재 부후 곰팡이가 자신의 기주 교목을 죽이면, 이들은 대부분 일정 기간 동안 부생균으로 기주 안에서 산다. 부생균도 적합한 환경이 조성되어 있으면 녹색의 교목 수간과 수관(樹冠, crown)의 죽은 목재 부위에 정착할 수도 있다. 곰팡이에 의해 유발된 목재 부후는 감염된 곳의 목재 강도를 떨어뜨리기 때문에, 감염된 수간이나 가지 부위의 파손 위험을 현저히 증대시킬 수 있다. 따라서 조심하라: 부생균이 기생할 수 있고, 교통안전의 관점에서 녹색의 교목을 위험한 교목으로 만들 수 있다[38].

판근 사이

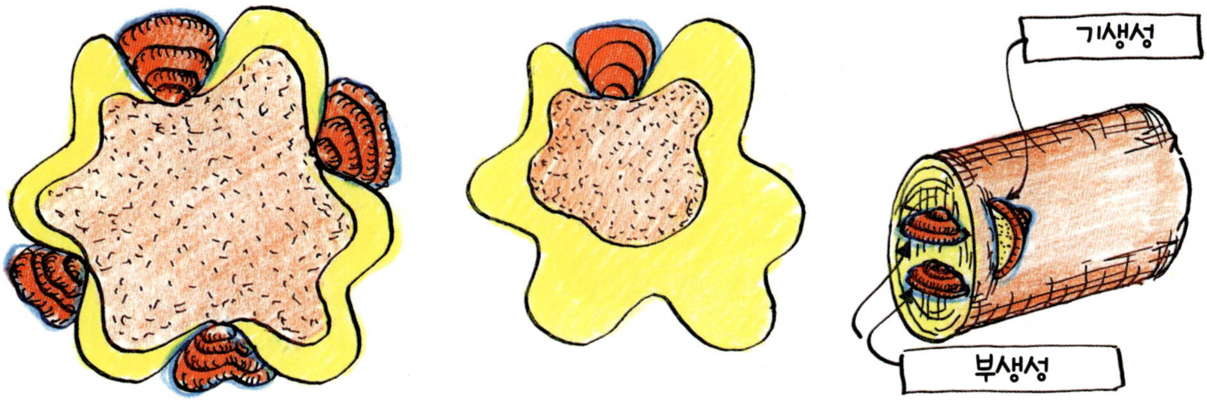

교목 내 균사체가 바깥 공기와 접촉하게 되면, 곰팡이 자실체 형성의 신호가 될 수 있다. 판근 사이는 잔여 벽의 두께가 가장 얇은 곳이다. 곰팡이 자실체를 가장 먼저 볼 수 있는 곳이 여기다. 판근 둘레 모두에 자실체가 있으면, 부후가 멀리 확산되었다는 것을 의미한다. 가끔 이 때문에 교목을 잘라버리거나 강하게 전정할 필요가 있다. 만약 곰팡이 자실체가 한 쪽에서만 발견되면, 천공(穿孔, drilling)을 통해 부후 확산을 확인할 수 있는데, 이에 의해서만 해당 교목에 대한 평결(評決, verdict)을 내릴 수 있다.

주의: 어떤 부후 유형은 뿌리만 분해하고 수간 목재는 공격하지 않는다. 이는 뿌리도 조사해야 한다는 것을 의미한다. 교목을 자르거나 교목의 수간이 파손되면, 톱으로 절단된 부위나 파손 표면에 자실체가 매우 빠르게 발달하고, 이는 죽은 수간에서 부생적으로 생장한다. 그러나 살아 있는 목재에 사는 곰팡이는 기생적으로 생장한다. 또한 이는 공기와 우연히 접촉하게 되고 이것이 곰팡이 자실체 생장으로 이어진다[37].

오인된 자실체와 그릇된 경고

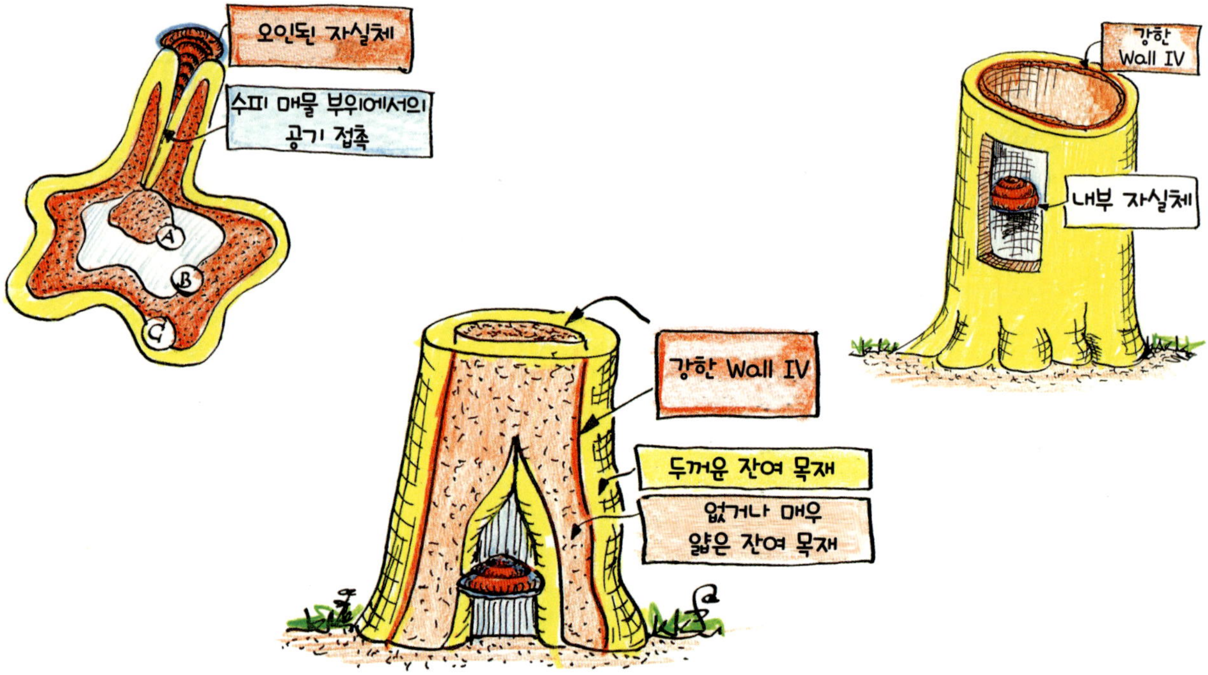

교목 내 균사체는 균열이나 매몰된 수피를 통해 새어 들어오는 공기와 때 이른 접촉을 하게 된다(왼쪽 그림). 이 경우, 곰팡이 자실체가 부후 확산에 관해 많은 것을 말하지 않는다. 그러나 부후가 다소 넓게 분포되어 있을 수도 있다(A, B, 또는 C). 따라서 부후 확산을 측정하기 위해 천공이 필요하다.

가운데 그림은 부후에 대해 양호한 방벽(防壁, barrier)을 가진 교목을 보여준다. 교목에 의해 발달된 샤이고(Shigo) 박사의 Wall IV는 가끔 오랜 기간 동안 건강한 목재를 부후된 목재로부터 믿음직스럽게 격리시킨다. 곰팡이는 이 구획화된 목재에 접근하지 못하여 상처 개구부(開口部, opening)에 자실체를 만들고 기주는 그대로 둔다. 이 오래된 개구부는 이제 새로운 기주로의 출구와 탈출 경로가 된다. 오른쪽 그림처럼, 오래된 상처가 유합되어 균사체가 Wall IV 안에 갇히면, 유일하게 남은 해결책은 새로운 기주에 접근할 일말의 기회를 가지고 내부에서 자실체를 만드는 것이다[37].

41. 교목의 목재 부후: 부후 유형과 목재 분해 방법

목재 부후의 생체역학적 분류

목재 부후의 유형은 목재가 더 연하게 되느냐, 아니면 더 부서지기 쉽게 되느냐에 의해 결정된다(뒷면 그림 참조).

A. 주로 리그닌 분해로 인한 백색부후(白色腐朽, white rot)에 의한 목재 연화(軟化, softening) (선택적인 탈리그닌/delignification): 부풀어 오르거나 수피 압착과 같은 많은 경고 신호가 빈번하게 있다. 리그닌 굴뚝(chimney)은 분해되고 섬유소(纖維素, cellulose) 호스 관(hosepipe)은 그 자리에 남아 있다. 부후된 목재의 촉감은 젖으면 스펀지 같다.

B. 동시 백색부후(simultaneous white rot, simultaneous rot, erosive rot)에 의해 유발된 목재 취화(脆化, embrittlement): 먼저 섬유소 호스 관이 내부로부터 공동화되고 부식되어 목재가 바삭하게 되며 도자기 파편처럼 부서진다(어떤 증상도 찾기 어려움). 리그닌은 대부분 붕괴 후에 더 큰 크기로 분해된다.

C. 연부후(軟腐病, soft rot; 껍질방석꼬투리버섯/*Kretschmaria deusta*, 버즘나무와 죽은 목재에서의 마사리아병/*Splanchnonema platani*): 먼저 섬유소 밧줄(rope)이 분해된다. 마지막에는 대개 바위 조각과 같은 단단한 중간 박막층(middle lamella)이나 중간 부분(section)만 있다. 이는 도자기 같은 파괴 단면(fracture section)을 가진 바삭한 붕괴로 이어진다.

D. 갈색부후(褐色腐朽, brown rot): 빠른 섬유소 분해는 바삭한 붕괴를 유발하고, 리그닌은 코코아처럼 갈색의 목재 가루로 남는다. 많은 갈색부후균은 변재(邊材, sapwood)를 공격하지 않거나 마지못해 공격한다(예, 참나무류와 밤나무에서).

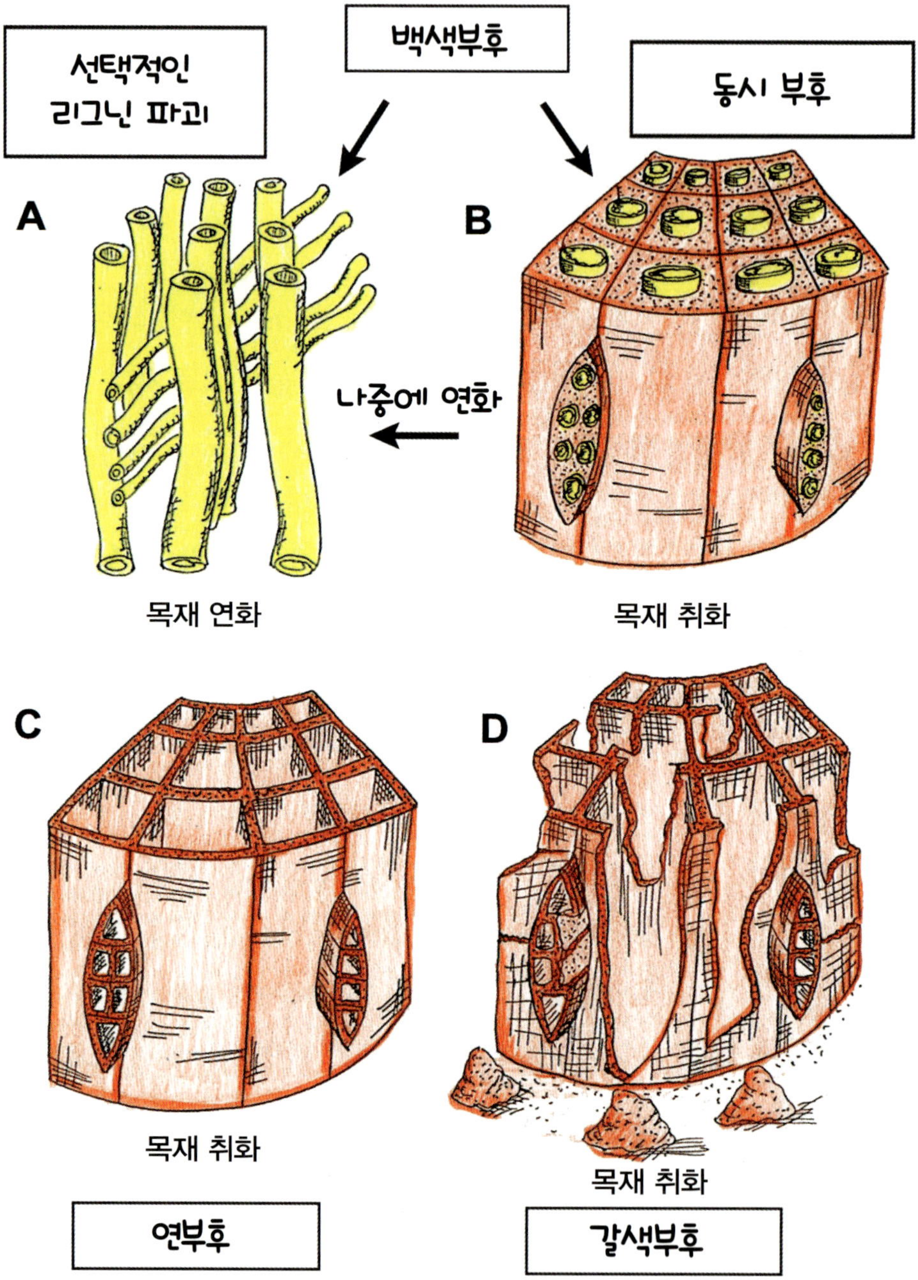

출처: Weber and Mattheck (2002)

목재 취화와 목재 연화

A: 선택적인 탈리그닌
= 목재 연화(백색부후)

B: 동시 부후
(백색부후)

C: 연부후

D: 갈색부후

강성(剛性, stiffness)은 물질의 변형에 대한 저항이다. 목재 연화(A)는 처음에는 강도(强度, strength)를 크게 약화시키지 않고 강성을 감소시킨다. 강도는 물질이 붕괴되는 것에 대한 저항이다. 목재 취화(B, C, D)는 처음에는 강성을 크게 감소시키지 않고 강도를 감소시킨다. 음향학의 지원을 받는 측정 기술이 목재 연화를 탐지하는 데 유용하다. 모든 천공 기술(천공 저항 측정, 목편 추출 등)은 대개의 경우 목재 취화를 밝히는 데 특히 유용하다. 코어강도측정기(Fractometer II, 401페이지와 비교하라)가 목재의 연화(큰 휨 파괴(bending fracture) 각도)와 취화(낮은 파괴 하중/破壞荷重, failure load)를 탐지한다.

42. 교목은 부후를 어떻게 구획화하는가?

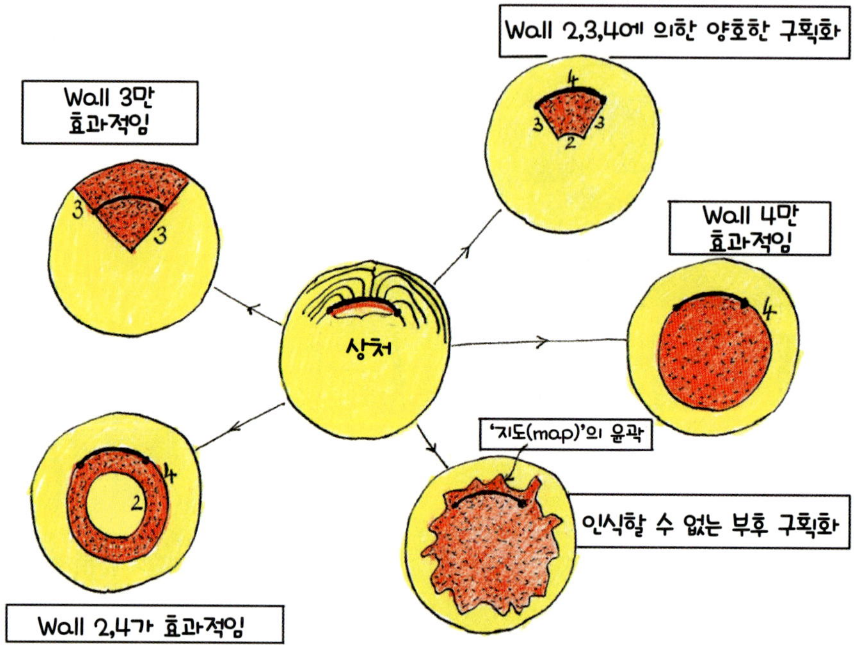

부후의 구획화(compartmentalization of decay)를 연구한 Alex Shigo 박사에 의해 제안된 CODIT(compartmentalization of decay in trees) 모델[39, 40, 41]은 활력이 좋은 교목에서 4개의 구획화 벽을 제안한다[60].

Wall I: 공기나 부후가 침투한 후에 도관을 막음으로써 부후의 축 방향 확산을 저지한다. 예를 들면 전충체(塡充體, tylosis) 형성을 통해.

Wall II: 나이테의 바깥 가장자리에 있는 조밀한 추재(秋材, late wood)가 방사 방향 부후 확산을 지연시킬 수 있다.

Wall III: 참나무의 경우 높이가 몇 cm인 목재 방사조직(放射組織, ray)이 원주 방향(圓周方向, circumferential direction)으로 부후가 확산되는 것을 저지한다.

Wall IV: 나이테를 따라 손상된 목재와 상처 발생 이후 새로이 자란 목재 사이에 형성된 유독한 목재로 된 강한 화학적 방벽(방벽지대(防壁地帶, barrier zone)로 형성층이 상처를 받았을 때에만 만들어짐).

반응지대가 곰팡이 생장을 억제한다

어떤 상처도 없음에도 목재에 존재하는 구획화 벽 II, III(때로는 Wall I도)은 살아 있는 목재 내의 방어과정(防禦過程, defense process)에서 항균물질(抗菌物質, antifungal substance) (예; 폴리페놀류)로 채워진다. 이는 공기가 들어온 직후에 발생하며 또한 목재 자체를 갈색으로 변화시킨다(부후나 병변 주위의 갈색 띠). 소위 반응지대(反應地帶, reaction zone)가 만들어지는 것이다. 궁극적으로 구획화 벽 I~III의 일부가 아닌 조직을 포함하여 방어물질로 채워진 모든 조직은 기능적으로 반응지대의 일부이다. 그러므로 반응지대는 반드시 목재 방사조직이나 나이테를 따라가야 하는 것은 아니다. 교목 내 부후 확산을 조사하기 위한 천공의 영향에 관한 장(章, chapter)도 참고하라(407 페이지).

구획화에 대한 대체용으로서의 습재

흰전나무(*Abies alba*)나 포플러(poplar)와 같은 일부 수종은 가끔 젖은 심재를 가지고 있다. 이러한 현상은 심재를 점령한 세균(細菌, bacteria)에 의해 유발된다. 이들의 목재 파괴 가능성은 매우 낮은데, 목재 습도는 세균 정착에 의해 크게 증가되어 심재 지역이 곰팡이 생장에 필요한 산소가 없어지게 되기 때문에, 궁극적으로는 심재를 부후로부터 꽤 영구적으로 보호하게 된다[37, 42].

습재(濕材, wet wood)는 부후 확산을 효과적으로 억제할 수 있기 때문에 건조시키지 않는 것이 좋다. 예를 들면 생장추 천공으로 습재가 진단되면, 천공된 구멍은 다시 막아주어야 한다.

43. 부후 진단 장비

망치(mallet)

목재와 단단한 고무나 중합체(重合體, polymer)로 만든 망치(mallet)는 자신이 제공할 수 있는 정보에 비해 과대평가된 오래된 수목 진단 도구이다. 이는 여전히 느슨한 수피(뽕나무버섯/honey fungus 감염)와 양버들(Lombardy poplar)의 판근에 아주 잘 작동한다. 부후 부위를 탐지하기 위해서는, 먼저 육안으로 부후가 없는 것으로 판단되는 교목의 한 지점을 비교용으로 두드린다: 이것이 기준이 되는 소리를 제공한다. 다음으로 부후가 의심되는 지점을 조사한다. 그러나 윤할(輪割, ring shake)로 인한 균열이 있으면 교목 중심이 비어 있지 않음에도 불구하고 비어 있는 소리가 날 수 있으므로 조심해야 한다. 반대로 두꺼운 수피가 때로는 부후 공동을 탐지하는 것을 방해한다. 망치는 예비 조사를 위한 도구이지 의사결정을 위한 기준으로 사용되어서는 안 된다[60].

강철 탐침

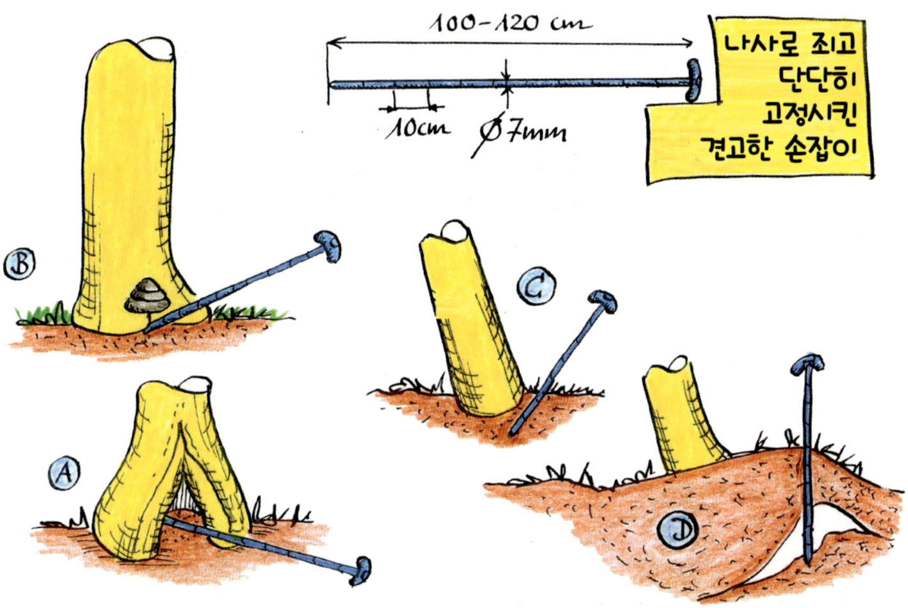

백색부후 부위도 제거할 수 있는 단단한 가로 손잡이가 달린 길이 약 1m의 스텐리스강(-鋼, stainless steel) 탐침(探針, spike)은 단순하고 안전한 도구이다. 이것은 남은 목재를 감지하기 위해 노출된 부후 부위로 찔러 넣을 수도 있고(A), 반대편에 대한 천공을 하지 않기 위해 생장추 시굴공 안으로 집어넣을 수도 있다. 따라서 직경이 7mm를 초과해서는 안 된다. 10cm 간격으로 표시를 해두면 유용하다. 가끔 지하 부후도 수간 가까이 땅을 비스듬히 찔러서 탐지할 수도 있고(B), 뿌리판이 들리지 않은 기울어진 교목(C)에도 유용하다. 뿌리판이 들린(D) 아래의 보이지 않은 빈 공간(탐침 삽입 저항이 낮음)을 대략적으로 측정하기 위해 사용할 수도 있다. 이것은 많은 정보를 제공하는 단순한 도구로서 가끔 일반인(lay person)에게 확신을 주는 데 도움이 된다[60].

전지식 나선형 천공 촉

우리는 목재가 아닌 강철 천공용으로 적합한 4mm 강철 천공 촉을 이용하여 좋은 경험을 한 적이 있다! 목재용 천공기는 가파른 나선형이기 때문에 일반적으로 목재 속으로 당겨지지만, 강철 천공기를 이용하면 매우 양호한 목재 파편을 추출할 수 있다. 강철 천공기로 약 2cm를 뚫은 다음 반대편으로 돌려서 아래로 떨어지는 목편을 쉬고 있는 손으로 받아라. 길고 흰 목편은 일반적으로 단단하고 탄력적인 목재를 가리킨다. 목편이 짧을수록 그 목재는 부서지기 쉬우며, 갈색부후와 같은 극단적인 경우에는 갈색 먼지가 나올 것이다. 건전한 목재 속으로 천공할 때에는 일반적으로 압력을 가할 필요가 있지만, 빈 공간에 들어갈 때에는 천공기가 당겨질 것이다. 단순하고 기술 수준이 낮은 방법이지만 여전히 열대지방 활엽수에 활용되고 있는데, 실제로는 균열을 탐지하지 못하는 문제가 있다[60]. 마개는 천공 과정에서 이동시키면서 천공 깊이를 표시하는 데 사용한다.

천공 저항 측정

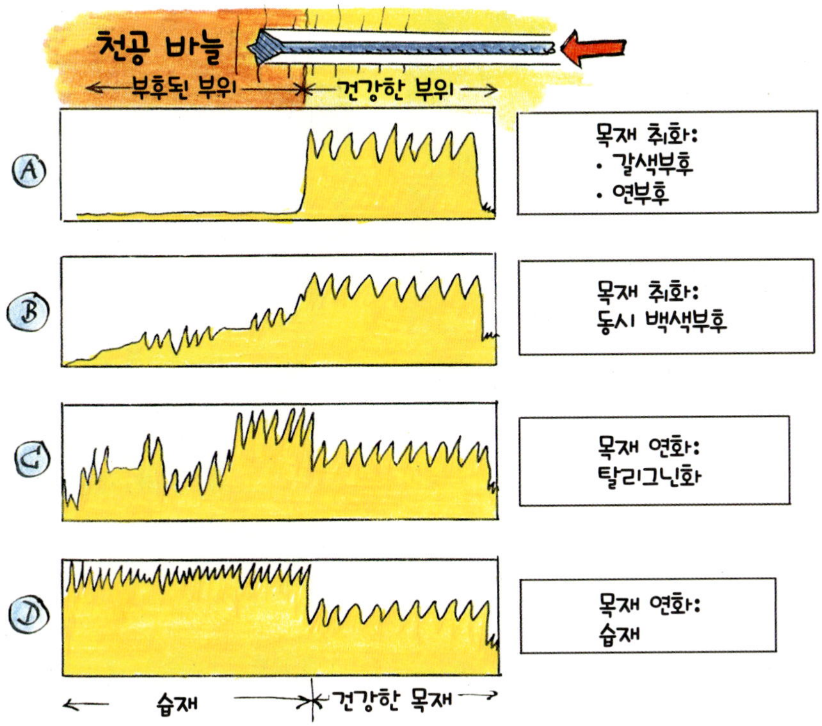

우리는 IML(Instrumenta Mechanik Labor GmbH, Wiesloch, Germany)의 계기를 이용한 경험만 있다. 비틀림 모멘트(torsion moment)는 천공 축에서의 축 마찰(shaft friction)과 바늘의 넓은 끝 부위에서의 깎기 모멘트(chipping moment)로 나누어진다. 원하지 않은 축 마찰은 부식된 부위, 수지 잔유물, 천공 바늘 축의 휨 등을 피함으로써 최소화된다. 대개, 목재 취화를 유발하는 모든 부후(A, B)는 문제없이 탐지된다. IML의 새 장비는 축 방향 힘(軸方向-, axial force)의 흐름도 측정한다[60].

전형적인 천공 저항 곡선

연부후

동시 백색부후

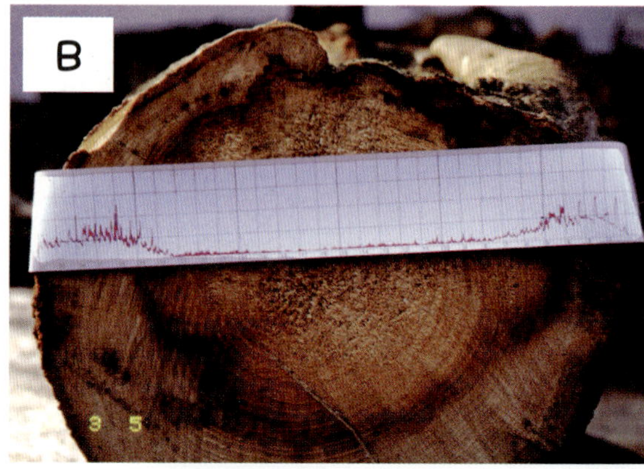

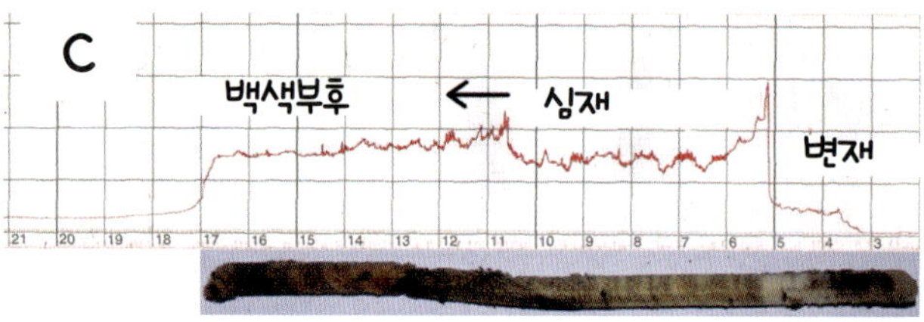

선택적 탈리그닌화

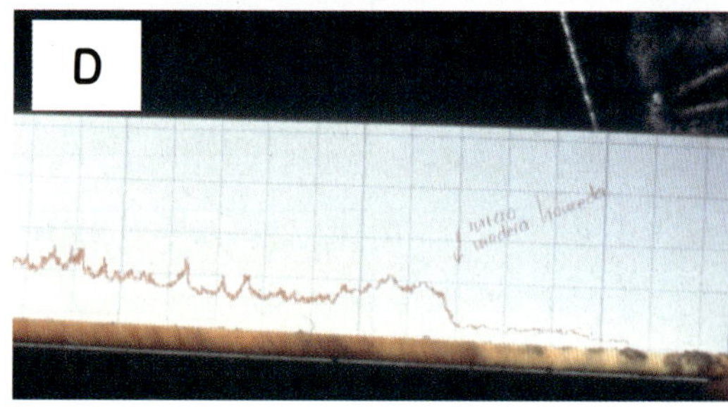

습재

목재 연화 부후(영지버섯류/*Ganoderma* spp. 등)는, 해당 목재의 인성(靭性, toughness)이 증가하기 때문에, 가끔 처음에는 천공 저항의 증가를 가져온다(C). 일반적으로 시간이 지나야만 천공 저항이 감소한다. 잔여 벽의 두께는 생장추(生長錐, increment borer)를 이용하여 확인하는 것이 좋다. 습재가 있는 경우에는(D), 천공 저항이 감소하지 않고 단계적으로 증가한다. 그러므로 목재 취화 부후인 경우보다 목재 연화 부후인 경우가 더 많은 경험이 필요하다(A, B). 이 때문에 새로운 장비를 이용하여 축 방향 힘을 측정하면 도움이 된다(403페이지 참조)[60].

생장추와 배출기

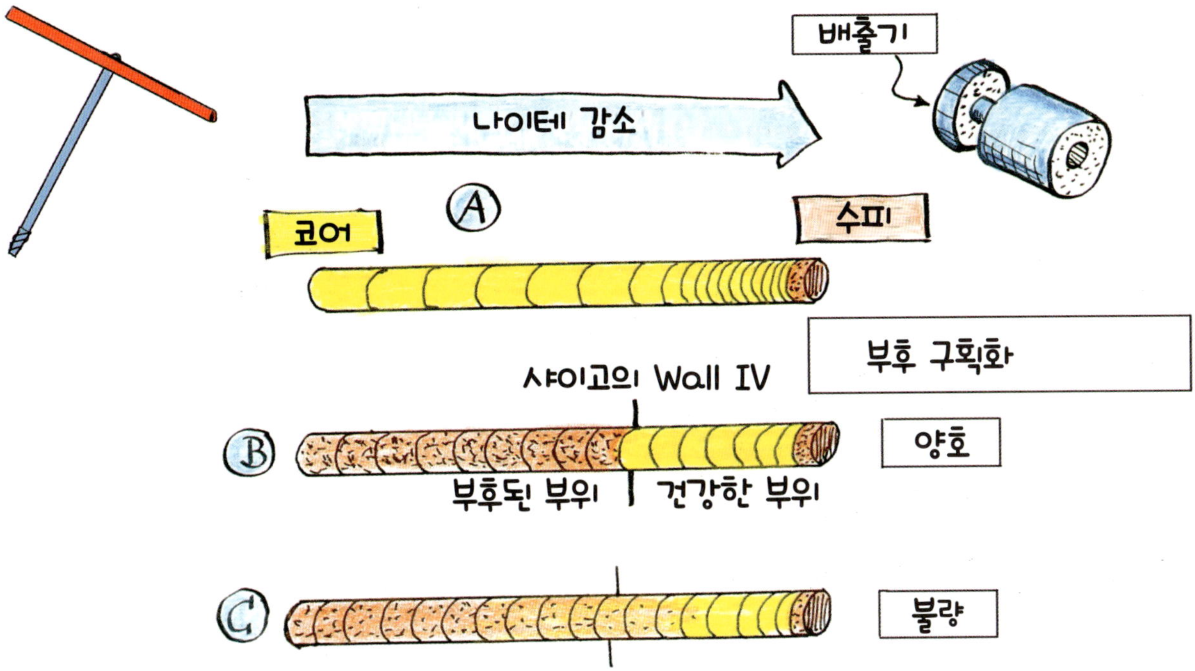

이 장비는 비싸지 않고 튼튼하고 좋은 정보를 제공한다. 속이 빈 강철 송곳은 직경 5mm의 코어를 뽑아낸다. 이 코어는 부후된 목재의 끝에서 채취하여 흔들어 본다. 습재를 포함한 연화된 목재는 고무 튜브처럼 흔들릴 것이다. 흔들기 시험은 해당 자재의 첫 번째 질적 평가이다. 나이테를 추가로 살펴보아 생장 속도를 평가한다(A). 부후된 목재와 건강한 목재(B, C) 사이의 전이(轉移, transition)를 통해 부후 구획화(區劃化, compartmentalization)의 국지적인 질에 대한 결론을 도출할 수도 있다. 4mm 강철 탐침과 함께, 막힌 생장추에 미리 설치한 IML 배출기(排出器, ejector)는 막힌 생장추를 비우는 데 도움이 될 것이다[60].

코어 흔들기 시험

코어가 부러지지 않고 흔들리면, 해당 목재는 여전히 강하고 단단하다.

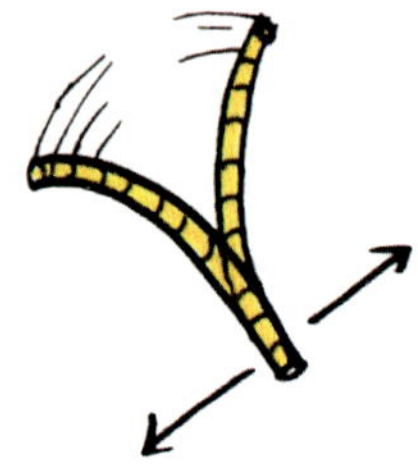

코어가 아주 쉽게 부러지면, 해당 목재는 더 이상 횡 강도(transverse strength)가 없다.

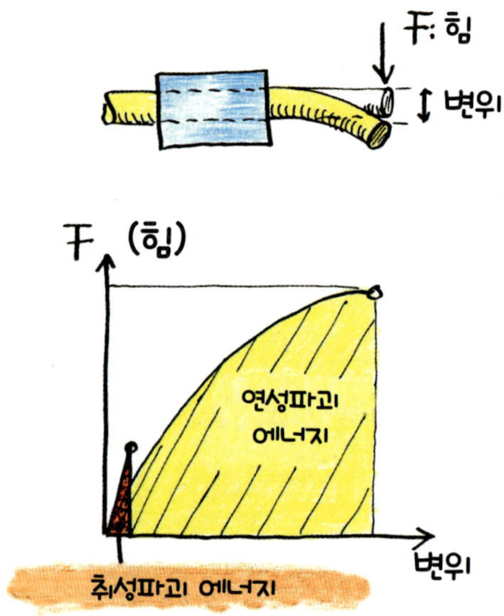

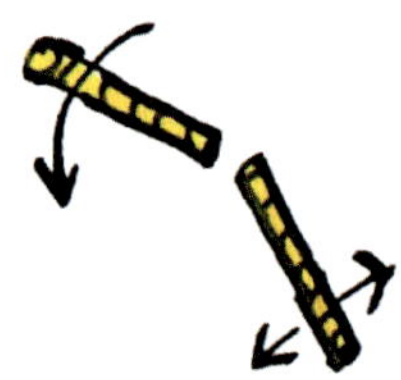

파괴 에너지는 힘-변위(-變位, force-displacement) 곡선 아래의 면적과 일치한다.

코어 강도측정기 – 휴대용 강도 계기

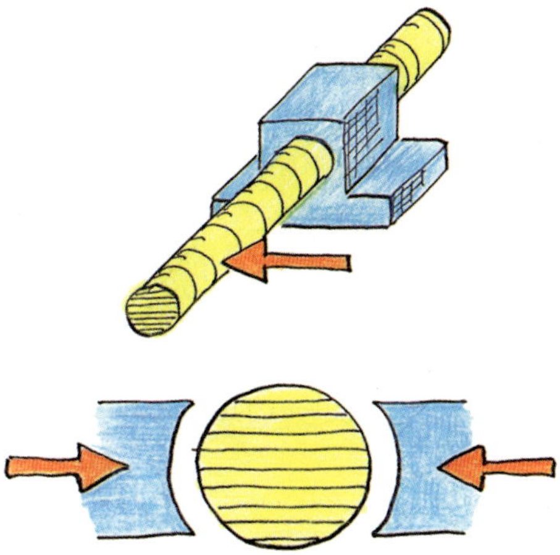

생장추를 이용하여 확보한 코어는 코어 강도측정기인 Fractometer II를 이용한 강도 측정용 시험 시료가 된다. 이 장비는 휨파괴(bending fracture)를 유발할 수 있기 때문에, 목부(木部, xylem) 방사조직의 수와 크기에 의해 주로 결정되는 방사 방향 휨강도(radial bending strength)를 측정할 수 있다. 이 코어는 결(grain)을 따라 종축 방향 압축강도(longitudinal compressive strength)를 측정하기 위해 섬유 방향인 종축 방향으로 압착될 수도 있다. 그러나 첫 부하 감소가 나타나면 중단해야 하는데, 그렇지 않으면 이미 파손된 섬유가 종이 뭉치처럼 압착되어 값이 너무 높게 나타날 것이다. 저항 표시기(drag indicator)는 강도를 MPa = N/mm^{2}으로 보여준다. 이 장비는 생재(生材, green wood)와 건재(乾材, dry wood) 모두에서 작동한다. 많은 목재에서, 종축 방향 휨강도(방사 방향 휨강도와 혼동해서는 안 됨)는 종축 방향 압축강도의 약 2배이다[60].

음파 측정

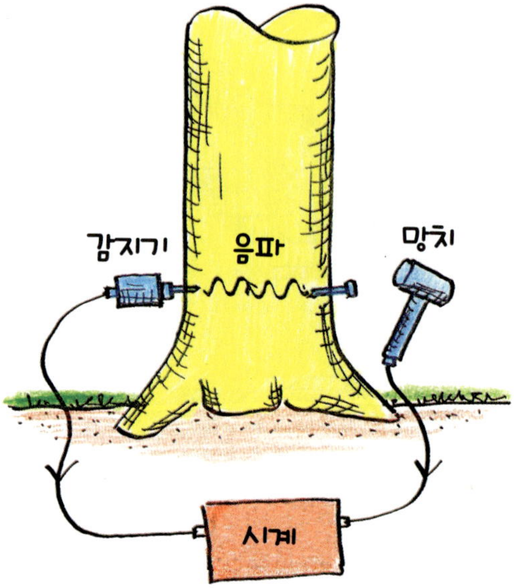

감지기가 하나든 여러 개든 음파 측정은 음파가 발생한 곳에서부터 감지기까지 걸리는 시간을 측정하는 것에 근거한다. 제조회사에 의하면, 시스템이 여러 개의 감지기를 가지고 있으면 부후의 범위를 계산하여 이를 기하학적 도형으로 형상화할 수 있다. 음파 측정(音波測定, sound measurement) 방법은 기본적으로 유용한 정보를 제공한다. 그러나 다음과 같은 조건이 있음을 명심해야 한다. 음파의 속도는 목재가 연화되면 감소하고 밀도가 증가하면 증가한다. 음파 측정은, 목재를 파괴하지 않기 때문에, 목재의 강도에 영향을 주지 않는다. 따라서 초기의 목재 취화를 제외하고, 모든 목재를 연화시키는 부후를 탐지할 수 있다. 균열은 이들이 음파에 의해 방향이 바뀔 경우에만 발견된다. 수피 매몰은 진단을 어렵게 만들 수 있고, 대개 습재는 정상적으로는 위험하지 않으면서 낮은 음파 속력을 나타낸다.

결론: 음파 속력 측정은 예비 조사를 위해 좋은 방법이다. 교목을 벌채할 것인지 남겨둘 것인지를 결정하기 위해서는, 특히 백색부후와 습재를 확실하게 구분하고, 초기의 목재 취화(예, 연부후, 갈색부후)를 탐지하기 위해서는 여전히 다른 천공을 수행하는 것이 선호된다[60].

Sebastian Hunger가 시연한 IML의 PD400 동력 천공기를 이용한 천공 저항 측정 방법

동력 천공기(動力穿孔機, power drill)는 침투하는 축에 작용하는 축 방향 저항(axial resistance)과 비틀림 저항(torsion resistance)을 각각 측정하고 기록한다. 축 방향에 대한 마찰경로(friction path)는 회전을 포함하는 비틀림보다 훨씬 짧다. 그리고 대부분 샤프트 마찰량은 작기 때문에 축 방향 측정은 대개 부후된 곳에서 더 뚜렷하게 하락한다. 이 기록은 저장되어, 이메일로 보내거나 벨트에 장착된 블루투스(bluetooth) 프린터를 이용하여 현장에서 인쇄할 수 있다.

수간 기부에서의 남은 벽 두께

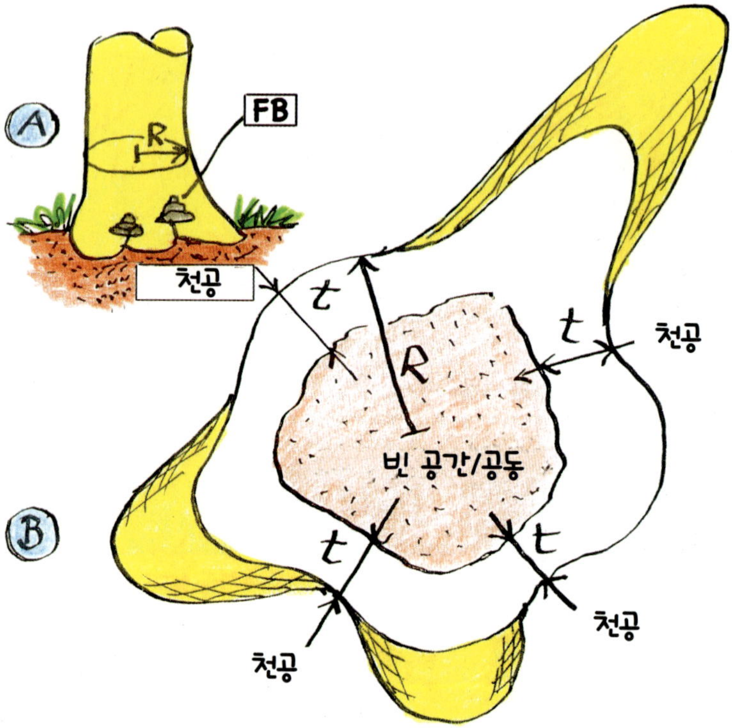

일반적으로 수간 기부에 있는 뿌리 접합 부위 사이는 남은 벽이 가장 얇기 때문에 곰팡이 자실체(FB)도 발견된다. 따라서 이곳은 반드시 천공을 해봐야 하는 곳이다(B). 판근에만 천공하는 것은 남은 벽의 두께(t)를 과대평가할 위험성이 있다. 반지름 R은 근원(根元, root collar) 위에서 측정한다(A). 공동이 수간 반지름 R의 70% 미만, 즉 $t/R > 0.3$ 이라면, 해당 **수간**(해당 교목 자체가 아니라)의 위험은 수관 솎기를 하지 않은 교목의 정상적인 위험보다 현저하게 크지 않다고 결론지을 수 있다. 그러나 우리는 아직 뿌리 파손 위험을 실험해보지 않았다는 것을 기억하라[60].

수간이 안전함에도 불구하고 위험한 교목

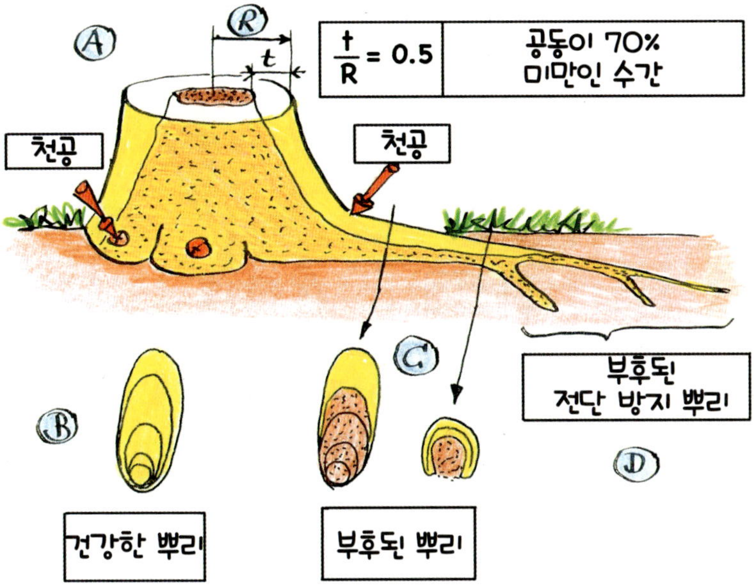

분절된 근원!

왼쪽 그림에서 보는 바와 같이, 공동이 수간 직경의 50%에 불과하여 외관상으로 문제가 없는 것처럼 보이는 **교목**도 위험할 수 있다(A). 전형적으로 편심(偏心, eccentric)의 나이테를 가진 커다란 풍상측 인장 뿌리(B)가 말굽 모양으로 부후되어 있다(C). 이는 아래쪽의 얇은 나이테에 의해 설명될 수 있다. 이는 전단에 저항하고 인장 뿌리가 찢어지는 것을 현저하게 저지하는 역할을 하는 위에 언급된 수직근이 부분적으로 또는 완전히 부후되었음을 의미한다. 따라서 해당 교목은 위험하다. 사진은 수간의 기부가 말굽 모양으로 부후된 판근으로 구성되어 있을 가능성이 높음을 보여준다. 또한 수간이 이러한 분절(分切, segment)로 구성되어 있으면, 자연히 이 교목의 안전은 70% 규칙만으로 평가할 수는 없다. 이러한 경우는 서어나무, 칠엽수, 아까시나무 등에서 가끔 볼 수 있다(135~136 페이지 참조)[60].

천공과 음파 측정에 실패하면

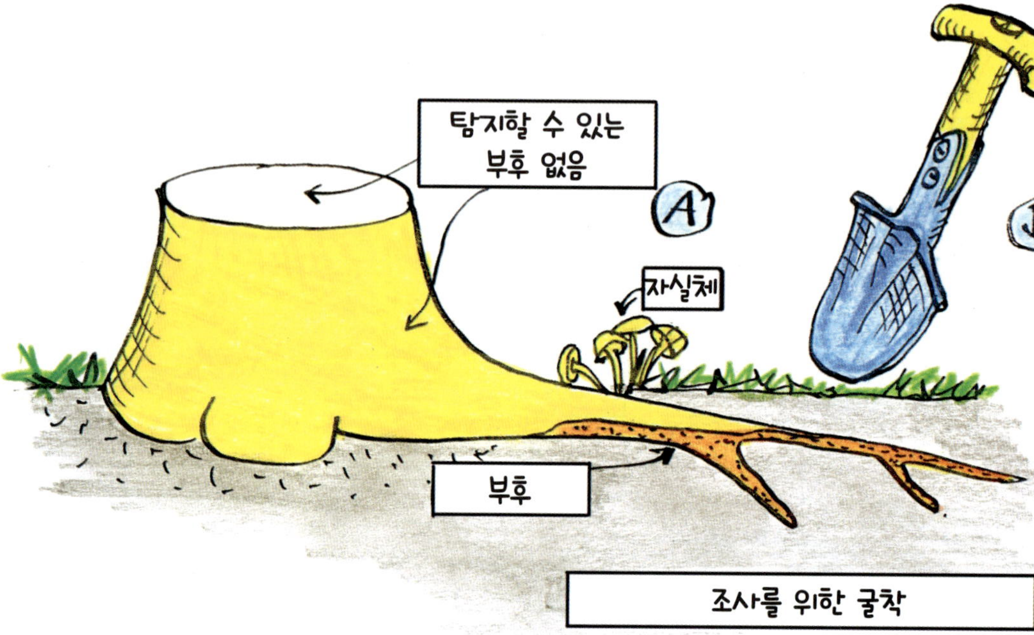

뽕나무버섯류(*Armillaria* spp.), 너도밤나무시루뻔버섯(*Inonotus dryadeus*), 왕잎새버섯(*Meripilus giganteus*) 등과 같은 몇몇 부후 곰팡이(腐朽-, rot fungus)는 가끔 수간이나 수간 근처 뿌리 합류지점 안으로 들어가지 않는다(또는 적어도 이들은 이곳에서 발견되지 않는다). 이러한 경우에는 천공에 의해 탐지할 수 없다. 그러나 곰팡이 자실체가 발견되면, 육안 조사를 위해 수간으로부터 1~2m 밖에서 굴착을 하는 것이 때로는 도움이 될 수 있다. 이것이 어렵더라도 자실체의 발생 정도가 이러한 부후의 믿을만한 징후를 제공하는 경우, 그럼에도 불구하고 적절한 수고 축소를 통해 해당 교목을 반드시 보존해야 한다면[60], 해당 교목이 넘어지는 지역 안으로의 통행 접근을 효과적으로 제한해야 할 것이다. 또 다른 대안은 뿌리 부후가 진행된 교목을 베어 넘어뜨리는 것이다.

44. 천공이 교목 내 부후 확산에 미치는 영향

상황에 따라 다르지만, 곰팡이에 의해 감염된 교목의 자세한 사항을 연구하기 위해 다양한 천공 기술이 사용될 수 있다. 이 경우, 이들 침투적인 방법이 교목에 심각한 피해를 유발하지 않는지 확인해야 한다.

10년 넘게 생장추와 천공 저항장치로 시험해온 심부후(心腐朽, heart rot)를 가진 흑양(Black Poplar)에 대한 연구는 교육 목적으로 일 년에 몇 번씩 항상 수간의 같은 쪽에서 실시되었다(동그라미로 표시된 구역). 오른쪽 아래 그림의 화살표는 측정을 위해 천공한 부위를 톱으로 절개하여 보여준다[44].

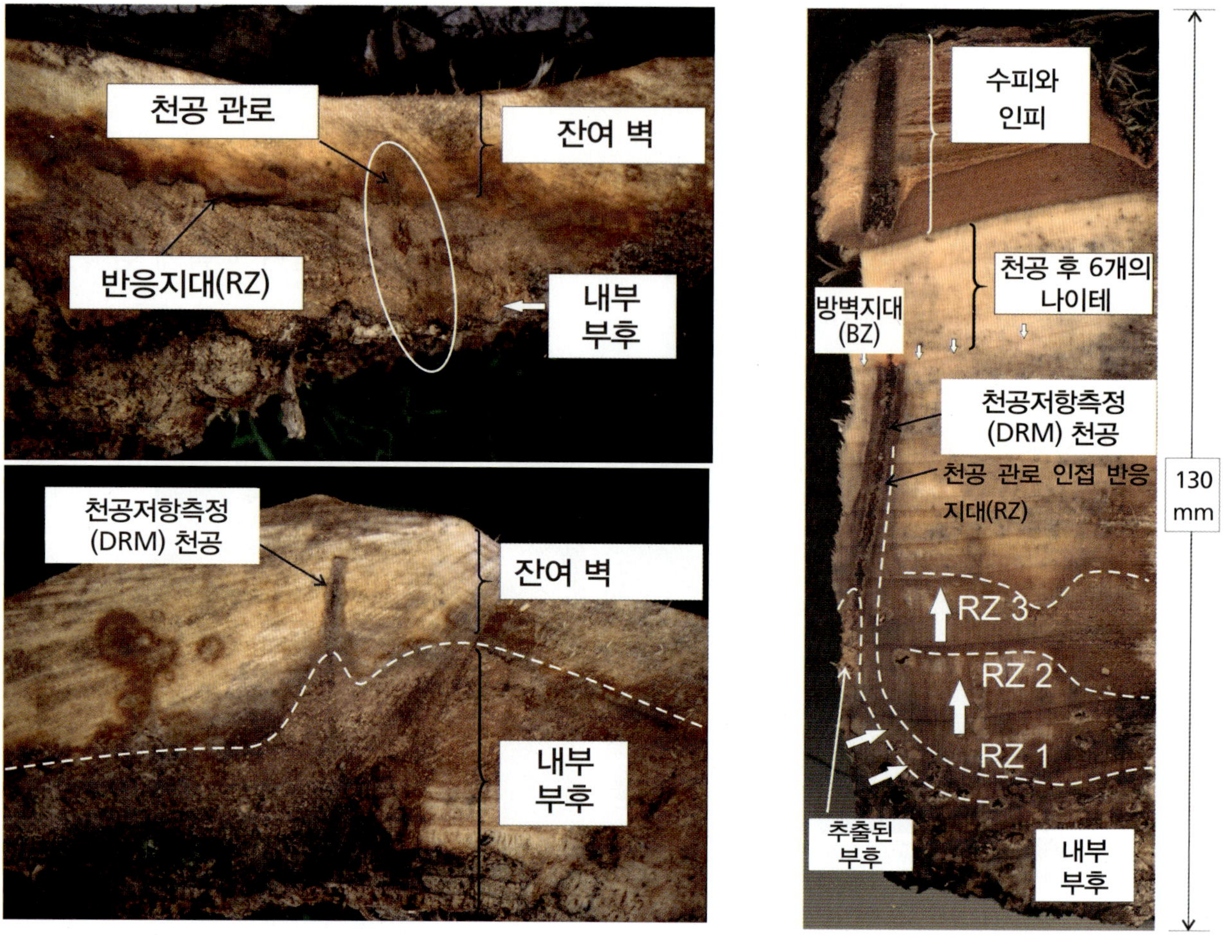

횡단면(橫斷面, cross section)의 천공저항측정(DRM, drilling resistance measurement). 아래 왼쪽: 천공 측정 7년 후의 상황. 위 왼쪽: 측정 천공 10년 후의 상황. 오른쪽: 천공 저항 측정 후 6년 된 포플러의 잔여 벽 두께. 내부 부후가 확대되면서 수간의 반응지대(反應地帶; reaction zone/RZ 1, 2, 3)는 바깥을 향해 이동했다. 천공 관로를 둘러싼 반응지대는 그 관로로 들어온 부후를 구획화하기 위해 안쪽 끝에서 더 강하게 확대되고 있다(BZ = Barrier zone/방벽지대)[44].

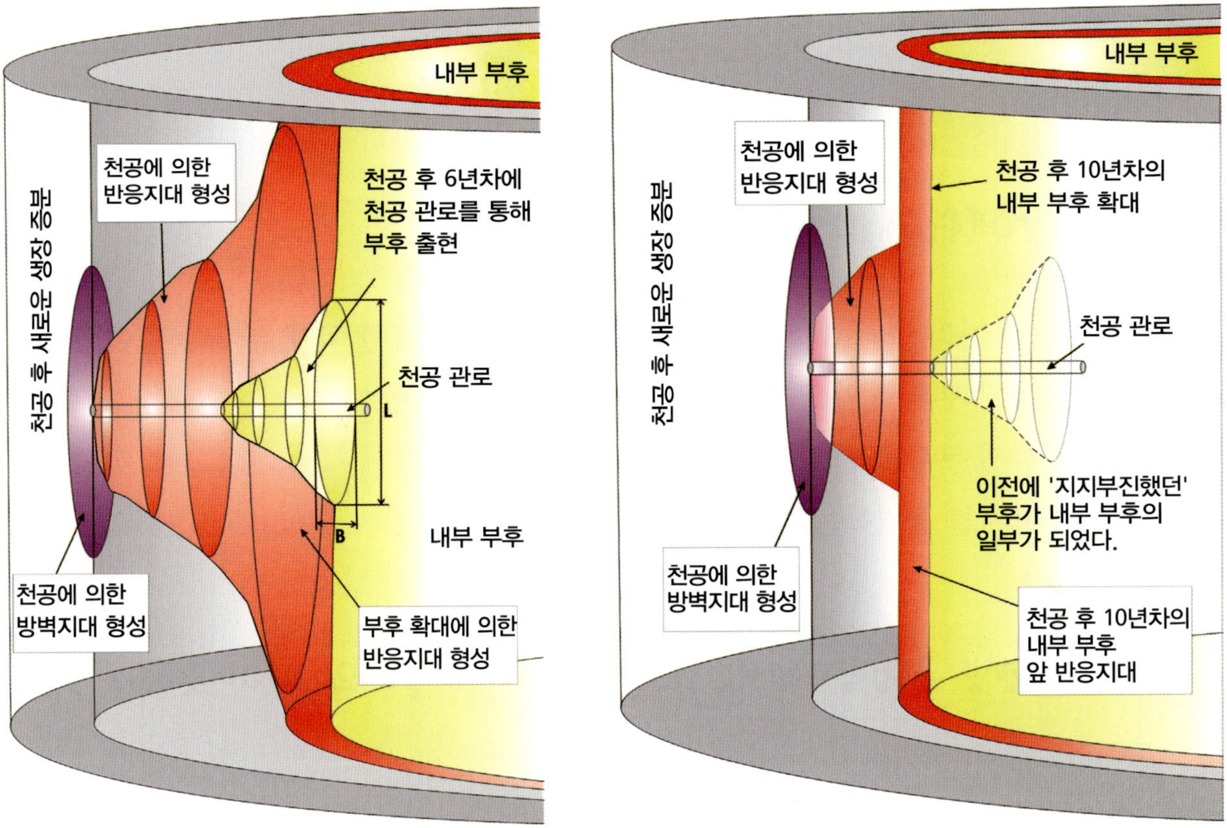

천공이 교목 내 부후 확산에 미치는 영향을 보여주는 도해적인 묘사. 이는 심부후(心腐朽, heart rot)(뽕나무버섯 정착)를 가진 양버들 목재의 장기적인 결과를 보여준다. 왼쪽: 천공 저항 측정 후 6년차 상황임. 천공 관로 둘레의 반응지대(reaction zone)와 그 관로 안으로의 국지적인 부후 확산은 횡 방향보다는 종 방향으로 수간에 퍼져가는 기둥모양의 변색이다. 오른쪽: 천공 저항 측정 후 10년차 상황임. 확대되는 중심의 내부 부후는 과거 "추출된" 부후가 결국 천공 관로의 안쪽 지역 둘레로 한정되었으며, 이에 따라 천공의 국지적인 부정적 영향은 거의 상쇄되었다[44].

부록

부록 1. 곰팡이(fungi) - 개요

부록 1.1 목재 부후를 일으키는 뿌리 기반 곰팡이

연부후(軟腐朽, soft rot)를 일으키는 곰팡이

겹질방석꼬투리버섯(*Kretzschmaria deusta*, syn. *Ustulina deusta*)

갈색부후(褐色腐朽, brown rot)를 일으키는 곰팡이

소혀버섯(*Fistulina hepatica*)
해면버섯(*Phaeolus schweinitzii*, syn. *Phaeolus spadiceus*)
꽃송이버섯(*Sparassis crispa*)

백색부후(白色腐朽, white rot)를 일으키는 곰팡이

뽕나무버섯(*Armillaria mellea*)
꿀버섯(*Armillaria ostoyae*)
비늘버섯(*Pholiota squarrosa*)
방추애기버섯(*Collybia fusipes*)
왕잎새버섯(*Meripilus giganteus*)
잎새버섯(*Grifola frondosa*)
아까시흰구멍버섯(*Perenniporia fraxinea*)
잔나비불로초(*Ganoderma applanatum*, syn. *G. lipsiense*)
G. australe(*Ganoderma australe*, syn. *G. adspersum* – 불로초속 버섯)
G. pfeifferi(*Ganoderma pfeifferi* – 불로초속 버섯)
G. resinaceum(*Ganoderma resinaceum* – 불로초속 버섯)
너도밤나무시루뻔버섯(*Inonotus dryadeus*)
뿌리버섯(*Heterobasidion annosum*, syn. Fomes annosus)

뿌리 지역의 죽은 목재를 암시하는 추적 곰팡이

노란다발버섯(*Hypholoma fasciculare*)
갈색먹물버섯(*Coprinellus micaceus*, syn. *Coprinus micaceus*)

껍질방석꼬투리버섯(*Kretzschmaria deusta*, syn. *Ustulina deusta*)

생존 유형(Mode of life): 살아 있는 교목과 죽은 교목(기생성과 부생성).

부후 유형(Type of rot): 연부후.

부후 위치(Rot site): 수간 기부, 뿌리, 드물게 수간의 높은 곳.

기주(Host): 너도밤나무, 피나무, 칠엽수, 단풍나무 및 기타 활엽수.

자실체(Fruit body): 연중, 뒤틀리고, 아스팔트가 튀긴 것 같은 검은 동전 크기의 혹이 많은 피각, 불에 탄 목재처럼 부서지기 쉬운, 대부분 판근 사이에 위치(유성 세대(有性世代, teleomorph) 단계).

특성(Peculiarity): 판근이 부풀지 않고, 부후된 코어가 건조하고, 담황색이고 가끔 약 0.5mm 두께의 검은 선이 있고(경계선), 너도밤나무에서 종종 코끼리 가죽 같은 수피.

목재 변화(Wood alteration): 목재 취화(脆化, embrittlement). 중간박막층(中間薄膜層, middle lamella)은 오랫동안 존속한다.

결과(Consequence): 도자기와 같이 금 간 면을 가진 취성파괴(脆性破壞, brittle fracture).

정밀 조사(Detailed examination): 천공 저항 측정, 생장추와 코어강도측정기(fractometer), 진전된 부후인 경우에만 나선형 천공기, 뿌리 굴착.

주의(Note): 정착이 확인된 곳에서는 같은 종의 주변 교목도 점검하라.

자실체의 주된 유형
(유성생식 단계)

사진: Mick Boddy 제공

자실체의 2차 유형
(무성생식 단계)

도자기 같은 취성파괴

부후

소혀버섯(*Fistulina hepatica*)

생존 유형(Mode of life): 살아 있는 교목(기생성), 드물게 죽은 교목(부생성).

부후 유형(Type of rot): 갈색부후.

부후 위치(Rot site): 수간의 기부, 드물게 수간의 위쪽까지.

기주(Host): 오래된 참나무(밤나무도 포함).

자실체(Fruit body): 1년생, 상단은 붉은색에서 갈색이 나는 살코기 색, 상처가 발생하면 즙이 나옴, 섬유질의 살코기 같은 내부 구조, 마카로니를 연상시키는 노란색의 개별 관공(管孔, tube) (확대경으로 보면)과[46], 접촉하면 붉게 변하는 아래쪽, 가끔 짧고 두꺼운 대, 흰색에서 담갈색의 포자 가루. 새로운 자실체 형성 시기: 8~10월.

특성(Peculiarity): 처음에는 대개 목재를 갈색으로 변화시키고("갈색 참나무") 이어서 강도를 약화시키며, 가끔 같은 기주에서 잎새버섯(*Grifola frondosa*)과 같이 나타난다.

목재 변화(Wood alteration): 심재에서 목재 취화.

결과(Consequence): 취성파괴.

정밀 조사(Detailed examination): 천공 저항 측정, 생장추와 코어강도측정기, 나선형 천공기, 뿌리 굴착.

단일 관공

오래된 자실체

해면버섯(*Phaeolus schweinitzii*, syn. *Phaeolus spadiceus*)

생존 유형(Mode of life): 살아 있는 교목(기생성)과 죽은 교목(부생성).

부후 유형(Type of rot): 갈색부후.

부후 위치(Rot site): 수간 기부, 뿌리, 드물게 수간의 위쪽까지(심재 부후).

기주(Host): 소나무, 시더, 미송, 낙우송 등과 같은 구과교목(毬果喬木, coniferous tree), 매우 드물게 벚나무 같은 활엽수.

자실체(Fruit body): 1년생, 대부분 굵은 중앙 수간에 둥근 형태로 시작하여 나중에 가장자리가 불규칙한 평평한 갓이 됨. 폭이 30cm까지 크고, 펠트 직물 같은 표면, 처음에는 가장자리가 노랗고 안쪽은 밤색, 갓의 살은 처음에는 노란색에서 갈색이 되고, 각지거나 미로 같은 포자를 가진 아래쪽, 어린 자실체의 아래쪽은 연두색이고 접촉하면 검게 변하며, 흰색을 띤 노란색 포자 가루. 새로운 자실체 형성: 6~9월; 오래된 자실체가 때로는 연중 발견되고, 건조하면 무게가 매우 가볍고 부서지기 쉬움.

특성(Peculiarity): 갈색부후, 부후된 목재는 테레핀유(turpentine) 냄새가 나고[47], 가끔 갈색 목재 조각에 흰색의 분필 가루 같은 균사체가 남아 있다.

목재 변화(Wood alteration): 목재 취화.

결과(Consequence): 취성파괴.

정밀 조사(Detailed examination): 천공 저항 측정, 생장추와 코어강도측정기, 나선형 천공기, 뿌리 굴착.

꽃송이버섯(*Sparassis crispa*)

생존 유형(Mode of life): 살아 있는 교목과 죽은 교목(기생성과 부생성).

부후 유형(Type of rot): 갈색부후.

부후 위치(Rot site): 수간 기부, 뿌리, 부분적으로 수간을 따라 상승하는 심재 부후.

기주(Host): 구과교목으로 주로 소나무인데, 미송, 시더, 가문비나무, 전나무, 낙우송 등에도 발생.

자실체(Fruit body): 1년생, 푹신한 천연 목욕 스펀지나 꽃양배추 같고, 폭이 40cm까지 자라며, 흰색(어릴 때)에서 황토색, 한 줄기에서 발생하여 서로 연결된 물결처럼 주름 잡힌 잎[48], 살은 흰색, 포자 가루는 옅은 노란색. 새로운 자실체 형성: 8~11월.

특성(Peculiarity): 자실체에 박힌 침엽, 목재, 토양 입자가 자주 발견됨.

목재 변화(Wood alteration): 목재 취화.

결과(Consequence): 취성파괴. 가끔 전단균열(剪斷龜裂, shear crack)로 떨어짐.

정밀 조사(Detailed examination): 천공 저항 측정, 생장추와 코어강도측정기, 나선형 천공기, 뿌리 굴착.

뽕나무버섯(*Armillaria mellea*)

생존 유형(Mode of life): 살아 있는 교목과 죽은 교목(기생성과 부생성).

부후 유형(Type of rot): 백색부후(우선적인 리그닌 분해), 심재부후 또는 변재부후(형성층 가해).

부후 위치(Rot site): 뿌리, 수간 기부, 가끔 수간을 따라 상승.

기주(Host): 활엽교목, 구과교목.

자실체(Fruit body): 1년생, 꿀처럼 황색에서 갈색 또는 황록색, 잔디에서 자람, 어린 갓은 반구상(半球狀, hemispheric)이고 오래되면 평평해짐, 갓의 아래쪽 주름은 흰 포자 가루를 가진 흰색, 대는 상단에 흰 주름 깃이 있고 가장자리가 꿀 색인 갈색. 새로운 자실체 형성: 9~11월.

특성(Peculiarity): 검은 "구두끈" 균사끈(mycelial cord; 균사다발/rhizomorph), 수피 아래 부채모양으로 뻗은 균사체, 목재는 가끔 가는 검은 선(경계선)을 내포하고 있다.

목재 변화(Wood alteration): 가끔 목재 변색으로 시작하여(황색이나 갈색) 목재를 연화시키고 나중에는 강도를 약화시킨다.

결과(Consequence): 대부분, 뿌리의 연성 파괴(延性破壞, ductile fracture), 풍도, 드물게 심재 부후로 수간 파손. 때로는 형성층 공격.

정밀 조사(Detailed examination): 느슨한 수피(형성층 파괴자!) 부위를 망치로 때려봄, 생장추(하향으로 천공)와 코어강도측정기, 나선형 천공기(부후가 진전된 경우에만), 진전된 부후에서 천공 저항이 감소하고 뿌리 지역에서 더 심함, 뿌리 굴착(구두끈 균사체도 찾는다). 감염된 교목은 지표면에서 탐지할 수 있는 목재 분해가 전혀 없이 넘어진다.

주의(Note): 감염이 확인된 곳에서는 주변 교목도 점검하라!

부채모양 균사체

균사다발

꿀버섯(*Armillaria ostoyae*)

생존 유형(Mode of life): 살아 있는 교목과 죽은 교목(기생성과 부생성).

부후 유형(Type of rot): 심재에서의 백색부후(우선적인 리그닌 분해) 또는 형성층 공격(변재 부후).

부후 위치(Rot site): 뿌리, 수간 기부, 가끔 수간 내에서 상승.

기주(Host): 주로 구과 교목, 활엽 교목도 공격함.

자실체(Fruit body): 1년생, 뽕나무버섯과 비슷, 그러나 검은 인편(鱗片, scale)이 있는 적갈색 갓은 비에 불안정, 갓 아래에는 흰색 주름, 흰색 포자 가루, 넓은 어두운 갈색 인편으로 된 가장자리에 의해 둘러싸인 흰 깃 같은 턱받이가 있는 대. 비늘버섯(*Pholiota squarrosa*)과 혼동할 수 있는데, 비늘버섯은 대에 인편이 더 많고, 황록색에서 갈색의 주름과 갈색 포자 가루를 가지고 있다. 새로운 자실체 형성: 9~11월.

특성(Peculiarity): 검은색 "구두끈"같은 균사끈(균사다발), 수피 아래 흰색의 부채형 균사체가 뻗어 있고, 목재는 가끔 가는 검은 선(경계선)을 내포하고 있다.

목재 변화(Wood alteration): 목재 연화(軟化, softening), 나중에 강도 감소.

결과(Consequence): 대부분, 뿌리의 연성 파괴(延性破壞, ductile fracture), 풍도(風倒, wind-throw), 드물게 심재 부후로 수간 파손. 때로는 형성층 공격.

정밀 조사(Detailed examination): 느슨한 수피(형성층 파괴자!) 부위를 망치로 때려봄, 생장추(하향으로 천공)와 코어강도측정기, 나선형 천공기(부후가 진전된 경우에만). 진전된 부후에서 천공 저항이 감소하고 뿌리 지역에서 더 심함, 뿌리 굴착(구두끈 균사체도 찾는다). 감염된 교목은 지표면에서 탐지할 수 있는 목재 분해가 전혀 없는 상태에서 넘어진다.

주의(Note): 감염이 확인된 곳에서는 주변 교목도 점검하라!

균사다발

비늘버섯(*Pholiota squarrosa*)

생존 유형(Mode of life): 살아 있는 교목(기생성), 드물게 죽은 교목(부생성).

부후 유형(Type of rot): 백색부후, 우선적인 리그닌 분해(선택적 탈리그닌).

부후 위치(Rot site): 수간 기부, 뿌리, 드물게 수간.

기주(Host): 주로 활엽교목, 구과 교목도 감염시킴.

자실체(Fruit body): 1년생, 꿀버섯과 비슷하지만 다음 사항이 다름: 둥글거나 담황색 점이 많은 갓에 더 크고 갈색의 튀어나온 인편과 담황색의 대(덥수룩한 턱받이 위가 아닌 아래에만 인편), 갓 아래쪽은 처음에는 밝은 황록색이 나중에 모래 빛에서 녹갈색(rusty brown) 주름으로 변함, 녹갈색 포자 가루. 새로운 자실체 형성: 9~11월.

목재 변화(Wood alteration): 전반적인 연화, 아까시나무의 경우 조기 분해 단계에 연화, 처음 목재 취화는 아마 목부섬유(木部纖維, libriform fiber)의 2차벽 분해 때문일 가능성이 있고(아직 분해되지 않은 목재 방사조직의 골격과 도관은 그대로 남아 있고 취성파괴(脆性破壞, brittle fracture)를 보인다), 횡 방향 목재는 연화됨. 분해의 후속 단계에서 목재가 연화됨.

결과(Consequence): 연성파괴(延性破壞, ductile fracture), 뿌리 파괴, 근원과 수간 기부의 공동화; 목재 방사조직과 도관은 그대로 있으면서 취성파괴, 풍도가 발생할 수 있다.

정밀 조사(Detailed examination): 생장추(하향으로 천공)와 코어강도측정기, 부후가 진전된 경우 나선형 천공기, 진전된 부후에서 천공 저항이 감소, 뿌리 굴착.

주의(Note): 비늘버섯은 아까시나무에 자주 발생하여 깊은 판근 부후를 유발함. 권고: 비스듬히 아래로 천공하거나 굴착. 금빛비늘버섯(*Pholiota aurivella*)과 혼동할 수 있지만, 이 버섯은 튀어나온 인편이 없이 황금색 끈적끈적한 갓을 가지고 있고, 대개 수간의 위쪽에 있다.

방추애기버섯(*Collybia fusipes*)

생존 유형(Mode of life): 살아 있는 교목과 죽은 교목(기생성과 부생성).

부후 유형(Type of rot): 백색부후, 우선적 리그닌 분해(선택적 탈리그닌).

부후 위치(Rot site): 뿌리, 근원, 판근, 드물게 수간 기부에도.

기주(Host): 참나무, 주로 적참나무(*Quercus rubra*), 종종 영국참나무(*Quercus robur*)에도, 드물게 너도밤나무, 가끔 다른 활엽교목에도.

자실체(Fruit body): 방추형 대를 가진 우산형 버섯. 1년생, 대부분 잔디와 밑동 또는 튼튼한 뿌리를 따라 나타남. 어릴 때 살코기 색에서 붉은색이고, 가끔 적갈색 반점이 생기기도 하며, 나중에 어두운 적갈색으로 변하고, 주름은 간격이 넓으며, 대개 살코기 같은 붉은색에서 적갈색의 긴 중간이 부풀어 오른 줄기와 방추형 줄기 기부, 줄기에는 턱받이가 없고, 단단하고, 세로의 홈이 있고, 기부가 어둡거나 검고, 오래된 자실체는 가끔 완전히 검은색, 흰색 포자 가루. 뽕나무버섯과 혼동할 수 있는데, 이 버섯 줄기에 턱받이가 있다. 새로운 자실체 형성: 5~10월.

특성(Peculiarity): 주로 주근의 아래쪽을 부후시킴. 광범위하게 정착한 경우, 수관의 가지마름, 부분적으로 부풀어 오른 판근, 부정근 형성 등을 유발함.

목재 변화(Wood alteration): 목재 연화.

결과(Consequence): 대부분 뿌리의 연성 파괴, 바람에 의해 넘어짐.

정밀 조사(Detailed examination): 생장추(하향으로 천공)와 코어강도측정기, 부후가 진전된 경우 나선형 천공기, 진전된 부후에서 천공 저항이 감소, 뿌리 굴착. 감염된 교목은 지표면에서 탐지 가능한 목재 분해 없이 넘어질 수 있다.

주의(Note): 건조 스트레스가 적참나무의 뿌리를 부후에 특히 감수성이 되도록 하는 것으로 보인다[49]. 정착이 확인되면 같은 종의 인접 교목도 점검하라.

왕잎새버섯(*Meripilus giganteus*)

생존 유형(Mode of life): 살아 있는 교목과 죽은 교목(기생성과 부생성).

부후 유형(Type of rot): 백색부후(동시 부후), 부분적으로 연부후(예, 너도밤나무에)도.

부후 위치(Rot site): 수간 기부 아래쪽, 뿌리.

기주(Host): 너도밤나무, 황동 너도밤나무, 참나무와 포플러를 포함한 다른 활엽교목도, 드물게 구과교목에도.

자실체(Fruit body): 1년생, 폭 40cm까지, 노란색에서 어두운 적갈색, 서로 붙어 있고 덩어리로 겹쳐 있음, 대개 판근 사이에서, 갓 아래는 접촉 후 약 20분이면(또는 오래되면) 검게 변하는 우유빛 관공(tube)이 있고, 흰색 포자 가루, 잎새버섯(*Grifolia frondosa*)과 혼동할 수 있는데, 후자는 접촉해도 검게 변하지 않고, 개별 갓이 약 8cm에 불과함. 새로운 자실체 형성: 8~10월.

특성(Peculiarity): 이 곰팡이는 수간으로 올라가는 경우가 드물기 때문에, 전통적인 진단 장비로 측정이 어렵다. 대부분 수간 목재를 변색시킬 뿐이지만 강한 뿌리, 때로는 직근의 아래쪽을 파괴한다.

목재 변화(Wood alteration): 처음에는 목재 취화, 나중에도 뿌리의 목재 연화, 수간의 심재 변색.

결과(Consequence): 주근의 취성파괴나 부후된 직근의 균열 시작과 풍도.

정밀 조사(Detailed examination): 수간으로부터 먼 뿌리의 생장추(하향으로 천공)와 코어강도측정기, 구조적인 뿌리 아래의 뿌리 굴착. 감염된 교목은 지표면에서 탐지 가능한 목재 분해 없이 넘어질 수 있다.

주의(Note): 정착이 확인되면 같은 종의 인접 교목도 점검하라.

부후

오래된 자실체

잎새버섯(*Grifola frondosa*)

생존 유형(Mode of life): 살아 있는 교목(기생성), 드물게 죽은 교목(부생성).

부후 유형(Type of rot): 백색부후(우선적 리그닌 분해), 흰 구멍 부후(white pocket rot).

부후 위치(Rot site): 수간 기부, 뿌리.

기주(Host): 노령의 참나무, 밤나무.

자실체(Fruit body): 왕잎새버섯(*Meripilus giganteus*)과 비슷, 굵은 다발에 회갈색에서 보라색의 1년생 갓. 직경 8cm에 달하는 작은 단일 갓, 갓의 살은 흰색, 줄기 쪽으로 향하는 흰 구멍을 가지 있고 접촉해도 검게 변하지 않는 갓의 아래쪽(왕잎새버섯과 달리), 흰 포자 가루. 새로운 자실체 형성: 8~11월.

특성(Peculiarity): 가끔 소혀버섯(*Fistulina hepatica*)과 같은 기주에 발생한다.

목재 변화(Wood alteration): 목재 연화.

결과(Consequence): 대개 뿌리의 연성파괴, 드물게 수간 기부에서 심재부후, 풍도.

정밀 조사(Detailed examination): 판근과 깊은 밑동에 대한 생장추(하향으로 천공)와 코어강도측정기, 뿌리 굴착. 감염된 교목은 지표면에서 탐지 가능한 목재 분해 없이 넘어질 수 있다.

주의(Note): 정착이 확인되면 같은 종의 인접 교목도 점검하라.

부후

흰 구멍 부후

아까시흰구멍버섯(*Perenniporia fraxinea*)

생존 유형(Mode of life): 살아 있는 교목(기생성), 드물게 죽은 교목(부생성).

부후 유형(Type of rot): 백색부후(우선적 리그닌 분해).

부후 위치(Rot site): 뿌리, 근원, 판근, 수간 기부, 가끔 수간에까지 올라감(예, 전정이나 접목 부위에 의해 만들어진 상처).

기주(Host): 활엽 교목(예, 아까시나무, 포플러, 물푸레나무, 호두나무, 너도밤나무, 참나무, 느릅나무, 버드나무, 버즘나무, 칠엽수, 사과나무 등).

자실체(Fruit body): 다년생, 폭 10~30cm, 혹이 많은 갓의 위쪽, 색깔이 적갈색에서 흑갈색이고 얇고 단단한 피각(가끔 조류가 생장하면 녹색). 새로운 혹 모양의 생장 증분 가장자리는 노랑에서 흰색, 새로운 갓과 관공은 담갈색. 가는 구멍을 가진 아래쪽 구조는 어릴 때 흰색에서 누르스름하고, 접촉하면 갈색으로 바뀌며, 이후 연한 고동색이 되고 가끔 보랏빛이 감돎. 오래된 자실체는 가끔 썩은 자극적인 냄새가 난다. 새로운 자실체와 오래된 자실체에 새로운 생장 증분은 5~6월에 발생하고, 9월부터 포자를 형성하며, 포자 가루는 흰색임.

특성(Peculiarity): 형태가 매우 다양하다(가끔 평평하고 개의 배설물처럼 마디가 많음), 판근 사이에서 발생, 조류와 이끼에 덮여 있다. 부분적으로 수피 주름(지그재그형 수피)이 있는 수간 기부에 발생, 부분적으로 기주에 부정근과 부정지(不定枝, adventitious shoot)(예, 아까시나무에서)를 형성한다.

목재 변화(Wood alteration): 전반적인 목재 연화, 그러나 아까시나무는 종종 목재 취화(단계적인 세포벽 분해)가 진행된다.

결과(Consequence): 뿌리, 판근 또는 수간 기부의 연성파괴. 수간에 공동이 생기고, 풍도 발생(또한 아까시나무에서 분해의 초기에 취성파괴가 발생할 수 있다).

정밀 조사(Detailed examination): 생장추와 코어강도측정기, 부후가 진전된 단계에서 천공 저항이 감소, 진전된 부후에 대한 나선형 천공, 뿌리 굴착.

잔나비불로초(*Ganoderma applanatum*, syn. *G. lipsiense*)

생존 유형(Mode of life): 살아 있는 교목과 죽은 교목(기생성과 부생성).

부후 유형(Type of rot): 백색부후(우선적 리그닌 분해).

부후 위치(Rot site): 수간 기부, 뿌리, 드물게 수간의 위로 올라감.

기주(Host): 활엽 교목, 매우 드물게 구과 교목에도 발생.

자실체(Fruit body): 다년생, 부착형으로 가장자리가 가늘고 희며 폭 30cm까지 자람. 위쪽은 처음에는 갈색이고 이후 단단한 피각과 윗면이 고르지 못하게 되고 갈색을 띤 검은색으로 변함. 갓의 아래쪽은 평평하고 가는 구멍을 가지고 있고, 흰색임. 신선할 때 아래쪽을 모사(模寫, draw on)용으로 사용할 수 있다. 때로는 아래쪽에 사마귀(곤충의 돌출 혹 또는 "유두상충영/nipple gall")가 있음. 갓의 살은 흰 균사체 줄이 있는 코르크질의 암갈색이고, 포자 가루는 갈색임.

특성(Peculiarity): 잔나비불로초는 갓의 아래쪽이 평평하고, 생장 증분의 가장자리가 좁고, 갈색 살에 흰 "맥(vein)"이 있는 점이 *G. australe*와 다르다. 또한 이는 단절된 연간 경계(균사층/trama layer = 새로운 관공 층 사이의 갓의 살)가 있는데 반해, *G. australe*는 연간 경계 구분이 없다(관공층은 분리되어 있지 않지만 균사층(菌絲層, trama) 부착 확인은 가능). 자실체의 나이는 관공층의 수와 일치한다[50, 51].

목재 변화(Wood alteration): 목재 연화.

결과(Consequence): 연성파괴, 뿌리 파괴 후 풍도.

정밀 조사(Detailed examination): 생장추와 코어강도측정기, 부후 진전으로 천공 저항이 감소, 음파 속도 측정, 진전된 부후인 경우 나선형 천공, 뿌리 굴착.

"유두상 충영"

Ganoderma australe (*syn. G. adspersum* – 불로초속 버섯)

생존 유형(Mode of life): 살아 있는 교목과 죽은 교목(기생성과 부생성).

부후 유형(Type of rot): 백색부후(우선적인 리그닌 분해).

부후 위치(Rot site): 수간 기부, 뿌리, 드물게 수간의 위쪽까지.

기주(Host): 활엽 교목, 매우 드물게 구과 교목에도.

자실체(Fruit body): 다년생, 잔나비불로초보다 흰색이 더 넓고 혹이 많은 생장 증분 가장자리, 빈번하게 혹이 많은 곡선의 갓과 가는 흰색 구멍을 가진 아래쪽, 신선한 상태에서 아래쪽이 모사에 사용될 수 있다. 갓의 살과 포자 가루는 갈색임.

특성(Peculiarity): 갓 아래는 마디가 많은 아치형이고, 생장 증분 가장자리는 불룩하고, 대부분 갓의 살에는 흰 균사체 줄이 없으며, 연륜 경계가 없는 것이 잔나비불로초와 식별표지이다(열린 연륜 경계/open annual border: 갓의 살에 의해 분리되지 않은 개별 관공 층 = 그러나 줄무늬로 끝나는 쐐기 모양의 균사층 삽입은 가능함)[50, 51]. 영양상태가 나쁜 경우에는 잔나비불로초처럼 가장자리가 좁다.

목재 변화(Wood alteration): 목재 연화.

결과(Consequence): 연성파괴, 뿌리 파괴 후 풍도.

정밀 조사(Detailed examination): 생장추와 코어강도측정기, 진전된 부후인 경우 나선형 천공, 부후가 진전된 경우 천공 저항이 감소, 음파 속도 측정, 뿌리 굴착.

Ganoderma pfeifferi(불로초속 버섯)

생존 유형(Mode of life): 살아 있는 교목과 죽은 교목(기생성과 부생성).

부후 유형(Type of rot): 백색부후(우선적 리그닌 분해).

부후 위치(Rot site): 수간 기부, 뿌리, 드물게 수간의 위쪽까지.

기주(Host): 활엽 교목 특히 너도밤나무, 빈번하게 참나무에도.

자실체(Fruit body): 다년생, 위쪽은 구릿빛 붉은 보라색 또는 마디가 많은 적갈색으로 부착 부위 폭 30cm까지, 건조한 윤기 없는 왁스 표면, 가끔 작은 균열이 있는 밝은 노란색 왁스층, 흰색에서 주황색의 넓은 생장 증분 가장자리, 계피 색에서 적갈색의 갓 살, 가는 구멍을 가진 아래쪽, 갈색 포자 가루.

특성(Peculiarity): 언뜻 보기에는 자실체의 색깔이 열에 의해 변색된 오래된 구리 보일러와 닮았다.

목재 변화(Wood alteration): 목재 연화.

결과(Consequence): 연성파괴, 뿌리 파괴 후 풍도.

정밀 조사(Detailed examination): 생장추와 코어강도측정기, 진전된 부후인 경우 나선형 천공, 부후가 진전된 경우 천공 저항이 감소, 음파 속도 측정, 뿌리 굴착.

자실체가 1년생인 *Ganoderma resinaceum*과 혼동될 수 있지만, 포자 방출 후에는 바로 "수지(樹脂, resin)"로 굳어지는 "체액(sap)"을 함유하고 있다[52].

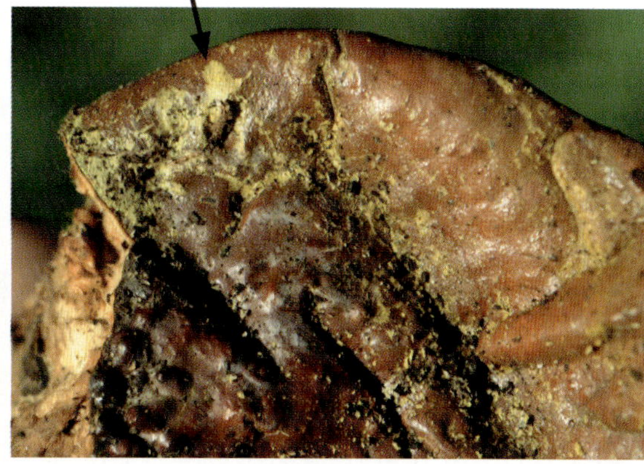
노란색 피각

Ganoderma resinaceum(불로초속 버섯)

생존 유형(Mode of life): 살아 있는 교목과 죽은 교목(기생성과 부생성).

부후 유형(Type of rot): 백색부후(우선적 리그닌 분해).

부후 위치(Rot site): 수간 기부, 뿌리, 드물게 수간의 위쪽까지.

기주(Host): 활엽 교목 특히 참나무.

자실체(Fruit body): 1년생, 폭 35cm에 이르는 주름진 부위가 있는 구릿빛 붉은 보라색이나 적갈색 윗면을 가진 부착형 버섯, 건조한 윤기 없는 왁스 표면, 가끔 작은 균열이 있는 밝은 노란색 왁스 층, 흰색에서 주황색의 불룩한 생장 증분 가장자리, 계피 색에서 적갈색의 갓 살, 가는 구멍을 가진 아래쪽, 갈색 포자 가루.

특성(Peculiarity): 부분적으로 금이 가고 쉽게 찢어지는 갓의 위쪽에 밝은 노란색 왁스 층. 상대적으로 가벼운 부착형 버섯으로 때로는 작은 대가 있고, 포자 방출 후에는 바로 "수지"(樹脂, resin)로 굳어지는 "체액"(sap)을 함유하고 있다[52].

목재 변화(Wood alteration): 목재 연화.

결과(Consequence): 연성파괴, 뿌리 파괴 후 풍도.

정밀 조사(Detailed examination): 생장추와 코어강도측정기, 진전된 부후인 경우 나선형 천공, 부후가 진전된 경우 천공 저항이 감소, 음파 속도 측정, 뿌리 굴착.

수지 낙하물

너도밤나무시루뻔버섯(*Inonotus dryadeus*)

생존 유형(Mode of life): 살아 있는 교목(기생성), 흔치 않게 죽은 교목(부생성).

부후 유형(Type of rot): 백색부후(우선적 리그닌 분해).

부후 위치(Rot site): 판근, 뿌리, 드물게 수간 기부.

기주(Host): 참나무, 드물게 다른 교목.

자실체(Fruit body): 1년생, 우리 경험에 의하면 폭이 90cm에 이르고, 덩어리지거나 방석 같고, 처음에는 흰빛을 띤 노란색에서 황토색이고, 펠트 직물 같은 위쪽에 갈색 반점, 나중에 위쪽이 노출되면서 껍질이 얇아지고 갈색으로 변함. 단단한 적갈색 갓의 살, 아래쪽 구멍은 처음에는 희미한 은빛에서 나중에 노랗게 변하고, 연한 노란색 포자 가루. 새로운 자실체 형성: 7~8월.

특성(Peculiarity): 매년 자실체를 형성하는 것은 아님. 대개 판근의 아래쪽만 분해하고(136페이지와 비교하라), 전년도 자실체는 검은 덩어리처럼 보인다.

목재 변화(Wood alteration): 목재 연화.

결과(Consequence): 연성파괴, 뿌리 파괴 후 풍도.

정밀 조사(Detailed examination): 생장추와 코어강도측정기, 부후가 진전된 경우 나선형 천공, 부후가 진전된 경우 천공 저항이 감소, 뿌리 굴착 특히 판근과 구조 뿌리(structural root) 아래. 정착된 교목은 지표면에서 탐지할 수 있는 어떠한 목재 분해 없이 넘어질 수 있다.

주의(Note): 정착이 확인된 곳에서는 같은 종의 부근 교목도 점검하라.

뿌리버섯(*Heterobasidion annosum*, syn. *Fomes annosus*)

생존 유형(Mode of life): 살아 있는 교목과 죽은 교목(기생성과 부생성).

부후 유형(Type of rot): 백색부후(우선적 리그닌 분해) 또는 뿌리의 형성층 가해자.

부후 위치(Rot site): 뿌리, 수간 기부, 가끔 수간으로 상승.

기주(Host): 구과 교목, 특히 가문비나무와 소나무, 가끔 활엽 교목도.

자실체(Fruit body): 다년생, 폭 5~10cm의 부착형 버섯, 혹이 많은 위쪽은 처음에는 적갈색에서 나중에 흑갈색으로 변하고, 흰색의 생장 증분 가장자리, 살은 회백색이고 단단하며, 아래쪽은 가는 구멍을 가진 흰색, 부착 부위는 대부분 접착면에 느슨하게 부착되어 있고, 흰색 포자 가루.

특성(Peculiarity): 빈번하게 수간의 기부가 병의 몸통처럼 부풀어 오른 모양, 수지가 흐르고, 정착된 목재는 대부분 황갈색이며, 부분적으로 붉은색("적부"/赤腐, red rot).

목재 변화(Wood alteration): 목재 연화(개별 섬유 다발의 연화)와 수간의 공동화.

결과(Consequence): 연성파괴, 풍도, 드물게 수간 파괴, 가끔 근원 파괴.

정밀 조사(Detailed examination): 생장추와 코어강도측정기, 부후가 진전된 경우 나선형 천공, 부후가 진전된 경우 천공 저항이 감소, 음파 속도 측정, 뿌리 굴착.

주의(Note): 정착이 확인된 곳에서는 같은 종의 부근 교목도 점검하라.

백색부후된 목재

부드럽게 휘어지는 섬유

뿌리 지역의 죽은 목재를 암시하는 추적 곰팡이

교목 또는 교목 주위에 부생성 곰팡이, 즉 죽은 목재에 정착하는 곰팡이의 자실체 발생이 증가하면 죽은 목재나 죽은 뿌리가 있다는 지표일 수 있기 때문에 교목의 안전과 관련된 피해 가능성에 관심을 가져야 한다. 많은 경우, 이들은 소형에서 중형의 노란색 우산형 곰팡이 자실체로, 대부분 다발버섯속(*Hypholoma*)이나 먹물버섯속(*Coprinus*)에 속하는 버섯들이다. 여기서는 다음과 같은 두 사례를 기술한다.

노란다발버섯(*Hypholoma fasciculare*)

자실체(Fruit body): 1년생, 대부분 잔디밭에서 자라고, 갓은 유황색. 갓의 아래쪽은 조밀한 주름이 있고, 처음에는 황록색에서 나중에는 어두운 녹갈색. 갓의 살과 대는 턱받이 같은 구역(피부 같은 턱받이는 없음)이 있는 옅은 노란색. 포자 가루는 갈색. 새로운 자실체 형성: 5~11월. 백색부후 유발.

갈색먹물버섯(*Coprinellus micaceus*, syn. *Coprinus micaceus*)

자실체(Fruit body): 1년생, 작은 종 모양 황토색 갓, 대부분 잔디밭에서 자라고, 반짝이는 흰 점과 반짝이는 돌비늘 같은 얇은 조각이 있다. 갓의 아래쪽은 처음 흰색에서 흑갈색 주름으로 변하고, 대는 흰색. 포자 가루는 흑갈색, 자실체는 매우 잘 망가지며 수명이 짧고, 스스로 분해됨(자가분해/自家分解, autolysis). 새로운 자실체 형성: 5~11월. 백색부후 유발.

자가분해 시작 →

부록 1.2 목재 부후를 일으키는 수간 기반 곰팡이

연부후를 일으키는 곰팡이

자낭균류(Ascomycetes); 가지의 목재 부후를 유발하고(498페이지 가지를 감염시키는 자낭균류와 비교) 드물게 교목의 위에까지도: 껍질방석꼬투리버섯(*Kretzschmaria deusta*, syn *Ustulina deusta*)(412페이지 참조).

갈색부후를 일으키는 곰팡이

덕다리버섯(*Laetiporus sulphureus*)

미로버섯(*Daedalea quercina*)

소나무잔나비버섯(*Fomitopsis pinicola*)

자작나무버섯(*Piptoporus betulinus*)

백색부후를 일으키는 곰팡이

말굽버섯(*Fomes fomentarius*)

찰진흙버섯(*Phellinus robustus*, syn. *Fomitiporia robusta*)

말똥진흙버섯(*Phellinus igniarius*)

고약진흙버섯(*Phellinus tuberculosus*, syn. *Phellinus pomaceus*)

낙엽송층버섯(*Phellinus pini*)

구멍장이버섯(*Polyporus squamosus*)

털시루뻰버섯(*Inonotus hispidus*)

시루뻰버섯(*Inonotus cuticularis*)

차가버섯(*Inonotus obliquus*)

느타리버섯(*Pleurotus ostreatus*)

Pholiota populnea(비늘버섯류)

금빛비늘버섯(*Pholiota aurivella*)

목재를 분해하고, 때로는 상처와 약한 기생성 곰팡이

도장버섯(*Daedaleopsis confragosa*)

삼색도장버섯(*Daedaleopsis tricolor*)

줄버섯(*Bjerkandera adusta*)

운지버섯(*Trametes versicolor*)

흰구름송편버섯과 조개껍질버섯(*Trametes hirsuta* and *Lenzites betulinus*)

대합송편버섯(*Trametes gibbosa*)

치마버섯(*Schizophyllum commune*)

꽃구름버섯(*Stereum hirsutum*)

덕다리버섯(*Laetiporus sulphureus*)

생존 유형(Mode of life): 살아 있는 교목(기생성), 드물게 죽은 교목(부생성).

부후 유형(Type of rot): 갈색부후, 특히 심재에서(심부후).

부후 위치(Rot site): 수간, 수간의 기부, 드물게 뿌리.

기주(Host): 참나무, 아까시나무 등 활엽교목, 특히 변색된 심재를 가진 교목, 드물게 구과교목에.

자실체(Fruit body): 1년생, 부분적으로 겹치는 덩어리로 자라는 부채 모양의 폭 10~40cm 부착형 버섯으로, 나중에 갈색으로 변하고 소변 냄새가 나며, 그 다음 흰 치즈처럼 보이고, 가는 구멍을 가진 아래쪽은 처음에 유황색이며, 흰 포자 가루, 어릴 때 향기로운 냄새가 나고 오래되면 소변 냄새가 남. 새로운 자실체 형성: 5~9월.

특성(Peculiarity): 유백색 균사체 엽(葉, lobe)이 갈색 목재 조각 사이 공간을 채우거나 톱 절단 부위의 춘재(春材, early wood)를 따라 발달.

목재 변화(Wood alteration): 목재 취화, 결국은 가루로 변함.

결과(Consequence): 취성파괴(脆性破壞, brittle fracture).

정밀 조사(Detailed examination): 천공 저항 측정, 생장추와 코어강도측정기, 나선형 천공.

이 단계에서, 소변 냄새

미로버섯(*Daedalea quercina*)

생존 유형(Mode of life): 살아 있는 교목과 죽은 교목(기생성과 부생성).

부후 유형(Type of rot): 갈색부후.

부후 위치(Rot site): 수간, 가지.

기주(Host): 참나무, 드물게 밤나무.

자실체(Fruit body): 다년생, 부착형으로 폭 30cm까지, 균일한 베이지색 또는 연한 회갈색, 아래쪽은 거친 미로 같은 주름, 주름은 폭이 약 1mm이며 1~2mm 간격이고, 가끔 갓의 가장자리에서 포자를 형성, 흰 포자 가루.

특성(Peculiarity): 특히 심재지역, 목재에서도 강력한 목재 부후.

목재 변화(Wood alteration): 목재 취화.

결과(Consequence): 취성파괴.

정밀 조사(Detailed examination): 천공 저항 측정, 생장추와 코어강도측정기, 나선형 천공.

소나무잔나비버섯(*Fomitopsis pinicola*)

생존 유형(Mode of life): 살아 있는 교목과 죽은 교목(기생성과 부생성).

부후 유형(Type of rot): 갈색부후.

부후 위치(Rot site): 수간, 가지.

기주(Host): 구과교목 선호, 너도밤나무와 자작나무와 같은 활엽교목에도 정착함.

자실체(Fruit body): 다년생, 처음에는 베이지색 덩어리로 시작하여 부착형으로 되고, 폭이 30cm까지 자라고, 갓은 색깔이 다른 구역을 가지고 있는데, 처음에는 흰빛이 도는 가장자리 구역을 가진 어두운 적색이고 나중에는 오래된 흑회색의 말굽버섯을 닮았지만, 가는 붉은색 가장자리가 있다. 갓의 살은 밝은 유백색이고, 갓의 아래쪽은 흰색에서 황토색이며 가는 구멍을 보이고, 포자 가루는 희다.

특성(Peculiarity): 같은 기주(너도밤나무와 자작나무)에서 자주 발생하는 말굽버섯과 달리, 갓 피각은 열을 가하면 녹아 들러붙음.

목재 변화(Wood alteration): 목재 취화.

결과(Consequence): 취성파괴.

정밀 조사(Detailed examination): 천공 저항 측정, 생장추와 코어강도측정기, 나선형 천공.

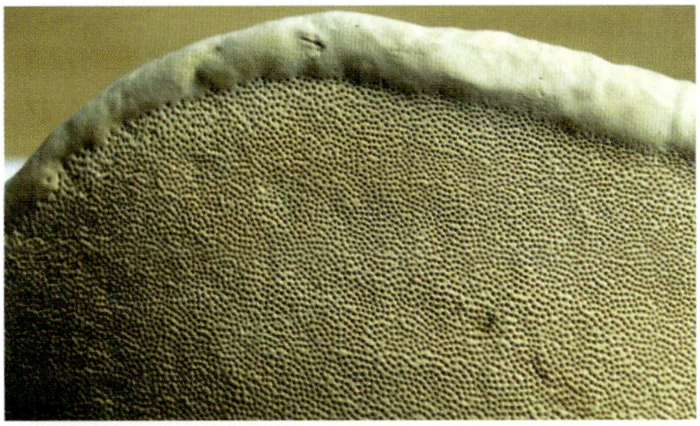

자작나무버섯(*Piptoporus betulinus*)

생존 유형(Mode of life): 살아 있는 교목과 죽은 교목(기생성과 부생성).

부후 유형(Type of rot): 갈색부후.

부후 위치(Rot site): 수간, 가지.

기주(Host): 자작나무.

자실체(Fruit body): 1년생, 처음에는 순백색에서 상단에서 회갈색에서 계피색으로 바뀌고, 처음 백열등과 같은 덩어리가 나중에 콩팥모양이나 전등갓처럼 되고, 아래쪽은 희고 가는 구멍이 있고, 갓의 살은 순백색이고, 포자 가루는 희다. 새로운 자실체 형성: 8~10월.

특성(Peculiarity): 대부분의 경우 오래된 자실체를 연중 볼 수 있고, 가끔 갈색으로 부후된 목재의 흰 균사체 돌출부도 볼 수 있다.

목재 변화(Wood alteration): 목재 취화, 부후된 목재는 어두운 갈색이나 밝은 갈색이다.

결과(Consequence): 취성파괴.

정밀 조사(Detailed examination): 천공 저항 측정, 생장추와 코어강도측정기, 나선형 천공.

주의(Note): 자실체가 가끔 목재나 수간의 정착된 부위가 죽고 나서, 즉 수간 파괴 위험이 이미 매우 높을 때, 발생한다.

말굽버섯(*Fomes fomentarius*)

생존 유형(Mode of life): 살아 있는 교목과 죽은 교목(기생성과 부생성).

부후 유형(Type of rot): 백색부후(동시 부후).

부후 위치(Rot site): 수간, 가지.

기주(Host): 활엽 교목, 특히 너도밤나무, 포플러, 자작나무.

자실체(Fruit body): 다년생, 부착형, 폭 10~50cm, 처음에는 베이지색이나 갈색의 단단한 고무 같고, 나중에 생장 증분 자국(groove)이 있는 암회색으로 바뀌며, 갓의 살은 부드러운 가죽 같고, 고무처럼 단단하며 부착 지점(균사체 심/mycelial core)에는 안에 코르크 같은 혹이 있고, 포자 가루는 희며, 아래쪽은 가는 구멍이 있고 유백색에서 회갈색이며, 어릴 때에는 글씨를 쓸 수 있다.

특성(Peculiarity): 대부분 정착된 목재에 커다란 흰색에서 베이지색 균사체의 둥근 돌출부나 얇은 층이 있다.

목재 변화(Wood alteration): 부분적으로 백색부후된 목재는 검은 경계선이 있다; 처음에 목재취화가 된 후 목재연화, 특히 횡 방향으로 연화가 된다.

결과(Consequence): 취성파괴, 대부분 자실체에 인접한 수간의 위쪽에서 발생.

정밀 조사(Detailed examination): 생장추와 코어강도측정기, 부후가 진전된 경우에는 천공저항이 감소, 부후가 진전된 경우에 나선형 천공.

주의(Note): 자주 소나무잔나비버섯과 함께 같은 기주(너도밤나무, 자작나무)에서 발생.

균사체 심

균사체 박판

찰진흙버섯(*Phellinus robustus*, syn. *Fomitiporia robusta*)

생존 유형(Mode of life): 살아 있는 교목(기생성), 드물게 죽은 교목(부생성).

부후 유형(Type of rot): 백색부후(동시 부후).

부후 위치(Rot site): 수간, 가지

기주(Host): 참나무, 밤나무, 가끔 아까시나무.

자실체(Fruit body): 다년생, 폭 8~30cm, 처음에는 덩어리가 나중에 부착형으로 변화, 금이 간 갓의 위쪽은 노랑에서 갈색이나 회색, 가끔 녹색 조류로 덮여 있고, 오래되면 생장증분에 의해 유발된, 가끔 수직과 수평적인 균열 흔적이 있는, 동심의 고랑이 있으며, 가는 구멍을 가진 불룩 나온 아래쪽, 봄에 가끔 밝은 적갈색, 흰 포자 가루, 자실체의 나이는 관공층(tube layer)의 수와 일치한다.

특성(Peculiarity): 자실체 위와 아래에 수간에 패인 괴사 반점, 가끔 딱따구리에 의해 유발된 구멍. 패인 수피의 양쪽 수간에 자주 보강을 위한 부풂. 이 팽창에서 압축 주름을 찾아보라.

목재 변화(Wood alteration): 목재 취화.

결과(Consequence): 취성파괴, 자실체 근처에서 가끔 목재 파괴 발생.

정밀 조사(Detailed examination): 생장추와 코어강도측정기, 부후가 진전된 경우에 나선형 천공, 부후가 진전된 경우에는 천공 저항이 감소.

주의(Note): "궤양성 부후"를, 특히 적참나무에서, 유발할 수도 있음.

수피 패임

보강 부풂

궤양성 부후
'04 3 4

말똥진흙버섯(*Phellinus igniarius*)

생존 유형(Mode of life): 살아 있는 교목(기생성), 드물게 죽은 교목(부생성).

부후 유형(Type of rot): 백색부후(동시 부후).

부후 위치(Rot site): 수간, 가지.

기주(Host): 포플러, 자작나무, 버드나무, 기타 낙엽 교목.

자실체(Fruit body): 다년생, 폭 8~25cm, 처음에는 덩어리, 나중에 갓의 위쪽에 가끔 균열이 있는 부착형으로 변화, 매우 단단하고, 처음에는 갈색이 나중에 회색으로 변화, 가끔 녹색 조류로 덮여 있으며, 자라는 연한 갈색의 가장자리 불룩한 부위가 나중에 회색으로 변하고, 갓의 살은 녹색이며 목재처럼 단단하고, 아래쪽은 가는 구멍을 가진 갈색, 유백색에서 백색의 포자 가루, 말굽버섯과 혼동할 수 있지만, 말굽버섯은 부착 지점(균사체 심)에서 내부에 코르크 같은 혹이 있는 스웨드(안쪽에 보풀이 있는, 부드럽게 무두질한 양가죽) 같은 갓의 살을 가지고 있다.

특성(Peculiarity): 자실체 가까이에 자주 수피 괴사와 가끔 딱따구리 구멍이 있다. 비슷하게 보이는 찰진흙버섯과는 달리, 연륜경계가 없기 때문에 자실체의 나이를 확인하는 것이 불가능하다[50].

목재 변화(Wood alteration): 목재 취화(목재 연화는 훨씬 나중에).

결과(Consequence): 취성파괴.

정밀 조사(Detailed examination): 부후가 진전된 경우에 천공 저항 측정, 생장추와 코어강도측정기, 부후가 진전된 경우에 나선형 천공.

고약진흙버섯(*Phellinus tuberculosus*, syn. *Phellinus pomaceus*)

생존 유형(Mode of life): 살아 있는 교목과 죽은 교목(기생성과 부생성).

부후 유형(Type of rot): 백색부후(동시 부후).

부후 위치(Rot site): 수간, 가지.

기주(Host): 특히 자두, 벚나무, 복숭아, 사과와 같은 과수, 그리고 야생자두(blackthorn), 라일락, 개암나무에도.

자실체(Fruit body): 다년생, 폭 5~15cm, 가끔 여러 층으로 수간에 함께 자라는 단단한 부착형 버섯, 가끔 가지 아래쪽에 껍질만, 위쪽은 갈색에서 회색이고 가끔 금이 가 있으며 녹색 조류로 덮여 있고, 생장 증분 가장자리는 갈색을 띤 회색, 갓의 살은 적갈색, 아래쪽은 가는 구멍을 가진 황갈색, 포자 가루는 백색. 자실체의 위와 아래에 가끔 찰진흙버섯에서처럼 괴사성 수피 패임이 있다.

특성(Peculiarity): 균사층(관공 층을 나누는 갓 살의 층)의 수를 통해 나이 확인이 부분적으로 가능[50, 51]. 자실체를 통해 세로 단면을 보라.

목재 변화(Wood alteration): 목재 취화(목재 연화는 훨씬 뒤에).

결과(Consequence): 취성파괴.

정밀 조사(Detailed examination): 부후가 진전된 경우에 천공 저항 측정, 생장추와 코어강도측정기, 부후가 진전된 경우에 나선형 천공.

수피 패임

종축 단면

낙엽송충버섯(*Phellinus pini*)

생존 유형(Mode of life): 살아 있는 교목(기생성), 드물게 죽은 교목(부생성).

부후 유형(Type of rot): 백색부후(우선적인 리그닌 분해), 흰구멍 부후, 환상부후(環狀腐朽, ring rot).

부후 위치(Rot site): 수간, 가지, 심부후.

기주(Host): 특히 북부와 동부 유럽 소재 구과교목, 주로 소나무, 가끔 가문비나무, 낙엽송, 전나무, 미송.

자실체(Fruit body): 다년생, 부착형, 때로는 피각도 있고, 폭 5~15cm, 대부분 가지 터기나 죽은 가지 아래. 동심의 고랑을 가진 갓 위쪽, 펠트처럼 거칠고, 처음에는 적갈색이 나중에 암갈색에서 검은색으로 변함(이 경우 가끔 가는 금과 함께), 갓의 가장자리는 상대적으로 날카로움. 자주 조류와 이끼에 의해 녹색 유발. 갓의 살은 적갈색, 목재처럼 단단하고, 관공은 불규칙한 층으로 배열됨. 갓의 아래쪽은 노랑에서 회갈색 구멍층으로 되어 있음. 포자 가루는 연한 노랑에서 갈색.

특성(Peculiarity): 처음에는 죽은 가지가 이 곰팡이의 침입구 역할을, 나중에는 출구 역할을 한다. 가끔 다른 높이에서 여러 자실체, 주로 가지 터기 주변에 수지를 배출하는 수피 괴사, 가끔 딱따구리 구멍, 남은 벽의 두께를 확인하는 것이 불가능하게 만드는 가끔 횡단면에 걸쳐 "불규칙한 반점으로" 퍼져 있는 부후 중심.

목재 변화(Wood alteration): 목재변색, 처음에는 적색으로 바뀐 다음 황갈색으로, 목재연화, 목재 안에 부분적으로 섬유소로 채워진 렌즈 모양의 구멍.

결과(Consequence): 환상부후, 수간의 불규칙한 반점 형태의 빈 공간, 수간 파괴로 인한 파손 가능성, 종종 근원과 뿌리 부후도 가능, 결국 해당 교목은 죽는다.

정밀 조사(Detailed examination): 비록 국지적이지만, 생장추만이 이 경우에 유효한 결과를 제공한다[53].

주의(Note): 심하게 쇠락하는 자실체가 발견되는 경우, 이는 심각한 수간 횡단면의 부후를 나타내는 지표일 가능성이 매우 높다. 정착이 확인되면 같은 종의 인접 교목도 점검하라.

사진: N. Klöhn 제공

사진: N. Klöhn 제공

부후

구멍장이버섯(*Polyporus squamosus*)

생존 유형(Mode of life): 살아 있는 교목과 죽은 교목(기생성과 부생성).

부후 유형(Type of rot): 백색부후, 우선적인 리그닌 분해(선택적인 탈리그닌).

부후 위치(Rot site): 수간, 굵은 가지.

기주(Host): 활엽교목, 특히 너도밤나무, 버즘나무, 라임나무, 칠엽수.

자실체(Fruit body): 1년생, 부채형, 폭 50cm까지, 기부가 갈색인 짧은 측면 대, 고리 형태로 배열된 황토색 바탕에 암갈색 비늘이 있는 갓의 위쪽, 가끔 서로 위에서 연결되거나 대황(大黃, rhubarb)의 잎처럼 나란히 발생, 갓의 아래는 연한 노란색이고 큰 그물눈 같은 구멍이 있고, 포자 가루는 흰색, 새로운 자실체: 6월과 9~10월.

특성(Peculiarity): 오래된 자실체가 자주 연중 존재한다.

목재 변화(Wood alteration): 목재 연화, 부분적으로 백색부후된 목재에는 가는 검은색 경계선이 있다.

결과(Consequence): 수간 내에 공동 형성, 연성파괴.

정밀 조사(Detailed examination): 생장추와 코어강도측정기, 부후가 진전된 경우에 나선형 천공, 부후가 진전된 경우에 천공 저항 감소, 음파 속도 측정.

털시루뻔버섯(*Inonotus hispidus*)

생존 유형(Mode of life): 살아 있는 교목(기생성), 드물게 죽은 교목(부생성).

부후 유형(Type of rot): 백색부후(동시 부후), 또한 연부후[54].

부후 위치(Rot site): 수간, 굵은 가지.

기주(Host): 활엽교목, 특히 물푸레나무, 사과나무, 버즘나무, 호두나무 등.

자실체(Fruit body): 1년생, 부착형, 폭 35cm까지, 갓의 위쪽은 펠트처럼 털이 많고, 처음에는 수분이 많고 부드러우며 황토색에서 적갈색이고, 나중에 건조하면 부서지기 쉽고 검은색. 생장 증분 가장자리는 노란색. 아래쪽은 회색의 희미하게 반짝거리는 구멍과 가끔 물방울이 있고, 포자 가루는 황갈색, 오래된 검은 자실체는 가끔 오랫동안 해당 교목에 붙어 있거나 겨울에도 해당 교목 아래 검은 조각으로 발견될 수 있다. 새로운 자실체 형성: 6~10월.

특성(Peculiarity): 자실체 위와 아래에 수피가 패인 수피 괴사, 오래되고 부서지기 쉬운 자실체가 가끔 안쪽이 여전히 적갈색인 경우도 있다.

목재 변화(Wood alteration): 목재 취화.

결과(Consequence): 취성파괴.

정밀 조사(Detailed examination): 생장추와 코어강도측정기, 부후가 진전된 경우에 천공 저항 감소, 부후가 진전된 경우에 나선형 천공.

주의(Note): 도로 옆이나 공원의 교목에서 자실체가 발견되면, 인접한 교목에서도 발견되는 경우가 많다.

시루뻰버섯(*Inonotus cuticularis*)

생존 유형(Mode of life): 살아 있는 교목(기생성), 드물게 죽은 교목(부생성).

부후 유형(Type of rot): 백색부후(동시 부후), 또한 연부후(Karlheinz Weber 박사(2013)가 현미경을 통해 너도밤나무에서 발견).

부후 위치(Rot site): 수간, 수간 기부.

기주(Host): 활엽교목, 특히 너도밤나무와 단풍나무.

자실체(Fruit body): 1년생, 부착형, 두께 12cm, 지붕 타일처럼 겹쳐 있고 나란히 위치, 갓의 위쪽은 적갈색, 펠트 직물 같은 껍질, 노란색을 띤 생장 증분 가장자리, 은빛에서 연한 노랑의 희미하게 반짝이는 아래쪽의 구멍은 어두운 녹갈색으로 바뀌고, 포자 가루는 적갈색, 오래된 자실체는 검은색, 털시루뻰버섯과 혼동할 수 있지만, 털시루뻰버섯은 살이 더 두껍고 부착된 갓이 더 크다. 새로운 자실체 형성: 8~9월.

특성(Peculiarity): 털시루뻰버섯과 구분하는 또 다른 특징은 갓 표면에 갈고리를 가진 길고 갈색의 두꺼운 벽의 균사(앵커 모양의 가시)인데, 이는 현미경으로만 볼 수 있다.

목재 변화(Wood alteration): 목재 취화, 그러나 목재 방사조직의 골격처럼 횡 방향으로 연화되며, 세로 방향 유조직(柔組織, parenchyma)과 도관은 오랫동안 그대로 남아 있다.

결과(Consequence): 취성파괴, 수간을 공동화시키고 뿌리도 가능함.

정밀 조사(Detailed examination): 생장추와 코어강도측정기, 부후가 진전된 경우에 천공 저항 감소, 부후가 진전된 경우에 나선형 천공.

차가버섯(*Inonotus obliquus*)

생존 유형(Mode of life): 살아 있는 교목과 죽은 교목(기생성과 부생성).

부후 유형(Type of rot): 백색부후(동시 부후).

부후 위치(Rot site): 수간.

기주(Host): 자작나무, 드물게 단풍나무, 너도밤나무, 오리나무, 느릅나무.

자실체(Fruit body): 두 형태의 자실체, 처음에는 검고, 숯을 닮은 혹처럼 2차 자실체 형태의 다년생 유형(매년 조금씩 커지는 암종(癌腫, canker)처럼 보인다), 나중에 기주가 죽고 나면 수피 아래에서 갈색의 껍질이 딱딱한 다공균(多孔菌, polypore; 영지 등의 경질의 버섯류) 자실체처럼 주 자실체 형태가 발생하고, 갈색의 포자 가루.

특성(Peculiarity): 가끔 검은 덩어리 위나 아래에 수피 괴사나 수피 함몰, 가끔 덩어리 아래에 딱따구리의 구멍도 발견, 불임의 2차 자실체 형태는 포자를 형성하지 않는다[21].

목재 변화(Wood alteration): 목재 취화.

결과(Consequence): 취성파괴.

정밀 조사(Detailed examination): 생장추와 코어강도측정기, 부후가 진전된 경우에 천공 저항 감소, 부후가 진전된 경우에 나선형 천공.

2차 자실체 형태

주 자실체 형태

주 자실체 형태

느타리버섯(*Pleurotus ostreatus*)

생존 유형(Mode of life): 살아 있는 교목과 죽은 교목(기생성과 부생성).

부후 유형(Type of rot): 백색부후(동시 부후).

부후 위치(Rot site): 수간, 튼튼한 가지.

기주(Host): 활엽교목, 드물게 구과교목.

자실체(Fruit body): 1년생, 조개 모양, 측면 줄기를 가진 폭 20cm까지, 위쪽은 유백색이나 청회색에서 녹갈색, 아래쪽은 측면 대 아래로 연장되어 있는 흰색에서 유백색의 주름, 흰색에서 보랏빛 포자 가루. 새로운 자실체 형성: 10~12월.

특성(Peculiarity): 자실체는 낮은 온도에 견디고 서리에도 버틴다(겨울 곰팡이).

목재 변화(Wood alteration): 목재 취화.

결과(Consequence): 취성파괴.

정밀 조사(Detailed examination): 생장추와 코어강도측정기, 부후가 진전된 경우에 천공 저항 감소, 부후가 진전된 경우에 나선형 천공.

Pholiota populnea(비늘버섯류)

생존 유형(Mode of life): 살아 있는 교목(기생성)과 갓 죽은 목재(부생성).

부후 유형(Type of rot): 백색부후(동시 부후와 같은 파괴 패턴).

부후 위치(Rot site): 수간, 굵은 가지.

기주(Host): 포플러, 매우 드물게 다른 활엽교목.

자실체(Fruit body): 1년생, 유백색, 베이지에서 밝은 갈색의 갓과 대, 갓(특히 가장자리)과 대에 희거나 밝은 베이지색의 양털 같은 비늘. 불룩한 기부와 너덜너덜한 주름이 있는 대. 갈색 포자 가루. 새로운 자실체 형성: 9~11월.

특성(Peculiarity): 기주특이성이 높아, 대부분 살아 있거나 갓 넘어진 포플러에만.

목재 변화(Wood alteration): 심재 부위에서 목재 취화.

결과(Consequence): 취성파괴.

정밀 조사(Detailed examination): 예를 들면, 생장추와 코어강도측정기.

금빛비늘버섯(*Pholiota aurivella*)

생존 유형(Mode of life): 살아 있는 교목과 죽은 교목(기생성과 부생성).

부후 유형(Type of rot): 백색부후(동시 부후), 너도밤나무에 부분적으로 흰구멍 부후.

부후 위치(Rot site): 수간, 가지.

기주(Host): 활엽교목, 대부분 너도밤나무, 버드나무, 자작나무, 가끔 단풍나무, 사과나무, 물푸레나무, 참나무, 포플러, 피나무, 서어나무, 칠엽수, 호두나무 등, 드물게 전나무와 가문비나무와 같은 구과교목에도.

자실체(Fruit body): 1년생, 대개 잔디밭에서 자란다. 상단에 돌출되지 않은 일시적인 어두운 갈색 비늘을 가진 황금색 갓(직경 4~16cm). 아래쪽은 노란색(어릴 때)에서 적갈색(오래되면)의 주름. 갓의 표면은 끈적거리고, 대는 끈적이지 않는다. 노란색 중앙 대는 부분적인 비늘과 일시적인 너덜너덜한 주름을 가지고 있고, 포자 가루는 갈색. 새로운 자실체 형성: 9~11월, 드물게 5월에도.

특성(Peculiarity): 자실체가 가끔 해당 교목의 수관 높이까지.

목재 변화(Wood alteration): 목재 변색, 목재 취화, 수간 공동화, 나중에 목재 연화.

결과(Consequence): 가지와 수간의 목재취화.

정밀 조사(Detailed examination): 생장추와 코어강도측정기, 부후가 진전된 경우에 천공 저항 감소, 부후가 진전된 경우에 나선형 천공.

목재를 분해하고, 때로는 상처와 쇠약한 수목에 기생성인 곰팡이

가지 부러짐, 전정이나 차량에 의해 유발된 피해로 생긴 커다란 상처와 같이 살아 있는 교목의 상처는 변재와 심재 부위를 노출시키고 국지적으로 죽은 목재를 만들 수 있다. 죽은 목재를 분해하는 곰팡이, 즉 부생균(腐生菌, saprobe)은 이 부위에 정착하여 목재부후를 유발할 수 있다. 이렇게 되면 목재 강도를 약화시켜 감염된 수간이나 가지 부위가 부러질 위험을 증가시킨다. 독일의 도로변과 공원의 교목에 존재하는 가장 많은 부생성 곰팡이(일부는 약한 기생성 활동을 하는 것으로 추정됨)의 일부를 다음과 같이 소개한다:

도장버섯(*Daedaleopsis confragosa*)

생존 유형(Mode of life): 죽은 교목(부생성), 드물게 살아 있는 교목(가지 기생성).

부후 유형(Type of rot): 백색부후(동시 부후).

부후 위치(Rot site): 크게 손상된 수간, 가지, 죽은 목재.

기주(Host): 버드나무, 벚나무, 자작나무, 오리나무, 너도밤나무, 기타 활엽 교목.

자실체(Fruit body): 1년생, 연중 관찰되고, 반원의 부착형으로 폭 15cm까지, 가끔 동심원 구역 형성, 적갈색에서 암갈색, 아래쪽은 접촉하면 붉은색으로 변하고, 길고 미로 같은 회색 구멍, 흰색 포자 가루. 새로운 자실체 형성: 대부분 가을에.

특성(Peculiarity): 구멍도 모두 주름이고 변화가 많다: 삼색도장버섯과 비슷함.

목재 변화(Wood alteration): 처음에 목재 취화, 나중에 목재 연화.

결과(Consequence): 취성파괴.

정밀 조사(Detailed examination): 예를 들면, 생장추와 코어강도측정기.

삼색도장버섯(*Daedaleopsis tricolor*)

생존 유형(Mode of life): 죽은 교목(부생성), 드물게 살아 있는 교목(가지 기생성).

부후 유형(Type of rot): 백색부후(동시 부후).

부후 위치(Rot site): 크게 손상된 수간, 가지, 죽은 목재.

기주(Host): 활엽교목, 특히 양앵두(sweet cherry), 자작나무, 오리나무, 버드나무, 개암나무에도.

자실체(Fruit body): 1년생, 연중 관찰됨, 도장버섯과 비슷하지만 폭이 9cm까지 자라는 더 작은 부착형. 위쪽은 적갈색, 부분적으로 흰빛이 도는 가장자리와 착색이 된 부위도 있다. 아래쪽에 있는 구멍은 모두 주름이고, 흰색 포자 가루. 새로운 자실체 형성: 대부분 가을에.

목재 변화(Wood alteration): 처음에는 목재 취화, 나중에 목재 연화.

결과(Consequence): 취성파괴.

정밀 조사(Detailed examination): 예를 들면, 생장추와 코어강도측정기.

줄버섯(*Bjerkandera adusta*)

생존 유형(Mode of life): 대부분 죽은 교목(부생성), 드물게 살아 있는 교목(가지 기생성).

부후 유형(Type of rot): 백색부후(동시 부후).

부후 위치(Rot site): 이미 손상된 수간이나 가지 부위, 죽은 목재.

기주(Host): 활엽교목, 특히 너도밤나무와 서어나무, 드물게 구과교목.

자실체(Fruit body): 1년생, 여러 개의 작은 부착성 버섯이 널리 퍼져서 분포, 위쪽이 갈색을 띤 회색이고 폭 6cm까지, 흰색 가장자리는 접촉하면 검게 변한다. 아래쪽의 옅은 갈색의 가는 구멍도 접촉하면 검게 변한다. 새로운 자실체 형성: 늦여름에서 가을.

목재 변화(Wood alteration): 목재 취화.

결과(Consequence): 취성파괴.

정밀 조사(Detailed examination): 예를 들면, 생장추와 코어강도측정기.

운지버섯(*Trametes versicolor*)

생존 유형(Mode of life): 대부분 죽은 목재(부생성), 드물게 수간과 가지 상처의 상처 기생체로.

기주(Host): 주로 활엽교목, 특히 너도밤나무, 자작나무, 버드나무, 참나무, 드물게 전나무나 가문비나무와 같은 구과교목에도.

부후 유형(Type of rot): 백색부후(동시 부후).

자실체(Fruit body): 1년생이지만 자주 연중 관찰됨. 두께 약 1~4mm, 폭 약 4~8cm의 얇은 반원형 부착형 버섯, 벨벳과 같은 털이 많은 위쪽 표면에 다양한 색("색색의"/varicolor)의 동심원 구역을 가짐. 착색된 구역들은 비단 같은 광택이 나거나(짧은 털) 윤기가 없고(긴 털, 우모 펠트/hair felt), 색깔은 황토색, 밝은 갈색에서 어두운 갈색, 붉은색, 황록색, 회색, 청색에서 검은색에 이르기까지 다양하다. 좁은 생장 증분 가장자리는 흰색에서 베이지 색이고, 아래쪽에 있는 구멍은 육안으로는 인식하기 힘들 정도로 매우 가늘며(3~5mm), 갓의 살은 희고 단단하며, 포자 가루는 희다. 새로운 자실체 형성: 가을에서 봄.

목재 변화(Wood alteration): 목재 취화, 나중에 목재 연화.

결과(Consequence): 취성파괴[38].

정밀 조사(Detailed examination): 부후가 진전된 경우에 천공 저항 감소, 생장추와 코어강도측정기.

흰구름송편버섯(*Trametes hirsuta*)

생존 유형(Mode of life): 대부분 죽은 목재(부생성), 드물게 수간과 가지 상처에 상처 기생체로.

기주(Host): 주로 활엽교목, 특히 너도밤나무, 자작나무, 버드나무, 물푸레나무, 참나무, 드물게 구과교목에도.

부후 유형(Type of rot): 백색부후(동시 부후).

자실체(Fruit body): 1년생이지만 자주 연중 관찰됨. 대부분 이용 가능한 영양분이 있는 쪽에 자라는 반원의 부착형 버섯으로 폭이 약 3~10cm 두께가 약 0.5~1cm. 어린 자실체는 밝은 갈색 생장 증분 가장자리를 가진 흰색에서 흰빛을 띤 회색, 위쪽은 부착 지점 둘레에 동심원으로 배열된 거친 펠트 직물 같은 뻣뻣한 털을 가지고 있다. 아래쪽에는 가는 흰 구멍(mm당 2~4개)이 있고, 오래된 자실체의 위쪽은 생장 증분 가장자리(또는 전혀 없거나)가 매우 가는 갈색이며 대부분 녹색의 뻣뻣한 털(조류로 덮인)을 가지고 있고, 갓의 살과 포자 가루는 희다. 새로운 자실체 형성: 늦여름에서 가을.

목재 변화(Wood alteration): 목재 취화, 나중에 목재 연화.

결과(Consequence): 취성파괴.

정밀 조사(Detailed examination): 예를 들면, 생장추와 코어강도측정기.

주의(Note): 가끔 햇빛에 노출되고 상대적으로 건조한 지역에서 자라고, 가끔 같은 기주에서 치마버섯(*Schizophyllum commune*)과 함께 나타난다. 오래된 자실체는, 갓의 아래쪽에 주름이 있음에도 불구하고, 조개껍질버섯(*Lenzites betulinus*)과 매우 비슷하게 보일 수 있다.

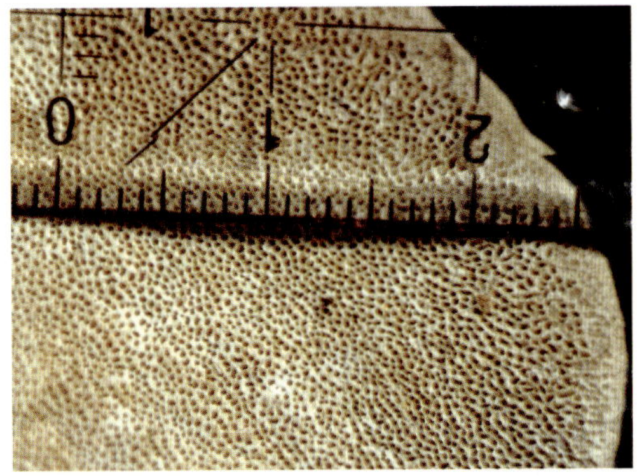

조개껍질버섯(*Lenzites betulinus*)과 혼동할 수 있다.

대합송편버섯(*Trametes gibbosa*)

생존 유형(Mode of life): 대부분 죽은 목재(부생성), 드물게 수간과 가지 상처에 상처 기생체로.

기주(Host): 너도밤나무, 버드나무, 자작나무, 포플러 등과 같이 주로 활엽교목, 드물게 가문비나무와 같은 구과교목에도.

부후 유형(Type of rot): 백색부후(동시 부후).

자실체(Fruit body): 1년에서 반 년생(년 2회)이지만 자주 연중 관찰됨. 이용 가능한 영양분이 있는 쪽에 부착된 폭 약 5~20cm로 자라는 반원의 부착형 버섯. 부착 지점은 자주 자실체가 분명하게 두껍게 보이고, 갓의 위쪽은 거의 항상 혹등(humpback)을 형성한다. 위쪽은 희고 덥수룩한 털이 있는 펠트 직물을 가지고 있다. 오래된 자실체는 대부분 조류로 덮여 있기 때문에 녹색이고(때로는 뚜렷한 구역 구분) 털로 덮인 고운 펠트 직물을 가지고 있다. 갓의 아래쪽은 특징적으로 세로 방향(안쪽에서 바깥쪽으로 방사 방향)으로 늘어선 흰 구멍(폭 1mm 길이 5mm)을 가지고 있다. 때로는 기부에 미로 같은 주름 구조가 형성된다. 갓의 살과 포자 가루는 흰색이다. 새로운 자실체 형성: 늦여름에서 가을.

특성(Peculiarity): 녹색 조류로 덮인 오래된 자실체는 조개껍질버섯(*Lenzites betulinus*)과 매우 비슷하게 보이지만, 조개껍질버섯은 대부분 갓의 아래쪽에 주름만 가지고 있다.

목재 변화(Wood alteration): 목재 취화, 나중에 목재 연화.

결과(Consequence): 취성파괴.

정밀 조사(Detailed examination): 예를 들면, 생장추와 코어강도측정기.

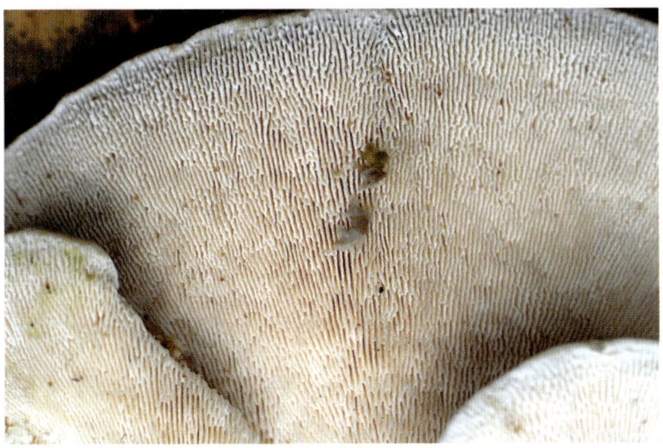

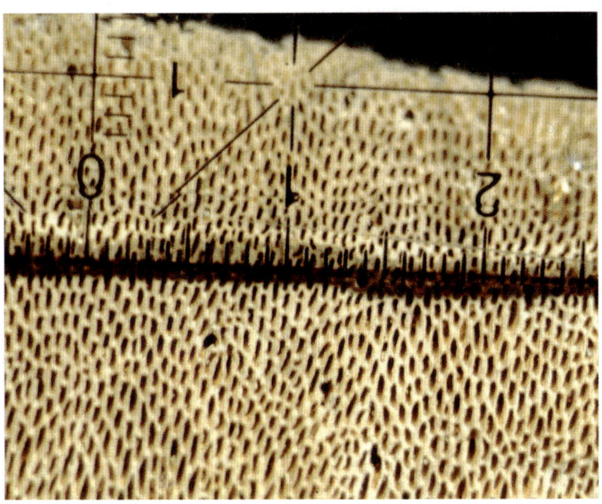

치마버섯(*Schizophyllum commune*)

생존 유형(Mode of life): 대부분 죽은 목재(부생성), 또한 살아 있는 교목의 손상에 상처 기생체로.

기주(Host): 너도밤나무, 버즘나무, 참나무 등과 같이 주로 활엽교목, 드물게 가문비나무, 소나무와 같은 구과교목에도.

부후 유형(Type of rot): 백색부후(동시 부후)[55] .

자실체(Fruit body): 일 년 내내, 대부분 목재의 측면에 부착되어 있고 작은 부채나 조개 형태를 취하며, 폭이 1~5cm, 가죽처럼 질기고, 위쪽은 밝은 회색 펠트로 덮여 있으며, 아래쪽은 주름이 부채꼴로 배열되어 있고, 세로 방향으로 찢어지며, 분홍에서 밝은 갈색이고, 포자가루는 흰색에서 분홍이나 황토색이다.

특성(Peculiarity): 갓의 아래쪽에 세로로 찢어지는 주름의 "잎의 반쪽(halves of the leaves)"은 가물면 밖으로 말린다(흡습성(吸濕性, hygroscopic) 운동). 이러한 방법으로 포자가 발생하는 두 주름 사이의 자실층이 건조되는 것을 막는다. 자주 너도밤나무의 피소된 표면에서 발견된다. 구조용 목재에도 정착할 수 있다. 가끔 같은 기주의 활엽수에서 흰구름송편버섯(*Trametes hirsuta*)과 구과교목에서 조개버섯(*Gloeophullum sepiarium*)과 결합된다.

목재 변화(Wood alteration): 목재 취화.

결과(Consequence): 취성파괴.

정밀 조사(Detailed examination): 예를 들면, 생장추와 코어강도측정기.

건조

높은 공기 습도

꽃구름버섯(*Stereum hirsutum*)

생존 유형(Mode of life): 대부분 갓 죽은 목재(부생성), 드물게 상처와 죽어가는 가지나 교목에 대해 약한 기생체.

기주(Host): 특히 너도밤나무, 버즘나무, 참나무, 오리나무 등과 같이 주로 활엽교목, 드물게 가문비나무나 소나무에서도 발견됨.

부후 유형(Type of rot): 백색부후(동시 부후).

자실체(Fruit body): 1년생에서 다년생, 연중 관찰되고, 약 1~4cm의 폭을 가진 연결된 단일 갓, 인접한 갓과 집단으로 자라는 경우가 많으며, 층이나 피각처럼 영양공급 부위에 바로 붙어 있거나, 영양공급 부위에 부분적으로 층으로 부착되어 상단에서 작은 부착형 갓(갓의 테두리)을 형성하고, 가죽처럼 얇고 질기며, 위쪽은 털이 많고 동심원 지대가 형성되어 있으며, 상단에서는 황갈색이고 건조되고 오래되면 회갈색이 된다. 아래쪽은 부드럽고 구멍이 전혀 없다. 신선하면 강한 노란색에서 주황색이고, 건조되면 황토색이 된다. 포자 가루는 흰색.

특성(Peculiarity): 자실체는 색깔이 바뀌지 않거나 표면을 절단하거나 문지르면 붉은색으로 바뀐다. 이를 통해 비슷한 종인 흰꽃구름버섯(*Stereum rugosum*), 유혈꽃구름버섯(*Stereum sanguinolentum*), 또는 흰테꽃구름버섯(*Stereum gausapatum*)과 구분할 수 있다. 갓의 위쪽에 덥수룩한 털이 덮여 있기 때문에, 비슷하게 보이는 촉감이 좋은 털의 가는 펠트 직물로 덮인 갈색털꽃구름버섯(*Stereum subtomentosum*)과 비교하여 종을 구분할 수 있다.

목재 변화(Wood alteration): 목재 취화, 나중에 목재 연화.

결과(Consequence): 취성파괴[38].

정밀 조사(Detailed examination): 예를 들면, 생장추와 코어강도측정기.

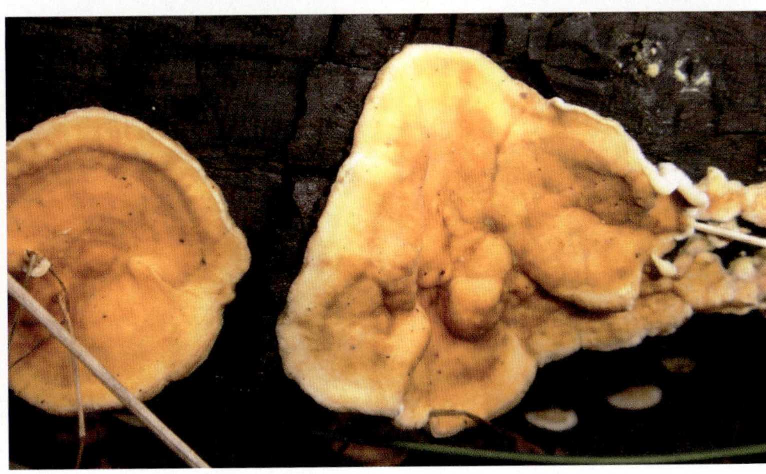

부록 1.3 가지를 공격하는 자낭균류

자낭균류 – 연부후를 유발하는 곰팡이[45]

버즘나무의 "마사리아병":
주 자실체 형태 – *Splanchnonema platani* (Ces.) Barr;
2차 자실체 형태 – *Macrodiplodiopsis desmazieresii* (Mont.) Petrak.

민팥버섯(*Biscogniauxia nummularia* (Bull.: Fr.) O. Kuntze, 이명: *Hypoxylon nummularium* (Bull.: Fr.)

Hypoxylon cohaerens (Pers.: Fr.) Fr.(팥버섯류), 이명: *Annulohypoxylon cohaerens* (Pers.) Y.M. Ju, J.D. Rogers & H.M. Hsieh).

Asterosporium asterospermum (Pers.: Fr.) S.J. Hughes(아스테로스페르뭄속 버섯)

버즘나무의 "마사리아(massaria)병";
주 자실체 형태 – *Splanchnonema platani* (Ces.) Barr,
2차 자실체 형태 – *Macrodiplodiopsis desmazieresii* (Mont.) Petrak

생존 유형(Mode of life): 살아 있는 교목과 가지(기생성), 죽은 가지(부생성).

부후 유형(Type of rot): 연부후.

부후 위치(Rot site): 수관, 가지.

기주(Host): 버즘나무류.

자실체(Fruit body): 연중 관찰됨. 가지의 기부에 검댕 같이 덮여 있음. 첫 2차 자실은 끈적이는 껍질을 가진 흑갈색 포자(분생자/分生子, conidium)를 담고 있는 작은 착상된 검은 구형(분포자기/粉胞子器, pycnidium; 약 0.4~0.8mm)이고, 이후 검댕 같은 피복 안의 주 자실의 자실체는 마찬가지로 점성의 껍질을 가진 현미경으로 보면 작은 관 안의 흑갈색 포자(자낭포자/子囊胞子, ascospore)를 가진 작은 착상된 검은 구형(유공자낭각/有孔子囊殼, perithecium)임.

특성(Peculiarity): 병원균은 수피와 가지의 세포 조직을 죽이고(괴사), 작은 가지는 전체를 죽이며, 튼튼한 가지는 대부분 해당 가지의 기부에서 출발하여 가지 위쪽 면만 죽인다. 가지 위쪽의 수피 띠는 처음 회색을 띤 보라에서 밝은 붉은색이고, 변색된 위쪽과 정착하지 않은 아래쪽 사이를 분할하는 뚜렷한 선(가장자리)이 있으며, 수피 띠에는 나중에 지저분한 검댕 반점(= 포자, 자실체)이 생겨, 결국 수피 조각이 떨어진다.

목재 변화(Wood alteration): 목재 변색, 목재 취화.

결과(Consequence): 취성파괴, 가지가 가끔 매우 빨리 떨어진다!

정밀 조사(Detailed examination): 생장추와 코어강도측정기. 가지의 위쪽에서 발생한 탐지할 수 있는 진전된 부후 때문에 천공 저항 감소.

주의(Note): 정착된 가지에서 발생하는 감염 위험 때문에, 이들 가지는 해당 교목의 수관으로부터 가능하면 빨리 제거되어야 한다.

주: 더 굵은 가지(대부분 사자꼬리형 가지)가 감염되면 매우 빠르게 가지가 부러지는 중대한 위험을 유발한다. 가지 감염과 가지 파손 사이의 시간이 어떤 경우에는 2~3개월 정도로 매우 짧을 수 있다. 감염이 확인되면, 같은 종의 인접한 교목도 점검하라!

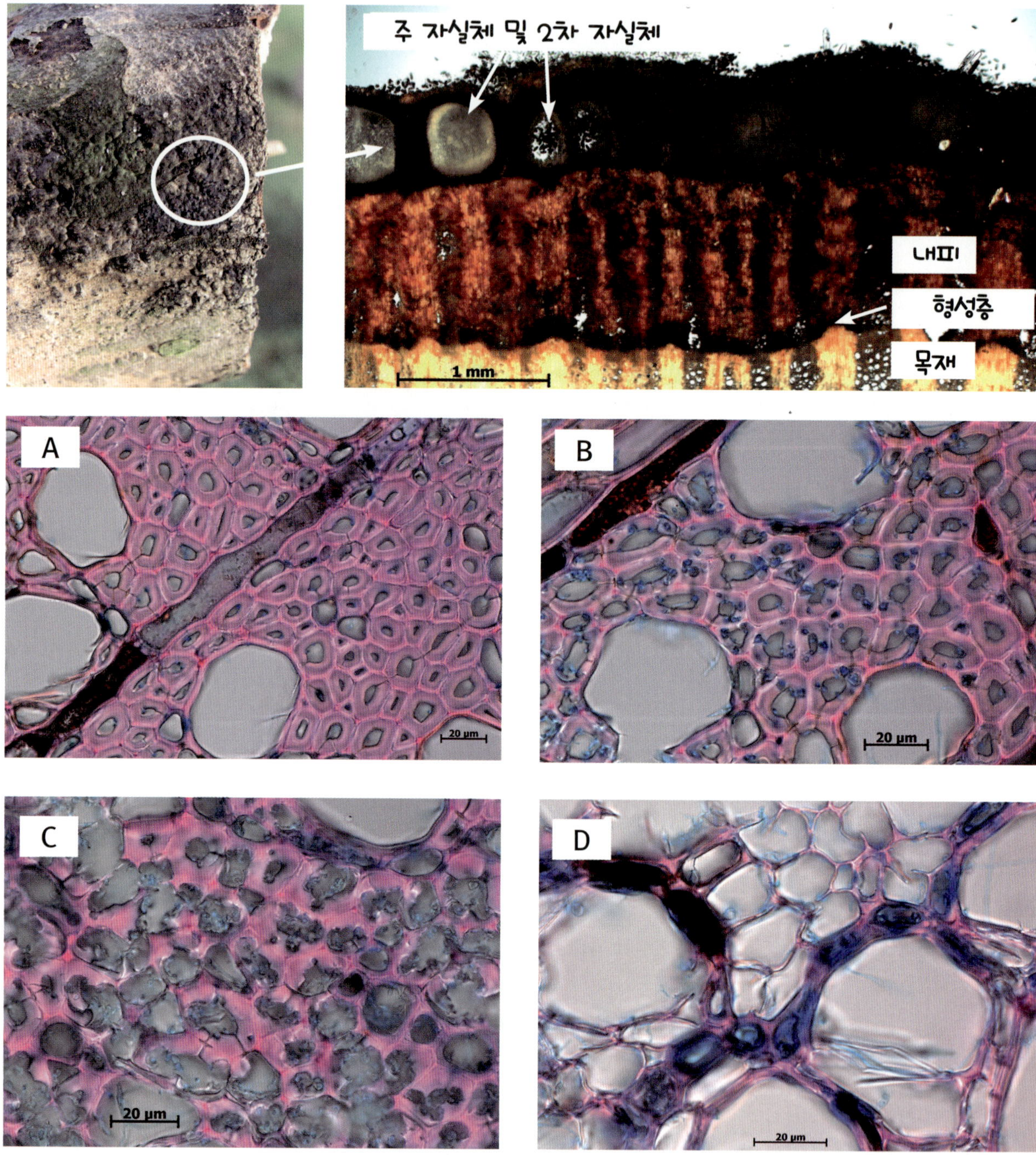

마사리아병에 의해 유발된 연부후의 증거. (A)~(D): 위 목재 단면들은 증가하는 목재 분해 수준과, 결국 목재 세포의 중간박막층(中間薄膜層, middle lamella)만 남는다는 것(D)을 보여 준다.

마사리아에 의해 유발된 가지 파손의 역학

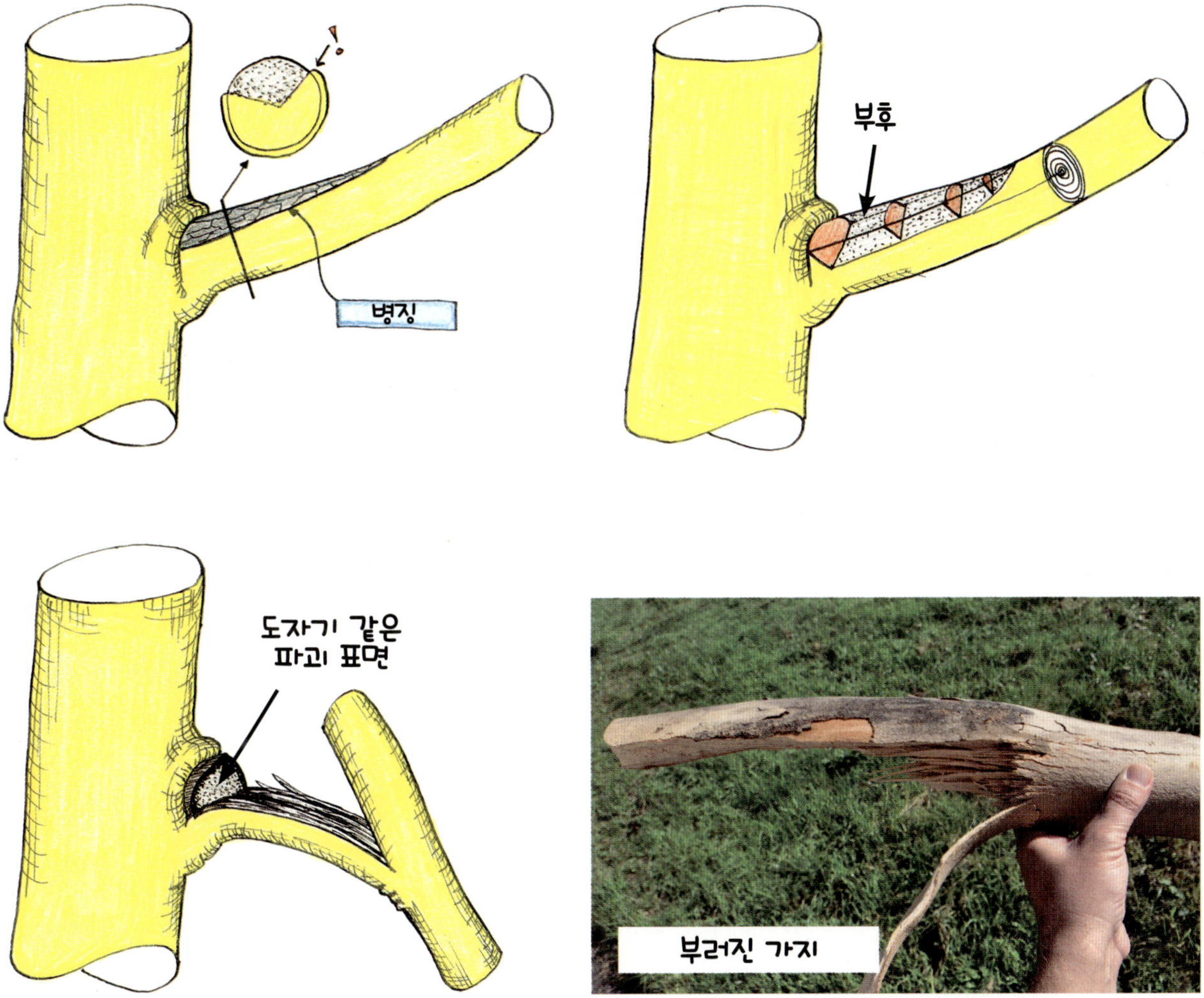

마사리아병은 형성층을 죽여서, 특히 탈락하는 깃이 있는 가느다란 가지를 감염시키면, 가지의 위쪽 면이 죽게 되는 결과를 가져온다. 연부후에 걸린 약해진 위쪽 면은 분해되지 않은 목재의 가장자리에 이르기까지 횡 균열(-龜裂, transverse crack)을 발달시켜 길이 방향으로 쪼개지고, 해당 가지의 건강한 아래 절반은 종축 균열(-龜裂, longitudinal crack)의 끝에서 부러진다. 최초 횡 파괴 표면은 도자기처럼 단단하다 – 연부후다! [60].

민팥버섯(*Biscogniauxia nummularia* (Bull.: Fr.) O. Kuntze (이명: *Hypoxylon nummularium* (Bull.: Fr.))

생존 유형(Mode of life): 살아 있는 교목과 가지, 죽은 교목과 가지 모두(기생성과 부생성).

부후 유형(Type of rot): 연부후.

부후 위치(Rot site): 수관, 가지, 드물게 수간.

기주(Host): 너도밤나무.

자실체(Fruit body): 연중 관찰됨. 평평하고, 검은 숯 같은 자좌(子座, stroma) 반점, 불규칙하게 원형, 원반에서 방석 모양, 죽은 수피를 관통하며, 자주 더 큰 지역(몇 cm^2)에 걸쳐 같이 자라고, 자좌 표면은 사마귀 같은 많은 점(확대경으로 보면 개별 자실체의 구멍/orifice)으로 덮여있다.

특성(Peculiarity): 병원균은 수피와 가지의 세포 조직(괴사), 작은 가지는 전체, 튼튼한 가지는 대부분 해당 가지의 기부에서 출발하여 가지 위쪽만 죽인다. 가지 위쪽 면의 수피 띠는 처음 회색을 띤 보라에서 밝은 붉은색이고, 변색된 위쪽 면과 감염되지 않은 아래쪽 면 사이를 분할하는 선이 대부분 흐릿하다(때로는 일종의 띠나 융기 형성). 수피 띠에는 나중에 검은 점(= 자실체)으로 발달하고, 결국 수피가 균열되거나 조각으로 떨어진다.

목재 변화(Wood alteration): 목재 변색, 목재 취화.

결과(Consequence): 취성파괴, 가지 파손.

정밀 조사(Detailed examination): 생장추와 코어강도측정기. 부후가 진전된 경우에는 천공저항 감소.

주: 특히 가뭄으로 인한 스트레스를 받고 있는 너도밤나무가 보이는 병징. 수피 괴사와 부후는 띠나 끈의 형태로 아래로 뻗어 부분적으로 가지에서 수간으로 이동할 수 있다. 교목에서 튼튼한 가지가 감염되면 아래에 있는 작은 가지(직경 약 1~2cm)가 자실체(수피의 검은 "점")로 덮여 죽어 있는 것을 자주 발견할 수 있다.

기주 특이성이 없는 회색민팥버섯(*Biscogniauxia mediterranea*)과 혼동할 수 있다. 차이점: 자낭포자(子囊胞子, ascospore)의 길이 – 회색민팥버섯은 17~24㎛, 민팥버섯은 11~14㎛에 불과.

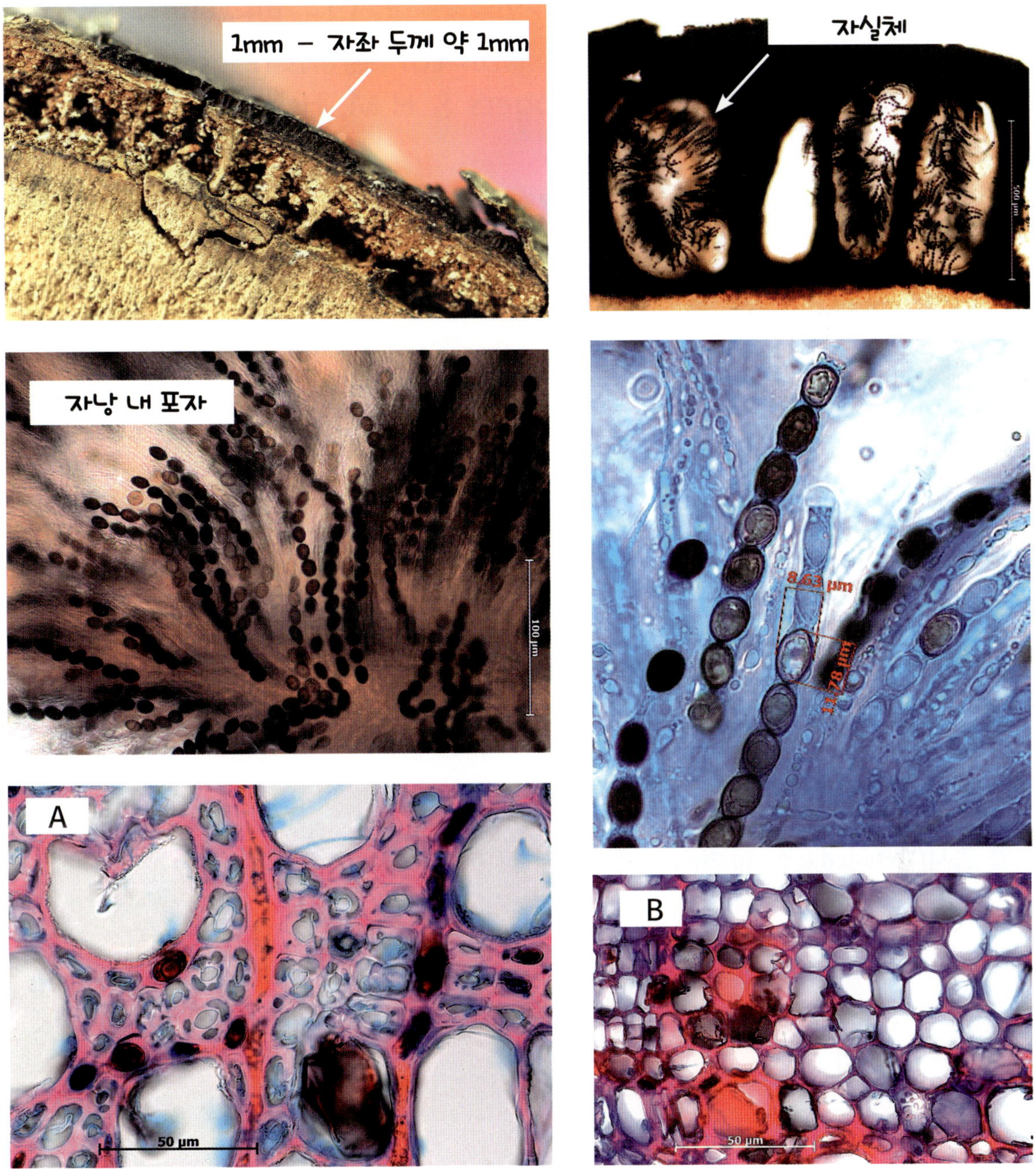

관(자낭/子囊, ascus)이 포자를 품고 있다. 단면 A와 B는 연부후에 의해 늘어나는 목재 부후를 보여준다.

Hypoxylon cohaerens (Pers.: Fr.) Fr.(팥버섯류) (이명: *Annulohypoxylon cohaerens* (Pers.) Y.M. Ju, J.D. Rogers & H.M. Hsieh)

생존 유형(Mode of life): 대부분 죽은 목재(부생성), 드물게 살아 있는 약한 교목(약 기생성).

부후 유형(Type of rot): 연부후.

부후 위치(Rot site): 수관, 가지, 수간.

기주(Host): 너도밤나무.

자실체(Fruit body): 연중 관찰되고, 폭이 약 2~5mm의 약간 평평하거나 반원형 "딸기형" 자좌 자실체로 갈색에서 검은색, 괴사된 수피 부위에 밀집해 있다. 개별 자실체의 구멍은 표면에 작은 "점"(확대경으로 보면)처럼 보인다.

특성(Peculiarity): 민팥버섯 정착 경우처럼 가지가 부러질 수 있다.

목재 변화(Wood alteration): 목재 취화.

결과(Consequence): 취성파괴, 가지 파손.

정밀 조사(Detailed examination): 생장추와 코어강도측정기. 부후가 진전된 경우에는 천공 저항 감소.

주의(Note): 점박이팥버섯(*Hypoxylon fragiforme*)과 혼동할 수 있지만, 점박이밭버섯의 자좌는 크기가 약 4에서 최대 10mm이고, 어릴 때에는 계피 색에서 밝은 붉은색이며, 나중에 갈색에서 검은색이 된다.

점박이팥버섯

H. cohaerens

Asterosporium asterospermum (Pers.: Fr.) S.J. Hughes (아스테로스포리움속 버섯)

생존 유형(Mode of life): "가지에 서식하는 곰팡이"로 대부분 죽은 가지(부생성), 드물게 살아 있는 약한 교목과 가지에도(약 기생성).

부후 유형(Type of rot): 연부후.

부후 위치(Rot site): 수관, 가지, 죽은 목재.

기주(Host): 너도밤나무.

자실체(Fruit body): 연중 발견됨. 가지의 위쪽 수피가 많은 작고 검은 점(약 1~4mm 크기의 분생자퇴(分生子堆, acervulus))에 의해 검댕 같은 회색으로 변함. 검은 분생자퇴는 수피를 침투하고, 많은 양의 흑갈색 "별 모양" 네 가닥 분생자병(分生子柄, conidiosphore)(현미경으로 보면 끝에서 끝까지 약 40~50㎛)을 가지고 있다.

특성(Peculiarity): 특히 가뭄과 뿌리 부후나 뿌리 피해로 인한 스트레스로 크게 약화된 너도밤나무에서는, 민팔버섯의 경우처럼, 살아 있는 가지가 부러질 수 있다.

목재 변화(Wood alteration): 목재 취화.

결과(Consequence): 취성파괴, 가지 파손.

정밀 조사(Detailed examination): 생장추와 코어강도측정기. 부후가 진전된 경우에는 천공저항 감소.

주의(Note): 이 "가지에 서식하는 곰팡이"는 죽은 너도밤나무 가지에서 꽤 자주 발견된다.

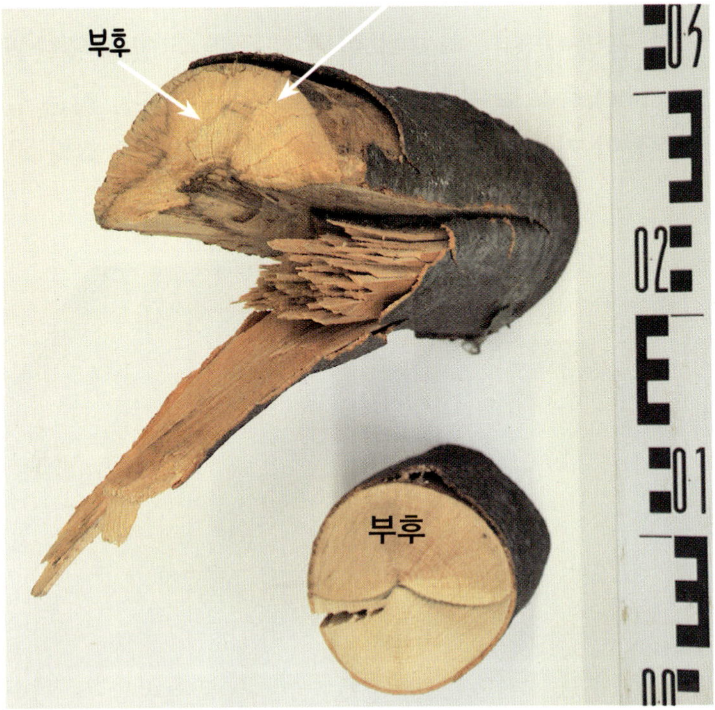

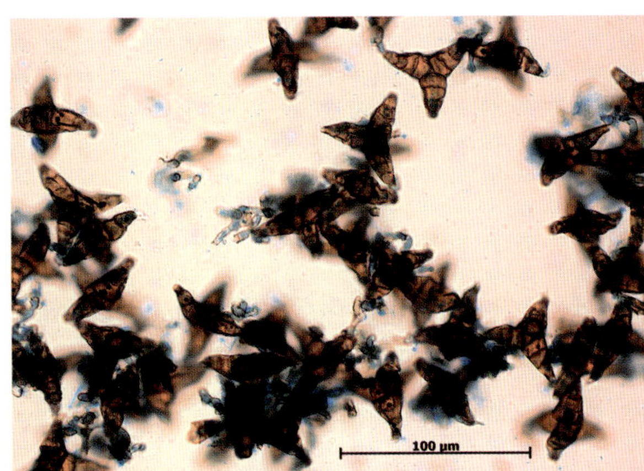

별모양 분생자병

부록 2. 다년생 구멍장이버섯 자실체의 나이 측정

다년생 곰팡이 자실체를 가지고 있는 일부 곰팡이 종은 비교적 쉽게 확인할 수 있는 종단면(縱斷面, longitudinal section)의 관공(管孔, tube) 층으로 자실체의 나이를 알 수 있다. 이는 일부 곰팡이에 한정되고, 대부분 대략적인 추정이 가능하거나 전혀 할 수 없는 경우도 있다[50, 51].

위에 보이는 찰진흙버섯(*Phellinus robustus*)의 자실체는 폐쇄된 연간 경계를 가지고 있어서[46, 50, 51, 52], 자실체의 나이를 확인할 수 있다. 자실체를 관통하는 종단면: 14개 균사층(菌絲層, trama) 중간 켜가 15개의 관공 켜를 가르고 있기 때문에 나이는 15년이다. 새로운 생장 증분 가장자리가 가끔 오래된 갓의 전년도 가장자리 위로 자라기 때문에, 밖에서 볼 수 있는 튀어나와 있는 생장 증분의 수는 나이를 확인하는 데 유용한 특징이 아니다.

잔나무불로초(*Ganoderma applanatum*)도 폐쇄된 연간 경계를 가지고 있다. 관공은 각 연도의 생장 단계가 지나면 균사층(菌絲層, trama) 켜로 밀봉된다. 위의 자실체: 균사층 중간 켜(오른쪽 종단면의 화살표)가 두 관공 켜를 분리하고 있기 때문에 나이는 2년이다. 아래의 자실체 나이: 8개의 균사층 켜에 의해 9개 관공 켜가 나누어지기 때문에 9년이다.

영지버섯류(*Ganoderma australe*)는 열린 연간 경계를 가지고 있다. 즉, 전년의 관공 켜가 다음 해에 새로운 관공 켜 위로 자연스럽게 자랐다. 그러나 Nuss[50]에 의하면, 대부분의 경우 여전히 자실체의 나이를 확인할 수 있는데, 갓의 균사층이 쐐기 모양의 균사층 삽입에 의해 분리되는 관공 켜의 수가 해당 자실체의 나이에 상응하기 때문이다. 여기서는 두 균사층 삽입(오른쪽의 화살표)이 세 관공 켜를 나누고 있기 때문에 이 자실체의 나이는 3년이다. 때로는 균사층 삽입이 전체 관공 켜를 침투할 수 있는 균사층 띠로 변할 수 있다(위 왼쪽의 작은 그림 속 화살표).

말굽버섯(*Fomes fomentarius*)의 자실체를 관통하는 세로 단면. 열린 연간 경계는 나이 확인을 불가능하게 한다. 위: 급격하게 쇠락하는 자실체. 아래: 특히 왕성하게 자라는 자실체. 기껏해야 대략적인 나이 추정만 가능할 뿐이다. 평균적으로(항상 그렇지는 않음) 말굽버섯의 자실체는 1년에 두 생장기를 가지고[50, 51, 56, 57], 이 생장 증분 팽창은, 해당 갓의 껍질을 관통하는 종단면에서, 대부분 뚜렷한 노치(notch)를 남긴다(아래 사진의 화살표들). 이를 이용하여 이들 자실체의 나이를 추정해보면, 위 자실체는 약 8년, 아래 자실체는 약 2년 정도 된다.

부록 3. 목재 놀이 시설물과 목재를 부후시키는 곰팡이

목재의 놀이 시설물들은 기후에 노출되어 있고, 이 목재들은 특히 목재를 분해하는 곰팡이와 곤충에 의해 위태롭게 된다. 활동적인 곤충에 의한 침입은 곤충의 탈출 구멍과 침입을 당한 목재 부위 바로 부근에서 발견되는 미세한 목재 가루와 목재 부스러기(떨어진 방향을 관찰하라)로 대부분 밖에서 쉽게 탐지할 수 있다.

한편, 목재 놀이 시설물을 침범하는 활동적인 곰팡이의 정착은 대부분의 경우 밖으로부터 쉽게 탐지할 수 없다. 목재 빔과 기둥은 바깥에서 볼 수 있는 어떤 징후도 없이 내부 부후에 시달릴 수 있는데, 음파 시험도 도움이 되지 않을 수 있다. 부후가 진전된 이후에야, 가끔은 해당 목재의 안정성 감소의 임계점을 훨씬 지나서야, 해당 목재의 표면에서 곰팡이의 자실체(중요한 경고 신호) 관찰이 가능하다.

목재로 된 놀이 시설물과 야외에서 건설에 사용되는 재목의 목재 부후를 유발하는 주요 곰팡이

갈색부후를 유발하는 곰팡이

조개버섯(*Gloeophyllum sepiarium*)
전나무조개버섯(*Gloeophyllum abietinum*)
작은조개버섯(*Gloeophyllum trabeum*)
잣버섯(*Lentinus lepideus*)
복령류/주름구멍버섯류(*Poria*/Antrodia spp.)
은행잎우단버섯(*Paxillus panuoides*)
미로버섯(*Daedalea quercina*)
소나무잔나비버섯(*Fomitopsis pinicola*)

백색부후를 유발하는 곰팡이

운지버섯(*Trametes versicolor*)
흰구름송편버섯(*Trametes hirsuta*)
대합송편버섯(*Trametes gibbosa*)
치마버섯(*Schizophyllum commune*)
꽃구름버섯(*Stereum hirsutum*)
뿌리버섯(*Heterobasidion annosum*)

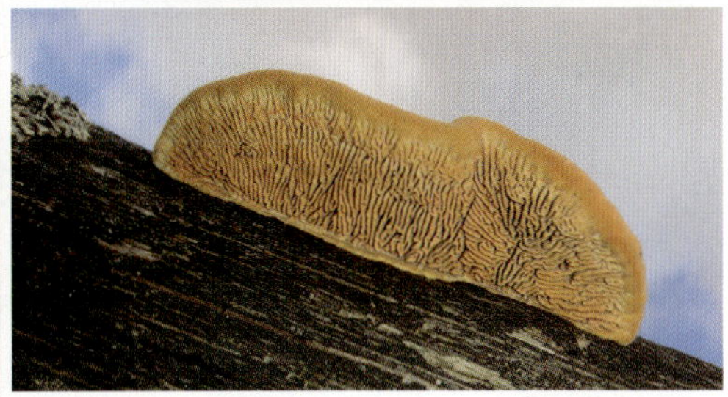

가끔 위쪽이 비슷하게 보이는 조개버섯(*Gloeophyllum sepiarium*, 그림 참조), 전나무조개버섯(*Gloeophyllum abietinum*), 그리고 다소 드물게 따뜻한 것을 좋아하는 작은조개버섯(*Gloeophyllum trabeum*)은 상대적으로 빈번하게 야외의 놀이 시설물과 건설용으로 사용되는 재목의 목재를 분해하는 곰팡이들이다. 이들 조개버섯류는 구과 목재의 내부 부후를 유발하는 것으로 알려져 있다. 목재 보존 처리가 된 목재조차도 감염되어 상대적으로 짧은 기간이 지나면 모두 갈색부후(褐色腐朽, brown rot)를 유발하여 목재를 부서지기 쉽게 만들고, 상당 기간 동안 밖에서 볼 수 없는 상태를 유지한다.

조개버섯(*Gloeophyllum sepiarium*)

자실체(Fruit body): 부착형, 아래쪽은 갓 가장자리에서 측정했을 때 cm 당 약 20(14~24)개의 주름이 있음. 주름은 미로 같고, 어릴 때에는 흰색/연한 노랑에서 주황색이며, 나중에 시간이 지나면 적갈색/암갈색으로 변함. 신선한 생장 증분(生長增分, growth increment)의 가장자리는 진한 주황색/노랑/흰색에서 밝은 붉은색임. 위쪽은 어릴 때는 털로 덮인 펠트 같고 적갈색에서 황갈색이며, 나이가 들면 적갈색에서 암갈색이 됨.

전나무조개버섯(*Gloeophyllum abietinum*)

자실체(Fruit body): 부착형. 아래쪽은 갓 가장자리에서 측정했을 때 cm 당 약 10(8~13)개의 주름이 있음. 주름은 부분적으로 미로 같고, 회색에서 연한 갈색. 신선한 생장 증분 가장자리는 회색에서 연한 갈색임. 위쪽은 어릴 때는 털로 덮인 펠트 같고 적갈색에서 연한 갈색이며, 나이가 들면 털이 없고 적갈색이나 암갈색에서 검은색이 됨.

작은조개버섯(*Gloeophyllum trabeum*)

자실체(Fruit body): 부착형. 아래쪽은 갓 가장자리에서 측정했을 때 cm 당 약 20~40개의 주름이 있고, 대부분 장타원형의 가는 구멍(2~4/mm) 또는 미로 같고, 밝은 갈색에서 계피 색임. 신선한 생장 증분 가장자리는 밝은 갈색에서 계피 색임. 위쪽은 털로 덮여 있고, 밝은 갈색에서 계피 색임.

다음은 위의 모든 종에 적용됨.

기주(Host): 주로 구과 목재(작은조개버섯은 활엽 목재에도 침범).

부후 유형(Type of rot): 갈색부후, 내부 부후.

목재 변화(Wood alteration): 목재 취화, 입방체 형태 부후.

결과(Consequence): 취성파괴.

정밀 조사(Detailed examination): 천공 저항 측정, 생장추와 코어강도측정기, 나선형 천공.

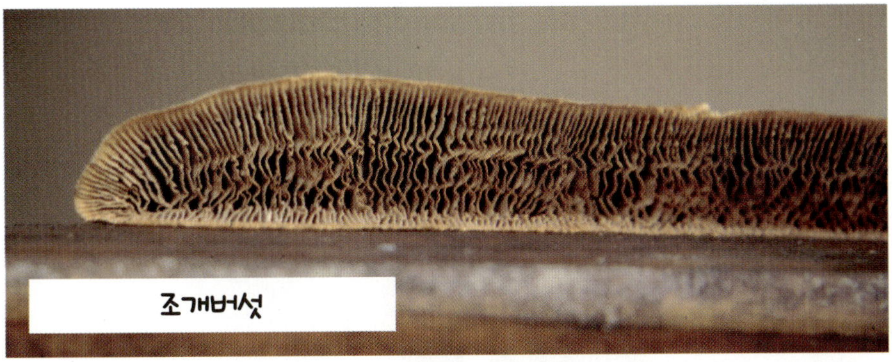

식별 특징(Distinguishing feature): 조개버섯(*Gloeophyllum sepiarium*)(주름 약 20개/cm)과 전나무조개버섯(*Gloeophyllum abietinum*)(주름 약 10개/cm)은 독일에 매우 흔한 반면, 따뜻한 것을 좋아하는 작은조개버섯(*Gloeophyllum trabeum*)(주름 약 20~40개/cm)은 드물다.

잣버섯(*Lentinus lepideus*)

자실체(Fruit body): 1년생, 우산형, 갓 직경 약 5~15cm, 갓 위쪽은 밝거나 유백색 바탕에 암갈색 비늘이 있고, 아래쪽은 톱날 같은 거친 톱니가 나 있는 주름, 중앙 대는 가끔 어두운 비늘을 가지고 있고, 기부는 가끔 암갈색에서 검은색임. 자실체는 단단한 가죽 같지만, 건조하면 딱딱하고 쉽게 썩지 않음. 포자 가루는 흰색임. 새로운 자실체 형성: 5~10월.

기주(Host): 주로 낙엽송, 가문비나무, 소나무와 같은 구과교목. 또한 참나무도(예, 철로 침목).

부후 유형(Type of rot): 갈색부후, 내부 부후.

목재 변화(Wood alteration): 목재 취화, 입방체 형태 부후.

결과(Consequence): 취성파괴.

정밀 조사(Detailed examination): 예를 들면, 천공 저항 측정, 생장추와 코어강도측정기, 나선형 천공.

복령류/주름구멍버섯류(*Poria* / *Antrodia* spp.)

흰 복령류와 주름구멍버섯류 집단은 모양이 매우 비슷하고, 주로 구과 목재에, 드물게 낙엽성 목재에도, 강한 부후를 유발한다.

자실체(Fruit body): 흰색의 관공 층과 구멍은 기질(基質, substrate)에 껍질이나 덮개처럼 정착하고, 처음에는 흰색이며, 나이가 들면 노랑에서 회색, 부분적으로 피상적인 균사체와 흰색 균사체 가닥을 형성함.

부후 유형(Type of rot): 갈색부후, 내부 부후.

목재 변화(Wood alteration): 목재 취화, 입방체 형태 부후.

결과(Consequence): 취성파괴.

정밀 조사(Detailed examination): 예를 들면, 천공 저항 측정.

예: 층주름구멍버섯(*Antrodia serialis*)

은행잎우단버섯(*Paxillus panuoides*)

자실체(fruit body): 그루터기 같은 측면 대나 대 없이 측면에 부착된 조개 형태나 부채 형태의 갓, 색깔은 노랑에서 갈색 빛, 폭이 약 3~10cm, 갓 아래쪽은 공간이 좁은 황갈색 주름이 있고, 갓의 가장자리는 안으로 말려 있으며, 부분적으로 갈색을 형성하고, 균사체의 가닥은 가지를 많이 침[58]. 새로운 자실체 형성: 여름에서 가을.

기주(Host): 주로 구과 목재. 매우 드물게 낙엽성 목재.

부후 유형(Type of rot): 갈색부후.

목재 변화(Wood alteration): 목재 변색(노랑, 주황색에서 암적색으로), 목재 취화.

결과(Consequence): 취성파괴.

정밀 조사(Detailed examination): 예를 들면, 천공 저항 측정,

부록 4. 목재 놀이 시설물의 부후 진단

우리가 작업해본 결과에 의하면, 천공 저항을 측정하는 것이 목재 놀이 시설의 내부 부후를 진단하고 보고서를 작성하는데 특히 좋은 방법인 것으로 나타났다.

천공 저항 측정을 이용하여 목재 놀이 시설을 조사할 때 명심해야 할 사항:

1. 측정을 위해 잠재적인 부후 지점을 선택하라:

- 지제부에서(지면과 공기가 접촉하는 지역),
- 연결 부위에서(나사, 앵커, 접합부분 등),
- 균열 지점에서, 예를 들면 변색된 균열, 가로보(cross beam) 위쪽 등,
- 그늘진 지점의 목재 부위에서(습하거나 공기 순환이 불량한 곳),
- 경고신호가 나타난 부위에서. 예를 들면 곰팡이의 자실체, 과거 또는 오래된 자실체의 부러진 지점, 목재 변색, 가시적인 결함, 보나 기둥에서 속이 빈 소리가 나는 부위(음파 시험이나 두드리기 검사/tapping test). 주의: 두드리기 검사는 부후를 언제나 탐지할 수 있는 방법이 아니고 신뢰할 수 없다.

2. 올바르게 측정하라:

- 균열 속으로가 아닌 균열의 옆을 천공하라(또한 주된 균열의 바로 오른쪽과 왼쪽의 목재는 가끔 내부 부후를 유발하는 곰팡이에게는 "보의 표면(beam surface)"이기 때문에, 오랫동안 부식으로부터 보호될 것이라는 것을 명심하라).
- 천공할 때에는, 촉이 균열 속을 통과하면 낮은 저항 수준이나 저항이 전혀 없는 것으로 나타날 수 있는데, 이는 측정 기록을 잘 못 해석할 수 있다(교정 방법: 동일한 높이에서 천공된 또 다른 측정, 90° 간격을 둔다).
- 과거의 가지나 가지 부착 지점은 피하라. 왜냐하면 가지가 없는 인접한 부위와 달리, 이들은 더 높은 천공 저항 수준을 보여 측정 기록의 해석을 오도할 수 있다.
- 측정할 때, 결(grain)에 수직으로 천공하라. 즉, 가능하면 목재 섬유와 나이테의 방향에 각각 수직(垂直, normal)이 되도록(이것이 최고의 분석을 제공한다).

목재 놀이 시설: 내부 부후에 시달리는 시소(see-saw)의 가로보와 기둥. 내부 부후를 유발하는 곰팡이의 침입로는 건조한 균열로, 보호용 함침(含浸, impregnation - 액체를 고체에 스며들게 하는 조작)의 연속성을 중단시키고 곰팡이 포자가 보호되지 않은 심재에 접근할 수 있게 한다. (화살표: 균열은 압력 주입(壓力注入, pressure impregnation, 방부약제가 주입된 층)을 관통한다). 위 오른쪽: 시소의 가로보 천공 저항 측정이 내부 부후를 보여준다.

내용연수 6년인 낙엽송 목재로 지어진 운동장 오두막집 기둥의 천공 저항 측정. 이 기둥은 지제부의 작은 구멍으로 압력 주입(pressure impregnation)되었고, 수피로 멀칭된 상태로 서 있었다. 비교를 위해 수행된 기준 천공은 건전한 목재를 나타낸다. 지제부에서의 천공은 광범위한 부위의 내부 부후를 보여준다.

기둥과 같이 지면과 영구적으로 접촉하는 목재(또한 번개 자국과 표면이 손상된 살아 있는 교목의 수간 기부)에서의 특별한 발견들

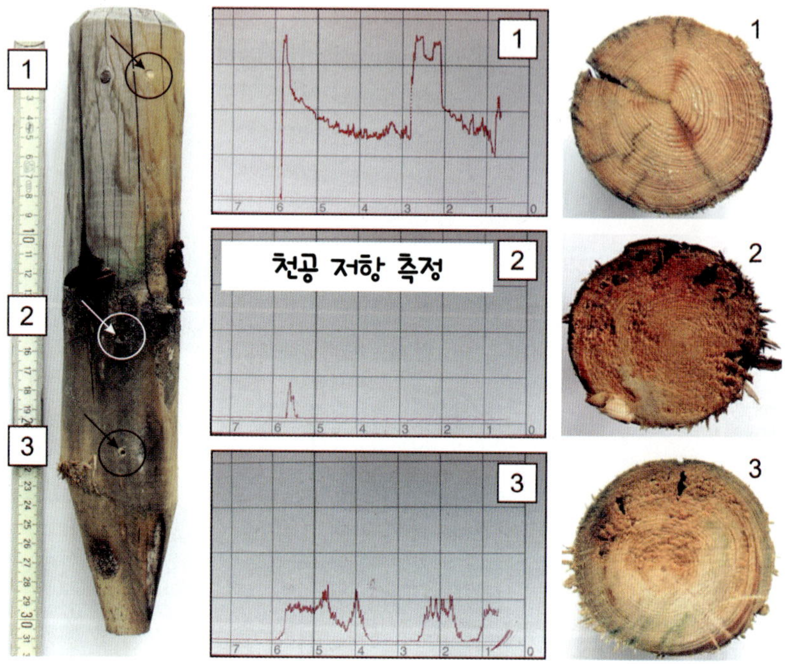

조개버섯(*Gloeophyllum sepiarium*)에 의해 유발된 갈색부후로 피해를 입고 있는 침엽수 기둥(목책).

지면-공기 접촉 부위: 뚜렷한 내부 부후와 천공 저항을 거의 보이지 않는 지제부(2). 효과적으로 목재를 분해하기에 (1)은 너무 건조하고 (3)은 너무 습하다.

바로 지제부(지표면)에 있는 목재 부위가 특히 분해되기 쉽다. 이유는 이곳이 목재 분해를 위한 최적의 습도와 산소 조건을 가진 부위이기 때문이다. 또한 지제부 약간 위에도 연부후, 갈색부후, 백색부후를 유발하는 곰팡이가 목재 분해를 극적으로 가속화시킬 수 있는 양분과 무기물이 목재의 몸체에 농축되어 있다[59]. 지면 위의 목재 기둥 부위는 바람과 햇빛에 노출되어 다시 건조된다. 따라서 용해된 양분과 무기물을 함유한 액체가 다시 기둥의 지하 습한 부위로부터 위로 확산된다. 지제부 위에서는 물 분자가 증발하여 이 지점에서 영양분과 무기물의 농축이 발생한다. 목재 기둥의 "심지 효과(wick effect)"는 지속적인 영양분과 무기물의 상 방향 운반(습한 지면)을 실질적으로 보장한다.

부록 5. VTA 흐름도와 VTA의 법적인 수용

육안 교목 평가(VTA, visual tree assessment) 흐름도

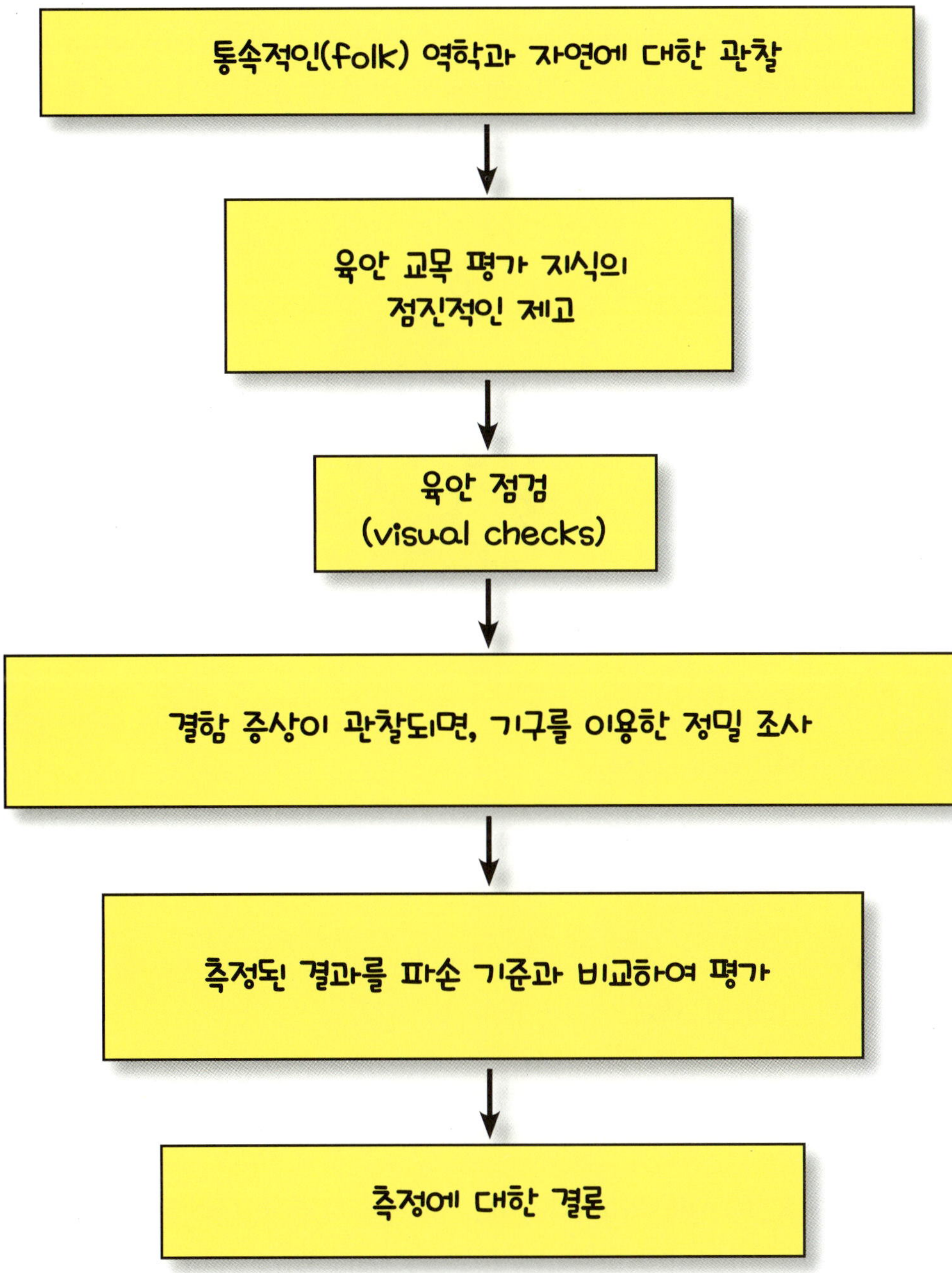

VTA 방법의 법적인 수용

이 책에 법률에 관한 별도의 장은 없는데, 이는 계속해서 새로운 판결이 나오고 있기 때문이다. 현재의 가장 최근 판결과 발전은 아래에 나열된 참고자료(독일의 경우)에 매우 잘 반영되어 있다. 사고책임법(accident liability law)의 표준적인 참고 자료인 "Wussow"(16판, 2014)에 기술된 가장 최근의 비중 있는 사례는 VTA를 교목 점검 방법의 하나로 "공중 안전을 확보하기 위한 법적인 요구에 따라서..."로 언급하고 있다.

Hötzel, H.J. (2004) Verkehrssicherungspflicht für Bäume – Zehn Jahre Rechtsprechung zum Visual Tree Axxessment, VersR, 1234.

Gebhard, H. (2009) Haftung und Strafbarkeit der Baumbesitzer und Bediensteten Bei der Verkehrssicherungspflicht für Bäume, 62-63 und 72-73, Eigenverlag.

Wittek, O. (2009) Rechtsprechung bestätigt VTA, Baumkontrolleure dürfen auch Kleinere Pilzfruchtkörper nicht übersehen, AFZ – Der Wald 16, 877.

Wittek, O. (2012) Verkehrssicherungspflicht für Straßen- und Waldbäume: VTA in der deuschen und internationalen Rechtsprechung und Normgebung, AUR, 208.

Wussow, W. (2014) Unfallhaftpflichtrecht, 16. Auflage, Seite 4, Carl Heymanns Verlag Köln.

마지막 한 마디

우리는 교목의 외부 형상, 이들의 몸짓 언어(body language), 이들이 보내는 신호를 광범위하게 파악하고 있다고 생각했던 시기가 있었다. 이것은 순진한 것이었다.

오늘날 우리는 교목에 관한 학습과 점점 더 깊어지는 이해 과정에는 끝이 없고, 우리의 사고의 도구(thinking tool)에 의해 새로운 수준으로 향상되었다는 것을 알고 있다.

우리는 이 책이 교목 진단과 교목의 생체역학(生體力學, biomechanics)에 관한 현재의 지식을 요약하고, 자연에 대한 관찰과 대부분 수학으로부터 자유롭고 학문적인 면을 초월하는 통속적인 역학을 아우르는 25년 동안의 교목 연구로부터 얻은 핵심적인 발견들을 모두 모아놓은 것이라고 생각한다. 이러한 접근은 "종 다양성(variety of species)"에 의해 확인된 바와 같이, 다양하게 구성된 우리의 독자들은 누구나 배우고자 한다면 모두 이해할 수 있을 것이다.

그러나 불리한 여건 하에서는 건강한 교목도 경량 구조(輕量構造, light weight construction)의 희생물로 파손될 수 있다는 "개별 교목 희생"이라는 자연의 원리는 이 책에 정리된 지식에 의해서도 변하지 않을 것이고 변할 수도 없다. 이는 기능적인 해부에 관한 한 권의 책이 스포츠 활동의 과부하 하에서 우리의 골격이 부러지는 것을 방지할 수 없는 것과 같다. 이는 경량 구조의 또 다른 슬픈 현실이다.

절대적으로 안전한 뼈가 없듯이 절대적으로 안전한 교목도 없다. 그러나 다른 사람의 불완전함과 함께 평화롭게, 죽음이 우리를 갈라놓을 때까지, 살아가는 것이 사랑과 우정의 기본적인 특성이다.

인용 문헌

[1] Troll, W. (1959) Allgemeine Botanik. Ein Lehrbuch auf vergleichend - biologischer Grundlage, 3. Auflage, Ferdinand Enke Verlag, Stuttgart

[2] Mattheck, C. (1999) Stupsi explains the tree. A hedgehog teaches the body language of trees, 3rd enlarged edition, Forschungszentrum Karlsruhe GmbH

[3] Mattheck, C. (2002) Tree mechanics. Explained with sensitive words by Pauli the bear, 1st edition, Forschungszentrum Karlsruhe GmbH

[4] Mattheck, C. (2011) Thinking Tools after Nature, 1st edition, Karlsruhe Institute of Technology

[5] Gordon, J. E. (2003) Structures: Or why things don't fall down (first published 1978), 2nd edition, Da Capo Press

[6] Mattheck, C., Weber, K., Götz, K. (2000) Wie die Rotbuche radiale Zugbelastungen bewältigt, AFJZ, 171: 10-14, J. D. Sauerländer's Verlag, Frankfurt am Main

[7] Götz, K. (2000) Die innere Optimierung der Bäume als Vorbild für technische Faserverbunde – eine lokale Approximation, Dissertation am Institut für Zuverlässigkeit und Schadenskunde, Universität Karlsruhe

[8] Lavers, G. M. (1983) The Strength Properties of Timber, Department of the Environment, Building Research Establishment, 3rd Edition, HMSO, London

[9] Forest Products Laboratory (1999) Wood Handbook – Wood as an Engineering Material, General Technical Report FPL-GTR-113, Madison, WI, U.S. Department of Agriculture, Forest Service

[10] Zipse, A. (1997) Untersuchungen zur lastgesteuerten Festigkeitsverteilung in Bäumen, Dissertation, Forschungszentrum Karlsruhe, Wissenschaftliche Berichte, FZKA 5878

[11] Albrecht, W. (1995) Untersuchung der Spannungssteuerung radialer Festigkeitsverteilung in Bäumen, Dissertation an der Fakultät für Maschinenbau, Universität Karlsruhe (TH)

[12] Tesari, I. (2000) Untersuchungen zu lastgesteuerten Festigkeitsverteilungen und Wachstumsspan-

nungen in Bäumen, Dissertation, Forschungszentrum Karlsruhe, Wissenschaftliche Berichte, FZKA 6405

[13] Metzger, K. (1893) Der Wind als maßgeblicher Faktor für das Wachstum der Bäume, Mündener Forstliche Hefte, Springer-Verlag, Berlin

[14] Mattheck, C., Huber-Betzer, K., Keilen, K. (1990) Die Kerbspannungen am Astloch als Stimulanz der Wundheilung bei Bäumen, AFJZ 161: 47-53

[15] Heywood, R. B. (1969) Photoelasticity for Designers, Pergamon Press Ltd., Oxford

[16] Mattheck, C., Bethge, K., Schäfer, J. (1993) Safety Factors in Trees, J. theor. Biol. 165, 185-189

[17] Currey, J. (1984) The Mechanical Adaptation of Bones, Princeton University Press

[18] Mattheck, C., Bethge, K., Erb, D. (1993) Failure criteria for trees, Arboricultural Journal, Vol. 17, 201-209

[19] Mattheck, C., Bethge, K., West, P. W. (1994) Breakage of hollow tree stems, Trees – Structure and Function 9: 47-50, Springer-Verlag

[20] Mattheck, C., Bethge, K., Tesari, I. (2006) Shear effects on failure of hollow trees, Trees – Structure and Function 20: 329-333, Springer-Verlag

[21] Shigo, A. L. (1989) A New Tree Biology. Shigo and Trees Associates, Durham, New Hampshire, USA, 2nd Edition, in Deutsch (1990) Die Neue Baumbiologie, Thalacker Verlag Braunschweig

[22] Mattheck. C. (1998) Design in Nature: Learning from Trees, Springer Verlag, Berlin

[23] Dietrich, F. (1995) Wie der grüne Baum tangentiale Zugbelastungen bewältigt, Dissertation, Wissenschaftliche Berichte, FZKA 5685, Forschungszentrum Karlsruhe

[24] Weber, K., Mattheck, C. (2005) Die Körpersprache der Astanbindung, bi GaLaBau 10+11/05, 24-27

[25] Shigo, A. L. (1985) How tree branches are attached to trunks, Can. J. Bot., 63: 1391-1401

[26] Mattheck, C. (2004) The Face of Failure in Nature and Engineering, 1st edition, Forschungszentrum Karlsruhe GmbH

[27] Weber, K., Mattheck, C., Bethge, K., Haller, S. (2013) Failure of Branches due to Lateral Grain, Poster, Karlsruhe Institute of Technology

[28] Müller, P. (2005) Biomechanische Beschreibung der Baumwurzel und ihre Verankerung im Erdreich, Dissertation an der Fakultät für Maschinenbau, Universität Karlsruhe (TH)

[29] Weber, K., Mattheck, C. (2005) Die Doppelnatur der Wurzelplatte, AFJZ, 176: 77-85

[30] Haller, S. (2013) Gestaltfindung, Untersuchungen zur Kraftkegelmethode, Dissertation am Karlsruher Institut für Technologie, Schriftenreihe des Instituts für Angewandte Materialien, Band 27, KIT-Scientific Publishing

[31] Zimmermann, M., Wardrop, A., Tomlinson, B. (1968) Tension wood in the arial roots of Ficus benjamina L., Wood Sci Tech 2, 95-104

[32] Kappel, R. (2007) Zugseile in der Natur, Dissertation, Forschungszentrum Karlsruhe GmbH, Wissenschaftliche Berichte FZKA 7313

[33] Teschner, M. (1995) Einfluß der Bodenfestigkeit auf die biomechanische Optimalgestalt von Haltewurzeln bei Bäumen, Dissertation an der Fakultät für Maschinenbau, Universität Karlsruhe (TH)

[34] Bruder, G. (1998) Finite-Elemente Simulation und Festigkeitsanalysen von Wurzelverankerungen, Dissertation, Wissenschaftliche Berichte FZKA 6206

[35] Bennie, A. T. P. (1996) Growth and Mechanical Impedance, in Plant Roots – The Hidden Half, New York

[36] Mattheck, C., Bethge, K. (2000) Simple Mathematical Approaches of Tree Biomechanics, Arboricultural Journal, Vol. 24, 307-326

[37] Weber, K., Mattheck, C. (2003) Manual of Wood Decays in Trees. 1st edition, Arboricultural Association, Ampfield House, Ampfield, Romsey, Hampshire

[38] Weber, K., Mattheck, C. (2002) Wenn saprophytische Pilze für lebende Bäume gefährlich werden, Baumzeitung 12, 36. Jahr, H. 8248, 345-358, Minden, sowie in www.arboristik.de (2004)

[39] Shigo, A. L., Marx, H. G. (1977) Compartmentalization of decay in trees, USDA For. Serv., Agric.

Inf. Bull. 405

[40] Shigo, A. L. (1979) Tree Decay, an Expanded Concept, USDA For. Serv., Agric. Inf. Bull. 419

[41] Shigo, A. L. (1984) Compartmentalization: A conceptual framework for understanding how trees grow and defend themselves, Ann. Rev. Phytopathol. 22: 189-214

[42] Weber, K., Mattheck C. (2002) Der Nasskern als Abschottungsersatz. Wie sich eine Schwarzpappel erfolgreich gegen Pilzbefall zur Wehr setzt, AFZ - Der Wald 14, 752-754

[43] Archer, R. R. (1987) Growth stresses and strains in trees, Springer Verlag, Berlin

[44] Weber, K., Mattheck, C. (2006) The effects of excessive drilling diagnosis on decay propagation in trees, Trees – Structure and Function 20: 224-228, Springer-Verlag

[45] Weber, K., Mattheck, C. (2009) Angriff der Schlauchpilze, Ascomyceten auf dem Vormarsch? AFZ - Der Wald 16, 866-869

[46] Jahn, H. (1979) Pilze die an Holz wachsen, 1. Auflage, Busse-Verlag, Herford, und 2. neubearb. und erw. Auflage (1990): Pilze an Bäumen, Patzer-Verlag, Berlin, Hannover

[47] Butin, H. (1989) Krankheiten der Wald- und Parkbäume, Diagnose-Biologie-Bekämpfung, 2. Auflage, 3. Auflage (1996), Thieme Verlag Stuttgart

[48] Schlechte, G. (1986) Holzbewohnende Pilze, Jahn & Ernst-Verlag, Hamburg

[49] Metzler, B., Halsdorf, M., Franke, D. (2010) Befallsbedingungen für Wurzelfäule bei Roteiche, AFZ-Der Wald, 65. Jahrg., 3, 26-28

[50] Nuss, I. (1986) Zur Ökologie der Porlinge II. Entwicklungsmorphologie der Fruchtkörper und ihre Beeinflussung durch klimatische und andere Faktoren, Bibliotheca Mycologica, Band 105, J. Cramer, Berlin, Stuttgart

[51] Weber, K., Mattheck. C. (2010) Röhrenschicht-Analyse. Altersbestimmung und Körpersprache mehrjähriger Pilzfruchtkörper, www.arboristik.de

[52] Breitenbach, J., Kränzlin, F. (1986) Pilze der Schweiz, Band 2 Nichtblätterpilze, Verlag Mykologia, Luzern

[53] Weber, K., Klöhn, N. A., Mattheck, C. (2006) Bedeutender Stammfäuleerreger - Der Kiefern-Feuerschwamm (Phellinus pini) tritt massenhaft insbesondere östlich der Elbe in Berlin und Brandenburg auf, bi GaLaBau Nr. 8+9, 108-111

[54] Schwarze, F. W. M. R., Engels, J., Mattheck, C. (2000) Fungal Strategies of Wood Decay in Trees, 1st edition, Springer Verlag, Berlin

[55] Erwin, Takemoto, S., Hwang, W.-J., Takeuchi, M., Itoh, T., Imamura, Y. (2008) Anatomical characterization of decayed wood in standing light red meranti and identification of the fungi isolated from the decayed area, Journal of Wood Science, Volume 54, Number 3: 233-241

[56] Kreisel, H. (1979) Die phytopathogenen Großpilze Deutschlands, Cramer, Vaduz

[57] Krieglsteiner, G. J. (Hrsg.) (2000) Die Großpilze Baden-Württembergs. Band 1, Ulmer Verlag, Stuttgart

[58] Huckfeldt, T., Schmidt, O. (2006) Hausfäule- und Bauholzpilze, Diagnose und Sanierung, Verlag Rudolf Müller, Köln

[59] Weber, K. (1996) Untersuchungen über den Einfluss von Mineralsalzen auf den Holzabbau durch Moder-, Braun- und Weißfäulepilze, Dissertation, Universität Karlsruhe (TH)

[60] Mattheck, C. (2007) Updated Field Guide for Visual Tree Assessment, 1st edition, Forschungszentrum Karlsruhe GmbH

찾아보기

국문색인(한자)

국문색인

영문색인